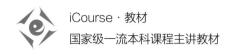

iCourse·教材

国家级一流本科课程主讲教材

画法几何及机械制图

机械类专业适用　第8版

华中科技大学等院校 编

何建英 池建斌 李喜秋 张俐 主编

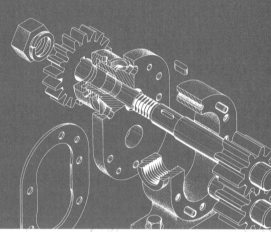

中国教育出版传媒集团

高等教育出版社·北京

内容提要

本书是根据教育部高等学校工程图学课程教学指导分委员会 2019 年制订的《高等学校工程图学课程教学基本要求》及最新发布的有关国家标准《技术制图》《机械制图》等,吸取近年来教学改革的成功经验及专家和广大使用者的意见,在华中科技大学等院校编《画法几何及机械制图》(第 7 版)的基础上修订而成的。

本书除绪论外,共 18 章,主要内容有制图的基本知识,投影法概述,点、直线和平面的投影,直线与平面、平面与平面的相对位置,曲线与曲面的投影,立体及平面与立体表面的交线,直线与立体表面的交点、两立体表面的交线,组合体的视图和尺寸,机件形状的常用表达方法,轴测图,机械图概述,紧固件、齿轮、弹簧和焊接件等的画法,零件图,装配图,立体表面展开,AutoCAD 绘图软件和 SOLIDWORKS 三维设计软件等。为适应当前机械设计的需要,本书以三维创新构形设计为中心,融入三维构形设计及计算机绘图等内容,重点介绍了基于参数化特征的造型软件 SOLIDWORKS 和广泛使用的 AutoCAD 绘图软件。

与本书配套的由李喜秋、韩斌、胥北澜、何建英主编的《画法几何及机械制图习题集》(第 8 版)也作了相应的修订。与本套书配套的《画法几何及机械制图多媒体课件》《画法几何及机械制图习题解题指导》等也作了相应的修订,登录与本书配套的新形态教材网可下载使用。

本书可作为高等学校机械类各专业的教材,也可供职工大学、网络教育学院等其他类型学校师生以及工程技术人员参考。

图书在版编目(C I P)数据

画法几何及机械制图/华中科技大学等院校编;何建英等主编. --8 版. --北京:高等教育出版社,2024.4

ISBN 978-7-04-061462-6

Ⅰ.①画… Ⅱ.①华… ②何… Ⅲ.①画法几何-高等学校-教材②机械制图-高等学校-教材 Ⅳ.①TH126

中国国家版本馆 CIP 数据核字(2023)第 241511 号

Huafa Jihe ji Jixie Zhitu

| 策划编辑 肖银玲 | 责任编辑 肖银玲 | 封面设计 张 楠 | 版式设计 童 丹 |
| 责任绘图 黄云燕 | 责任校对 张 然 | 责任印制 张益豪 | |

出版发行	高等教育出版社	网　址	http://www.hep.edu.cn
社　址	北京市西城区德外大街 4 号		http://www.hep.com.cn
邮政编码	100120	网上订购	http://www.hepmall.com.cn
印　刷	唐山嘉德印刷有限公司		http://www.hepmall.com
开　本	787mm×1092mm 1/16		http://www.hepmall.cn
印　张	28.5	版　次	1975 年 5 月第 1 版
字　数	700 千字		2024 年 4 月第 8 版
购书热线	010-58581118	印　次	2024 年 9 月第 2 次印刷
咨询电话	400-810-0598	定　价	63.00 元

画法几何及机械制图

机械类专业适用
第8版

何建英　池建斌
李喜秋　张　俐

计算机访问：

1　计算机访问 https://abooks.hep.com.cn/1235498。

2　注册并登录，点击页面右上角的个人头像展开子菜单，进入"个人中心"，点击"绑定防伪码"按钮，输入图书封底防伪码（20位密码，刮开涂层可见），完成课程绑定。

3　在"个人中心"→"我的图书"中选择本书，开始学习。

手机访问：

1　手机微信扫描下方二维码。

2　注册并登录后，点击"扫码"按钮，使用"扫码绑图书"功能或者输入图书封底防伪码（20位密码，刮开涂层可见），完成课程绑定。

3　在"个人中心"→"我的图书"中选择本书，开始学习。

　　课程绑定后一年为数字课程使用有效期。受硬件限制，部分内容无法在手机端显示，请按提示通过计算机访问学习。

　　如有使用问题，请直接在页面点击答疑图标进行问题咨询。

扫描二维码
下载 Abook 应用

https://abooks.hep.com.cn/1235498

第 8 版 序

　　本书第四版于 1990 年获原国家教育委员会评选的优秀教材一等奖,第五版为教育部"九五"教材规划中的重点教材,第六版为普通高等教育"十一五"国家级规划教材。本书第七版是华中科技大学依托中国大学 MOOC 平台建设的国家精品在线开放课程——3D 工程图学和 3D 工程图学应用与提高的配套教材,也是石家庄铁道大学依托超星泛雅平台、基于 SPOC 模式建设的首届国家级线上线下混合式一流本科课程——专业制图的主讲教材。

　　本书是在第 7 版的基础上,根据教育部高等学校工程图学课程教学指导分委员会 2019 年制订的《高等学校工程图学课程教学基本要求》及最新发布的有关制图国家标准《技术制图》《机械制图》,吸取近年来教学改革的成功经验及专家和读者的意见修订而成的。

　　本书饱含了老一辈教师的心血,汇集了教学实践的精华。因此,本次修订工作既保留原教材的风格和特色(以画图带看图,以看图促画图,培养学生具有较高的绘制和阅读机械图样的能力),也为适应当前教学的要求,改革不适应的内容,增加新科技的含量,按照新形态教材的模式,使之成为"老而不落伍,新而有底蕴"的好教材。为此,作了以下几方面修订:

　　(1) 绪论中添加了智能制造概述的视频(以二维码链接的形式在书中呈现)。

　　(2) 更新了三维设计软件,引入 SOLIDWORKS 软件,并融入三维设计理念和设计过程,即从设计意图、参数化、零件建模、三维装配设计、二维工程图到渲染和运动仿真。

　　(3) 升级了 AutoCAD 绘图软件。

　　(4) 第十一章增加了"轴测图的尺寸标注"一节,为后续基于 MBD 的数字化产品定义做准备。

　　(5) 在装配图一章中增加了读工业机械臂装配图的内容。

　　(6) 附录增加了滚动轴承的部分国家标准。

　　(7) 基于传授方式多元化,每章均增加了讲述难点的教学视频(以二维码链接的形式在书中呈现)。

　　(8) 各章节均采用最新发布的《技术制图》《机械制图》等有关国家标准。

　　与本书配套的由李喜秋、韩斌、胥北澜、何建英主编的《画法几何及机械制图习题集》(第 8 版)也作了相应修改,由高等教育出版社同时出版。

　　为了方便教与学,提高教学效果和增加信息量,与本书配套的由石家庄铁道大学池建斌、王大鸣、冯桂珍、王晨主编的《画法几何及机械制图多媒体课件》和由华中科技大学李喜秋、韩斌、何建英、胥北澜主编的《画法几何及机械制图习题解题指导》也同时作了相应的修改,登录与本书配套的新形态教材网可下载使用。

　　负责本版修订的人员有华中科技大学朱冬梅(绪论、§9-1~§9-4、§9-6、第十六章)、胥北澜(第五、七、八章)、李喜秋(第二、三、四章)、何建英(第一、十、十一章,附录、§9-5、§17-1~§17-3、§18-1~§18-5)、阮春红(第六章)、张俐(第十三章、§17-4~§17-7)、韩斌(第十五章、§18-6~§18-7),石家庄铁道大学池建斌(第十二、十四章)。

部分插图由华中科技大学机械设计系庞小勤描绘。

本版主编为何建英、池建斌、李喜秋、张俐。

本修订版由高等教育出版社委托重庆大学丁一教授审阅。审阅人对书稿提出了很多宝贵意见,对此表示衷心感谢。

值此本书第 8 版教材出版之际,我们向曾经为前 7 版作出贡献而又未能参加这次修改的蒋继贤、胡瑞安、杜梅先、陈仲源、张玉禧、吴崇仁、陈南清等老前辈表示衷心的感谢和祝福。

限于水平,书中难免存在缺点和错误,恳请读者继续批评指正。编者邮箱:hjy3791@ hust. edu.cn。

编 者

2023 年 4 月

目　　录

绪论

画法几何及机械制图是探讨绘制机械图样的理论、方法和技术的一门工程基础课。

用图形表达思想、分析事物、研究问题、交流经验,具有形象、生动、轮廓清晰和一目了然的优点,弥补了有声语言和文字描述的某些不足。特别是对机器设备和工程结构物等结构形状的刻画,一些运动轨迹的描述,更是图形"活动"的广阔"舞台",是语言、文字无法相比的。从这个意义上说,图画就是"图话",工程画就是"工程话"。因此,图样被人喻为工程界的技术"语言"就不足为奇了。

机械专业
介绍

"按图施工",这是工业生产中流行久远的一句话。它从一个侧面告诉人们,图样在工业生产中的地位与作用,反映了图样与生产的关系。作为机械工程技术人员,应有驾驭技术"语言"的能力,只有这样,才能顺利地进行学习,从事科研、设计和制造等方面的技术性工作。画法几何及机械制图课程将提供打开技术"语言"宝库大门的钥匙。学好了它,就取得了攻克技术第一关的胜利!

说课

画法几何及机械制图课程主要研究:

1. 在平面上图示空间形体的理论和方法;

2. 在平面上图解空间几何问题的方法;

3. 绘图方法和图样的有关问题。

本课程的主要任务是使未来的机械工程师获得如下本领:

1. 图示空间形体的能力;

2. 图解空间几何问题的初步能力;

3. 绘制和阅读机械工程图样的能力;

4. 有一定的空间想象能力和构思能力;

5. 计算机绘图原理与方法的初步了解及其应用;

6. 培养工程意识和标准化意识。

本课程的学习方法:

1. 在学习图示理论时,要掌握物体上几何元素的投影规律和作图方法,以便更好地掌握由三维形体到二维图形的转换;

2. 在学习图示方法时,要多画、多看、多记,要积累一些简单几何形体的投影资料,掌握复杂形体的各种表达方法,为进行构形设计打下基础;

3. 由二维图形想象出三维形体是学习本课程的难点,为了顺利地通过这一关,除了前面讲的两条外,还要掌握正确的分析方法,如书中提到的"形体分析法""线面分析法"等;

4. 要逐步养成实事求是的科学态度和严肃认真、耐心细致、一丝不苟的工作作风，要遵守国家标准的一切规定，为做一个有创造性的机械工程师奠定坚实的基础；

5. 随着计算机技术的飞速发展，古老的绘图技术注入了新的活力，在学习仪器绘图技能时，还要加强徒手绘图、计算机绘图以及计算机三维设计表达的能力的培养。

第一章 制图的基本知识

§1-1 制图的基本规定

技术图样是表达设计思想、进行技术交流和组织生产的重要资料,是工程界通用的技术"语言"。因此,对于图样画法、尺寸注法等都需要作统一的规定。这些规定就叫制图标准。国家标准《机械制图》《技术制图》是工程界的基础技术标准,是绘制、阅读技术图样的准则和依据,必须严格遵守。

国家标准简称"国标",代号"GB"。本章仅介绍图幅、比例、字体、图线、尺寸注法等基本规定,其他常用制图标准将在后续章节中介绍。

一、图纸幅面和图框格式(根据 GB/T 14689—2008)[①]

绘制技术图样时,应优先选用表 1-1 所规定的基本幅面。

表 1-1 基本幅面　　　　　　　　　　　　　　　　　　　　　　mm

幅面代号		A0	A1	A2	A3	A4
幅面尺寸 $B×L$		841×1 189	594×841	420×594	297×420	210×297
周边尺寸	e	20			10	
	c	10			5	
	a	25				

基本幅面的尺寸有一定规律,图纸短边与长边的尺寸关系为 $B:L=1:\sqrt{2}$,即是正方形的边长与其对角线长度之比,这样能最大限度地利用图纸。A0 图幅"841×1 189"是在图幅面积为 1 m^2,长、短边关系为 $\sqrt{2}:1$ 这两个相关条件下得出的。各幅面面积公比为 2:1。国标规定,必要时,也允许使用加长幅面,这些幅面的尺寸是由基本幅面(第一选择)的短边成整数倍增加后得出的,如 A3×3 幅面尺寸为 420×891。其他加长幅面的尺寸,读者可查阅标准。

在图幅内必须用粗实线绘出图框,其格式为不留装订边(图 1-1)和留有装订边(图 1-2)两

---

① GB/T 表示推荐性国家标准,14689 为标准顺序号,2008 表示该国家标准的批准年号。

种,其周边尺寸如表 1-1 中的规定。加长幅面的图框尺寸,按所使用的基本幅面大一号的图框尺寸确定。使用时,图纸可以横放(X 型图纸),也可以竖放(Y 型图纸)。

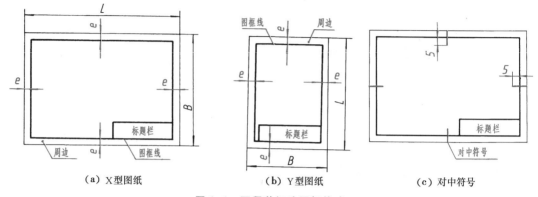

| （a）X 型图纸 | （b）Y 型图纸 | （c）对中符号 |

图 1-1　不留装订边图框格式

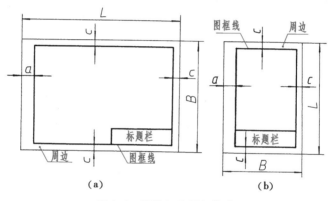

（a）　　　　　　　　　　（b）

图 1-2　留装订边图框格式

每张图纸上都必须画出标题栏。标题栏应位于图纸的右下角,通常看图方向与看标题栏方向一致。标题栏的格式和尺寸 GB/T 10609.1—2008 中有规定,一般由更改区、签字区、其他区(材料、比例、质量等)、名称及代号区(单位名称、图样名称、图样代号等)组成。目前学习阶段建议读者采用简化的标题栏,其格式见与本书配套的习题集序言之后。

为了使图样复制和微缩摄影时定位方便,在图纸各边长的中点处分别画出对中符号。它是从周边画入图框内约 5 mm 的一段粗实线,线宽不小于 0.5 mm,如图 1-1c 所示。

若对中符号位于标题栏范围内,则伸入标题栏的那部分省略不画。

若使用预先印制好的图纸,为了明确绘图与读图时图纸的方向,应在图纸的下边对中符号处画出一个方向符号,如图 1-3 所示。方向符号是用细实线绘制的高度为 6 mm 的等边三角形。

二、比例(根据 GB/T 14690 —1993)

图中图形与其实物相应要素的线性尺寸之比称比例。比值为 1 的比例,即 1∶1,称为原值比例,比值大于 1 的比例为放大比例,比值小于 1 的比例为缩小比例。通常用原值比例画图,当

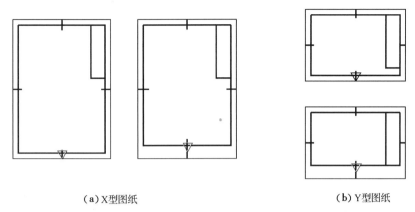

（a）X型图纸　　　　　　　　　　　　（b）Y型图纸

图 1-3　图纸竖放时标题栏的方位

机件过大或过小时,可将它缩小或放大画出,所用比例应符合表1-2中的规定。

表 1-2　比　　例

种　类	优　先　选　用					允　许　选　用				
原值比例	$1:1$					$4:1$ 　　　　$2.5:1$				
放大比例	$5:1$ 　　　　　$2:1$ $5\times10^n:1$ 　$2\times10^n:1$ 　$1\times10^n:1$					$4\times10^n:1$ 　$2.5\times10^n:1$				
缩小比例	$1:2$ 　　　　$1:5$ 　　　　$1:10$ $1:2\times10^n$ 　$1:5\times10^n$ 　$1:10^n$					$1:1.5$ 　　$1:2.5$ 　　$1:3$ 　　$1:4$ 　　$1:6$ $1:1.5\times10^n$ 　$1:2.5\times10^n$ 　$1:3\times10^n$ 　$1:4\times10^n$ 　$1:6\times10^n$				

注:n 为正整数。

比例一般应标注在标题栏中的比例栏内。必要时,可在视图名称的下方或右侧标注,如 $\dfrac{I}{1:2}$。

必须指出,不管图形选取何种比例,其尺寸一律按机件的实际大小标注,如图1-4所示。

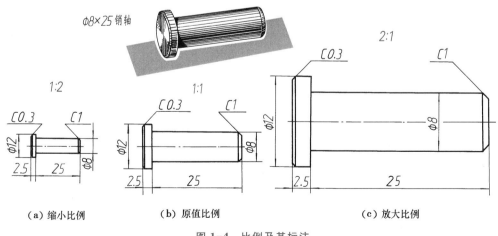

（a）缩小比例　　　　　　（b）原值比例　　　　　　（c）放大比例

图 1-4　比例及其标注

三、字体(根据 GB/T 14691—1993)

1. 基本要求

图样中书写的字体必须做到字体工整、笔画清楚、间隔均匀、排列整齐。字体高度(用 h 表示)的公称尺寸系列为 1.8 mm,2.5 mm,3.5 mm,5 mm,7 mm,10 mm,14 mm,20 mm。若需书写更大的字,其字高应按 $\sqrt{2}$ 的比率递增。字体的高度代表字体的号数。

2. 汉字

汉字应写成长仿宋体,并应采用国家正式公布推行的简化字。汉字的高度 h 不应小于 3.5 mm,其字宽一般为 $h/\sqrt{2}$。图 1-5 为长仿宋体的基本笔画、结构特点及书写示例。

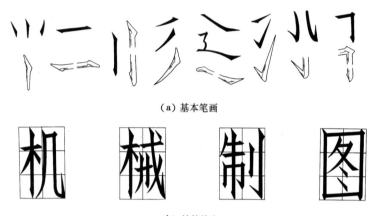

(a)基本笔画

机 械 制 图

(b)结构特点

机械图样中的汉字数字和各种字母必须
写得字体端正笔画清楚排列整齐间隔均
匀装配图零件工作图名称件号数量材料
比例备注图号技术要求螺栓铸锻热处理

(c)书写示例

图 1-5 长仿宋体

3. 字母和数字

字母和数字分 A 型和 B 型。A 型字体的笔画宽度 $d=h/14$(h 为字高),B 型字体的笔画宽度 $d=h/10$。字母和数字可写成斜体或直体。斜体字字头向右倾斜,与水平基准线成 75°。同一图样上,只允许选用一种型式的字体。

图 1-6 为阿拉伯数字和罗马数字示例,图 1-7 为字母示例。

用作指数、分数、极限偏差、注脚等的数字及字母,一般应采用小一号字体,如图 1-8 所示。

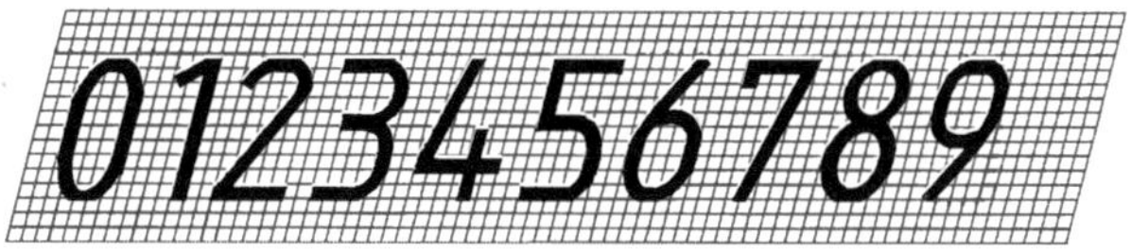

0123456789

（a）阿拉伯数字

IIIIIIIVVVVIVIIVIIIIXX

（b）罗马数字

图 1-6　阿拉伯数字和罗马数字

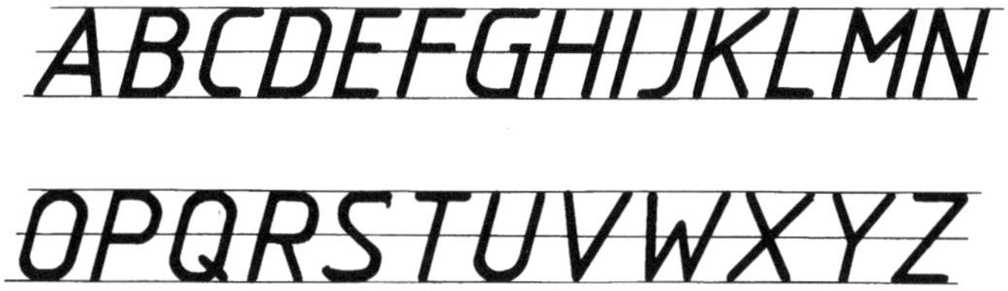

ABCDEFGHIJKLMN
OPQRSTUVWXYZ

（a）大写

abcdefghijklmn
opqrstuvwxyz

（b）小写

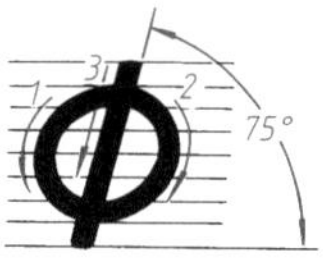

（c）

图 1-7　字母

10JS5(±0.003)　M24-6h

$$\phi 25 \frac{H6}{m5} \quad \frac{II}{2:1} \quad \sqrt{\ } \, Ra6.3 \quad R8 \quad \phi 20^{+0.010}_{-0.023}$$

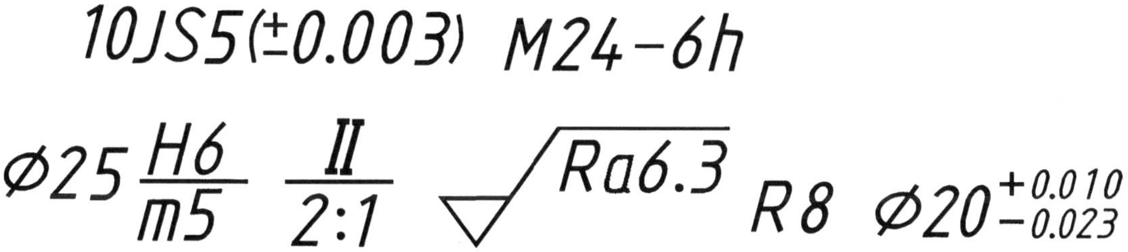

图 1-8　字体应用示例

四、图线（根据 GB/T 17450—1998、GB/T 4457.4—2002）

1. 图线的型式及应用

表 1-3 为常用图线的名称、型式及应用举例，供绘图时选用。

表 1-3　常　用　图　线　　　　　　　　　mm

名　称	线　型	一　般　应　用
粗实线		1. 可见轮廓线；2. 可见棱边线；3. 可见相贯线；4. 螺纹牙顶线；5. 齿顶圆（线）等
细实线		1. 尺寸线与尺寸界线；2. 剖面线；3. 重合断面轮廓线；4. 螺纹的牙底线及齿轮的齿根线；5. 基准线和指引线；6. 分界线及范围线；7. 零件成形前的弯折线；8. 辅助线；9. 不连续的同一表面的连线；10. 成规律分布的相同结构要素的连线；11. 过渡线；12. 表示平面的对角线等
细虚线	12d 3d	1. 不可见轮廓线；2. 不可见棱边线
细点画线	24d 3d 0.5d	1. 轴线；2. 对称中心线；3. 孔系分布的中心线；4. 分度圆（线）及剖切线
细双点画线	24d 3d 0.5d 3d	1. 相邻辅助零件的轮廓线；2. 可动零件的极限位置的轮廓线；3. 毛坯图中制成品的轮廓线；4. 成形前轮廓线；5. 剖切面前的结构轮廓线；6. 中断线；7. 轨迹线等
波浪线（徒手连续线）		1. 断裂处的边界线；2. 视图与剖视图的分界线
双折线		在一张图样上，一般采用其中的一种线型

注：图线的长度≤0.5d 时称为点。

　　所有线型的图线宽度 d 应按图样的类型、尺寸、比例和复杂程度在下列数系中选择：0.13 mm，0.18 mm，0.25 mm，0.35 mm，0.5 mm，0.7 mm，1 mm，1.4 mm，2 mm。线宽 d 数系的公比为 $1:\sqrt{2}(\approx 1:1.4)$。

　　粗线、中粗线和细线的宽度比率为 4∶2∶1。机械图样一般采用粗、细两种图线，宽度的比例为 2∶1。

　　图 1-9 为图线的应用举例。

　　2. 图线画法

　　1）同一图样中同类图线的宽度应一致。细虚线、细点画线及细双点画线的画长短和间隔应各自大致相等。

　　2）绘制圆的对称中心线时，圆心应交在画线处；首末两端应是画而不是点，且宜超出图形外约 5 mm（图 1-10）。

　　3）在较小的图形上绘制细点画线或细双点画线有困难时，可用细实线代替。

　　4）细虚线与其他图线连接的画法如图 1-11 所示。

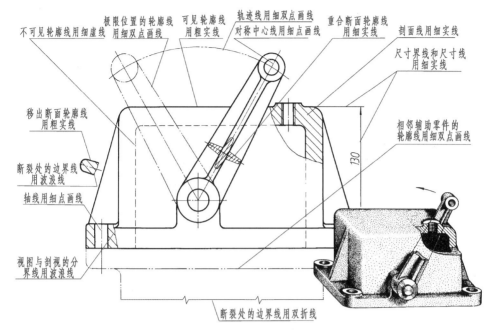

图 1-9　图线应用举例

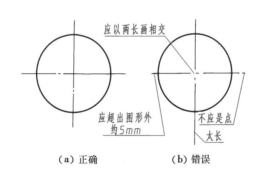

（a）正确　　　　（b）错误

图 1-10　中心线的画法

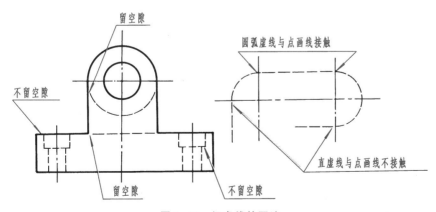

图 1-11　细虚线的画法

五、尺寸注法（根据 GB/T 4458.4—2003、GB/T 16675.2—2012）

尺寸标注

1. 基本规则

1）机件的真实大小应该以图样上所注的尺寸数值为依据，与图形的大小及绘图的准确度无关。

2）图样中的尺寸若以毫米为单位，则不需标注计量单位符号或名称。否则，必须注明相应的单位符号。

3）机件的每一尺寸，一般只标注一次，并应标注在反映该结构最清晰的图形上。

4）图样中所标注的尺寸为最后完工尺寸，否则应另加说明。

2. 线性尺寸的注法

一个完整的线性尺寸包括尺寸界线、尺寸线和尺寸数字。

1）尺寸界线（图 1-12）

尺寸界线表明尺寸的界限，用细实线绘制，并应由图形的轮廓线、轴线或对称中心线引出，也可借用图形的轮廓线、轴线或对称中心线。通常，它应和尺寸线垂直，必要时允许倾斜。在光滑过渡处标注尺寸时，必须用细实线将轮廓线延长，从它们的交点引出尺寸界线，如图 1-12b 中的 $\phi16$。

当表示曲线轮廓上各点的坐标，可将尺寸线或其延长线作为尺寸界线，如图 1-12c 所示。

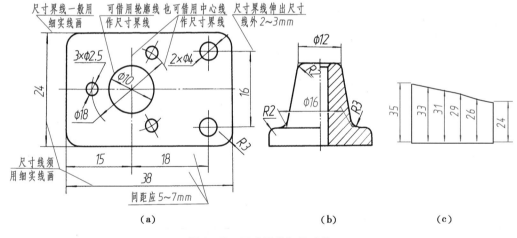

（a）　　　　　　　　　（b）　　　　（c）

图 1-12　尺寸界线和尺寸线

2）尺寸线（图 1-12）

尺寸线表明尺寸的长短，必须用细实线单独绘制，不能借用图形中的任何图线。一般也不得与其他图线重合或画在其延长线上。

线性尺寸的尺寸线必须与所标注的线段平行。相互平行的尺寸应使较小的尺寸靠近图形，较大的尺寸依次向外分布，避免尺寸线与尺寸界线相交。

同一图样上尺寸线与轮廓线以及尺寸线之间的距离大致相等，一般以 5～7 mm 为宜。

尺寸线终端一般画成箭头，它表明尺寸的起止。其尖端应与尺寸界线相接触，且尽量画在两尺寸界线的内侧。当尺寸线太短没有足够的位置画箭头时,允许将箭头画在尺寸线外边;连续两个以上小尺寸相接处,允许用圆点代替箭头,如图 1-13 所示。

箭头画法如图 1-14a 所示。

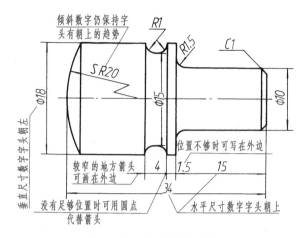

图 1-13 尺寸数字和箭头

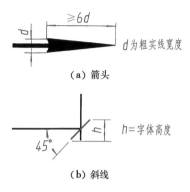

图 1-14 尺寸终端的画法

尺寸线的终端也允许采用细斜线形式。此时,尺寸线与尺寸界线必须垂直,如图 1-14b 所示。

应该指出,同一张图样上,尺寸线终端形式只能采用一种。

当对称机件的图形只画一半或略大于一半时,尺寸线应略超出对称中心或断裂处的边界,此时仅在尺寸线的一端画出箭头,如图 1-15 所示。

3)尺寸数字

线性尺寸的数字一般写在尺寸线的上方或左方,也允许写在尺寸线的中断处,如图 1-13 所示。线性尺寸数字的方向以标题栏为准,水平尺寸数字字头朝上,竖直尺寸数字字头朝左,倾斜方向的尺寸数字,保持字头朝上的趋势,并与尺寸线成 75°角,如图 1-16a 所示。尽量避免在图示 30° 范围内标注尺寸,当无法避免时可按图 1-16b 标注。

对于非水平方向的尺寸,其尺寸数字也允许水平地注写在尺寸线的中断处,如图 1-16c、d 所示。但在一张图样中,应尽可能采用同一种方法。

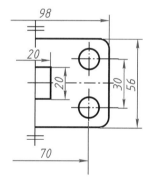

图 1-15 对称机件的
尺寸标注

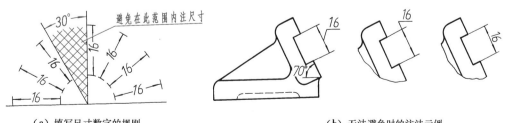

（a）填写尺寸数字的规则　　　　　　　（b）无法避免时的注法示例

11

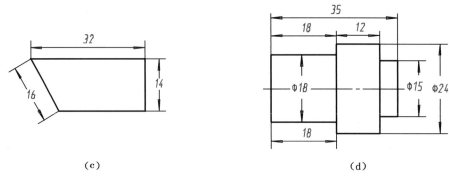

（c）　　　　　　　　　　　　　　　　　　（d）

图 1-16　线性尺寸数字的注写

尺寸数字不允许被任何图线通过,否则必须将该图线断开。同一张图上字高要一致,一般采用 3.5 号字。

　　3. 直径和半径尺寸的注法

　　整圆或大于半圆的圆弧一般标注直径尺寸,并在数字前加注符号"ϕ"（图 1-17a、b）;小于或等于半圆的圆弧一般标注半径,并在数字前加注"R"。

　　半径尺寸只能注在图形为圆弧的地方。其尺寸线自圆心引出,只画一个指到圆弧的箭头,如图 1-17c 所示。

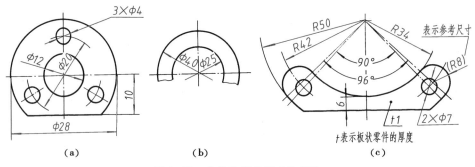

（a）　　　　　　　　　（b）　　　　　　　　（c）

图 1-17　直径和半径尺寸的标注

　　当圆弧过小没有足够的地方画箭头和写尺寸数字时,可按图 1-18a 所示的形式标注;当圆弧半径过大或在图纸范围内无法标注其圆心位置时,可采用图 1-18b 所示的折线形式标注。若无需标明圆心位置,大半径的尺寸线则不必画全,如图 1-18a 中的 $SR105$。

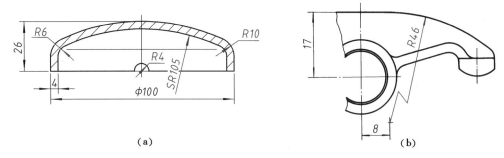

（a）　　　　　　　　　　　　　　　　　　（b）

图 1-18　小半径和大半径尺寸的标注

标注球面尺寸时,还需在"ϕ"或"R"前加注符号"S",如图 1-12、图 1-18a 所示。

4. 角度的注法

标注角度尺寸时,尺寸界线应沿径向引出,尺寸线是以该角顶点为圆心的一段圆弧。角度的数字一律字头朝上水平书写,并配置在尺寸线的中断处。必要时也可以引出标注或把数字写在尺寸线旁边,如图 1-19 所示。

零件上的 45°倒角,按图 1-20a、b、c 的形式标出,其中 C 代表 45°倒角。非 45°倒角则需要分别注出,如图 1-20d 所示。

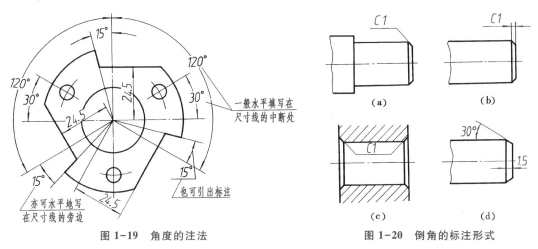

图 1-19　角度的注法　　　　　　　　图 1-20　倒角的标注形式

5. 狭小部位尺寸的标注

在没有足够的位置画箭头或注写数字时,可按图 1-21 所示的形式标注,此时,允许用圆点或斜线代替箭头,尺寸数值也可以引出标注。

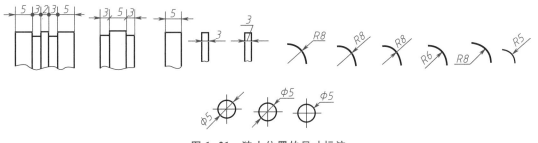

图 1-21　狭小位置的尺寸标注

6. 标注尺寸的符号及其比例画法

标注尺寸时,应尽量使用符号和缩写词。常用的符号和缩写词的含义如表 1-4 所示。符号的线宽为 $h/10$(h 为字体高度)。符号的比例画法如图 1-22 所示。

表 1-4   标注尺寸常用的符号和缩写词

符号或缩写词	含　义	符号或缩写词	含　义
ϕ	直径	∨	埋头孔
R	半径	⊔	沉孔或锪平
$S\phi$	球直径	↧	深度
SR	球半径	□	正方形
EQS	均布	∠	斜度
C	45°倒角	▷	锥度
t	厚度	⌒↦	展开长
⌒	弧长		

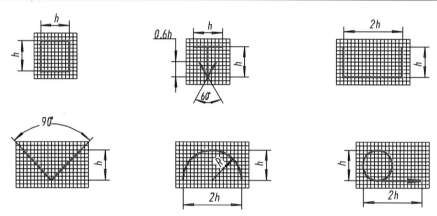

图 1-22   标注尺寸常用符号的比例画法

§1-2   绘图工具的用法

正确使用和维护绘图工具,是提高图面质量、绘图速度和延长绘图工具使用寿命的重要因素。普通绘图工具有图板、丁字尺、三角板、比例尺和绘图仪器等。

一、图板和丁字尺

图板的工作表面应平坦,左、右两导边应平直。图纸可用胶带固定在图板上,如图 1-23 所示。

丁字尺的尺头和尺身的结合处必须牢固。尺头的内侧面必须平直,用时紧贴图板的导边,使尺身的工作边处于良好的位置。

丁字尺主要用来画水平线,上下移动的手势如图 1-24a 所示。画较长的水平线时,可把左手移过来按着尺身,如图 1-24b 所示。用毕后应将丁字尺挂在墙上,以免尺身弯曲变形。

图 1-23   图板和丁字尺

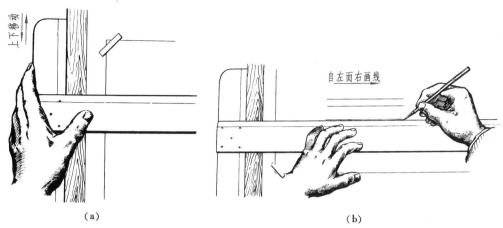

（a）　　　　　　　　　（b）

图 1-24　上下移动丁字尺及画水平线的手势

二、三角板

　　画图时最好有一副规格不小于 30 cm 的三角板。它和丁字尺配合使用,可画竖直线、30°、45°、60°以及 $n \times 15°$ 的各种斜线(图 1-25)。

　　利用三角板画已知直线的平行线和垂直线的方法,如图 1-26 所示。

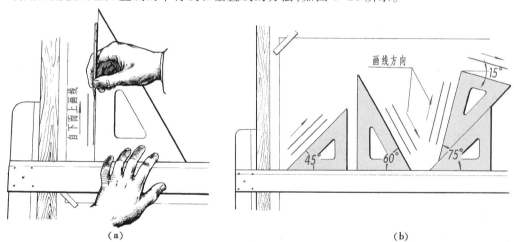

（a）　　　　　　　　　（b）

图 1-25　用三角板和丁字尺配合画竖直线和各种斜线

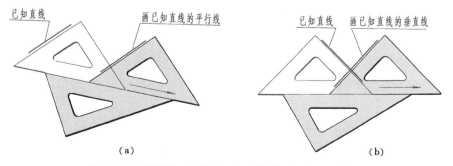

（a）　　　　　　　　　（b）

图 1-26　用两块三角板画已知直线的平行线和垂直线

三角板和丁字尺要经常用细布揩拭干净。

三、比例尺

比例尺又叫三棱尺。在它的三个棱面上有六种不同比例的刻度,如表 1-5 所示。

表 1-5　比例尺的可选比例和刻度值

比例尺标记	1 : 100 (1 : 1 000)			1 : 200 (1 : 2 000)		1 : 250 (1 : 2 500)		1 : 300 (1 : 3 000)	1 : 400 (1 : 4 000)		1 : 500 (1 : 5 000)	
可选比例	1 : 1	1 : 10	10 : 1	1 : 2	5 : 1	1 : 2.5	4 : 1	1 : 3	1 : 4	2.5 : 1	1 : 5	2 : 1
每小格值/mm	1	10	0.1	2	0.2	2	0.2	2	5	0.5	5	0.5

比例尺只用来量取尺寸(图 1-27),不可用来画线。

四、绘图仪器

盒装绘图仪器有 3 件、5 件、7 件等。用得最多的是分规和圆规。

1. 分规

分规是等分线段、移置线段以及从尺上量取尺寸的工具。它的两个针尖必须平齐。调整两腿开度的手势如图 1-27a 所示。

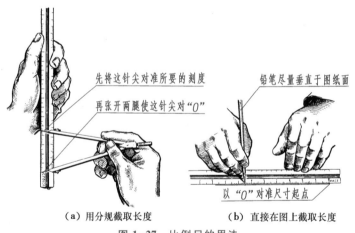

（a）用分规截取长度　　　　（b）直接在图上截取长度

图 1-27　比例尺的用法

用分规等分线段的方法如图 1-28 所示。例如四等分线段 AB,先凭目测估计,将两针尖张开大致等于 $\frac{AB}{4}$ 的距离,然后在 AB 上试分,即交替使两针尖画弧,并在线段上取 1、2、3、4 等分点。如点 4 落在点 B 以内,差距为 e,此时可将分规再张开 $e/4$,将 AB 再次试分,直至满意为止。当被截取的尺寸小而又要求精确时,最好使用弹簧分规。

2. 圆规

圆规的钢针有两种不同的针尖。画圆或圆弧时,应使用有台阶的一端,并把它插入图板中。钢针的台阶应与铅笔尖平齐(图 1-29a),随着圆弧半径的不同,还应调整铅笔插腿和钢针的关节,使它们均垂直于纸面。画图手势如图 1-29b 所示,圆规略向前进方向倾斜,以便均匀用力。

16

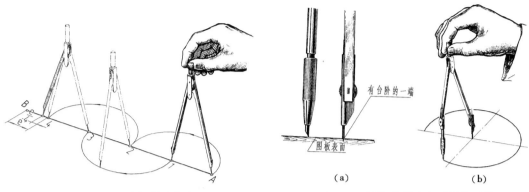

图 1-28　用分规等分线段　　　　　　图 1-29　圆规的针尖和画圆的手势

画粗实线圆时,为了得到较满意的效果,圆规插腿上的铅芯应比画直线的铅芯软一级。

若需画特大的圆或圆弧,可将延伸杆接在圆规上使用。

画小圆时最好使用弹簧圆规或点圆规。

五、曲线板

曲线板用来描绘非圆曲线,其用法如下(图 1-30):

第一,用作图方法找出曲线上的一系列点以后,徒手轻轻地将各已知点连成曲线(图 1-30a)。

第二,根据曲线的曲率大小及其变化趋势,选用曲线板上合适的一段;并自曲率半径较小的地方开始分段描绘(图 1-30b)。描绘时,最好能有四个已知点与曲线板上的曲线重合,但不宜全都描完。

第三,根据曲线变化趋势选用曲线板的另一段,使与曲线上的 3、4、5、6 等点重合,也只描其中的一段(图 1-30c),以保证曲线圆滑。

按照上述方法直到描完曲线为止。

描绘对称曲线时,应自顶点一小段开始。注意对称地使用曲线板的同一段曲线描绘对称部分(图 1-31)。

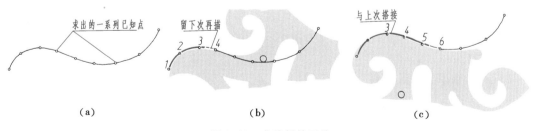

图 1-30　曲线板的用法

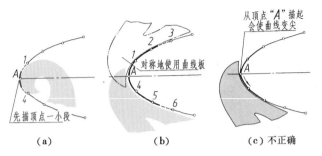

图 1-31 用曲线板描绘对称曲线

六、铅笔

铅笔笔芯的软硬用 B、H 表示:B 前数字愈大表示铅芯愈软;H 前数字愈大表示铅芯愈硬。绘图时建议画粗实线用 HB 或 B;画细实线、点画线等用 H;写字、画箭头用 HB。铅笔一般削成锥状(图 1-32)。

绘图时还需其他用具,如削笔刀、橡皮、擦线板、胶带、砂纸、小刷子等。

图 1-32 铅笔的削法

以上仅介绍普通绘图工具的用法,还有一些高效绘图工具,如一字尺、多功能模板、绘图墨水笔、绘图机以及与计算机配套的自动绘图机等这里不一一介绍。

§1-3 几何作图

圆周的等分(正多边形)、斜度、锥度、平面曲线和线段连接等几何作图方法,是绘制机械图样的基础,应当熟练掌握。

一、圆周的等分和正多边形

1. 六等分圆周和正六边形

图 1-33 为用圆的半径六等分一圆周。若把各分点依次连接,即得一正六边形。因此,画正六边形只要给出外接圆的直径尺寸就够了。

用三角板配合丁字尺,也可作圆的内接正六边形和外切正六边形(图 1-34)。因此,正六边形的尺寸也可给出两对边的距离 S(即内切圆直径)尺寸。

2. 五等分圆周和正五边形

五等分一圆周可用分规试分,也可按下述方法等分(图 1-35)。

1)平分 OB 得点 P;

2)在 AB 上取 $PH = PC$,得点 H;

3)以 CH 为边长等分圆周,得等分点 E、F、G、I,依次连接即得正五边形。

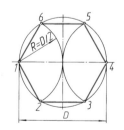

图 1-33 六等分一圆周和
作正六边形

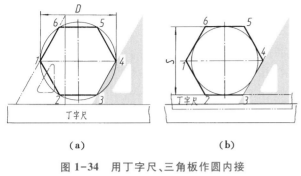
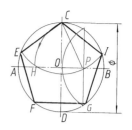

（a）　　　　　　　　（b）

图 1-34　用丁字尺、三角板作圆内接
　　　　　或外切正六边形

图 1-35　正五边形
　　　　　的画法

二、斜度和锥度

1. 斜度

斜度是指一直线（或平面）对另一直线（或平面）的倾斜程度。通常用两直线（或平面）间夹角的正切来表示，并将此值化为 $1:n$ 的形式，如图 1-36a 所示。标注斜度时，符号方向应与斜度的方向一致，如图 1-36b 所示。斜度符号的线宽为字体高度的 $\frac{1}{10}$，画法如图 1-36c 所示。

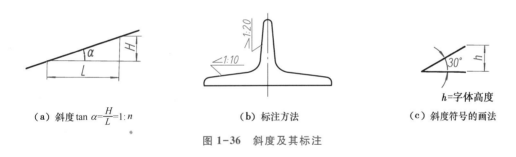

（a）斜度 $\tan\alpha=\dfrac{H}{L}=1:n$　　　　（b）标注方法　　　　　（c）斜度符号的画法

$h=$ 字体高度

图 1-36　斜度及其标注

过已知点作斜度的画图步骤如图 1-37 所示。

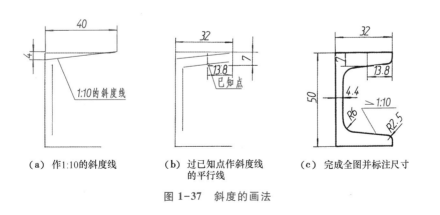

（a）作1:10的斜度线　　（b）过已知点作斜度线　　（c）完成全图并标注尺寸
　　　　　　　　　　　　　　的平行线

图 1-37　斜度的画法

2. 锥度

锥度是指正圆锥底圆直径与锥高之比。如果是圆台,则为两底圆直径之差与台高之比。应将其化成 $1:n$(或 $1/n$)的形式,如图 1-38a 所示。标注时,锥度图形符号(线宽为 $h/10$)的方向应与圆锥方向一致,该符号应配置在基准线上;基准线应用指引线与圆锥轮廓线相连,且应平行于圆锥的轴线。如图 1-38b 所示。锥度图形符号的画法如图 1-38c 所示。

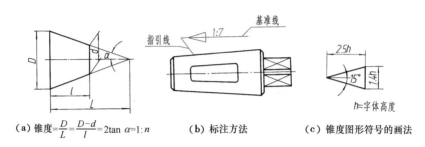

（a）锥度 $\dfrac{D}{L}=\dfrac{D-d}{l}=2\tan\alpha=1:n$　　（b）标注方法　　（c）锥度图形符号的画法

图 1-38　锥度及其标注

锥度的画法如图 1-39 所示。标注圆台尺寸时,一般要注出锥体一个底圆的直径、台高和锥度等三个尺寸。锥度值不注时,其位置处可注写字母符号 C。

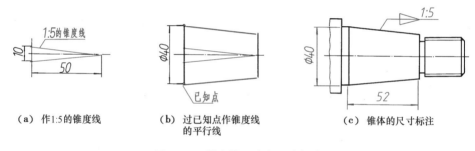

（a）作 1:5 的锥度线　　（b）过已知点作锥度线　　（c）锥体的尺寸标注
　　　　　　　　　　　　　　　的平行线

图 1-39　锥度的画法和尺寸标注

三、圆弧连接

在绘制平面图形时,常会遇到从一线段(直线或圆弧)光滑地过渡到另一线段的情况。这种光滑地过渡就是两线段相切,在制图中称为连接,切点称为连接点。如图 1-40 中的 $R16$、$R12$、$R35$ 均为连接弧。连接弧的作图方法可归结为:求连接圆弧的圆心和找出连接点即切点的位置。下面分别介绍它们的画法。

1. 用圆弧连接两直线

与已知直线相切的圆弧,其圆心的轨迹是一条与已知直线平行的直线,距离为半径 R。从圆心向已知直线作垂线,垂足就是切点。切点是连接弧的起、止点。图 1-41 表示用 $R16$ 的圆弧连接两直线的作图方法。

2. 用圆弧连接两圆弧

与已知圆弧相切的圆弧,其圆心的轨迹为已知圆弧的同心圆,该圆的半径随相切情况而定:当两圆外切时为两圆半径之和;内切时为两圆半径之差。切点在两圆心连线的延长线与已知圆弧的交点处。图 1-42 为用圆弧外切两已知圆弧的画法。图 1-43 为用圆弧内切两已知圆弧的画法。图 1-44 为圆弧内、外切时的画法。

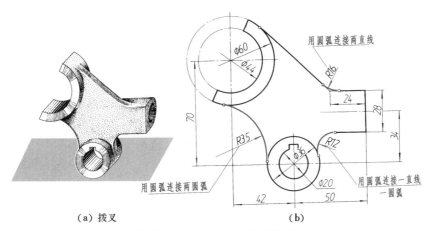

（a）拨叉 　　　　　　　　　　　　　　（b）

图 1-40　圆弧连接的三种情况

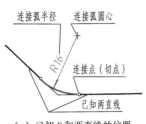

（a）已知 R 和两直线的位置

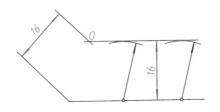

（b）求圆心：以16 为距离分别作两已知直线的平行线，交点 O 即为连接弧的圆心

（c）找连接点和画连接弧：过 O 作两已知直线的垂线，垂足即连接点，然后以 O 为圆心、16 为半径画弧即得

图 1-41　用圆弧连接两已知直线

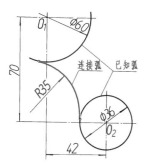

（a）已知圆 O_1、O_2 和连接弧半径 R

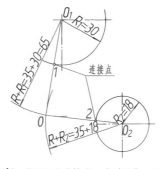

（b）找圆心和连接点：分别以 O_1、O_2 为圆心，$R+R_1$、$R+R_2$ 为半径画弧，交点 O 即连接弧圆心。连 O、O_1、O、O_2，它们与已知弧的交点即连接点

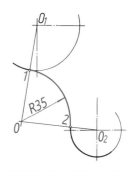

（c）画连接弧：以 O 为圆心、35为半径在两连接点间画弧即得

图 1-42　外切画法

3. 用圆弧连接一直线和一圆弧

可分为外切圆弧及一直线、内切圆弧及一直线等两种情况。图 1-45 所示为外切圆弧及一直线的画法，内切时的画法与此相仿，不赘述。

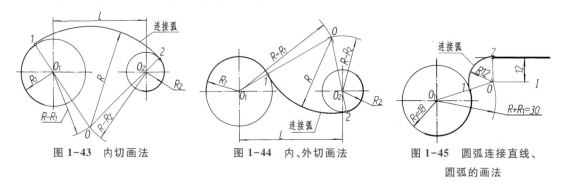

图 1-43　内切画法　　　　图 1-44　内、外切画法　　　　图 1-45　圆弧连接直线、圆弧的画法

四、工程上常用的平面曲线

工程上常用的平面曲线有椭圆、抛物线、双曲线、阿基米德螺线、圆的渐开线和摆线等，它们可用相应的二次方程或参数方程表示出来。这就是说，它们是一动点按一定规律运动的轨迹。画图时常常按照运动轨迹作图，或根据参数方程描绘图像。由于这些曲线上相邻两点的曲率半径不同，连接时需要用曲线板把所求各点光滑地描绘出来。

1. 椭圆

一动点到两定点（焦点）的距离之和为一常数（等于长轴），该动点的轨迹为椭圆。

图 1-46 所示为用焦点法作椭圆。设已知长、短轴 AB、CD；以 C 为圆心、长轴的一半为半径画弧与长轴相交，得焦点 F_1、F_2；在 F_1F_2 内任取点 E_1，以 F_1 为圆心、AE_1 之长为半径画弧；再以 F_2 为圆心、BE_1 为半径画弧，则交点 E 即为椭圆上的点。

图 1-47 为用同心圆法作椭圆。任作射线 OE，与以长轴为直径的大圆交于 E，与以短轴为直径的小圆交于 F；过 E 作平行于短轴的直线 EP，过 F 作平行于长轴的直线 FP；它们的交点 P 即为椭圆上的点。

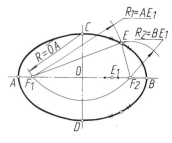 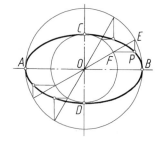

图 1-46　用焦点法作椭圆　　　　图 1-47　用同心圆法作椭圆

用上述方法求出一系列的点后，再用曲线板光滑相连便得椭圆。

制图时，常用四心扁圆代替椭圆（图 1-48），画法如下：

第一步，连接 AC，取 $CP = OA - OC$；

第二步,作 AP 的垂直平分线,交两轴于两点 O_3、O_1,并分别取对称点 O_4、O_2;

第三步,分别以 O_1、O_2 为圆心,$R_1 = O_1C$ 为半径画长弧,交 O_1O_3、O_1O_4 的延长线于 E、F,交 O_2O_4、O_2O_3 的延长线于 G、H,E、F、G、H 为连接点;

第四步,分别以 O_3、O_4 为圆心,$R_2 = O_4G$ 为半径画短弧,与前面所画长弧连接,即近似地得到所求的椭圆。

2. 抛物线

一动点到一焦点和定直线(导线)的距离相等,该动点的轨迹即为抛物线。

图 1-49 为已知焦点和导线时作抛物线的方法。

第一步,过点 F 作导线的垂线 FM,FM 为抛物线的主轴,M 为主轴与导线的交点。FM 的中点 A 即为抛物线的顶点。

第二步,在主轴上任取点 1、2、$3\cdots$,并过这些点作导线的平行线。

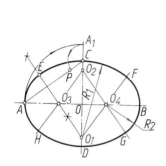

图 1-48　已知长短轴时椭圆的近似画法

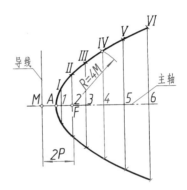

图 1-49　抛物线的画法

第三步,以 F 为圆心,分别以 $1M$、$2M$、$3M\cdots$ 为半径画弧,与相应直线的交点便是抛物线上的点,用曲线板光滑连接各点,即为所求抛物线。

3. 双曲线

一动点到两焦点距离之差为一常数(等于两顶点之间的距离),该动点的轨迹为双曲线。

图 1-50 为已知两顶点和两焦点作双曲线的方法。

第一步,连接两焦点 F_1、F_2 的直线即为双曲线的主轴。在主轴上任取点 1、2、$3\cdots$,以 F_1 为圆心,分别以 $1A_1$、$2A_1$、$3A_1\cdots$ 为半径画弧;然后以 F_2 为圆心,分别以 $1A_2$、$2A_2$、$3A_2\cdots$ 为半径画弧,与前面所画相应圆弧的交点,即为双曲线上的点。

第二步,用同样方法画左半叶,把各点圆滑相连即得。

4. 阿基米德螺线

一动点沿一直线作匀速直线运动,同时该直线又绕线上一定点作匀角速度回转运动时,动点的轨迹为阿基米德螺线。直线回转一周,动点沿直线移动的距离称为导程。

图 1-51 为已知导程作阿基米德螺线的方法。图中以导程为半径画圆,将半径和圆分成相同的等份,过各等分点作弧与相应射线的交点,即为螺线上的点,将这些点光滑连接即得。

5. 圆的渐开线

一直线在圆周上作无滑动的滚动,该直线上一点的轨迹即为这个圆的渐开线。

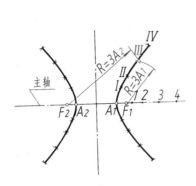

图 1-50 双曲线的画法

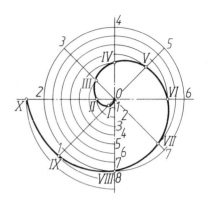

图 1-51 阿基米德螺线的画法

图 1-52 为已知圆周直径 D,作渐开线的方法。

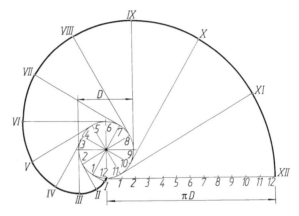

图 1-52 圆的渐开线画法

将圆周分成若干等份(图中分为 12 等份),并把它的展开线也分成相同的等份;过圆周上各等分点向同一方向作圆的切线,依次截取 $\frac{1}{12}\pi D$、$\frac{2}{12}\pi D$、$\frac{3}{12}\pi D$⋯得点 I、II、III⋯,将这些点光滑相连即为所求渐开线。

6. 摆线

一滚圆在一导线上作无滑动的滚动时,该圆周上任一点的轨迹为一摆线。当滚圆在圆导线的外侧滚动时为外摆线,在圆导线的内侧滚动时为内摆线。

图 1-53 为已知滚圆半径 R_1,圆导线半径 R,作外摆线的方法。

第一步,在圆导线上取 $\overset{\frown}{aa_{12}}=2\pi R_1$(即等于滚圆周长,此时 $\overset{\frown}{aa_{12}}$ 所对的圆心角 $\alpha=\frac{R_1}{R}\times 2\pi$),并分滚圆圆周和 $\overset{\frown}{aa_{12}}$ 为相同等份(图中为 12 等份),过点 a、a_1、a_2、⋯、a_{12} 与 O 连成辐射线;

第二步,以 O 为圆心,$OO_0=R+R_1$ 为半径作圆弧交各辐射线于 O_1、O_2、O_3、⋯、O_{12};

第三步,以 O 为圆心,过滚圆上各等分点 1、2、3⋯作辅助圆弧;

第四步,分别以 O_1、O_2、O_3⋯、O_{12} 为圆心,以 R_1 为半径作圆弧,与相应的辅助圆弧交于 I、II、

III、…、XII 等点,用曲线板将这些点光滑相连即得外摆线。

图 1-54 表示已知滚圆半径为 R_1,圆导线半径为 R 的内摆线的画法,其作图过程与外摆线基本相同,就不细述了。

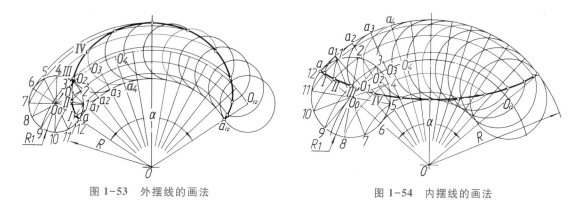

图 1-53　外摆线的画法　　　　　　　图 1-54　内摆线的画法

§1-4　平面图形的尺寸分析及画图

平面图形的尺寸分析及画法

图形与尺寸的关系非常密切。构成平面图形的大小(含线段长度)及其线段间相对位置都由尺寸确定;而平面图形能否正确地画出也与所给尺寸是否齐全,有无多余或自相矛盾等有关;画图的先后顺序,也取决于所注尺寸。下面讨论有关问题。

一、平面图形的尺寸分析

1)尺寸基准　确定尺寸位置的点、线或面称为尺寸基准。通常将对称图形的对称线、大圆的中心线或圆心、重要的轮廓线或端面等作为尺寸基准。平面图形通常在水平及竖直两个方向上有尺寸基准。且在同一个方向上往往有几个尺寸基准,其中一个为主要尺寸基准,其余称为辅助尺寸基准,如图 1-55b 中圆 $\phi30$ 的两条中心线分别是水平方向和垂直方向的主要尺寸基准,图形左端轮廓线是水平方向上的一个辅助尺寸基准。

2)定形尺寸　确定平面图形形状及线段长度的尺寸称为定形尺寸,如直线的长度、圆及圆弧的直径(半径)、角度的大小等。图 1-55b 左端的 24、$\phi36$,右端的 $\phi30$、$R128$、$R26$ 等均是。

3)定位尺寸　确定平面图形上各线段或线框间相对位置的尺寸称为定位尺寸。图 1-55b 中的 150、27、22、18 和 $R56$ 等。

必须指出,有时一个尺寸可以兼有定形和定位两种作用。

二、平面图形的线段分析

1)已知线段　凡是定形尺寸和定位尺寸齐全的线段,称为已知线段。画图时应先画出已知线段,如图 1-55b 中的 $\phi30$、$R26$、$\phi16$、$R17$、$\phi36$、24 等。

2)连接线段　通常将有定形尺寸而无定位尺寸的线段,称为连接线段。这种线段根据与相邻线段的连接关系,可用几何作图的方法画出,如图 1-55b 中的 $R40$ 是连接弧,$R26$ 和 $R43$ 的外公切线是连接线段。

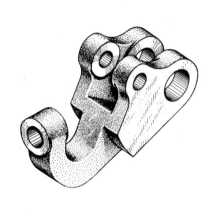

（a）手柄支架

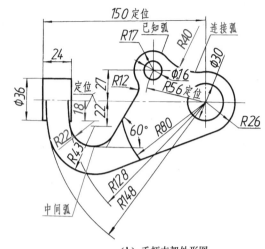

（b）手柄支架外形图

图 1-55　平面图形中的线段和尺寸分析

3）中间线段　通常将有定形尺寸但定位尺寸不全,或虽有定位尺寸但无定形尺寸的线段,称为中间线段,它是介于已知线段与连接线段之间的线段。画图时也应根据与相邻线段的连接关系画出,如图 1-55b 中的 $R22$、$R43$ 等。

必须指出:两条已知线段若需光滑连接,则在两已知线段之间,中间线段可多可少,可有可无,但必须有且只能有一条连接线段。

三、平面图形的画图步骤

根据上面的分析,画平面图形的步骤归纳如下:

1）画基准线、定位线,如图 1-56a 所示;

2）画已知线段,如图 1-56b 所示;

3）画中间线段,如图 1-56c 所示;

4）画连接线段,如图 1-56d 所示;

5）整理全图,检查无误后,按线型要求描深并注全尺寸,如图 1-55b 所示。

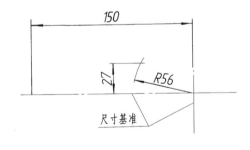

（a）画基准线、定位线

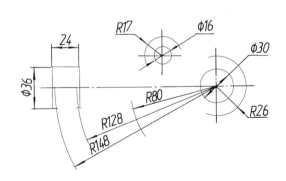

（b）画已知线段

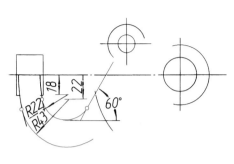

（c）画中间线段

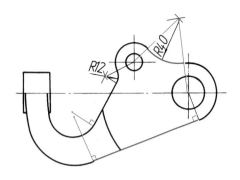

（d）画连接线段

图 1-56　画平面图形的步骤

四、平面图形的尺寸标注

标注尺寸是一项很细致的工作。在标注尺寸时,应分析图形各部分的构成,选定尺寸基准,一般先注出定形尺寸,再注出定位尺寸。所注尺寸从几何上说应齐全,不遗漏,不重复;从国家标准方面来说,应符合有关规定,并且清晰无误。

平面图形标注尺寸的一般步骤如下:

1）分析图形,选定尺寸基准(水平方向、竖直方向)。

2）分析各组成部分的关系,确定已知线段、中间线段和连接线段(中间线段可有、可无)。

3）注出已知线段的定形尺寸和定位尺寸(水平方向、竖直方向)。

4）注出中间线段的定形尺寸和一个定位尺寸(水平方向或竖直方向)。

5）注出连接线段的定形尺寸。

表 1-6 为常见平面图形尺寸标注示例。

同一平面图形可有不同的尺寸注法,即组成线段的性质不同,因而画图的顺序也不同。图 1-57为手柄平面图形尺寸的两种注法。图 1-57a 为常见注法。

表 1-6　平面图形尺寸标注示例

1)	2)
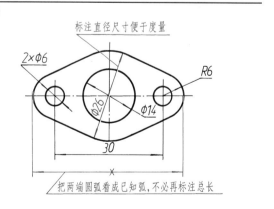	

3)

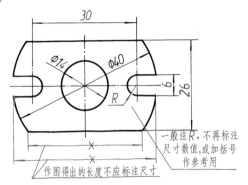

30

Φ14   Φ40

R

6

26

一般注R,不再标注
尺寸数值,或加括号
作参考用

作图得出的长度不应标注尺寸

4)

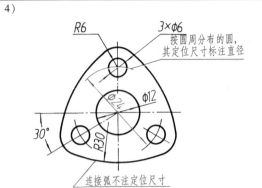

R6   3×φ6

按圆周分布的圆,
其定位尺寸标注直径

Φ24   Φ12

30°   R30

连接弧不注定位尺寸

5)

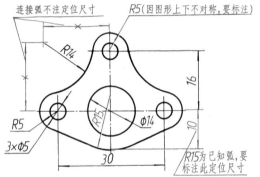

连接弧不注定位尺寸   R5(因图形上下不对称,要标注)

R14

16

R15

Φ14

R5

3×Φ5

30

10

R15为已知弧,要
标注此定位尺寸

6)

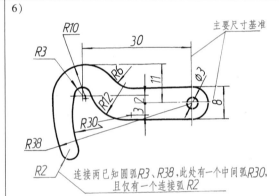

R10   30   主要尺寸基准

R3   R6   11   Φ3

R12   3.2   8

R30

R38

R2

连接两已知圆弧R3、R38,此处有一个中间弧R30,
且仅有一个连接弧R2

7)

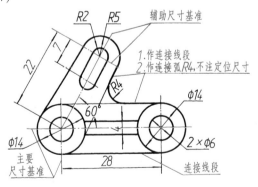

R2   R5   辅助尺寸基准

7

22

R4

1.作连接线段
2.作连接弧R4,不注定位尺寸

60°   Φ14

4

Φ14

2×Φ6

主要
尺寸基准

28   连接线段

8)

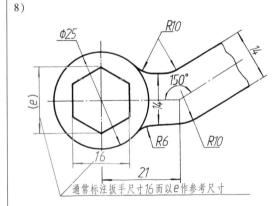

Φ25   R10

14

150°

(e)   14

R6   R10

16

21

通常标注扳手尺寸16而以e作参考尺寸

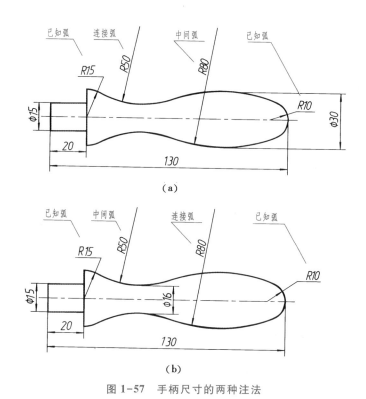

图 1-57　手柄尺寸的两种注法

§1-5　绘图的方法和步骤

一、仪器绘图

要使图样画得又快又好,必须熟悉制图标准,掌握几何作图的方法,正确使用绘图工具和合理的工作程序,建议按下述步骤进行:

1) 准备工作　首先准备好图板、丁字尺、三角板、仪器及其他绘图工具、用品。削好铅笔,备好铅芯。

2) 选定图幅　根据图样的大小和比例,选择图幅,用胶带将图纸固定在图板的左上方。

3) 画图框和标题栏　按 GB/T 14689—2008 规定的幅面、周边和标题栏位置画出细线框。

4) 布置图形的位置　布图要匀称美观。根据每个图形的长、宽尺寸确定位置,画出各图形的基准线(对称线、中心线、轴线等)。

5) 画底图　先画主要轮廓,再画细节。铅笔应削尖,画底稿线应细、轻、准。

6) 标注尺寸　图形底稿检查无误后,先画尺寸界线、尺寸线、箭头,再填写尺寸数字。

7) 描深　描深时应做到线型正确、粗细分明、浓淡一致、连接光滑、图面整洁。要按线型选择铅笔,尽可能将同一类型、同样粗细的图线一起描深。先描圆及圆弧,再描粗实线,圆规上的铅芯要软 1 级。从图的左上方开始顺序向下描深横线,自左至右描深竖线,然后描深斜线,最后描图框。

8）全面检查,填写标题栏。

二、徒手画图

徒手图又叫草图,它是以目测估计图形与实物的比例,按一定画法要求徒手绘制的图样。工程技术人员不仅要会画仪器图;也应具备徒手画图的能力,以便针对不同的条件,用不同的方式记录产品的图样或表达设计思想。尤其在计算机绘图日益广泛使用的情况下,绘制草图的技能更显重要。

画草图的要求:① 图线应清晰;② 各部分比例应匀称,目测尺寸尽可能接近实物大小;③ 绘图速度要快;④ 标注尺寸准确、齐全,字体工整。

初学徒手画图,最好在方格纸上进行,以便控制图线的平直和图形的大小。经过一定的训练后,最后达到在空白图纸上画出比例匀称、图面工整的草图。

徒手画图的手势建议参照图 1-58。运笔力求自然,看清笔尖前进的方向,并随时留意线段的终点,以便控制图线。

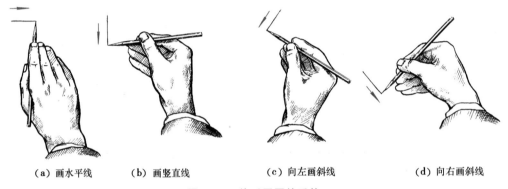

（a）画水平线　　　　（b）画竖直线　　　　（c）向左画斜线　　　　（d）向右画斜线

图 1-58　徒手画图的手势

画竖直线时自上而下运笔;画水平线时以顺手为原则,图纸可斜放。画短线,以手腕运笔,画长线则以手臂动作。

为了提高徒手画图和目测的能力,可在纸上作基本手法练习。如画各种方向成组的平行线,并目测将其分成 2、3、4…不同的等份(图 1-59)。

练习画 30°、45°、60°的斜线时,可根据它们的斜率,按近似比值画出,如图 1-60 所示。

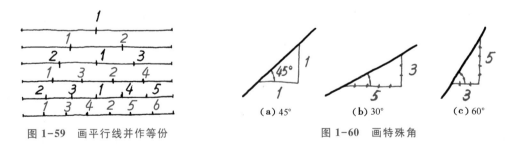

图 1-59　画平行线并作等份　　　　（a）45°　　（b）30°　　（c）60°

图 1-60　画特殊角

画椭圆时,可先根据长、短轴的大小,定出四端点 a、a_1、b、b_1,然后画图,并注意图形的对称性,如图 1-61 所示。

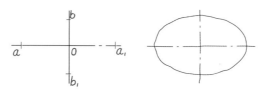

图 1-61　画椭圆

　　画圆时,先定圆心并画出中心线,在中心线上定出半径的四个端点,便可画圆(图 1-62a);对于较大的圆,还宜再画一对 45°的斜线,在斜线上也定出四个点,然后分两半徒手连接成圆(图 1-62b)。画更大的圆,如图 1-63 所示。

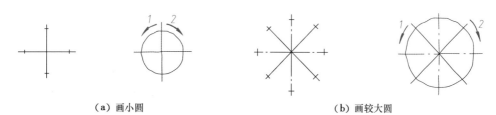

（a）画小圆　　　　　　　　　　　　　　　（b）画较大圆

图 1-62　徒手画圆的方法

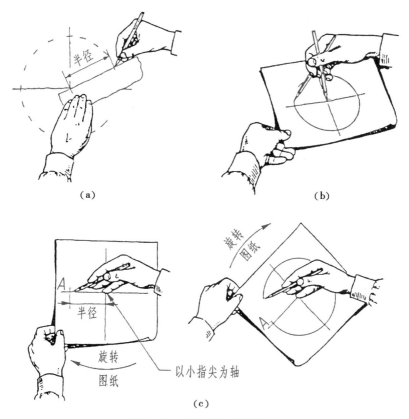

图 1-63　徒手画大圆的方法

徒手画图,最重要的是要保持物体各部分的比例关系,确定出长、宽、高的相对比例,画图过程中随时注意将测定线段与参照线段进行比较、修正,避免图形与物体大小失真太多。对于小的机件可利用手中的铅笔估量各部分的大小,如图 1-64a 所示。对于大的机件则应取一参照尺度,目测机件各部分与参照尺度的倍数关系。一般先画出略图,再完成草图。如图 1-64b、c 所示。

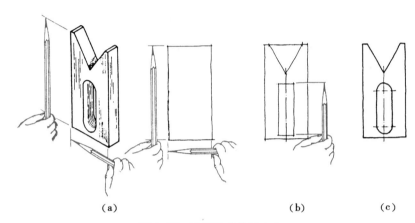

（a） （b） （c）

图 1-64 利用铅笔估量大小

目测方法对画好草图十分重要,读者应自觉训练和不断实践。

图 1-65 为在方格纸上画立体草图和正投影草图示例。画图时,圆的中心线或其他直线尽可能利用方格纸上的线条,大小也可按格数来控制。

立体草图的画法,将在第十一章轴测图中介绍。

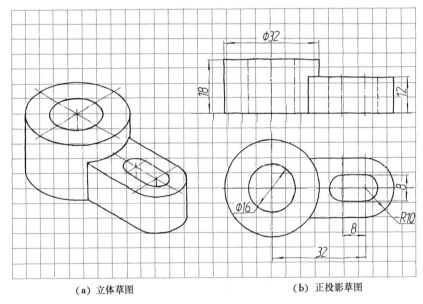

（a）立体草图 （b）正投影草图

图 1-65 徒手画图示例

1. A1 号图纸幅面多大？它与 A2、A3 幅面的比例关系如何？它们的周边尺寸如何？

2. 试述图样中比例的意义以及 1∶2、2∶1 的含义。

3. 常用线型有几种？宽度系列值为多少？各种图线的画法如何？用于何处？

4. 图样上尺寸的单位是什么？说明各类尺寸标注的基本规则及画法。

5. 试述斜度、锥度的意义、画法和标注方法。

6. 圆弧连接怎样才能光滑？连接弧圆心和连接点的位置如何确定？

7. 平面图形的尺寸有几类？标注尺寸的步骤如何？

8. 分析平面图形线段的目的何在。

9. 自行设计一个平面图形，并标注尺寸。

第二章　投影法概述和点的投影

§2-1　投影法概述

机械图样的绘制是以投影法为依据的。工程上常用的投影法是中心投影法和平行投影法。

一、中心投影法

当光线照射物体时,在所选定的面上就会得到被投射物体的图形。所有投射线的起源点称为投射中心,通过被表示物体上各点的直线称为投射线,所选定的平面称为投影面;投射线从投射中心发出并通过物体,向选定的投影面投射,并在该面上得到图形的方法称为中心投影法,根据投影法所得到的图形称为投影。图 2-1a 中的 S 称为投射中心,SAa 为投射线,点 a 为投射线与投影面的交点,称为点 A 在投影面 P 上的投影。$\triangle abc$ 为 $\triangle ABC$ 的投影。

图 2-1b 表示平行两直线的中心投影,图中的投影面在投射中心与物体之间,这时所得的投影又称为透视投影。

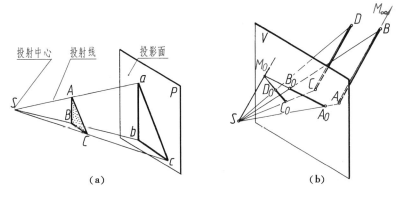

（a）　　　　　　　　　　　　　（b）

图 2-1　中心投影法

二、平行投影法

若将投射中心 S 按指定方向移到无穷远处,则所有的投射线将相互平行(图 2-2),这种投射线互相平行的投影方法,称为平行投影法。

在平行投影法中,以投射线与投影面的关系又可分为斜投影法和正投影法。

1）斜投影法　投射线与投影面相倾斜的平行投影法,叫做斜投影法。按此投影法所得到的图形称为斜投影(斜投影图),如图 2-4b 所示。

2）正投影法　投射线与投影面相垂直的平行投影法,称为正投影法。按此投影法所得到的图形称为正投影(正投影图),如图 2-3 所示。

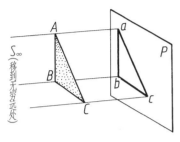

图 2-2　平行投影法

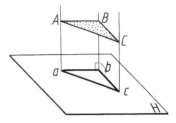

图 2-3　正投影法

正投影又按投影面的多少而分为单面正投影和多面正投影。工程上采用的多面正投影,习惯上不加"多面"两字。多面正投影法又因法国学者蒙日(G.Monge,1746—1818)首次从理论上加以系统阐述而有蒙日法之称。

三、两种投影法的共同性质和平行投影法的特性

1. 共同性质

中心投影法和平行投影法有如下的共同性质。

1）直线的投影一般仍是直线。点在直线上,则它的投影必在直线的投影上(图 2-4a、b)。

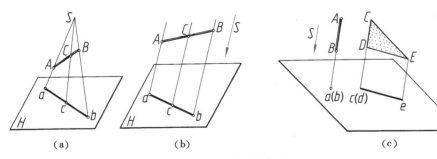

（a）　　　　　　　　（b）　　　　　　　　（c）

图 2-4　直线的投影

2）平面的投影一般仍是平面。

3）当直线与投射线方向一致时,则其投影为一点。若平面上有一直线与投射线方向一致,则平面的投影为一直线。凡直线投射成点、平面投射成直线的性质称为积聚性,具有这种性质的投影称为有积聚性的投影,如图 2-4c 所示。

4）空间的点在一个投影面上只有唯一的投影。但点的一个投影不能确定该点的空间位置(图 2-5)。

从性质 4)知道,只有物体的一个投影并不能确定它的形状和各种几何关系,为了解决这一

问题,往往需要补充某些条件。为了适应不同的需求,有标高投影、轴测投影、正投影、透视投影、镜像投影等。

2. 平行投影法的特点

1)平行于投影面的线段,它的投影反映实长(图 2-6a)。据此可知,当 $\triangle ABC$ 平行于投影面时,它的投影 $\triangle a'b'c' \cong \triangle ABC$(图 2-6b)。推而广之,如任意平面图形与投影面平行,则它的投影反映实形。

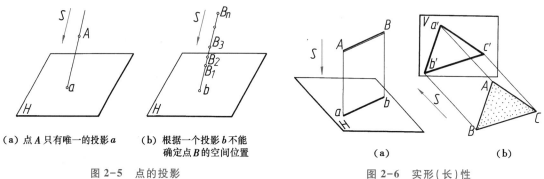

（a）点 A 只有唯一的投影 a （b）根据一个投影 b 不能
确定点 B 的空间位置

图 2-5 点的投影

图 2-6 实形(长)性

2)直线上两线段长度之比等于其投影长度之比。在图 2-7 中,过 A 作 $AB_1 /\!/ ab$,与 Cc 相交于 C_1,则 $AC_1 = ac$,$C_1B_1 = cb$。在 $\triangle ABB_1$ 中,$CC_1 /\!/ BB_1$,有 $AC : CB = AC_1 : C_1B_1$,从而可得 $AC : CB = ac : cb$。

3)空间平行的两线段,它们的投影仍相互平行,且两平行线段之比等于它们的投影之比。在图 2-8 中,$AB /\!/ CD$。因为 $Aa /\!/ Cc$,故 $ABba$ 和 $CDdc$ 为相互平行的两平面,从而可得 $ab /\!/ cd$。如在 $ABba$、$CDdc$ 平面内,过 AB、CD 的端点 B、D 分别作 $BA_1 /\!/ ba$,$DC_1 /\!/ dc$,则 $\triangle ABA_1 \backsim \triangle CDC_1$,故 $AB : CD = A_1B : C_1D$。因 $A_1B = ab$,$C_1D = cd$,故 $AB : CD = ab : cd$。

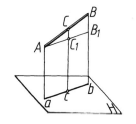

图 2-7 直线上两线段之比
等于其投影之比

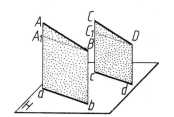

图 2-8 平行两线段的投影仍
平行,且两线段比等于投影比

4)在平行投影法中,当平面与投影面倾斜时,其投影为实形的类似形[①]。

平行投影法比中心投影法能较多地保留物体原有的几何性质,更符合生产要求,因而在工程技术中得到广泛的应用。

---

① 类似形是指:对应的线段保持定比,平面多边形的边数投影后不变,相互平行的线段投影后仍保持平行,凸凹形状与实形一致,直线或曲线投影后,仍为直线或曲线。

四、工程上常用的几种投影图

各种投影法既有共同的性质，又有各自的特点。因此，同一物体按不同投影法画出来的投影图就各有特色。绘制工程图样时，要按照用途和工程结构或机器形状的特点而选用适宜的投影法。为了便于对比，图 2-9 将同一物体按不同的投影法绘制成相应的投影图。

图 2-9a 为透视图。这种图由于形象逼真，适于表达大型工程设计和房屋、桥梁等建筑物。但有度量性不好的缺点[①]。

图 2-9b、c 为按斜投影法和正投影法绘制的轴测图。这两种图都有一定的立体感，产品说明书中有关机器的操作、使用和维修等注意事项，有时附上这种插图来说明。

图 2-9d 为多面正投影图。这种图能准确地表达物体的几何关系以及各表面的相互位置关系，度量性好，工程上应用很广泛。缺点是：立体感差，一般要用两个或两个以上的图形才能把物体的形状表达清楚。

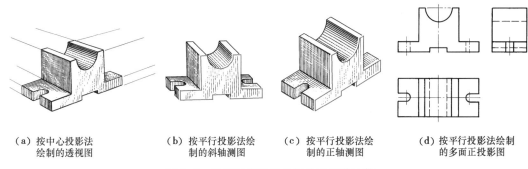

（a）按中心投影法　　　（b）按平行投影法绘　　　（c）按平行投影法绘　　　（d）按平行投影法绘制
　　绘制的透视图　　　　　制的斜轴测图　　　　　制的正轴测图　　　　　的多面正投影图

图 2-9　按不同投影法绘制投影图的比较

图 2-10 为标高投影图。它也是正投影的一种。画法是：把不同高度的点或平面曲线投射到投影面上，然后在相应的投影上标出符号和表示该点或曲线高度的坐标。例如图中的点 a 在标有 40 的曲线上，表示点 A 距水平面的高度为 40 单位。标高投影适宜于表达高度与长、宽比较小的曲面，例如地形图就是按标高投影绘制的。

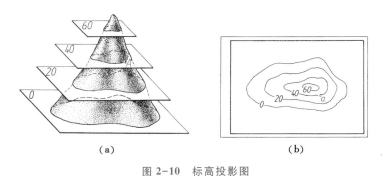

（a）　　　　　　　　　　　　　　（b）

图 2-10　标高投影图

---

① 透视投影不保留平行两直线的平行性（图 2-1b）和平行线段成比例等性质，因而度量性不好。

本书主要介绍多面正投影,轴测投影也有专章介绍。透视投影和标高投影不再讨论,读者如有需要,请参考土木、建筑、水利类专业用《画法几何学》或《工程制图》等有关参考书。如无特别说明,书中所称投影均指多面正投影。

§2-2 点的两面投影

一、两投影面系形成的条件

因点的一个投影不能确定点的空间位置,故在一个投影面的基础上增加一个投影面并规定两投影面相互垂直,如图 2-11 所示。图中水平放置的平面称为水平投影面,记作 H 面;竖直放置的平面称为正立投影面,记作 V 面。H、V 的交线称为投影轴,记作 OX。

H、V 两投影面将空间划分为四个区域,每一区域称为分角。H 的上半部分,V 的前半部分为第 I 分角;H 的下半部分,V 的后半部分为第 III 分角,其余为 II、IV 分角,见图 2-11。

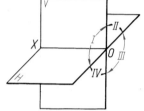

图 2-11 两投影面系的建立和四个分角

二、点的两面投影的投影特性

1. 符号规定
1)空间点 用大写字母表示,如 A、B、C 等。
2)水平投影 用小写字母表示,如 a、b、c 等。
3)正面投影 用带撇的小写字母表示,如 a'、b'、c' 等。
2. 点的投射过程
图 2-12a 为点 A 在第一分角投射的情形。过点 A 分别向 H、V 作垂线,所得垂足 a 即点 A 的水平投影,垂足 a' 即点 A 的正面投影。

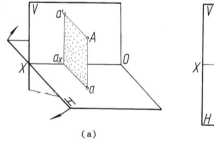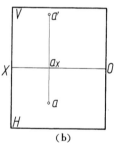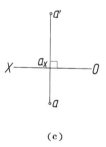

(a)　　　　　　　　　(b)　　　　　　　　　(c)

图 2-12 点的两面投影特性:$aa' \perp X$ 轴

两射线 Aa 和 Aa' 构成了一个平面。这个平面同时垂直于 H、V 面和 OX 轴;且 aa_x、$a'a_x$ 分别是该平面与 H、V 的交线。它们和 OX 轴之间有 $aa_x \perp OX$、$a'a_x \perp OX$ 的关系,a_x 是平面和 OX 轴的交点。显然,Aaa_xa' 是个矩形。因此,$Aa' = aa_x$,$Aa = a'a_x$。

为了便于实际应用,还需把相互垂直的两个投影面展开重合到一个平面内。规定 V 面不动,令 H 面绕 OX 轴向下旋转 $90°$。此时,H 即与 V 重合而得图 2-12b。由于投影面是没有边界的,不必画出边框。去掉边框后即得投影图,如图 2-12c 所示。

当 H 绕 OX 轴旋转时,aa_X 以 a_X 为中心,在垂直于 OX 轴的平面内转动。H 与 V 重合时,aa_X 仍垂直于 OX 轴。

3. 点的投影特性

根据以上分析,点的两面投影有如下特性:

1)$aa' \perp OX$,即点的水平投影和正面投影的连线垂直于 OX 轴;

2)$aa_X = Aa'$,即点的水平投影到 OX 轴的距离等于空间点到 V 面的距离,以 y 记之;

3)$a'a_X = Aa$,即点的正面投影到 OX 轴的距离等于空间点到 H 面的距离,以 z 记之。

4. 其他分角点的投影图

图 2-13b 为位于不同分角的点的投影图。其中点 C 在第三分角内,c 在 X 轴上方,c' 在 OX 轴下方,刚好和第一分角的点的投影图相反。但其投影仍符合 $cc' \perp OX$、$cc_X = Cc'$、$c'c_X = Cc$ 的投影特性。B、D 两点分别位于第二和第四分角,它们的投影也符合点的投影特性;但两个不同面的投影位于投影轴的一侧,投影可能产生重叠现象。国际上采用的是第一分角和第三分角,我国采用第一分角。

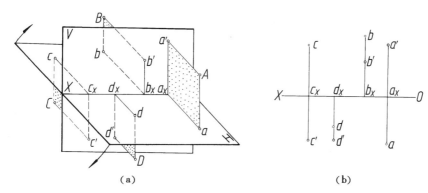

图 2-13 点在四个分角的投影

§2-3 点的三面投影

点的两面投影虽可决定点的空间位置,但解决某些较复杂的几何关系或欲表达清楚物体的形状,往往需要三个或更多的投影。

一、三投影面系的形成和点的投影特性

如在图 2-14a 所示 V/H 的右侧增设一个 W 面,使它同时垂直于 H、V 面,称为侧立投影面,记作 W 面。投影面两两相交时的交线称投影轴。H 与 V 的交线为 OX 轴,H 与 W 面的交线为 OY 轴,V 与 W 的交线为 OZ 轴;OX、OY、OZ 的交点称为原点 O。空间点的侧面投影规定用带两撇的小写字母标记,如点 a'' 即点 A 的侧面投影。

图 2-14a 为点 A 在三投影面系中的投射情况。为了得到点的三面投影图,规定:V 面不动,H 面绕 OX 轴向下、W 面绕 OZ 轴向后方各旋转 $90°$ 与 V 面重合,即得图 2-14b、c 所示的投影图。

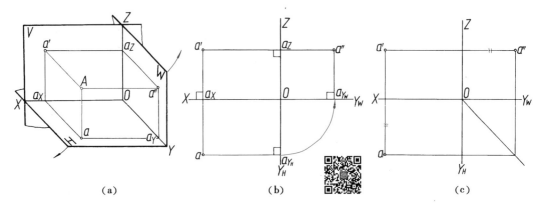

图 2-14　点的三面投影的投影特性: $aa' \perp OX, a'a'' \perp OZ, aa_X = a''a_Z$

从图 2-14a 可以证明: $aa_X = a''a_Z$; $Aa'a_Za'' \perp OZ$。按上述规定展开投影面后可得: $aa' \perp OX$; $a'a'' \perp OZ$; $a''a_Z = aa_X$。由此可知点的三面投影的投影特性如下:

1) 点的水平投影与正面投影的连线垂直于 OX 轴,点的正面投影与侧面投影的连线垂直于 OZ 轴,即 $aa' \perp OX, a'a'' \perp OZ$;

2) 点的水平投影到 OX 轴的距离等于点的侧面投影到 OZ 轴的距离(图 2-14b 用圆弧,图 c 用 45°分角线表明了这样的关系),即 $aa_X = a''a_Z$。

必须指出: H、W 面的交线 OY 轴因随 H、W 面旋转分别记为 OY_H、OY_W,但都表示同一 OY 轴。

二、点的投影作图

在图 2-14a 中,如把投影面当作坐标面,投影轴当作坐标轴,O 为坐标原点,则点 A 到 W 面的距离即为坐标 x_A,到 V 面的距离即为坐标 y_A,到 H 面的距离即为坐标 z_A。于是 a 由坐标 x_A、y_A 确定,a' 由坐标 x_A、z_A 确定,a'' 由坐标 y_A、z_A 确定。

根据解析几何可知,点的空间位置由 x、y、z 三个坐标确定。点的任何两个投影既包含了三个坐标,说明点的两个投影即可确定点的空间位置。如已知点的三个坐标,则可利用点的投影特性画出它的投影图来;也可根据点的两个投影求得它的第三个投影。

例 1　已知点 $A(15, 10, 20)$,求作它的三面投影。

作图　(图 2-15)

(1) 画坐标轴(OX, OY_H, OY_W, OZ)。

(2) 在 OX 轴上取 $Oa_X = 15$。

(3) 过 a_X 作 $aa' \perp OX$,并使 $aa_X = 10$, $a'a_X = 20$。

(4) 过 a' 作 $a'a'' \perp OZ$,并使 $a''a_Z = aa_X$。a、a'、a'' 即为所求点 A 的三面投影。

例 2　已知点 $C(10, 20, 0)$,求作它的三面投影。

作图　(图 2-16)

(1) 画坐标轴,并在 OX 上取 $Oc_X = 10$;

(2) 过 c_X 作 $c'c \perp OX$,并使 $c'c_X = 0$, $cc_X = 20$,由于 $z_C = 0$, c'、c_X 重合,即 c' 在 OX 轴上;

(3) 过 c' 作 $c'c'' \perp OZ$,且令 $c_Z(O)c'' = cc_X = 20$,则 c、c'、c'' 即为所求点 C 的三面投影。

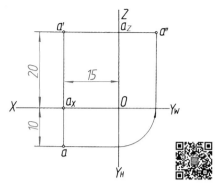

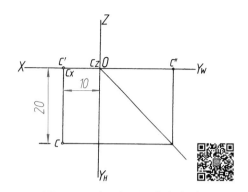

图 2-15 已知点的坐标求点的三面投影   图 2-16 水平投影面内点的投影

从例 2 可知,$z_C = 0$,点 C 在 H 面内,水平投影 c 与点 C 重合,c' 在 OX 轴上,c'' 在 OY 轴上(投影图应画在 OY_W 上)。这是 H 面内点的投影特性。凡是投影面内的点,总有某个坐标值为零,因而它的三个投影总有两个位于不同的投影轴上,另一个投影与空间点重合。

例 3 已知 b'、b'',求 b(图 2-17)。

作图

(1)作 $\angle Y_H OY_W$ 的分角线(45°线);

(2)自 b' 作 $b'b \perp OX$;

(3)自 b'' 作 $b''l \perp OY_W$,并延长与 45°分角线交于 l;

(4)过 l 作 $lb \perp OY_H$,使与 $b'b$ 交于 b,b 即为所求。

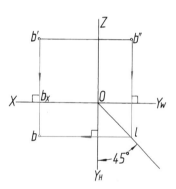

图 2-17 已知 b'、b'' 求 b

§2-4 点的相对位置

一、两点相对位置的判断方法

空间两点的相互位置关系,可以利用投影图上点的各组同面投影坐标值的大小,判断出两者的左右、前后、上下等位置关系。例如要判断图 2-18 中 A、B 两点的空间位置关系,可以选定点 A(或 B)为基准,然后在各组同面投影中将点 B 的坐标与点 A 比较:在水平投影中,b 在 a 的右边,即 $x_B < x_A$,表示点 B 在点 A 的右方,b 在 a 下边,即 $y_B > y_A$,表示点 B 在点 A 的前方;在正面投影中,b' 在 a' 的上边,即 $z_B > z_A$,表示点 B 在点 A 的上方。总起来说,点 B 位于点 A 的右前上方。

图 2-19 所示为以点 C 为基准判断点 D 的相对位置。根据 $x_D < x_C$,$y_D < y_C$,$z_D > z_C$,可知点 D 位于点 C 的右后上方。

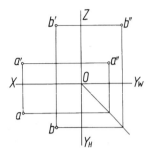

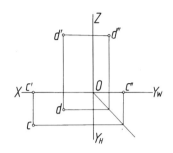

图 2-18　*B* 位于 *A* 的右前上方　　　　　图 2-19　*D* 位于 *C* 的右后上方

二、重影点

位于同一投射线上的两点,由于它们在投射线所垂直的投影面上的投影是重合的,所以叫做重影点。这种点有两对同名坐标相等。例如图 2-20 所示的 *E*、*F* 两点,位于垂直 *V* 面的投射线上,e'、f' 重合,即 $x_E = x_F$,$z_E = z_F$,但 $y_E > y_F$,表示点 *E* 位于点 *F* 的前方。利用这对不等的坐标值,可以判断重影点的可见性。

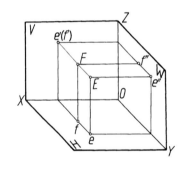

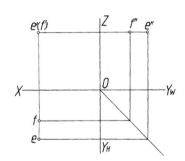

图 2-20　重影点及其可见性的判别

判别可见性时规定:对 *H* 面的重影点从上向下观察,*z* 坐标值大者可见;对 *V* 面的重影点从前向后观察,*y* 坐标值大者可见;对 *W* 面的重影点从左向右观察,*x* 坐标值大者可见。

在图 2-20 中,*E*、*F* 为对 *V* 面的重影点。因 $y_E > y_F$,故 e' 可见而 f' 不可见,不可见的投影另加圆括弧表示,如图 2-20 中的 (f')。

┌─────────────────────┐
│ **复习思考题** │
└─────────────────────┘

1. 试述中心投影法和平行投影法一般性质的异同。

2. 何谓正投影? 试述正投影的一般性质。

3. 在正投影中确定点的空间位置的最主要方法是什么? 能列出别的办法吗?

4. 多面正投影面系形成的基本条件如何? 列出点的两面和三面投影的投影特性。

5. 在 *V*/*H* 系中,点的投影位于投影轴两侧的是哪几个分角的点? 为什么?

6. 已知点的两个投影,求其第三个投影。以点 *C* 为例,试述 *V* 面内点的投影特性。

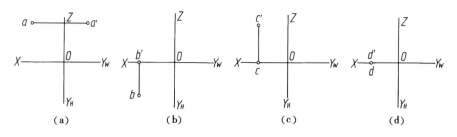

（a）　　　　（b）　　　　（c）　　　　（d）

图 2-21　题 6 图

7. 何谓重影点？试述其投影特性和用途。

第三章 直线的投影

§3-1 直线及直线上点的投影

一、直线投影图的画法

直线的空间位置由线上任意两点决定。画直线的投影图时,根据"直线的投影一般还是直线"的性质,在直线上任取两点,画出它们的投影图后,再将各组同面投影连线即成。例如图 3-1 中已知 $A(a,a',a'')$、$B(b,b',b'')$,连接 ab、$a'b'$、$a''b''$,即得 AB 的投影图。

如以点 A 为基准,比较 A、B 两点的各组坐标值的大小,即可判断直线的空间位置:AB 向右上后方倾斜。

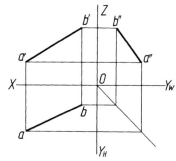

图 3-1 直线的投影图

二、一般位置直线的投影特性

直线和投影面斜交时,直线和它在投影面上的投影所成的锐角,叫做直线对投影面的倾角。规定:以 α、β、γ 分别表示直线对 H、V、W 面的倾角,如图 3-2 所示。

对三个投影面都倾斜的直线为一般位置直线,如图 3-2 所示的 AB。AB 对 H 面的倾角为 α,故水平投影长 $ab=AB\cos\alpha$。同理,$a'b'=AB\cos\beta$,$a''b''=AB\cos\gamma$。因 α、β、γ 在 $0\degree$ 与 $90\degree$ 之间,所以线段的三个投影都小于空间线段的长度。因此,一般位置线段的投影特性是:三个投影都缩短,且都斜交于相应的投影轴。

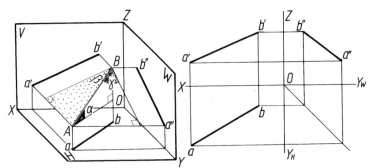

图 3-2 直线对投影面的倾角和一般位置直线的投影特性

三、直线上点的投影特性

当点在直线上时,点的各个投影必在直线的同面投影上,并且符合点的投影特性。例如图 3-3 中的点 C 在 AB 上,c、c'、c'' 分别在 ab、$a'b'$、$a''b''$ 上,且 $cc' \perp OX$ 轴,$c'c'' \perp OZ$ 轴,$cc_X = c''c_Z$;还满足 $ac:cb = a'c':c'b' = a''c'':c''b'' = AC:CB$ 的关系。

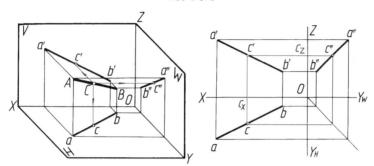

图 3-3　点在直线上的投影特性:$ac:cb = a'c':c'b' = a''c'':c''b'' = AC:CB$

利用上述性质,可以在直线上求点和分割线段成定比。

例 1　已知点 C 在 AB 上,据 c 求 c'、c''(图 3-4)。

分析　C 在 AB 上时,c' 在 $a'b'$ 上,c'' 在 $a''b''$ 上,且 $cc' \perp OX$ 轴,$c'c'' \perp OZ$ 轴。

作图　如图 3-4 所示。

例 2　在线段 AB 上求点 C,使 $AC:CB = 1:4$(图 3-5)。

分析　如 $AC:CB = 1:4$,则 $ac:cb = a'c':c'b' = 1:4$。只要将 ab、$a'b'$ 分成(1+4)等份后,距 a 或 a' 取一份即可求出 c、c'。

作图

(1)自 a(或 a')任作直线 aB_0。

(2)在 aB_0 上以适当长度取 5 等份,得 1、2、……、5 诸点。

(3)连 $b5$,自 1 作 $1c /\!/ b5$。

(4)据 c 求出 c'。c、c' 即所求。

例 3　判断点 D 是否在直线 AB 上(图 3-6)。

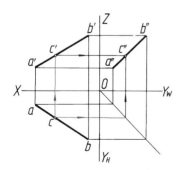

图 3-4　已知 C 在 AB 上, 据 c 求 c'、c''

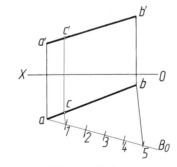

图 3-5　求点 C, 使 $AC:CB = 1:4$

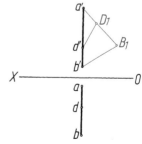

图 3-6　用分线段成比例 判断点是否在直线上

分析 如果点 D 在直线 AB 上,则 $ad:db=a'd':d'b'$ 成立。否则,点 D 就不在 AB 上。

作图 如图 3-6 所示,图中 $a'B_1=ab$,$a'D_1=ad$。因 $d'D_1$ 不平行于 $b'B_1$,即表明点 D 不在 AB 上。

四、直线的迹点

直线和投影面的交点称为迹点。直线和水平投影面的交点称为水平迹点,和正立投影面的交点称为正面迹点,和侧立投影面的交点称为侧面迹点。

在两投影面系中的直线,最多只有两个迹点。例如图 3-7 中的直线 AB 就只有水平迹点 M 和正面迹点 N。迹点是直线和投影面共有点,它的投影应当同时具有直线上的点和投影面内的点的投影特性。据此,即可作图。例如求 $M(m,m')$ 时,由于 M 在 H 面内,m 必与 M 重合,$z_M=0$,m' 必在 OX 轴上,但 M 又在 AB 上,m' 必在 $a'b'$ 或其延长线上,m 必在 ab 或其延长线上。同理,n' 表达 N 的位置,且 $y_N=0$,n 必是 OX 轴与 ab 或其延长线的交点。据此,迹点 M 或 N 投影图的求法是:

(1)将 $a'b'$ 或 ab 延长,与 OX 轴交于 m' 或 n;

(2)在 ab 或 $a'b'$ 上求出 m 或 n'。

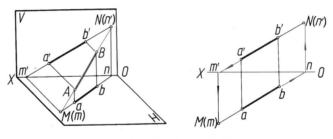

图 3-7 直线的迹点及其作图方法

---

§3-2 特殊位置直线的投影

与某一投影面平行或垂直的直线,统称为特殊位置直线。只与一个投影面平行的直线,称为投影面平行线;而垂直于某一投影面的直线,称为投影面垂直线。下面分别介绍它们的投影特性。

一、投影面平行线

投影面平行线是指平行于一个投影面而与另外两个投影面倾斜的直线。它有三种:水平线($//H$ 面)、正平线($//V$ 面)和侧平线($//W$ 面)。

图 3-8 表示正平线的投影特性。由于 $AB//V$ 面,$\beta=0°$,$a'b'=AB\cos0°=AB$,即正面投影反映实长;$y_A=y_B$,则 $ab//OX$,$a''b''//OZ$,即水平投影和侧面投影平行于相应的投影轴;$a'b'$ 与 OX 轴和 OZ 轴的夹角 α、γ 即 AB 对 H、W 面的倾角。

三种投影面平行线的投影特性,列于表 3-1 中。

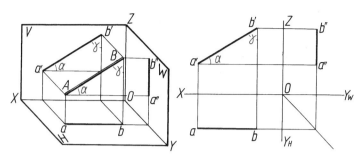

图 3-8　正平线的投影特性

表 3-1　投影面平行线的投影特性

名称	水平线 (∥H 面,对 V、W 面倾斜)	正平线 (∥V 面,对 H、W 面倾斜)	侧平线 (∥W 面,对 H、V 面倾斜)
投影面	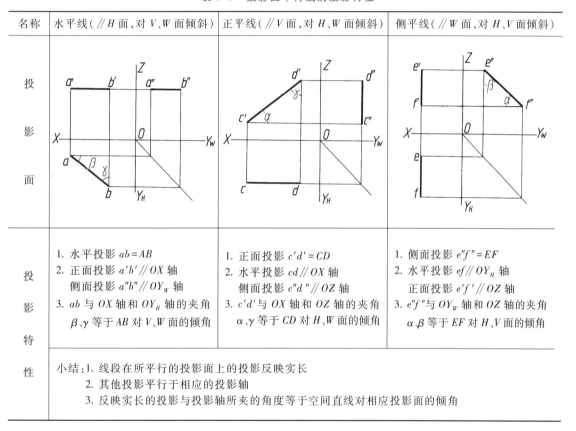		
投影特性	1. 水平投影 $ab = AB$ 2. 正面投影 $a'b' \parallel OX$ 轴 　侧面投影 $a''b'' \parallel OY_W$ 轴 3. ab 与 OX 轴和 OY_H 轴的夹角 　β、γ 等于 AB 对 V、W 面的倾角	1. 正面投影 $c'd' = CD$ 2. 水平投影 $cd \parallel OX$ 轴 　侧面投影 $c''d'' \parallel OZ$ 轴 3. $c'd'$ 与 OX 轴和 OZ 轴的夹角 　α、γ 等于 CD 对 H、W 面的倾角	1. 侧面投影 $e''f'' = EF$ 2. 水平投影 $ef \parallel OY_H$ 轴 　正面投影 $e'f' \parallel OZ$ 轴 3. $e''f''$ 与 OY_W 轴和 OZ 轴的夹角 　α、β 等于 EF 对 H、V 面的倾角
	小结:1. 线段在所平行的投影面上的投影反映实长 　　　2. 其他投影平行于相应的投影轴 　　　3. 反映实长的投影与投影轴所夹的角度等于空间直线对相应投影面的倾角		

二、投影面垂直线

垂直于一个投影面的直线必定与另外两个投影面平行。它有铅垂线(⊥H 面)、正垂线(⊥V 面)和侧垂线(⊥W 面)等三种。图 3-9 表示铅垂线的投影特性。

因直线 $AB \perp H$ 面,$x_A = x_B$,$y_A = y_B$,ab 成为一点,有积聚性。显然,直线 AB 上任何点的水平投影,都在 $a(b)$ 点处。$a'b' = AB = a''b''$,且 $a'b' \perp OX$ 轴,$a''b'' \perp OY_W$ 轴。投影面垂直线的投影特性列于表 3-2 中。

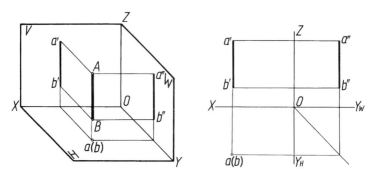

图 3-9　铅垂线的投影特性

表 3-2　投影面垂直线的投影特性

名称	铅垂线（$\perp H$ 面，$/\!/ V$ 和 W 面）	正垂线（$\perp V$ 面，$/\!/ H$ 和 W 面）	侧垂线（$\perp W$ 面，$/\!/ H$ 和 V 面）
投影面	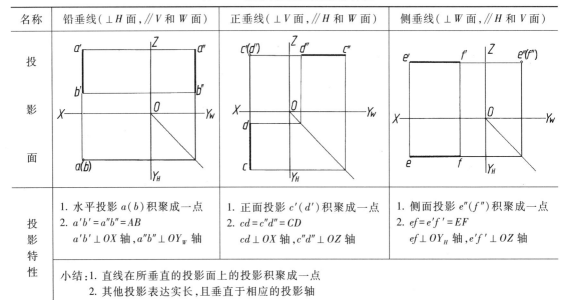		
投影特性	1. 水平投影 $a(b)$ 积聚成一点 2. $a'b'=a''b''=AB$ 　$a'b' \perp OX$ 轴，$a''b'' \perp OY_W$ 轴	1. 正面投影 $c'(d')$ 积聚成一点 2. $cd=c''d''=CD$ 　$cd \perp OX$ 轴，$c''d'' \perp OZ$ 轴	1. 侧面投影 $e''(f'')$ 积聚成一点 2. $ef=e'f'=EF$ 　$ef \perp OY_H$ 轴，$e'f' \perp OZ$ 轴
	小结：1. 直线在所垂直的投影面上的投影积聚成一点 　　　2. 其他投影表达实长，且垂直于相应的投影轴		

---

§3-3　求一般位置线段的实长

　　从上节可知，特殊位置线段的投影可直接反映它的实长和倾角等度量性问题，而一般位置线段的投影并不具有这样的性质。解决这类问题的方法有多种，本书介绍广泛应用的直角三角形法、换面法和旋转法。本节介绍前面两种，旋转法在第十六章介绍。

一、直角三角形法

　　图 3-10 中的 AB 为一般位置线段，ab、$a'b'$ 都小于 AB 实长。过点 A 作 $AB_0 /\!/ ab$，交 Bb 于 B_0。此时，$\triangle ABB_0$ 为直角三角形，两直角边 $AB_0=ab$，$BB_0=z_B-z_A$，即 BB_0 等于 a'、b' 到 OX 轴的距离差；$\angle BAB_0=\alpha$，即 AB 对 H 面的倾角；AB 为直角三角形的斜边。可见，已知线段的两面投影，就相当于给出了直角三角形的两直角边。这个直角三角形便可作出。作法（图 3-10b）如下：

（1）过 b 作 $C_0b \perp ab$，且令 $C_0b = z_B - z_A$；

（2）连 aC_0，则 $aC_0 = AB$，$\angle C_0ab = \alpha$。

图 3-10c 表示在同样条件下用正面投影 z 坐标差的作图方法。

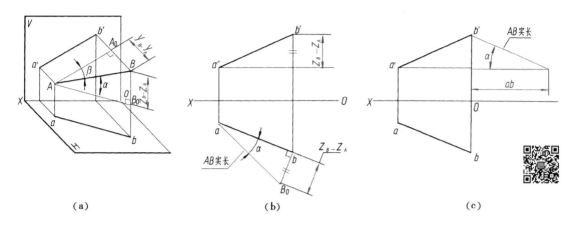

（a）　　　　　　　　　（b）　　　　　　　　　（c）

图 3-10　直角三角形法求线段实长的作图方法

例 1　求线段 CD 的实长及 β 角（图 3-11）。

分析　从图 3-10a 可知，空间线段与它的正面投影的夹角即为 β，而一直角边则为两端点的 y 坐标差。据此，即可作出此直角三角形。

求线段 CD 的实长及 β 角的具体求法，见图 3-11b、c。

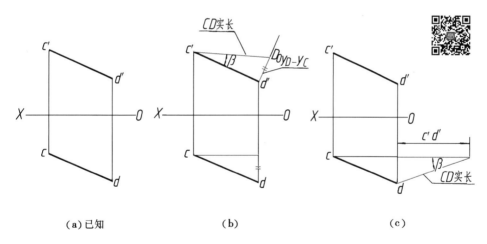

（a）已知　　　　　　　（b）　　　　　　　　　（c）

图 3-11　求线段实长及 β 角的作图

例 2　已知 $EF = 30$，试完成图 3-12 中的 $e'f'$。

分析　本例是确定 f' 的问题，也就是根据已知条件确定空间线段的位置。利用图 3-12a 的已知条件，如能求得 E、F 两点的 z 坐标差，或 $e'f'$ 的长度，则 f' 的位置即定。

图 3-12b 是据 ef 和实长作直角三角形求 z 坐标差；而图 c 则是据实长和 y 坐标差求 $e'f'$。具体作法如图 3-12 所示。

从本例的解题可知，直角三角形法不仅可以用于求一般位置线段的实长及其对投影面的倾角，也可用来解决线段的空间定位问题。如将本例的已知实长改为 α 角或 β 角，则已知条件成为一锐角和一直角边，可求出 $e'f'$，如图 3-12b、c 所示。表 3-3 列出了直角三角形法中的已知条件及其可以解决的问题，供解题时参考。

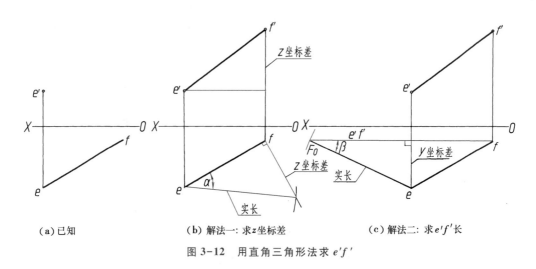

（a）已知   （b）解法一：求 z 坐标差   （c）解法二：求 $e'f'$ 长

图 3-12   用直角三角形法求 $e'f'$

表 3-3   线段的投影、实长、倾角和直角三角形

已知（以含 α 的直角三角形为例）		可　　　　求	
水平投影	z 坐标差	线段实长	α
水平投影	线段实长	z 坐标差	α
水平投影	α	z 坐标差	线段实长
α	z 坐标差	水平投影	线段实长
α	线段实长	水平投影	z 坐标差
线段实长	z 坐标差	水平投影	α

右图是直角三角形法的四个要素关系的示意图。 　　已知两个要素时，即可作出直角三角形，而求出另外两个要素	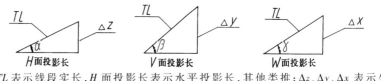 TL 表示线段实长，H 面投影长表示水平投影长，其他类推；Δz、Δy、Δx 表示坐标差

注：$\alpha+\beta\leqslant 90°$。

二、换面法

在前面介绍的三投影面系中，已知点的两个投影，可求出它的第三个投影。换面法的作图原理与方法，和求第三投影是极其相似的。

在图 3-13 中，AB 为 V/H 面系中的一般位置线段。ab、$a'b'$ 均不能反映实长。此时，如另设一个 V_1 面，使 V_1 面 $// AB$ 且 $\perp H$ 面，则 AB 在 V_1/H 面系中为 V_1 面的平行线，其投影 $a_1'b_1'$ 反映 AB 的实长。这种用增设新投影面求新投影，从而取代原投影的方法叫做换面法。下面研究新投影面的条件及新投影与原投影之间的关系。

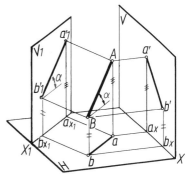

图 3-13　换面法的概念

1. 一次换面

为了保持点在两投影面系中的投影特性，新设的投影面必须垂直于两投影面（V 或 H）之一。新投影面取代 H 面时，记为 H_1，且使 $H_1 \perp V$；H_1 与 V 面的交线记为 X_1 轴；点 A 在 H_1 面上的投影记为 a_1（图 3-14a）。当新投影面取代 V 面时，记为 V_1，且使 $V_1 \perp H$；V_1 与 H 面的交线也记为 X_1 轴；点 A 在 V_1 面上的投影记为 a_1'（图 3-15）。

从图 3-14a 可知：$aa_X = a_1a_{X_1}$，即不论点投射到 H 面上还是 H_1 面上，它的 y 坐标值不变。当 H_1 面绕 X_1 轴旋转到与 V 面重合时，$a'a_1 \perp X_1$ 轴，投影图见图 3-14b。具体作法是：

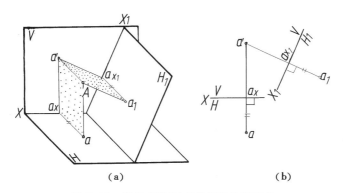

| (a) | (b) |

图 3-14　更换 H 面时点的投影作图方法

（1）在适当的地方画出 X_1 轴；

（2）过 a' 作 X_1 轴的垂线交 X_1 轴于 a_{X_1}，取 $a_1a_{X_1} = aa_X$，则 a_1 即为所求。

反之，如已知 a_1、a'，也可求出 a。

图 3-15a 表示更换 V 面时的投影情形。a' 和 a_1' 的 z 坐标值不变，故有 $a'a_X = a_1'a_{X_1}$。当 V_1 面绕 X_1 轴旋转到与 H 面重合时，$aa_1' \perp X_1$ 轴。投影图的画法如图 3-15b 所示。

2. 二次换面

某些问题要通过两次换面才能解决，是在第一次换面的基础上再作第二次换面。例如在图 3-16 中的 V_1 面上，又作 $H_1 \perp V_1$ 而成 V_1/H_1 系，新轴为 X_2，点在 H_1 上的投影仍为 a_1。当使 H_1 绕 X_2 轴旋转到与 V_1 重合后，点 A 在 H、V_1、H_1 三个投影面上的投影必有 $a_1'a_1 \perp X_2$ 轴，$a_1a_{X_2} = aa_{X_1}$。可见，二次换面时点的投影作图与一次换面完全相同。作图时只要注意原系为 V_1/H 面系，而新系是 V_1/H_1 面系即可。

3. 如何选用新投影面

当用换面法求解线段的有关问题时，要注意：

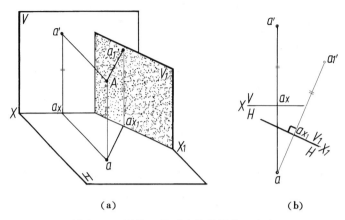

（a）   （b）

图 3-15　更换 V 面时点的投影作图方法

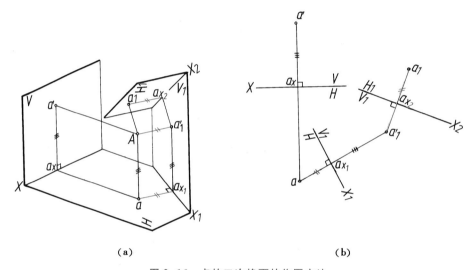

（a）   （b）

图 3-16　点的二次换面的作图方法

1）要更换哪个投影面或需几次换面？

2）新设投影面与直线应处于何种相对位置关系？

下面举例说明。

例1　求线段 AB 的实长及 α（图 3-17）。

分析　如只求一般位置线段的实长，只要使它成为新设投影面的平行线即可，所以更换 H_1 面或 V_1 面均可。但要确定 α，则必须保持直线与 H 面的位置不变，故只能更换 V 面，且使 V_1 面平行于 AB。

作图　（图 3-17b）

（1）在适当地方作 $X_1 /\!/ ab$。

（2）分别过 a、b 作 X_1 的垂线，并取 $a_1' a_{X_1} = a' a_X$，$b_1' b_{X_1} = b' b_X$。

（3）连 $a_1' b_1'$，$a_1' b_1' = AB$；$a_1' b_1'$ 与 X_1 轴的夹角即 α。

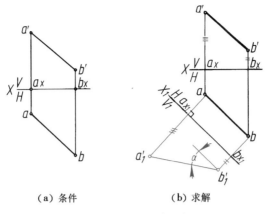

（a）条件　　　　　（b）求解

图 3-17　更换 V 面求实长及 α

例 2　把直线 $AB(/\!/V)$ 变换为投影面垂直线（图 3-18）。

分析　由于 $AB/\!/V$，所设的 H_1 面可以既垂直于 AB 又垂直于 V 面。通过一次换面便可使 $AB \perp H_1$。具体作法见图 3-18。

例 3　把一般位置直线 AB 变换为投影面垂直线（图 3-19）。

分析　从图 3-17、图 3-18 可知，一次换面只能把一般位置直线变换为投影面平行线，或把投影面平行线变换为投影面垂直线。因此，要解决本题，须连续变换两次。作图方法见图 3-19。

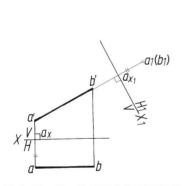

图 3-18　用一次换面将投影面平行
线变换为投影面垂直线

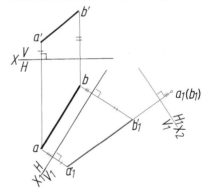

图 3-19　用两次换面把一般位置直线变
换为投影面垂直线

---

§3-4　两直线的相对位置

空间两直线的相对位置包括平行、相交和交叉三种情况，下面分别介绍。

一、两直线平行

根据"空间平行的两直线，它们的投影仍相互平行"的性质，便知它们的各组同面投影必相互平行。例如图 3-20 中因直线 $AB/\!/CD$，则 $ab/\!/cd$，$a'b'/\!/c'd'$。利用这一特性，可解决有关两直线平行的作图问题。

例 过点 $E(e、e')$ 作直线 $EF/\!/AB$（图 3-21）。

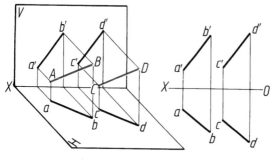

图 3-20 平行两直线的投影特性

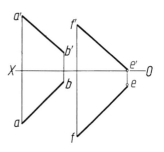

图 3-21 过 E 作 $EF/\!/AB$

作图 过 e 作 $ef/\!/ab$，过 e' 作 $e'f'/\!/a'b'$。$ef、e'f'$ 即为所求。

二、两直线相交

空间相交的两直线必有一交点，它的投影应符合直线上的点的投影特性。例如图 3-22 中的直线 $AB、CD$ 交于 K，则水平投影 k 应在 ab 上，又在 cd 上。同样，k' 必在 $a'b'$ 上，又在 $c'd'$ 上。即各组同面投影应相交，$ab、cd$ 交于 k，$a'b'、c'd'$ 交于 k'；且 $kk' \perp OX$。利用这一特性，可解决有关相交直线的作图问题。

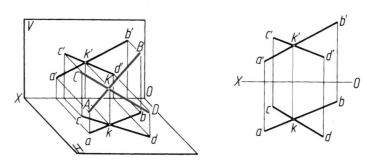

图 3-22 相交直线的投影特性

三、两直线交叉

既不平行也不相交的空间两直线，称为交叉（异面）直线。图 3-23 所示的两交叉直线，它们的水平投影相交而正面投影平行。也有的两交叉直线的各组同面投影相交，但因不是相交直线，交点的连线不会垂直于投影轴。这种交点实际上是重影点的投影，用它可以判别可见性。例如图 3-23 中 $ab、cd$ 的交点是对 H 面的重影点 I、II 的水平投影，I 在直线 AB 上，II 在直线 CD 上。从正面投影可以看出：$z_I > z_{II}$，故点 I 的水平投影 1 可见而点 II 的水平投影(2)不可见。

例 判断图 3-24a、b 中两直线的相对位置。

解 图 3-24a 中的直线 AB 为侧平线，EF 为水平线，它们在空间可能相交，也可能交叉。在水平投影上，用分割线段成比例的作图方法检查。因同面投影符合线上点的投影特性，故直线 $AB、CD$ 为相交两直线。

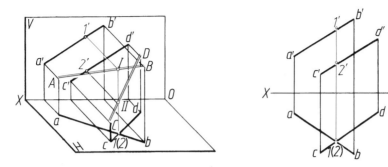

图 3-23 交叉两直线的投影特性

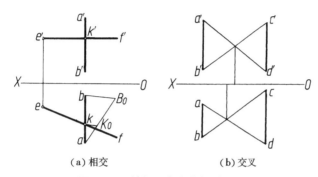

（a）相交　　　　　　　（b）交叉

图 3-24　判断两直线的相对位置

图 3-24b 所示两侧平线有可能相互平行,也有可能是交叉的。判别方法有两种:一是求出两直线在所平行的投影面上的投影,即可作出判断;二是观察两直线的投影,若 a'、c' 同距 X 轴最远(或最近),而 a、c 则分别距 X 轴为最远和最近,则可判定两直线交叉。若 a、c 也同距 X 轴为最远(或最近),则两直线可能平行。若 $AB/\!/CD$,则 AD、BC 应是 $ABCD$ 平面内两相交直线。否则 AB、CD 交叉。具体作法如图 3-24b 所示,结果,直线 AB、CD 是交叉两直线。也可以用平行两线段投影比应相等的方法来判断。

§3-5　直角的投影

角度的投影一般不等于原角。

在直角的投影中,除了直角的两直角边平行某一投影面,它在该面的投影仍为直角外,只要有一直角边平行于某一投影面,则它在该面的投影还是直角。这是在投影图上解决有关垂直问题以及求距离问题常用的作图依据。

在图 3-25 中,设 $AB \perp BC$,$BC/\!/H$ 面。据初等几何定理"在平面内一条直线 BC,如果和这个平面的一条斜线 AB 垂直,那么它也和斜线的正投影 ab 垂直",即可得出 $BC \perp ab$。因 $bc/\!/BC$,故 $bc \perp ab$。两直线交叉垂直时,它们的投影仍符合上述投影特性。

例 1　已知 $AB/\!/V$ 面,试过点 E 作一直线与 AB 垂直相交(图 3-26)。

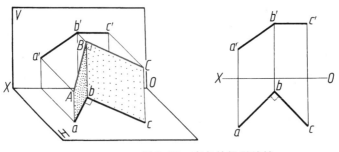

图 3-25　直角的投影特性

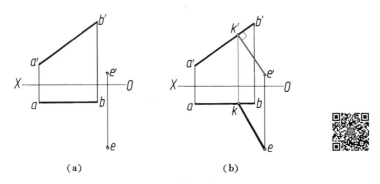

（a）　　　　　　　　（b）

图 3-26　过点 E 作 EK⊥AB

分析　从直角的投影特性得知,与正平线垂直的直线,其正面投影必垂直,据此即可作图。

作图　过 e' 作 $e'k'⊥a'b'$,并与 $a'b'$ 交于 k';在 ab 上求出 k 后连 ek,则 ek、$e'k'$ 即所求。

例 2　过点 A 作直线垂直于直线 CD（图 3-27）。

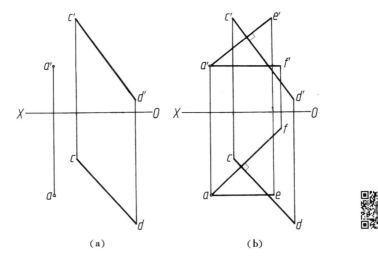

（a）　　　　　　　　（b）

图 3-27　过点 A 作与 CD 垂直的直线

分析　CD 为一般位置直线。过点 A 所作 CD 的垂线有无数条。而直接能在投影面上反映直角的,只有投影面平行线。因此,可作出与 CD 交叉垂直的水平线和正平线。

作图

（1）作正平线 AE 垂直于直线 CD。过 a 作 $ae /\!/ OX$，过 a' 作 $a'e' \perp c'd'$。ae、$a'e'$ 为一解。

（2）作水平线 AF 垂直于直线 CD。过 a' 作 $a'f' /\!/ OX$，过 a 作 $af \perp cd$。af、$a'f'$ 又为一解。

讨论 与 CD 垂直的水平线 AF 和正平线 AE，一般不与 CD 相交而呈交叉状态。其实所作相交两直线 AE、AF 即确定了一个与 CD 垂直的平面。在此平面内过点 A 的直线都和 CD 垂直。图 3-28 是利用换面法求过点 D 作与 AB 垂直相交的直线，并且还用二次换面求出了点 D 到 AB 的距离。这也是求点到直线距离的一种解法。

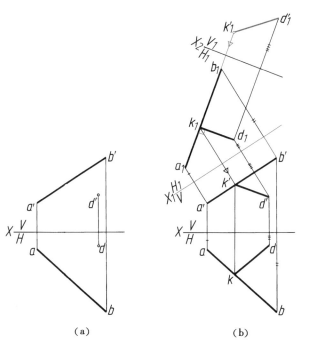

（a）　　　　　　　　（b）

图 3-28　求点到一般位置直线距离的作图

复习思考题

1. 试述点在直线上的投影特性。为什么已知直线上点的一个投影，可以求出其余投影？

2. 特殊位置直线有几种？其投影特性如何？

3. 求一般位置线段实长和倾角有哪些方法？试述求 β、γ 时的作图要点。

4. 试述换面法的作图原理与方法，并比较"已知点的水平投影和正面投影时，求侧面投影的作法"与换面法的异同。

5. 试判断下列两直线的相对位置（不用侧面投影）。

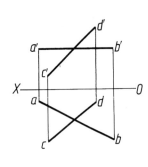 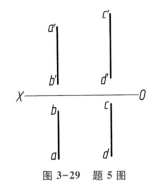 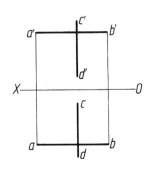

图 3-29　题 5 图

6. 怎样判断交叉两直线重影点的可见性?

7. 试述直角的投影特性。

8. 过点 E 作直线 EF 与 AB 垂直相交。

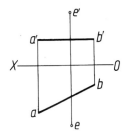 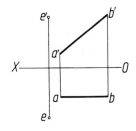 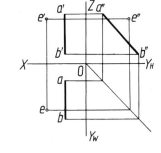

图 3-30　题 8 图

第四章 平面的投影

§4-1 平面的表示法

一、几何元素表示法

根据初等几何学所述的平面的基本性质可知,确定平面的空间位置有以下几种表示法。

(1) 不在同一直线上的三点(图 4-1a);

(2) 一条直线和直线外一点(图 4-1b);

(3) 两条相交的直线(图 4-1c);

(4) 两条平行的直线(图 4-1d);

(5) 三角形(图 4-1e)或其他任意平面图形。

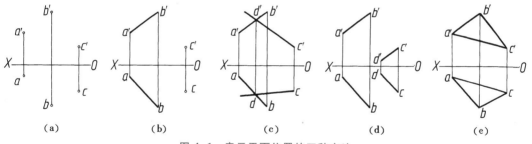

| (a) | (b) | (c) | (d) | (e) |

图 4-1 表示平面位置的五种方法

在投影图上表示平面的方法,就是画出确定平面位置的几何元素的投影,如图 4-1 所示。以上五种表示平面的方法,可以相互转换。例如连接图 4-1a 中的 ab、$a'b'$,就转换为图 4-1b;如再作 $cd /\!/ ab$、$c'd' /\!/ a'b'$,又成了图 4-1d 等。

二、迹线表示法

平面和投影面的交线,称为平面的迹线。例如图 4-2 中的平面 P,它和 H 面的交线 P_H 称为水平迹线;和 V 面的交线 P_V 称为正面迹线;和 W 面的交线 P_W 称为侧面迹线。

由于迹线也是平面内的两条相交或平行的直线,故可用来表示平面。应当注意,当用迹线表示平面时,只需画出不与投影轴重合的那个投影,并加以标记,如图 4-2b 中的 P_V、P_W 和图 4-3b 中的 R_V、R_H 等。

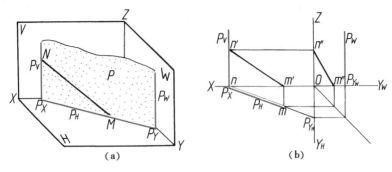

图 4-2　用迹线表示平面

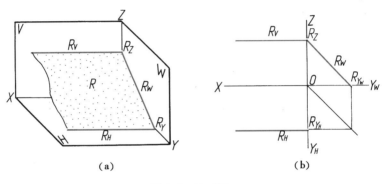

图 4-3　$R_V /\!/ R_H$

---

§4-2　各种位置平面的投影

平面以其在投影面系中的相对位置不同而有投影面垂直面、投影面平行面和一般位置平面等。投射时,平面原有的几何性质有些会因位置不同而变化。下面介绍各种位置平面的投影特性。

一、投影面垂直面

垂直于一个投影面而对另外两个投影面倾斜的平面,叫做投影面垂直面。按所垂直的投影面不同而有铅垂面(⊥H面)、正垂面(⊥V面)和侧垂面(⊥W面)等。投影面垂直面必含而且只含某一投影面垂直线,如铅垂面只含铅垂线,正垂面只含正垂线等。

图 4-4a 中的 △ABC 为铅垂面,它对 V、W 面的倾角为 β、γ。由于 △ABC⊥H 面,水平投影 abc 为一线段,有积聚性;abc 与 OX 轴的夹角等于该平面对 V 面的倾角 β;与 Y_H 轴的夹角等于 γ。正面投影和侧面投影仍为三角形,即实形的类似形。

当铅垂面 P(图 4-4b)用迹线表示时,其水平投影积聚在水平迹线 P_H 上,它与 OX 轴的夹角即 β;$P_V⊥OX$。实际应用时,一般只画其积聚在迹线上的投影(如 P_H),其余的迹线投影省略不画。

60

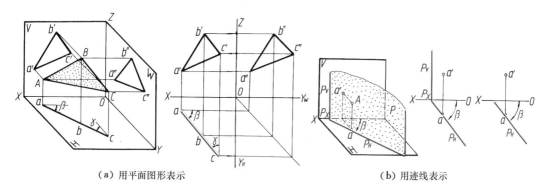

（a）用平面图形表示　　　　　　　　　　　　　（b）用迹线表示

图 4-4　铅垂面的投影特性

表 4-1 列出了投影面垂直面的投影特性。

表 4-1　投影面垂直面的投影特性

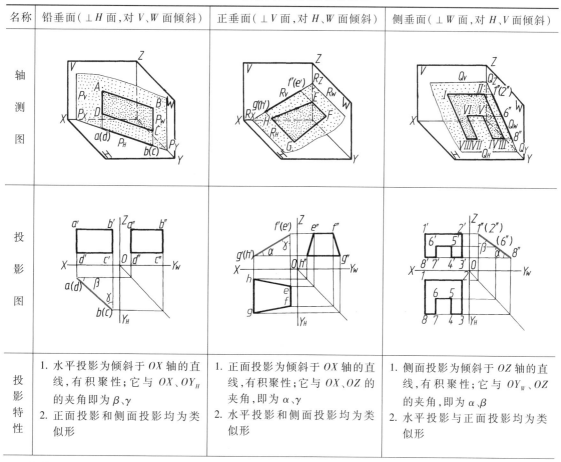

名称	铅垂面（⊥H 面，对 V、W 面倾斜）	正垂面（⊥V 面，对 H、W 面倾斜）	侧垂面（⊥W 面，对 H、V 面倾斜）
轴测图			
投影图			
投影特性	1. 水平投影为倾斜于 OX 轴的直线，有积聚性；它与 OX、OY_H 的夹角即为 β、γ 2. 正面投影和侧面投影均为类似形	1. 正面投影为倾斜于 OX 轴的直线，有积聚性；它与 OX、OZ 的夹角，即为 α、γ 2. 水平投影和侧面投影均为类似形	1. 侧面投影为倾斜于 OZ 轴的直线，有积聚性；它与 OY_W、OZ 的夹角，即为 α、β 2. 水平投影与正面投影均为类似形

小结：1. 在所垂直的投影面上的投影，为倾斜于相应投影轴的直线，有积聚性；它和相应投影轴的夹角，即平面对相应投影面的倾角
　　　2. 平面多边形的其余投影均为类似形

例 1 含点 $A(a,a')$ 作 $\alpha = 30°$ 的正垂面(图 4-5)。

分析 正垂面的正面投影为与 OX 轴斜交的直线,它与 OX 轴的夹角即 $\alpha = 30°$。据此即可作图。

作图 含 a'(图 4-5a)作 $a'(c')b'$ 与 OX 轴成 30°的线段;在水平投影中含 a 任作 ab、ac,则 ab、ac 和 $a'b'$、$a'c'$ 即所求正垂面。

当需用迹线表示时,其作法如图 4-5b 所示。

讨论 正垂面的 $\beta = 90°$,含一点可作无穷多个正垂面,但如在 α 与 γ 中,任给一个角度,则此题只有一解(不计角度的正负值则有两解)。这是因为 α 与 γ 互为余角之故。

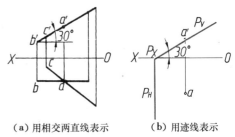

(a)用相交两直线表示　　　(b)用迹线表示

图 4-5　含点作正垂面

例 2 含 $AB(ab,a'b')$ 作铅垂面(图 4-6)。

分析 铅垂面用三角形表示。它的水平投影有积聚性,为斜交于 OX 轴的直线。据此即可作图。

作图 含 a' 作 $a'c'$,连 $b'c'$;ac、bc 与 ab 重合。acb、$\triangle a'b'c'$ 所表示的平面即所求。

讨论 含定直线可作无穷多个一般位置平面,但如要求作某一投影面垂直面,则只有一解。这相当于给定了 α、β、γ 三个倾角。例如本例中的铅垂面即 $\alpha = 90°$,ab 与 OX 轴的夹角,即铅垂面对 V 面的倾角 β,$\gamma = 90° - \beta$。

例 3 完成图 4-7 中侧垂面的水平投影。

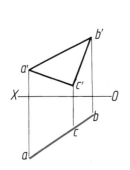

图 4-6　含 AB 作 $\triangle ABC \perp H$ 面

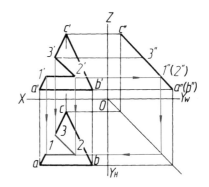

图 4-7　据正面和侧面投影求平面的水平投影

分析 平面的正面投影为 $\triangle ABC$ 切去">形"后而成的六边形,其水平投影是与正面投影类似的六边形,并且">形"与正面投影同向,这是由于 $y_A > y_C$,ab 要处于点 c 的前边的缘故。

作图 先按已知点的两个投影求第三个投影的方法求水平投影 $\triangle abc$,然后求">形"的水平投影 1、2、3,最后连接 1 2、2 3 即得。具体作法如图 4-7 所示。

二、投影面平行面

平行于某一投影面的平面,叫做投影面平行面。按所平行的投影面不同而有水平面($/\!/ H$ 面)、正平面($/\!/ V$ 面)和侧平面($/\!/ W$ 面)等。投影面平行面含有两条不同的投影面垂直线,如水平面含正垂线和侧垂线,正平面含铅垂线和侧垂线等。水平面必垂直于 V 面与 W 面,正平面垂直于 H 面与 W 面,因而又有双垂面之称。投影面平行面不含一般位置直线,可见含一般位置直线作不出投影面平行面,但可以作投影面垂直面。

表 4-2 中左列的 $\triangle ABC /\!/ H$ 面,必垂直于 V 面和 W 面,它的正面和侧面投影为直线段,有积聚性;因 $\alpha = 0°$,则 $a'b'c' /\!/ OX$,$a''c''b'' /\!/ OY_W$;水平投影 $\triangle abc \cong \triangle ABC$。投影面平行面的投影特性见表 4-2。

表 4-2 投影面平行面的投影特性

名称	水平面($/\!/ H$ 面、$\perp V$、W 面)	正平面($/\!/ V$ 面、$\perp H$、W 面)	侧平面($/\!/ W$ 面、$\perp H$、V 面)
轴测图			
投影图			
投影特性	1. 水平投影反映实形 2. 正面投影为直线,有积聚性,且平行于 OX 轴 3. 侧面投影为直线,有积聚性,且平行于 OY_W 轴	1. 正面投影反映实形 2. 水平投影为直线,有积聚性,且平行于 OX 轴 3. 侧面投影为直线,有积聚性,且平行于 OZ 轴	1. 侧面投影反映实形 2. 水平投影为直线,有积聚性,且平行于 OY_H 轴 3. 正面投影为直线,有积聚性,且平行于 OZ 轴

小结: 1. 在所平行的投影面上的投影反映实形
　　　 2. 其余投影均为直线,有积聚性,且平行于相应的投影轴

图 4-8a 表示含点 A 作三角形平行于 V 面的作图情形,$abc /\!/ OX$,$\triangle a'b'c' \cong \triangle ABC$。图 4-8b 为含水平线 BC 作水平面的情形,是用迹线表示的,P_V 与 $b'c'$ 重合。

三、一般位置平面的投影特性

对所有投影面倾斜的平面为一般位置平面。这种平面不含投影面垂直线。因此,它的三个投影都是和空间平面图形相类似的图形。当平面为多边形时,它的每个投影图形的边数都和实

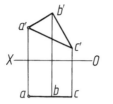

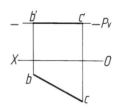

（a）含点作三角形
平行于V面

（b）含水平线作水平面P

图 4-8　含点或投影面平行线作投影面平行面

形边数相等,但边长与两边的夹角一般与实形不等。图 4-9 即反映一般位置平面的投影特性:三个投影均为三角形,但不是实形,表示空间图形为三角形。

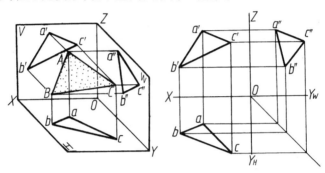

图 4-9　一般位置平面的投影特性:投影为实形的类似形

　　例　含点 A 作一般位置平面(图 4-10)。

　　分析　含一点可作无穷多个一般位置平面。表达方法也有多种。图 4-10 是用任意相交两直线 AB、AC 来表达的(相交的两直线不应有投影面垂直线),只是其中的一种形式和一解,画法如图 4-10 所示。具体应用时,应针对情况选择适当位置的平面和恰当的表达形式。

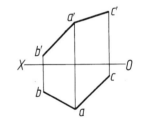

图 4-10　含点 A 作一般位置平面

§4-3　平面内的线和点

一、直线在平面内的几何条件

满足下列条件之一的直线在该平面内。
(1) 通过平面内的已知两点;
(2) 含平面内的一已知点而又平行于平面内的一已知直线。
平面内有关直线的作图问题,都是以上述两条为依据的。

二、平面内的一般位置直线

在平面内作直线时,一般先在平面内两已知直线上各取一点,然后连成直线。

例 1 在 △ABC 给定的平面内作一任意直线(图 4-11)。

作图 在 △ABC 内作直线时,由于三边都是已知直线,可从三边中任意两边各取一点求解,图 4-11 是在已知边 AB 上任取一点 I(1,1′),AC 上取点 II(2,2′);连 I II(1 2,1′2′)即为一解,画法如图 4-11 所示。本例有无穷解。

例 2 判断直线 I II 是否在平面 P(AB×AC)内(图 4-12a)。

分析 如直线 I II 在平面 P 内,则直线 I II 与 AB、AC 或者都相交;或者与其中一条相交而与另一条平行。否则,直线 I II 就不在平面 P 内而与 AB、CD 为交叉直线。

作图 (图 4-12b)

(1)延长 1′2′与 a′b′、a′c′交于 3′、4′。

(2)在 ab、ac 上分别求出 3、4,并连接之。现 3 4 和 1 2 不在一条直线上。故直线 I II 不在 P 面内。

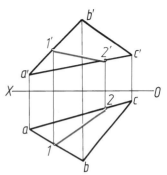

图 4-11 在平面内的两已知边上
各取一点连成直线

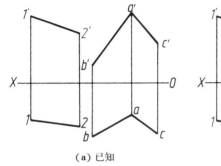

(a)已知

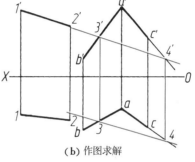

(b)作图求解

图 4-12 判断直线是否在给定平面内

三、平面内的投影面平行线

平面内的投影面平行线,它的投影应符合投影面平行线的投影特性和满足直线在平面内条件。据此,即可作图。

例 1 在平面(AB×CD)内含点 C 作水平线(图 4-13)。

分析 水平线的正面投影平行于 OX 轴,且与 a′b′、c′d′相交。

作图 作 c′1′平行于 OX 轴;在 ab 上求出 1 后连 c1。c1、c′1′即为所求。

例 2 在平面(AB∥CD)内作直线 EF∥V 面,使距 V 面为 15(图 4-14)。

分析 正平线的水平投影平行于 OX 轴。按题意 $y_F = y_E = 15$。据此,即可作出 ef。

作图

(1)取 y=15,作 12∥OX,与 ab、cd 交于 e、f。

(2)在 a′b′、c′d′上求出 e′、f′,连 e′f′。ef、e′f′即为所求。

65

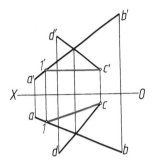

图 4-13　含点 C 在定平面内作水平线

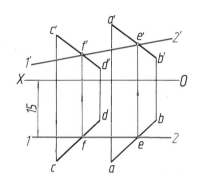

图 4-14　作 EF∥V 面,使距 V 面为 15

四、平面内对投影面的最大斜度线

平面内垂直于水平线的直线,称为平面内对 H 面的最大斜度线;垂直于正平线的直线,称为平面内对 V 面的最大斜度线;垂直于侧平线的直线,称为对 W 面的最大斜度线。

图 4-15 表明了平面内对 H 面的最大斜度线的投影特性:水平线的水平投影与最大斜度线的水平投影垂直,即 $ad \perp c1$。请读者根据最大斜度线的定义和直角投影的特性证明之。

如图 4-15a 所示,在 P 与 H 的交线上任取一点 M_1,连 AM_1、am_1,则 $\angle AM_1 a = \alpha_1$。令直角 $\triangle AMa$ 绕直角边 Aa 旋转到 $\triangle AM_1a$ 平面内(图 4-15b),可以看出,$\alpha > \alpha_1$,亦即 AD 是平面内与 H 面所成夹角最大的直线,也就是斜度最大,α 即为该平面对 H 面的倾角。同样,平面内对 V 面的最大斜度线与 V 面的夹角,即该平面对 V 面的倾角 β。

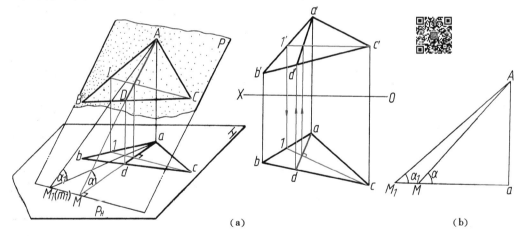

（a）　　　　　　　　　　　　　　　（b）

图 4-15　对 H 面的最大斜度线的投影特性:$ad \perp c1$

例　求 $\triangle ABC$ 对 V 面的倾角 β(图 4-16)。

分析　β 可用对 V 面的最大斜度线来求。在作出该直线后,再用直角三角形法或换面法求 β。

作图

(1) 含点 B 作正平线 $BI(b1, b'1')$;

(2) 含点 A 作 $AII \perp BI$,即 $a'2' \perp b'1'$;

(3) 用直角三角形法求直线 AII 的 β,$\angle 2II_0 a = \beta$。该 β 角即为所求平面的 β 角。

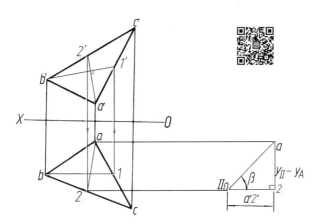

图 4-16   用对 V 面的最大斜度线求平面的 β

五、平面内的点

点在平面内时须满足:该点在平面内的一已知直线上。因此,在平面内找点时,一般要含该点在平面内作辅助直线,然后在所作直线上求点。

例 1   已知点 K 在平面 ABCD 内,据 k 求 k′(图 4-17)。

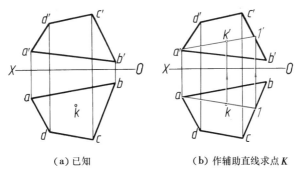

（a）已知   （b）作辅助直线求点 K

图 4-17   在平面内作一般位置直线求点

分析   点 K 为平面 ABCD 内的点,则自任意顶点与点 K 的连线,应与对边相交而为平面内的一条直线。

作图

（1）连 ak,并延长与 bc 交于 1;

（2）在 b′c′ 上求出 1′,连 a′1′;

（3）据 k 在 a′1′ 上求出 k′。

例 2   试完成图 4-18 所示平面四边形 ABCD 的水平投影。

分析   ABCD 既然是平面,则它的对角线必相交。据此即可作图。

作图

（1）连 a′c′、b′d′,设交点为 k′;

（2）连 bd,在 bd 上求出 k,并连 ak;

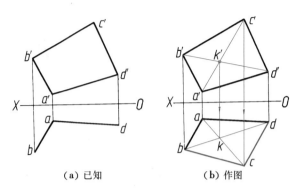

（a）已知　　　　　　（b）作图

图 4-18　用在平面内取点的方法完成平面四边形的水平投影

（3）由 *c′* 在 *ak* 上求出 *c*，连 *bc*、*dc* 即得。

例 3　试判断点 *K*(*k*、*k′*) 是否在平面(*AB×CD*)内(图 4-19)。

分析　如点 *K* 在定平面内，则其与定平面内任意点的连线（如 *KD*）和 *AB* 相交或平行；如果交叉则点 *K* 不在定平面内。

作图　连 *kd*、*k′d′*。从 *kd* 与 *ab* 相交所得交点和 *k′d′* 与 *a′b′* 所得交点来看，*KD* 和 *AB* 为交叉两直线，故点 *K* 不在定平面内。

例 4　完成图 4-20 平面图形的水平投影，并求侧面投影。

分析　据已知条件，△*ABC* 中的 *BC* // *H* 面，*AC* // *W* 面。*1′2′* // *b′c′*，即 *I II* // *BC*。同理，*II III* // *AC*。因此，可利用这个特点作图。

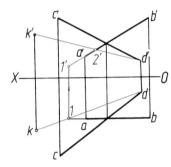

图 4-19　用连线的方法判断
点 *K* 是否在平面内

作图

（1）延长 *I II* 使交 *AB* 于 *L*，即 *1′l′* // *b′c′*、*1l* // *bc*，在 *1l* 上求出 *1 2*(图 4-20b)；

（2）含点 *III* 作 *IIIG* // *BC*，并在 *3g* 上求出点 *3*；

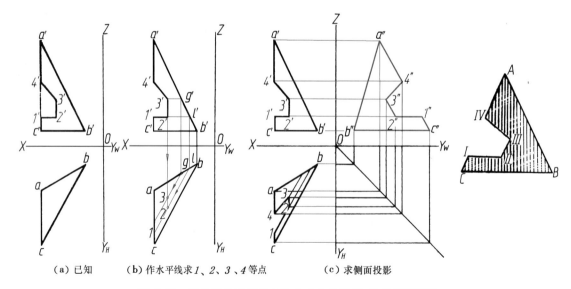

（a）已知　　　（b）作水平线求 *1*、*2*、*3*、*4* 等点　　　（c）求侧面投影

图 4-20　用作辅助直线的方法完成水平投影，并求侧面投影

（3）用同法在 AC 上求出点 IV，即在 ac 上求出点 4（图 4-20b 中未画），连 $1\,2$、$2\,3$、$3\,4$ 便完成了水平投影；

（4）据水平投影和正面投影就可求得侧面投影，画法见图 4-20c。

必须指出，当平面为投影面垂直面时，可以利用平面投影的积聚性求点或线而不必另作辅助线。例如，已知铅垂面（图 4-21）内点 K 的正面投影 k'，则 k 必在 P_H 或 abc 上。但如已知点 1，则点 $1'$ 可以任意确定，因而点 I 有无穷解。

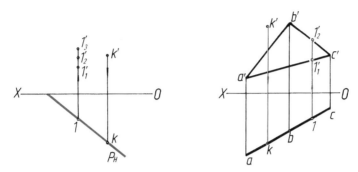

图 4-21　特殊位置平面可用积聚性求点

§4-4　平面图形的实形

求一般位置平面图形的实形，如用换面法时，必须经过两次换面：第一次使它成为投影面垂直面，第二次变换为投影面的平行面。这两个问题同时也是换面法中的两个基本作图问题。现分述于后。

一、将一般位置平面变为投影面垂直面（一次换面）

将一般位置平面变为投影面垂直面可归结为：使平面内一条投影面平行线成为新投影面的垂直线。而使一条投影面平行线成为新投影面的垂直线，只需一次换面。因此，换面时须在平面内取一条投影面平行线。

例　求 $\triangle ABC$ 对 V 面的倾角 β（图 4-22）。

分析　求 β 时，不应改变平面与 V 面的相互位置关系，而应变换 H 面。从铅垂面的投影性质得知：水平投影与 X 轴的夹角即为 β。因此，本题应使 $\triangle ABC$ 成为 H_1 面的垂直面。

作图

（1）作正平线 $AD(ad, a'd')$；

（2）作 $X_1 \perp a'd'$，在 H_1 面上求出 $c_1 a_1 b_1$，它和 X_1 轴的夹角即为 β。

二、将一般位置平面变为投影面平行面（二次换面）

如需使一般位置平面成为投影面平行面，应先把一般位置平面变为投影面垂直面，然后再变为投影面平行面。

例　求 $\triangle ABC$ 的实形（图 4-23）。

作图 在一次换面(H 面变换为 H_1 面)的基础上,再用 V_1 // $\triangle ABC$ 替换 V 使成 V_1/H_1 系。在 V_1 面上所得的 $\triangle a'_1 b'_1 c'_1$ 即为 $\triangle ABC$ 的实形。画法如图 4-23 所示。

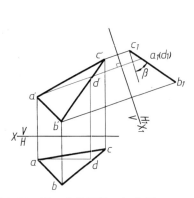

图 4-22　用一次换面使一般位置平面 $\perp H_1$

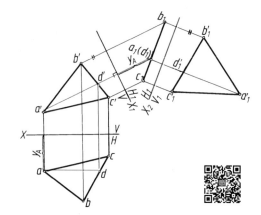

图 4-23　用两次换面求平面图形的实形

复习思考题

1. 试述表示平面的方法。各方法之间有何联系?
2. 试述各种位置平面的投影特性。
3. 试述在平面内作直线和取点的作图方法。
4. 在给定的平面内作指定的直线。

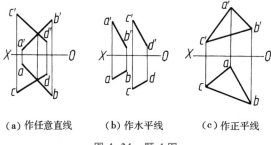

（a）作任意直线　　（b）作水平线　　（c）作正平线

图 4-24　题 4 图

5. 试述最大斜度线的投影特性。如何确定平面对投影面的倾角?
6. 判断下列各点是否在给定的平面内。

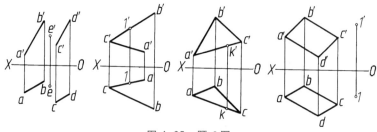

图 4-25　题 6 图

7. 已知点在给定的平面内,求其另一投影。

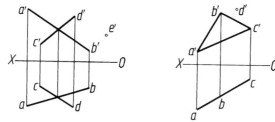

图 4−26　题 7 图

8. 含定点和定直线作指定的平面。

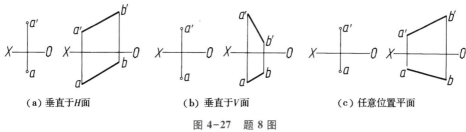

（a）垂直于H面　　　　　（b）垂直于V面　　　　　（c）任意位置平面

图 4−27　题 8 图

9. 使一般位置平面成为投影面平行面要变换几次？为什么？

10. 试求两相交直线 AC、BC 所成夹角的大小。

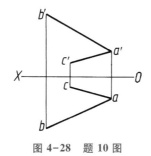

图 4−28　题 10 图

第五章　直线与平面、平面与平面的相对位置

直线与平面或平面与平面的相对位置可能是平行、相交或垂直。垂直是相交的特殊情况。下面介绍它们的投影特性和作图方法。

§5-1　平行问题

一、直线和平面平行

"如果平面外的一条直线和这个平面内的一条直线平行,那么这条直线和这个平面平行",反之亦然,这一定理是解决投影图中直线和平面平行作图问题的依据。

例1　含点 $I(1,1')$ 作平面与直线 $AB(ab,a'b')$ 平行(图 5-1)。

分析　根据上述定理,只要含点 I 作直线与 AB 平行,则含此直线所作的任意平面均符合题意,故本题有无穷多解。

作图　作 $I\ III\ /\!/ AB$;任作一直线 $I\ II$,则 $I\ II \times I\ III$ 即为所求平面之一。

例2　判断直线 AB 与 $\triangle I\ II\ III$ 是否平行(图 5-2)。

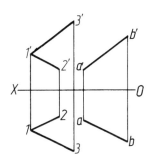

图 5-1　含定点作平面与
定直线平行

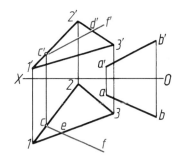

图 5-2　判断平面与直线是否
平行的作图

分析　含定平面内一已知点作直线平行 AB,然后检查该直线有无第二个点在定平面内? 若有,说明该直线在平面内,则线面平行。

作图　在 $I\ II$ 上任取一点 C,作 $CF /\!/ AB$,即 $cf /\!/ ab$,$c'f' /\!/ a'b'$。从图 5-2 可以看出,cf 与 13 相交、而 $c'f'$ 则与 $2'3'$ 相交。表明 CF 没有第二个点在 $\triangle I\ II\ III$ 内,即 $\triangle I\ II\ III$ 不平行于 AB。

二、平面和平面平行

如果一个平面内的相交两直线与另一个平面内的相交两直线对应平行,则此两平面平行。这是两平面平行的作图依据。

例 含点 A_1 作平面平行于定平面（$A_2B_2 \times A_2C_2$）（图 5-3）。

分析 按上述条件,含点 A_1 作 $A_1B_1 /\!/ A_2B_2$,$A_1C_1 /\!/ A_2C_2$,则所作相交两直线决定的平面即为所求,具体作法如图 5-3 所示。

讨论 相互平行的两投影面垂直面,它们的一对有积聚性的投影必平行（图 5-4）。

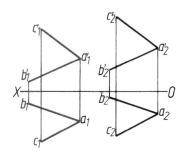 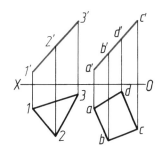

图 5-3 作平面与已知平面平行　　图 5-4 投影面垂直面的有积聚性的投影平行时,两平面平行

§5-2 相交问题

直线和平面、平面和平面若不平行就必相交。相交就要求出交点或交线。求交点、交线是作图的基本问题,需要详细研究。

直线和平面因相交所产生的交点,为平面和直线的共有点,即既在平面内又在直线上。因此,求交点就归结为求直线和平面的共有点。同样,相交两平面的交线是直线,也是两平面的共有线,由一系列共有点组成。根据两点决定一直线可知,求两平面的交线可归结为求平面的两个共有点的问题。

交点、交线是互有联系的。根据求共有点、共有线具体作图过程的需要以及一般情况与特殊情况下相交的相互关系,应先从特殊情况讲起,然后再谈一般的情况。

一、特殊位置平面与一般位置直线或平面的相交

在相交问题中,如果有一平面为投影面垂直面或投影面平行面,则可利用投影的积聚性直接求出交点或交线。

1. 特殊位置平面与一般位置直线相交

图 5-5 表示求 AB 与 $\triangle CDE$（$\perp H$ 面）交点的作图过程。由于交点是直线和平面的共有点,它的投影必在直线和平面的同面投影上。因 $\triangle CDE \perp H$ 面,cde 有积聚性,即交点 K 的水平投影 k 应在 cde 上。交点 K 又在 AB 上,k 必在 ab 上。可见,ab 与 cde 的交点 k 即点 K 的水平投影。由 k 在 $a'b'$ 上可求得 k'。

为了使图形清晰,需要在投影图上判别线段投影的可见性,把被平面遮住的部分画成细虚线。判断可见性的一般方法是利用交叉直线的重影点。例如判断图 5-5 中正面投影的可见性时,找出交叉直线 AB、CD 对 V 面的一对重影点 $I(1,1')$、$II(2,2')$,I 在 CD 上,II 在 AB 上。然后,在水平投影中比较两点 y 坐标的大小,大者可见而小者不可见。今 $y_I > y_{II}$,即表示 CD 在前可见,IIK 在平面之后,不可见,故 $2'k'$ 为细虚线。像图 5-5 这种情况,正面投影的可见性也可直接从水平投影观察出来,bk 位于 ked 之前,即表示 BK 位于平面的前方,是可见的;KA 位于平面之后被遮住了。

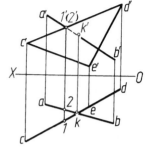

图 5-5 利用铅垂面水平投影的积聚性求交点

应当指出:只有同面投影重叠的部分才要判别可见性,不重叠的部分都是可见的。因此,水平投影中的 ab 都是可见的。

其次,交点是可见与不可见的分界点。在交点某一边的线段如全部可见,则另一边必有被遮住的不可见部分。因此,在一个投影中,只要判断交点一边的可见性,另一边的情况可以推出来。

例 1 求 AB 与平面 P 的交点(图 5-6)。

分析 P 面 $\perp V$ 面,P_v 是 P 面有积聚性的投影。P_v 与 $a'b'$ 的交点 k',即为 P 与 AB 的交点 K 的正面投影。据 k' 求得 k,作法如图 5-6 所示。

从正面投影可以看出:$a'k'$ 高于 $k'P_x$,即 AK 高于平面 P,故 ak 可见。另一段 kb 不可见。

2. 特殊位置平面与一般位置平面的交线

两平面的交线为一直线。当相交两平面之一为特殊位置平面时,可利用它的投影的积聚性直接求出交线上的两个点,然后连成直线。图 5-7 表示 $\triangle DFE$($\perp H$ 面)和 $\triangle ABC$ 相交时交线的求法。

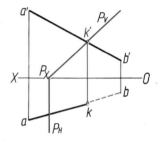

图 5-6 利用 P_v 的积聚性求交点

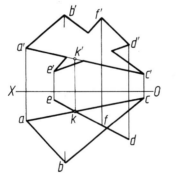

(a)求 AC 与 $\triangle DFE$ 的交点 K

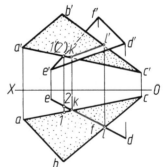

(b)求点 L,并区分可见性

图 5-7 利用平面 DFE 有积聚性的投影 dfe,求平面交线

由于 $\triangle DFE \perp H$ 面,dfe 有积聚性,两平面交线的水平投影必与 dfe 重合。但交线又是 $\triangle ABC$ 内的直线,其水平投影必有两点分别位于 $\triangle abc$ 的某两边或其延长线上。可见,dfe 与

ac、bc 的交点 k、l，即平面交线上两点的水平投影。由 k、l 分别在 $a'c'$、$b'c'$ 求出 k'、l'。kl、$k'l'$ 即为所求。

图 5-7b 还判断了可见性。判断方法与图 5-5 相同，不重述。但要注意，交线是可见与不可见的分界线，并且只有同面投影的重叠部分才存在判断问题。它们不重叠的部分都是可见的。因此，$\triangle abc$ 均可见。

例 2　求 $\triangle EFG$（$/\!/H$ 面）与平面 $ABCD$ 的交线，并判断可见性（图 5-8）。

分析　$\triangle EFG /\!/ H$ 面，$e'f'g'$ 是该平面有积聚性的投影。这样，交线的作图方法与图 5-7 相同。画法和可见性的判断结果如图 5-8 所示。

讨论　从图 5-8b 的水平投影可以看出：$k1$ 在 $\triangle efg$ 之外，只有 $1l$ 为两平面图形所共有，符合题意。这说明两平面图形只有部分相交，叫做互交。而图 5-7 的情况叫做全交。互交要除去交线多余的部分。

其次，四边形中的 $a'b' /\!/ X$ 轴，且 $ab /\!/ ef$，即相交两平面中有两边相互平行，交线 KL 也应平行于 EF。在已知交线方向的条件下，只要求得交线上一个点作平行线即可。

例 3　求 $\triangle ABC$ 与正垂面 Q 的交线（图 5-9）。

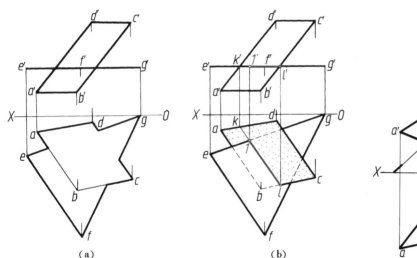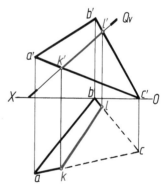

图 5-8　利用水平面 EFG 有积聚性的
投影 $e'f'g'$ 求平面交线

图 5-9　利用正垂面有积聚性的
投影求平面交线

分析　利用正垂面有积聚性的投影 Q_V 求交线，作法与例 1 相同，画法如图 5-9 所示。

从正面投影可以看出：$a'b'l'k'$ 高于 Q_V，即 $ABLK$ 部分高于 Q 平面而 KLC 部分低于 Q 面。因此，$ablk$ 可见而 clk 部分不可见。

例 4　求矩形平面与两个共边三角形平面的交线（图 5-10）。

分析　两共边三角形的交线 $SA /\!/ W$ 面，两底 AB、AC 都是水平线。水平面与两三角形的交线也是水平线，并且与相应的底边平行。用矩形平面的正面投影的积聚性，可直接求平面交线，画法如图 5-10b 所示。

应当指出，矩形平面与 $\triangle SAB$ 和 $\triangle SAC$ 分别相交，要求出各自的交线。可见性的判断可根据正面投影直接看出，判断情况如图 5-10b 所示。

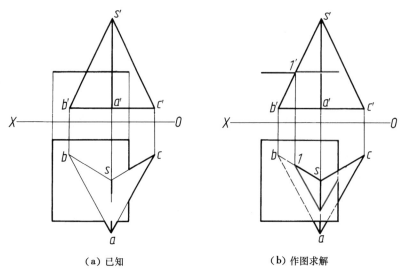

| （a）已知 | （b）作图求解 |

图 5-10　利用平面投影的积聚性求平面交线

二、一般位置直线和一般位置平面的相交

当直线和平面都处于一般位置时,交点的求法如下(图 5-11):

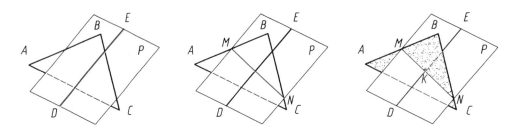

| （a）含直线 *DE* 作辅助平面 *P* | （b）求平面 *P* 与△*ABC* 交线 *MN* | （c）求 *ED* 与 *MN* 交点 *K* |

图 5-11　求直线与平面交点的一般方法和步骤的立体图解

（1）含已知直线作辅助平面。为了作图方便,辅助平面一般应作特殊位置平面,以便利用投影的积聚性求平面交线。

（2）求辅助平面与已知平面的交线。

（3）交线与已知直线的交点即为所求。

例 1　求 DE 与△ABC 的交点(图 5-12)。

作图

（1）含 DE 作 P 面 $\perp V$ 面,即含 $d'e'$ 作 P_V;

（2）求两平面的交线 $FG(fg,f'g')$;

（3）求 DE 与 FG 的交点 $K(k,k')$:k 为 de 与 fg 的交点,据 k 可求出 k';

（4）判别可见性:因直线和平面均无积聚性,所以两个投影都有可见性问题,必须分别利用前述方法判断,结果如图 5-12b 所示。

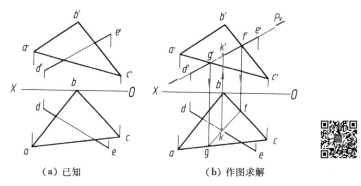

（a）已知 （b）作图求解

图 5-12 作辅助平面 P 求直线与平面的交点

例 2 含点 A 作 AB 使与交叉直线 $I\ II$、$III\ IV$ 都相交（图 5-13）。

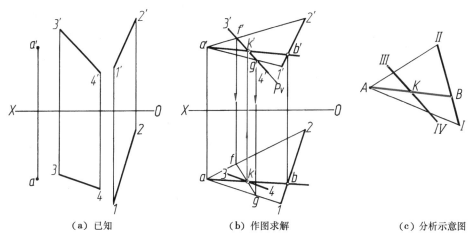

（a）已知 （b）作图求解 （c）分析示意图

图 5-13 含点 A 作 AB 与交叉直线相交

分析 设图 5-13c 中的 AB 与 $I\ II$、$III\ IV$ 相交，则 AB 与 $I\ II$ 即构成了一个平面，$III\ IV$ 与平面的交点在 AB 上。因此，本例可归结为求直线与平面的交点。

作图 （图 5-13b）

（1）作 $\triangle A\ I\ II$；

（2）含 $III\ IV$ 作正垂面 P，并求 P 与 $\triangle A\ I\ II$ 的交线 FG；

（3）FG 与 $III\ IV$ 的交点 $K(k,k')$ 即为所求直线上一点；

（4）连 $AK(ak,a'k')$，使其与 $I\ II$ 交于 B，则 AB 即为所求。

讨论 本例有多种解法。如把点 A 和 $I\ II$、点 A 和 $III\ IV$ 各作为一个平面，然后按上述的线面交点法或辅助平面法求平面交线处理，也可以得到同样的答案。还可以像图 5-14 的示意图那样，利用换面的方法，把交叉直线之一变为投影面垂直线，即可利用投影的积聚性作出 AB 直线；然后反推回去亦可。但以上两种方法作图步骤较复杂，都不及用求平面与直线的交点的方法简便。因此，如遇一题有多种解法时，以选作图简便的为好。

例 3 求 AB 与两三角形的交点(图 5-15)。

作图 含 AB 作正垂面 Q,然后求 Q 与 $\triangle$ I II III 及 Q 与 $\triangle$ I II IV 的交线 E_1F_1、E_2F_2,E_1F_1 与 AB 交于 K_1,E_2F_2 与 AB 交于 K_2。K_1、K_2 即为所求。画法和可见性如图 5-15 所示。

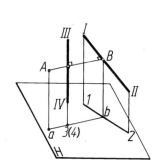

图 5-14 利用积聚性,作直线 AB 与
两交叉直线垂直相交示意图

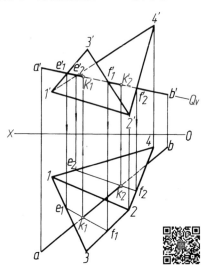

图 5-15 作正垂面 Q 求 AB 与
两三角形的交点

三、两一般位置平面的交线

求两一般位置平面交线的方法,常用的有线面交点法和辅助平面法(三面共点),现分别介绍。

1. 线面交点法

当相交两平面都用平面图形表示且同面投影有互相重叠的部分时,便表明某个平面内的某些直线和另一平面直接相交,因而可用求直线和平面交点的方法找出交线上的两个点。

例 1 求 $\triangle ABC$ 和 $\triangle DEF$ 的交线(图 5-16)。

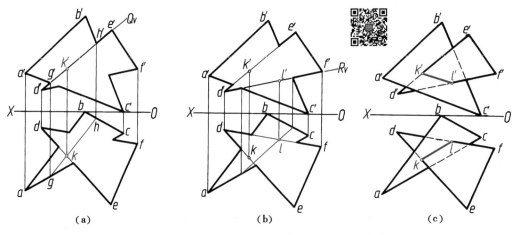

(a)   (b)   (c)

图 5-16 利用线面交点法确定两平面图形的交线

分析 图示两三角形的同面投影有相互重叠的部分,可用线面交点法求交线上的点。本例选 DE、DF 作辅助平面求其与 $\triangle ABC$ 的交点。

作图

(1) 含 DE 作平面 $Q \perp V$ 面,求出 DE 和 $\triangle ABC$ 的交点 K,画法如图 5-16a 所示;

(2) 含 DF 作平面 $R \perp V$ 面,求出 DF 和 $\triangle ABC$ 的交点 L,画法如图 5-16b 所示;

(3) 连 KL(kl、$k'l'$),并区分可见性,结果如图 5-16c 所示。

讨论 凡线段的投影和另一平面图形的同面投影不重叠,就表明该线段在空间不直接和平面图形相交(需扩大平面图形后才有交点),因而不宜选这类直线来求它和另一平面图形的交点。例如本例中的 $a'b'$、$e'f'$ 和 bc、ef 等均不与另一平面图形的同面投影重叠,便不宜选 AB、BC、EF 来求它们对另一平面的交点。至于其余各边哪两边相交,由试作决定。

2. 辅助平面法(三面共点)

辅助平面法(三面共点)是求两平面交线的一种基本方法。图 5-17 示意地说明了这种方法的作图过程。求平面 P、Q 的交线时,任作平面 S_1,使与 Q 相交得交线 L_1,与 P 相交得交线 L_2;L_1、L_2 的交点 I 为 P、Q、S_1 三面的共有点,亦即 P、Q 交线上的一个点。再作平面 S_2,又可得到交线上另一个交点 II。$I\,II$ 即 P、Q 的交线。

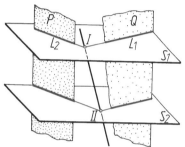

图 5-17 辅助平面法作图法示意图

例2 求 $\triangle ABC$ 和平面($L_1 \parallel L_2$)的交线(图 5-18)。

分析 本题宜用辅助平面法求交线。为了作图方便,可选用投影面平行面或投影面垂直面作图。本例用水平的辅助面求解。

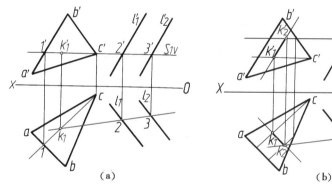

图 5-18 作辅助的水平面求两平面的交线

作图

(1) 含 c' 作 $S_{IV} \parallel OX$ 轴;

(2) S_{IV} 与 $a'b'$ 交于 $1'$,与 l_1' 交于 $2'$,与 l_2' 交于 $3'$;

(3) 在水平投影中,求出 $c1$、23,并延长 23 使它们交于 k_1;

(4) 在 S_{IV} 上求出 k_1',则 k_1、k_1' 即为所求交线上 K_1 的投影;

(5) 重复上法可求得第二个交点 K_2(k_2,k_2');

(6) 连 k_1k_2、$k_1'k_2'$,即为所求交线的投影。

§5-3　垂直问题

垂直有直线垂直于平面、平面和平面相互垂直两个问题。

一、直线和平面垂直

"如果一条直线和一个平面内的两条相交直线垂直,那么这条直线垂直于这个平面"。这条定理是解决有关直线和平面垂直问题的依据。图 5-19 中的直线 L 与 P 面内两相交直线 AB、CD 垂直,则 $L \perp P$ 面。它们的投影又有什么特点呢?

设图 5-20 中的 $I\ II \perp \triangle ABC$,则 $I\ II$ 必垂直于平面内的水平线 BD 和正平线 AE(不一定是相交垂直)。从直角的投影特性可知:$12 \perp bd$,$1'2' \perp a'e'$,这就是直线与平面垂直的投影特性,即直线的水平投影垂直于平面内的水平线的水平投影,直线的正面投影垂直于平面内的正平线的正面投影。反之,如直线、平面的投影具有上述投影特性,则直线与平面垂直。

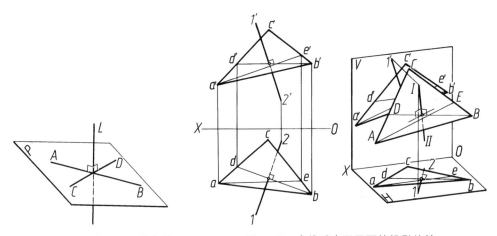

图 5-19　直线垂直于平面的条件　　　　图 5-20　直线垂直于平面的投影特性

例 1　含点 E 作直线垂直于 $\triangle ABC$,并求垂足(图 5-21)。

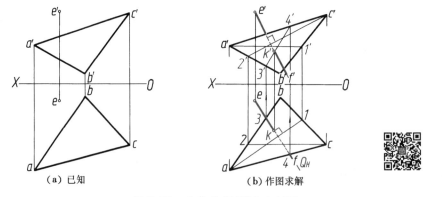

（a）已知　　　　　　　　（b）作图求解

图 5-21　含点 E 作 $EF \perp \triangle ABC$

分析　先根据直线与平面垂直的投影特性作平面的垂线,然后求垂线与平面的交点。

作图

(1) 含点 A 作 $AI /\!/ H$ 面,含点 C 作 $CII /\!/ V$ 面;

(2) 含点 E 作 EF 垂直于 AI、CII,即 $ef \perp a1$,$e'f' \perp c'2'$;

(3) 求 EF 与 $\triangle ABC$ 的垂足:含 EF 作平面 $Q \perp H$ 面,求 Q 面与 $\triangle ABC$ 的交线 $III\ IV$ (34, $3'4'$), $III\ IV$ 与 EF 的交点 $K(k, k')$ 即为所求垂足(图 5-21b 还判断了可见性)。

例 2　已知 $AB \perp BC$,求 bc(图 5-22)。

分析　因 $AB \perp BC$,则 BC 位于与 AB 垂直的平面内。可见,本例含点 B 作平面 P 垂直于 AB,然后在平面 P 内求得点 C。

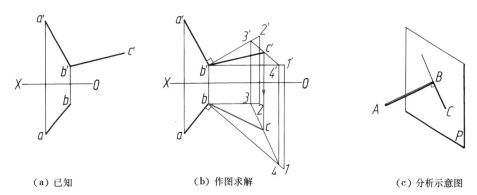

（a）已知　　　　　　（b）作图求解　　　　　　（c）分析示意图

图 5-22　用作直线垂直于平面和在平面内求点的方法求 bc

作图

(1) 含点 B 作水平线 $BI \perp AB$,即 $b1 \perp ab$,作正平线 $BII \perp AB$,即 $b'2' \perp a'b'$;

(2) 在 BI、BII 所决定的平面内,含点 C 作 $III\ IV$,即含 c' 作 $3'4'$,然后在 $b2$ 上求出 3,$b1$ 上求出 4,即得 34;

(3) 据 c 在 34 上求出 c,则 bc 即为所求。

二、两平面垂直

如果一个平面经过另一个平面的一条垂线,那么这两个平面相互垂直(图 5-23)。

显然,如果两平面垂直,那么含第一个平面内一点所作垂直于第二个平面的直线,必在第一个平面内。

以上是解决两平面垂直问题的依据,而基础是直线与平面垂直。

例　含点 A 作平面垂直于 $\triangle I\ II\ III$(图 5-24)。

分析　含点 A 只能作一直线垂直于定平面,但含此垂线可作无穷多个平面,亦即本题有无穷多解。下面作其一解。

作图

(1) 在 $\triangle I\ II\ III$ 内作 $I\ IV /\!/ H$ 面,$III\ IV /\!/ V$ 面;

(2) 含点 A 作 AB 与 $I\ IV$、$III\ IV$ 垂直($ab \perp 15$,$a'b' \perp 3'4'$),即 $AB \perp \triangle I\ II\ III$;

(3) 含点 A 作任意直线 AC,则 AB、AC 所决定的平面就与 $\triangle I\ II\ III$ 垂直。

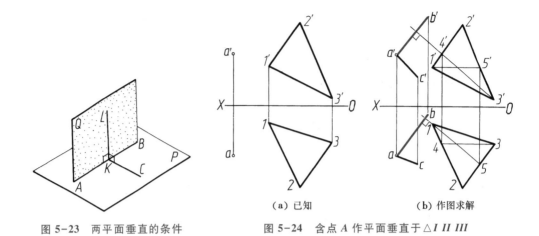

图 5-23 两平面垂直的条件

（a）已知　　　　　（b）作图求解

图 5-24 含点 A 作平面垂直于 △I II III

§5-4　综合问题解题示例

前面讨论的平行、相交、垂直等问题，偏重于探求每一单个问题的投影特性、作图原理与方法。而实际的作图问题往往是综合性的，涉及好几项内容，需要用到多种作图方法才能解决。求解这类问题时，首先要弄清题意，明确已知条件和求解的关系；然后根据已具备的几何知识，制订空间解题方法与步骤；最后利用投影作图求解。为了达到上述目的，须熟练地掌握如下几个基本作图问题的投影画法：

（1）含定点或直线作平面及在定平面内取点、线。

（2）求直线与平面的交点。

（3）求两平面的交线。

（4）含定点作直线平行于定平面。

（5）含定点作直线垂直于定平面。

（6）含定点作平面垂直于定直线。

下面举几个例子说明解题的有关问题。

例 1　作与直线 L 平行的直线 AB，并与两交叉直线 I II、III IV 相交（图 5-25）。

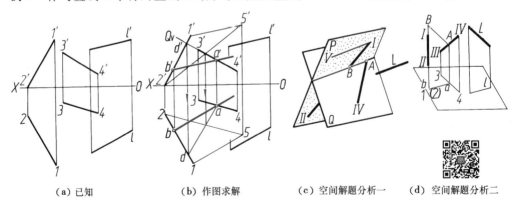

（a）已知　　　（b）作图求解　　　（c）空间解题分析一　　　（d）空间解题分析二

图 5-25　作 AB∥L 且与两交叉直线相交

分析　图 5-25c 为空间解题分析的示意图。与 I II 相交且平行于 L 的直线(如 I V)的集合,是一个与直线 L 平行的平面 P。同理,与 III IV 相交且平行于 L 的直线的集合,也是一个与 L 平行的平面。两平面的交线即为所求。这是求两平面交线的问题,是解题的一种解法。

在作出 P 平面后,直线 III IV 和 P 面一定相交,此时,可含交点 A 作直线 AB 平行于 I V,也为所求解。这是求线面交点的问题,是解题的又一种方法。

还有,像图 5-25d 那样,交叉两直线之一为某投影面垂直线,则可利用该直线投影的积聚性直接作出 AB∥L。利用换面法就可把一般位置直线变换为投影面垂直线,这是解题的第三种方法。

在这几种解法中,以线面交点的作图最简便,图 5-25b 即用此法求解。

作图　(图 5-25b)

(1) 含点 I 作 I V∥L,即 15∥l,1'5'∥l'。

(2) 求 III IV 与平面(I V×I II)的交点。为此,含 III IV 作 Q 面⊥V 面;求 Q 面与平面(I V×I II)的交线 AD(ad,a'd');AD 与 III IV 交于点 A(a,a')。

(3) 含点 A 作 AB∥I V 使与 I II 交于点 B,则 AB(ab,a'b')即为所求。

例 2　已知点 A 到△I II III 的距离为 15,求 a(图 5-26)。

分析　与定平面为定距的点的集合,是一个平行于定平面的平面。据 a' 在所作的平面内即可求得 a。

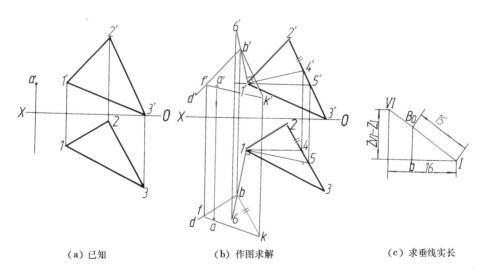

(a) 已知　　　　　(b) 作图求解　　　　　(c) 求垂线实长

图 5-26　已知点 A 到平面的距离,据 a' 求 a

作图　(图 5-26b)

(1) 含点 I 在△I II III 内作 I IV∥V 面,I V∥H 面;

(2) 含点 I 作 I VI⊥△I II III,即 16⊥15,1'6'⊥1'4';

(3) 用直角三角形法求 I VI 实长,并确定实长为 15 mm 的水平投影长(图 5-26c),求出 b、b';

（4）含点 B 作平面平行于△I II III；

（5）在所作平面内含点 A 作直线 $FK(fk, f'k')$，在 fk 上根据 a' 求出 a。

必须指出，解题时一定要弄清题意，分析已知条件的空间情况及已知条件与投影面的相互位置关系。当直线或平面处于特殊位置时，往往使解题方法简单明了。若例 1 中的已知条件为图 5-25d，则解题是很方便的。

其次，对于求解距离、角度等类度量性质的问题，如把一般作图方法与换面法两者结合使用，可减少作图次数，提高图形的准确性。但对于少数度量问题，如求两平面的夹角、两交叉直线的最短距离等，则以使用换面法求解为宜。

复习思考题

1. 在投影图上如何判断直线与平面或两平面是否平行？

2. 含点 A 作直线平行于已知平面，有几解？

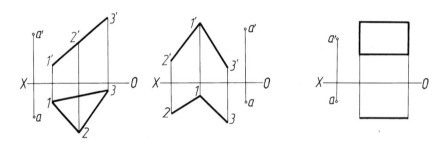

图 5-27　题 2 图

3. 试述求两平面交线的一般方法。

4. 试述求直线与平面交点的一般方法。

5. 求下列直线与平面的交点，并判别可见性。

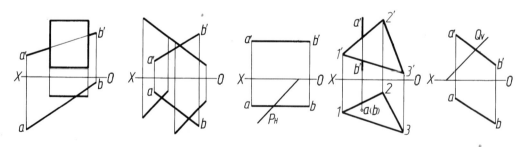

图 5-28　题 5 图

6. 求两平面的交线。

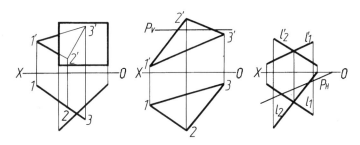

图 5-29　题 6 图

7. 直线垂直于平面的投影特性如何?

8. 过点 A 作直线垂直于已知平面。

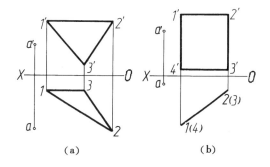

（a）　　　　　　　（b）

图 5-30　题 8 图

9. 试求第 8 题图 a 中点 A 到平面 Ⅰ Ⅱ Ⅲ 的距离（用两种方法求解）。

第六章 曲线与曲面的投影

§ 6-1 曲线概述

一、曲线的形成

工程上常用的曲线大都可认为是：点运动时的轨迹；平面与曲面或曲面与曲面的交线；曲线或直线在平面内运动时所得线族的包络线，线族中每一条线都与包络线相切。例如图 6-1 中的圆 O，当圆心 O 沿 L 曲线运动时，即得一圆族的包络线 L_1 和 L_2。圆族中的任一位置的圆 O 与包络线 L_1 和 L_2 切于点 A 和点 B。由于 L_1 和 L_2 对 L 的两对应点的距离 AO 与 BO 相等，故又称 L_1、L_2 为 L 的等距曲线，其距离为圆的半径。

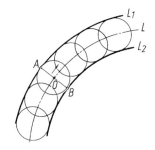

图 6-1 曲线由线族包络而成

二、曲线的分类

曲线一般可分为：

$$
曲线
\begin{cases}
平面曲线
\begin{cases}
规则曲线——如圆、椭圆、渐开线、摆线、双曲线、抛物线等 \\
不规则曲线——任意平面曲线
\end{cases} \\
空间曲线
\begin{cases}
规则曲线——如螺旋线 \\
不规则曲线
\end{cases}
\end{cases}
$$

所谓平面曲线，是指曲线上所有的点都位于同一平面内，而空间曲线则指曲线上没有连续四点位于同一平面内。

三、曲线投影的一般性质

曲线投射时有如下的性质：

（1）曲线的投影仍为曲线。仅当平面曲线所在的平面垂直于某一投影面时，它在该投影面上的投影为直线（图 6-2a）。

（2）二次曲线的投影一般仍为二次曲线。特别是圆和椭圆的投影一般是椭圆，在特殊情况下也可能是圆或直线；而抛物线或双曲线的投影一般仍为抛物线或双曲线。

（3）曲线的切线，它的投影一般仍与曲线的同面投影相切（图 6-2b）。这是由于切点是曲线和切线的共有点的缘故。

在平面曲线中,与切线有关的拐点 C(图 6-2c),回折点 D、E(图 6-2d)投射后的性质不变。

(4) 曲线的二重点 K(自身的交点)投射后的性质不变(图 6-2e)。

以上性质,如将第(1)条后面一句修改为"当平面曲线所在的平面与投射线平行时,曲线的投影为直线",对于平行投影法也是适用的。

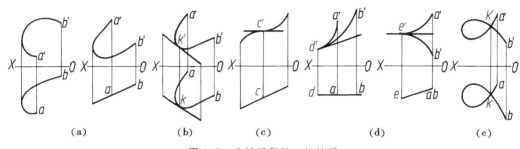

图 6-2 曲线投影的一般性质

四、曲线的表示法

曲线的表示因用途而异。在工程制图中,它是用投影的方法来表达的。一般在图纸上先作出曲线上一系列点的投影,然后用曲线板依次光滑地连接起来。但如知道曲线的形成方法或其几何性质以及它们的投影性质,也可根据形成方法或几何性质作图,借以提高画图的准确度和速度。

§6-2 圆与椭圆

一、圆与椭圆投影的一般性质

(1) 圆或椭圆的中心投影后仍为中心,且中心等分所有的直径。

(2) 圆的投影一般为椭圆(图 6-3a、b)。当圆所在的平面为投影面平行面时,它在该投影面的投影仍为圆(图 6-3c)。

(3) 圆与椭圆的一对共轭直径[①]投射后仍为共轭直径,如图 6-3a 中圆的共轭直径 AB、CD,投射后的 ab、cd 为椭圆的一对共轭直径。

(4) 圆的投影为椭圆时,对于某一投影来说,圆上只有一对相互垂直的直径投射后为椭圆的一对相互垂直的共轭直径——长、短轴。圆上这对相互垂直的直径,一为投影面平行线,另一为对投影面的最大斜度线。例如图 6-4 中平面 P 内的圆 O,它在 H 面上的投影为椭圆 o,直径 CD 为水平线,显然水平投影 $cd=CD$。直径 AB 为平面 P 内对 H 面的最大斜度线。根据直角投影的特性,$cd \perp ab$,且 ab 为圆的直径投射后长度最短的。因此,cd、ab 分别为椭圆的长轴和短轴。同理,如圆的正面投影为椭圆,则圆内平行正面的直径,投射后为椭圆的长轴,圆内对 V 面最大斜度线的直径,投射后为椭圆的短轴。

---

① 一直径如平分与另一直径平行的弦,则这对直径称为共轭直径。对圆来说,两互相垂直的直径即为共轭直径。

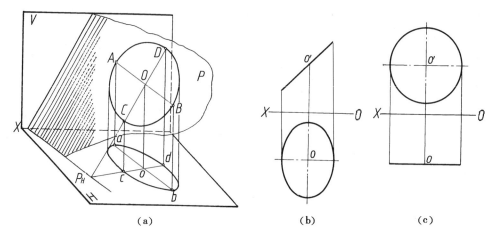

图 6-3 圆的投影

根据上述可知,圆投影为椭圆时,椭圆的长轴等于圆的直径。

(5)椭圆的投影一般还是椭圆,空间椭圆的长、短轴在投射后一般为投影椭圆的一对共轭轴。在特殊情况下,也可能仍为投影椭圆的长、短轴(如空间椭圆平行于投影面或长、短轴平行于投影面时)。

二、圆或椭圆投射时的作图

作圆的投影图时,一般是根据圆的一对共轭直径求椭圆的长、短轴,然后按照已知长、短轴作椭圆的方法画出椭圆。也可以求出圆周上一系列点的投影后再连成曲线。前者适于画整圆或大半圆的投影,后者适于画部分圆弧的投影。

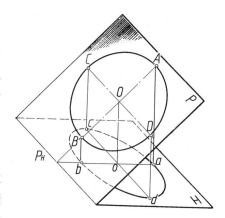

图 6-4 圆内只有一对共轭直径投射
为椭圆的长、短轴

1. 求出椭圆的长、短轴后画椭圆

现以图 6-5 为例说明之。设需过平面 ABCD 内的点 O 为圆心作一直径为 30 的圆。根据图 6-5a 所示条件可知,平面处于一般位置,圆的投影为椭圆。图 6-5b、c 为求正面投影——椭圆长、短轴的作图方法。图 6-5d 为根据长、短轴用近似方法画出的椭圆。水平投影既可以用直接求出椭圆长、短轴的方法来画,也可以在作出一对共轭轴后,再求长、短轴,然后画椭圆。

如圆所在平面为投影面垂直面,则根据它的有积聚性的投影,可以很方便地求出椭圆长、短轴其余投影的方向和长度,读者试完成之。

2. 根据共轭轴求长、短轴

已知椭圆的一对共轭轴 AB、CD(图6-6)求长短轴的方法是:将 OD 顺时针方向旋转 90° 得 OD_1;连 BD_1,并求出 BD_1 的中点 M;连 OM,在 M 的两边取 $MK=ML=MB$;连 BK,BL,则 $BL \perp BK$。BK 即长轴方向,BL 为短轴的方向。长轴的长 = $2 \cdot OL$,短轴的长 = $2 \cdot OK$。

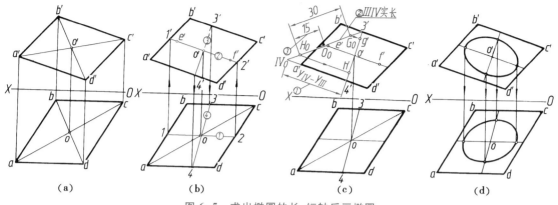

图 6-5 求出椭圆的长、短轴后画椭圆

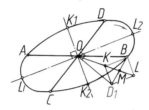

图 6-6 已知椭圆一对共轭轴求长短轴的作图

图 6-5 中圆的水平投影,可根据正面投影——椭圆的长、短轴,求出它们的水平投影,这就是水平投影椭圆的一对共轭轴。按上述已知共轭轴求长、短轴的方法即可作出圆的水平投影。

§6-3 曲面概述

一、曲面的形成

曲面可认为是动线运动时的轨迹,动线也称为母线。母线为直线时所形成的曲面称为直纹面;动线为曲线时所形成的曲面称为曲纹面。

母线作规则运动时所形成的曲面称为规则曲面。控制母线运动的点、线、面叫做定点、导线和导面。例如图 6-7 中的直母线 AA_1 沿曲导线 L 运动时,始终平行于直导线 MN,这样便得到一个柱面。母线在曲面上的任一位置叫做素线,如 BB_1、CC_1。

必须指出,一个曲面的形成方法是多种多样的,例如图 6-8 中的圆柱面,它的母线可以是直线(图 6-8a),圆柱面上任意曲线(图 6-8b)或圆(图 6-8c)等;而其运动规则既可以认为母线作旋转运动(图 6-8a、b),也可以认为作垂直于圆平面的直线运动(图 6-8c)。对图 6-8d 来说,还可以认为圆柱面是球的球心沿柱轴移动时球面族的包络面。

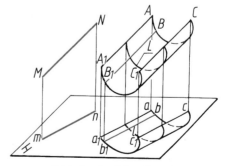

图 6-7 规则曲面的形成

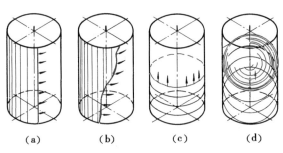

（a） （b） （c） （d）

图 6-8 圆柱面的几种形成方法

又如图 6-9 所示的圆锥面，既可认为由直母线绕与它相交的轴线旋转而成，也可看作圆母线沿轴线连续移动时、直径 D 与圆平面到定点 S 距离 L 之比为定值所形成。可见，母线在运动过程中的形状或面积大小，还可以连续地进行变化。

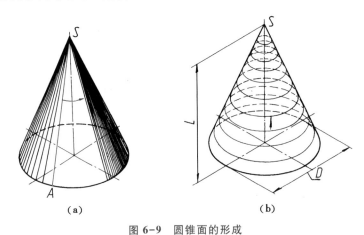

（a） （b）

图 6-9 圆锥面的形成

虽然形成曲面的方法有多种，但在实际应用时，应针对具体情况选择一种对解决问题最有利的形成方法。

二、曲面的分类

根据母线的性质，形成方法等，曲面可分为：

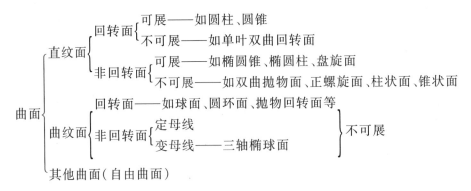

直纹面中的可展曲面是指曲面上相邻两素线是相交或平行的共面直线,这种曲面可以展开摊平在一个平面上。不可展曲面则是指曲面上相邻两素线是交叉的异面直线,这种曲面只能近似地展开。

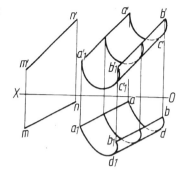

图 6-10　曲面投影的表示法

三、曲面的表示法

用投影表示曲面时,一般应画出形成曲面的导线、导面、定点以及母线等几何元素的投影。为了使图形能显示曲面的特征和富于实感,还应画出曲面各个投影的轮廓线。如图 6-10 中的 aa_1、bb_1、dd_1 和 $c'c_1'$ 等。

---

§6-4　一般回转面

一、形成和特点

母线绕轴线旋转所形成的曲面,称为回转面。例如图 6-11 中平面曲线 L 绕轴线 O—O 旋转一周而成一复合回转面。

母线上任意点旋转时的轨迹是个圆周,这个圆称为纬圆。纬圆的半径为母线上的点到轴线的距离,圆心为过该点所作轴线的垂面与轴线的交点。例如图 6-11 中 L 上点 A 的轨迹,是以 O_A 为圆心、R_A 为半径的纬圆。可见,当用垂直于轴线的平面切断回转面时,平面和回转面的交线是一个圆(有时是多个同心圆)。利用回转面的这一特点,可以求回转面上的点。

二、投影画法

回转面必须用细点画线画出轴线的投影,然后画出投影的轮廓线或某些极限位置素线的投影和纬圆的投影。

为了画图方便,对单个的回转面一般使轴线为投影面垂直线。这样在平行于轴线的投影面上的投影,即为左右(图 6-11 中的正面投影)、前后或上下极限位置素线的投影和上下顶纬圆的积聚投影;在垂直于轴线的投影面上的投影为一个或多个同心圆(图 6-11 中的水平投影),其中最大的一个圆称为赤道圆,最小的一个圆称为喉圆。

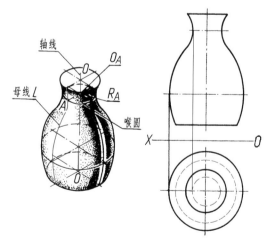

图 6-11　回转面的形成和画法

三、回转面上的点

在回转面上求点和在平面内找点一样,也要在回转面上引一辅助线,然后在辅助线上找出所需要的点。作辅助线的原则是它的投影简单易画,例如直线或圆。考虑到回转面的纬线都是圆,因此,当轴线为投影面垂直线时,可以取纬圆作辅助线求点。例如图 6-12 中表示利用纬圆作辅助线求点 A 的侧面投影的作图情形。如 a_1' 不可见时,侧面投影为 a_1''。

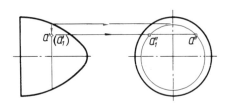

图 6-12　作辅助线求回转面上的点

§6-5　螺旋线与螺旋面

一、螺旋线

螺旋线是空间曲线。以圆柱面为导面时形成圆柱螺旋线,以圆锥面或圆弧面为导面时形成圆锥螺旋线或圆弧面螺旋线等。

1. 圆柱螺旋线

1）形成　当点 A 沿导圆柱面上的直母线作等速移动,而该母线又绕圆柱轴线作等角速度回转时,点 A 的运动轨迹即为圆柱螺旋线(图 6-13a)。

母线回转一周,点 A 沿轴线方向移动的距离叫做导程,以 P_h 标之。如母线逆时针方向回转而点 A 沿轴线上升时,符合右手定则,为右螺旋线(图 6-13a)。如母线逆时针方向回转,点 A 沿轴线下行,符合左手定则,则为左螺旋线(图 6-13b)。导圆柱面的直径、导程和旋向是形成螺旋线的三个基本要素。

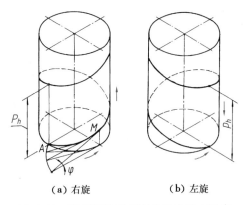

(a) 右旋　　　　(b) 左旋

图 6-13　形成圆柱螺旋线的三个基本要素

2）投影画法　根据导面直径、导程和旋向画螺旋线时,可先画出导面的投影,然后再按下述步骤作图(图 6-14a):

（1）将导面的水平投影(圆周)作若干等分(图中为 12 等分),并按逆时针方向顺次标记各分点 0、1、2、…、11、12(为左旋时按顺时针方向标记);而在正面投影上将导程 P_h 作相同的等分,并自而上地顺次标记各分点 0_0、1_0、2_0、$\cdots$、11_0、12_0。

（2）自正面投影的各分点作 OX 轴的平行线；水平投影的各分点作 OX 轴的垂线,相应直线的交点 $1'$、$2'$、$\cdots$、$11'$、$12'$ 即所求螺旋线上点的投影。把所求各点顺次光滑连接,即得螺旋线的正面投影。

注意区分螺旋线正面投影中的可见性。图 6-14a 中圆柱螺旋线的正面投影是正弦曲线,水平投影是圆。

圆柱螺旋线展开后是直角三角形的斜边（图 6-14b）。这是由于点在水平和竖直两个方向都为等速运动的缘故。由此可见,不在圆柱表面同一素线上两点间的距离以螺旋线为最短,因而又叫测量线。显然,长度 $L = \sqrt{(\pi d)^2 + P_h^2}$。

螺旋线上任一点的切线与它的水平投影所成的角 ψ,叫做螺旋线的升角,它等于螺旋线展开图中斜边与导圆柱底圆展开线所成的夹角,并且 $\tan \psi = \dfrac{S}{\pi d}$。而螺旋线与圆柱素线的夹角 β 叫做螺旋角,为一定值,故圆柱螺旋线又称定倾曲线。ψ 与 β 之间互为余角。

2. 圆锥螺旋线

一点沿圆锥面上一直母线作等速移动,而该母线又绕锥轴作等角速度回转时的轨迹为圆锥螺旋线。母线回转一周时,动点沿轴线方向移动的距离 P_h,叫做导程。

圆锥螺旋线的画法和圆柱螺旋线相同,也是将导面的底圆和导程分为相同的等份,然后找螺旋线上点的投影,最后连成光滑的曲线。所不同的是,必须根据圆锥螺旋线点的正面投影,在同一素线上求出该点的水平投影,并将所得各点连成光滑的曲线。画法如图 6-15 所示。

图 6-15 中圆锥螺旋线的正面投影为变幅的正弦曲线,水平投影为阿基米德螺旋线。

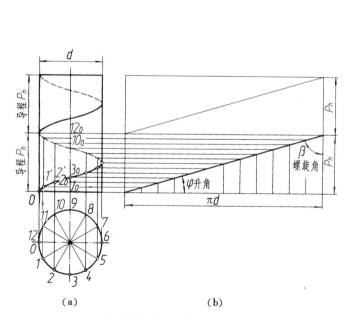

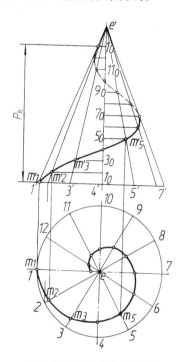

图 6-14　圆柱螺旋线投影的画法和螺旋线的展开　　　　图 6-15　圆锥螺旋线画法

3. 圆弧面螺旋线

一点沿圆弧回转面上的母线(圆弧)作等速运动,而该母线又绕轴线作等角速度回转时的轨迹为圆弧面螺旋线。母线回转一周时点在母线上走过的弧长,称为圆弧面螺旋线的导程 P_h。

圆弧面螺旋线的画法与圆柱螺旋线的相同,画法如图 6-16a 所示。

图 6-16b 为圆弧面螺旋线应用于圆弧面蜗杆的例子。

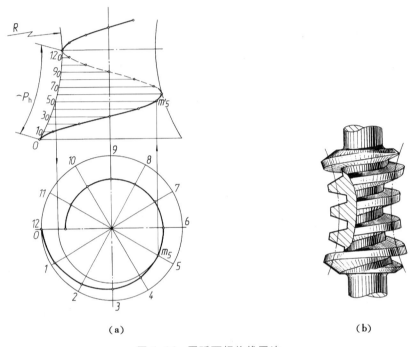

(a)　　　　　　　　　　　　(b)

图 6-16　圆弧面螺旋线画法

二、螺旋面

螺旋面是直母线作螺旋运动时的轨迹。有正螺旋面、斜螺旋面和可展螺旋面[①]等。分述于下。

1. 正螺旋面

以圆柱螺旋线及其轴线为导线,直母线沿此两条导线滑动时始终垂直于轴线所得的轨迹,即为正螺旋面。画图时除了画出导线的投影外,还要画适当数量的直素线的投影,如图 6-17a 所示。

按照正螺旋面的形成规律,可以得到如下两个结论:

1) 以垂直于轴线的平面截正螺旋面,其交线是直素线。例如水平面 P 与正螺旋面的截交线是直素线 AB。

2) 过轴线的平面与正螺旋面的交线也是直素线。例如正平面 Q 与正螺旋面交于 O_1I、O_7VII 等。

方牙螺纹的工作面属正螺旋面。根据上面所介绍的两个结论可知:方牙螺纹的螺旋面部分其轴向断面与端面断面都是直线(图 6-17b)。

---

① 可展螺旋面也是斜螺旋面的一种,但工程上通常所称的斜螺旋面仅指不可展的螺旋面,并不包括可展螺旋面。

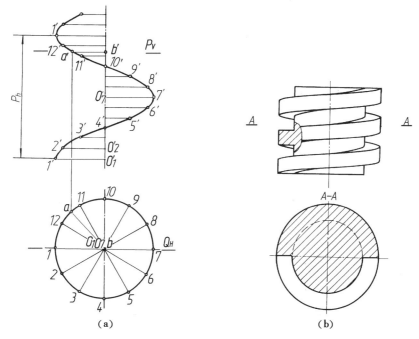

图 6-17　正螺旋面

2. 斜螺旋面

当直母线与轴线倾斜成($90°-\alpha$)角并作螺旋运动时的轨迹即为斜螺旋面。它的画法要点如图 6-18 所示:从点 I 开始先作平行于 V 面的素线 A_1I 的投影,亦即作 $a_1'1'$ 与 X 轴成 α;然后,从 a_1' 起沿 Z 轴量取 $a_1'a_2'=a_2'a_3'=\cdots=\dfrac{P_h}{12}$($P_h$ 为导程,12 为作螺旋线时的等份数),得点 a_2'、$a_3'\cdots$,并与正面投影中的 $2'$、$3'\cdots$ 分别连接成 $a_2'2'$、$a_3'3'\cdots$;最后画出素线正面投影 $a_1'1'$、$a_2'2'$、$a_3'3'\cdots$ 之间的包络线,即得斜螺旋面的投影图。

过轴线的平面与斜螺旋面的交线是直素线。与轴线垂直的平面与斜螺旋面的截交线是阿基米德螺旋线。

目前工厂所使用的蜗杆,大多数用斜螺旋面构成。由于垂直于轴线的剖面是阿基米德螺线(图 6-19),因而也称为阿基米德蜗杆。此外,各种三角形螺纹、梯形螺纹等,均由螺旋面构成。正螺旋面和斜螺旋面均属不可展曲面。

3. 可展螺旋面

由圆柱螺旋线的切线所形成的曲面是可展的,称为可展螺旋面,前面已经说过,圆柱螺旋线的切线为定倾直线,并且螺旋角 β 和升角 ψ 均为定值,且 $\psi+\beta=90°$。如以斜边和底边成 ψ 角的直角三角形 MNP(图 6-20)沿圆柱面作纯滚动,则 MN 与圆柱面的切点的轨迹为圆柱螺旋线,而 MN 的轨迹为螺旋线的切线曲面,即可展螺旋面。点 M 的轨迹是渐开线,位于轴线的垂直平面上。可见可展螺旋面的端面是渐开线,因此又有渐开线螺旋面之称。

螺旋齿轮的齿面属可展螺旋面(图 6-21)。有的蜗杆也是由可展螺旋面构成的。

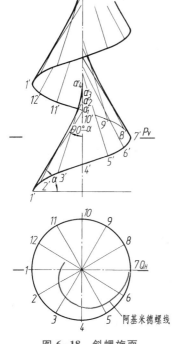

图 6-18 斜螺旋面

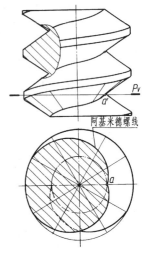

图 6-19 阿基米德蜗杆

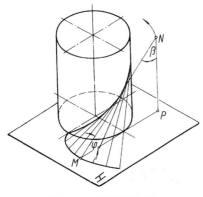

图 6-20 可展螺旋面

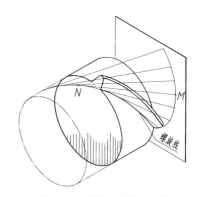

图 6-21 螺旋齿轮的齿面

如已知可展螺旋面的母线 AI（正面平行线），导程 $P_{\rm h}$ 则可展螺旋面的作图步骤如图 6-22 所示：

1）作出点 A 的螺旋线，其等分点的正面投影为 a_1'、$a_2' \cdots$，相应的水平投影为 a_1、$a_2 \cdots$。

2）过各等分点作螺旋线切线的水平投影 $a_1 1$、$a_2 2$、$a_3 3 \cdots$。

根据曲线的切线其投影仍然相切和螺旋线的切线与 H 面的倾角相等的关系可知，$a_2 2$、$a_3 3 \cdots$ 应与圆相切，并且 $a_2 2 = a_3 3 = \cdots = a_1 1$。

3）作螺旋线切线的正面投影 $a_2' 2'$、$a_3' 3'$ 等。

曲线 $1'2'3' \cdots$ 是点 I 的运动轨迹——圆柱螺旋线的正面投影。它的导程也等于 $P_{\rm h}$。据此，可按螺旋线作法定出 $2'$、$3'$ 等，并连成光滑曲线，然后依次连接成 $a_2' 2'$、$a_3' 3'$ 等。

4）画出两螺旋线拐弯处的切线 t,作为螺旋面正面投影的轮廓线。

注意,正面投影中的曲线 l' 为过轴线的正平面 Q 与可展螺旋面的截交线的投影,而水平面 P 与可展螺旋面的截交线的水平投影为渐开线。

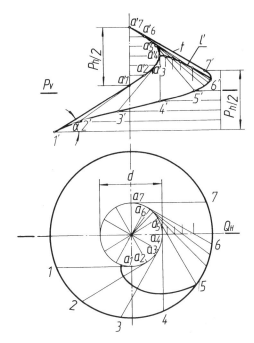

图 6-22　可展螺旋面的投影图

§6-6　几种直纹曲面

一、关于锥面的问题

1. 锥面的形成和分类

锥面可看成一直母线通过定点 S、并沿曲导线滑动时所形成。如果锥面无对称面则为一般锥面(图 6-23a)。如有两个以上的对称面,则为有轴锥面,而对称面的交线即为锥面的轴线(图 6-23b)。如以垂直于轴线的平面(正截面)切断锥面其切口为圆,则称为圆锥面,为椭圆时称为椭圆锥面。当轴线与底面垂直时为正锥面,与底面斜交时为斜锥面。

2. 锥面和锥面上点的画法

画锥面的投影时,需要画出定点 S 和曲导线以及适当数量素线的投影。对于圆锥面和椭圆锥面还要画出轴线的投影。

在锥面上取点时,可引过锥顶的直素线来求。图 6-23a 表示已知锥面上点 K 的水平投影 k 求 k' 时,过锥顶 S 和点 K 引直素线 SM 即可求得,画法如图 6-23a 所示。

3. 椭圆锥面的圆切口

在椭圆锥面上求圆切口时(图 6-24),可以:

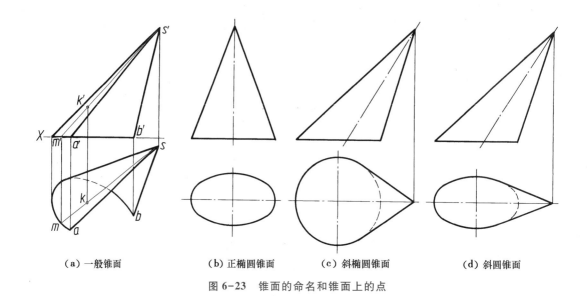

|（a）一般锥面|（b）正椭圆锥面|（c）斜椭圆锥面|（d）斜圆锥面|

图 6-23　锥面的命名和锥面上的点

1）过锥轴上任一点 O 作球的投影，使与椭圆锥面的左右轮廓线相切。

2）球的侧面投影与锥面侧面投影的轮廓线交于点 $1''$、$2''$、$3''$、$4''$，则过 $1''2''$ 或 $3''4''$ 的侧垂面与椭圆锥面的交线为圆。

4. 斜放圆锥面轮廓线的画法

图 6-25 表示正圆锥面轴线为正平线时，锥面水平投影的精确画法：

作圆锥面的内切球 O；球与圆锥面内切于一圆。此圆与球的水平大圆切于点 A 和 A_1；连 SA、SA_1 使与底圆交于 VII 和 VII_1，$SVII$ 和 $SVII_1$ 的水平投影即圆锥面水平投影的轮廓线。

注意，与锥面相切的圆，它所在的平面为正垂面，其正面投影即 $5'6'$；该正垂面与过球心所作水平面的交线 AA_1 的正面投影为 $a'(a_1')$；据 a'、a_1' 和 $7'$、$7_1'$ 即可求出 a、a_1 和 7、7_1。

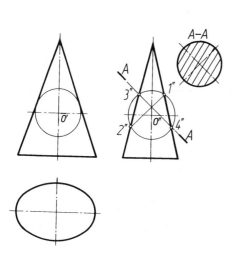

图 6-24　作椭圆锥面的圆切口

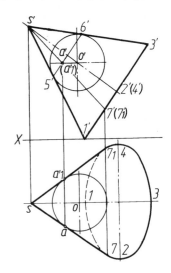

图 6-25　斜放圆锥投影轮廓线的画法

二、关于柱面的问题

柱面可认为一直母线沿曲导线滑动时始终平行于直导线的轨迹。有关柱面的命名、画法、取点的方法等与锥面相同,就不细述了。图 6-26 为几种柱面的投影图,图 6-26a 还表示了在柱面上引直素线取点的作图过程。

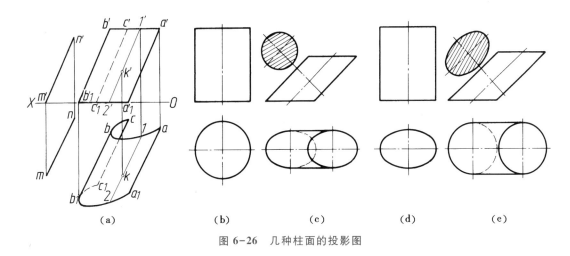

图 6-26　几种柱面的投影图

图 6-27 表示圆柱轴线为正平线和已知底面的投影时斜圆柱投影的画法。

在已知条件下,斜圆柱正面投影的轮廓线与 X 轴夹角 α 是一定值,且 $\sin \alpha = \dfrac{b}{a}$,式中 a、b 为椭圆的长半轴和短半轴。如以 $AC = a$ 为斜边、$AB = b$ 为直角边,而以 BC(图 6-27b)为另一直角边,则 $\angle ACB = \alpha$,而 AC 即圆柱面正面投影轮廓线的方向。

图 6-28 为求椭圆柱面圆切口的作图情形。在轴的正面投影上,以任一点为圆心,正截面椭

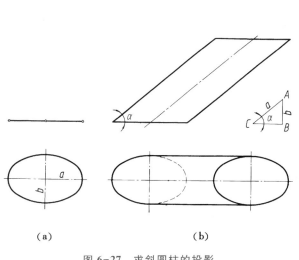

图 6-27　求斜圆柱的投影

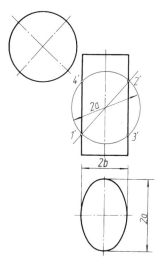

图 6-28　求椭圆柱的圆切口

圆的长半轴 a 为半径作圆,交左、右投影轮廓线于 $1'$、$2'$ 和 $3'$、$4'$,则包含 $1'2'$ 或 $3'4'$ 的正垂面与椭圆柱面的交线为圆。

三、盘旋面

盘旋面的形成方法有下述两种。

(1)盘旋面看作一直母线沿曲导线 L 滑动并始终保持相切时的轨迹(图 6-29)。这样得到的盘旋面有两叶。当过曲导线上任一点 K 作平面 P 与两叶曲面相交时,K 为交线 AKB 的回折点。因此,这种盘旋面又叫回折棱面,L 叫做回折棱,它是所有回折点的轨迹。

(2)盘旋面看作一平面沿两不在同一平面内的曲导线滑动,并始终和两曲导线相切时的轨迹(图 6-30)。显然,连接曲线上相应点的直线即其素线。

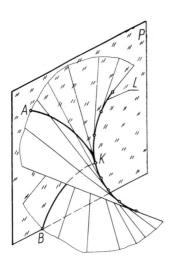

图 6-29　盘旋面形成方法之一

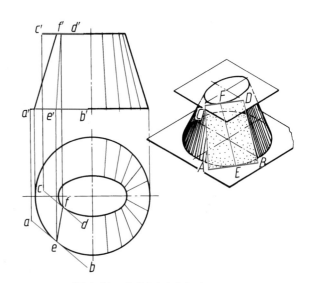

图 6-30　盘旋面形成方法之二

盘旋面是可展曲面。图 6-30 所示盘旋面的上、下口的形状不同,可作为变形接头来连接不同形状的管道。图 6-22 所示的可展螺旋面也是盘旋面。

四、柱状面

柱状面是由一直母线沿两曲导线滑动,且始终平行于一导平面时所得到的曲面。图 6-31a、b 中的母线 L 沿两曲导线 L_1、L_2 滑动且平行于平面 P 时的轨迹为一柱状面。图 6-31c 所示的等径管接头,它的表面是柱状面。两条曲导线都是圆,一个平行 W 面,另一个平行 H 面,而 V 面为导平面,图中并画出了素线 $I\,II$ 的投影。

柱状面是不可展曲面。若图示接头中的 $\alpha=\beta$,则转变为可展柱面。

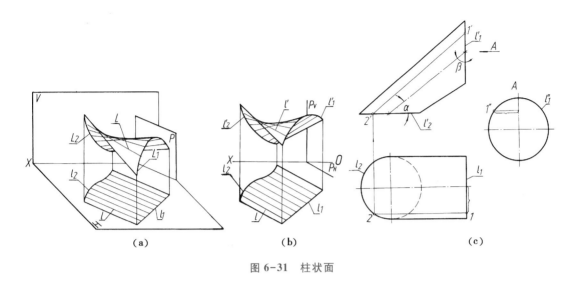

图 6-31　柱状面

五、锥状面

锥状面是直母线沿曲导线 L 和直导线 AB 滑动,且始终平行于导平面 P 时所得的曲面,其画法如图 6-32 所示。锥状面是不可展曲面。显然,正螺旋面和斜螺旋面也应属于锥状面。

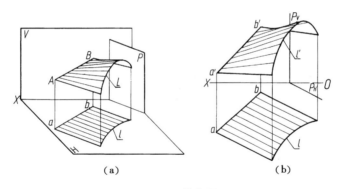

图 6-32　锥状面

六、单叶双曲回转面

一直母线绕与它交叉的轴线回转所形成的曲面为单叶回转双曲面(图 6-33)。如以双曲线绕它的虚轴回转,也可以得到单叶双曲回转面。

画图 6-33b 所示的单叶双曲回转面正面投影的轮廓线时,可根据母线上任一点的轨迹为圆的特点,作出母线 $I\,II$ 上 I、II、M 等诸点的轨迹圆的正面投影,然后将同在轴线一边的点顺次连成光滑的曲线。也可以作出若干素线的投影,然后画出它们的包络线。

平行于回转轴线的平面与单叶双曲回转面的交线一般为双曲线。但当正平面在点 A 与喉圆相切时,所得的交线则为相交两直线。

101

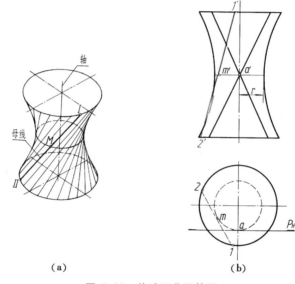

（a）

（b）

图 6-33　单叶双曲回转面

§6-7　曲面的切平面

一、基本知识

过曲面上的一般点（锥顶等特殊点除外）A 作一条曲线 L，则 L 在点 A 的切线 T，也在点 A 与曲面相切。显然，过点 A 在曲面上可以作无数条曲线，如图 6-34 中的 L_1、L_2 等，它们在点 A 的切线 T_1、T_2 等，必定位于同一平面 Q 内。Q 称为曲面在点 A 的切平面。

过点 A 垂直于切平面 Q 的直线 N，称为曲面在点 A 的法线。

根据相交两直线决定一平面可知，只要作出曲面上一个点的两条曲线的切线就决定了一个切平面。对于直纹面，过曲面上一点的直素线，就是曲面的一条切线。

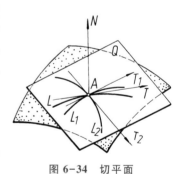

图 6-34　切平面

二、切平面及法线的几个性质

1. 直纹面上一点的切平面必过该曲面上的一条直素线。

可展曲面同一素线上各点的切平面互相重合，各点的法线互相平等（图 6-35）。

不可展直纹面同一素线上各点的切平面互不重合，各点的法线互相交叉（图 6-36）。

2. 回转面的法线必过回转轴。球面的法线过球心。

3. 曲面可能全部位于切平面的一侧（图 6-37a、c），也可能和切平面在某一部分相切而在另一部分相交（图 6-37b），特别是切平面可能在切点附近就与曲面相交（图 6-37d）。

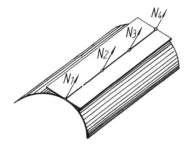

图 6-35　可展曲面的切平面

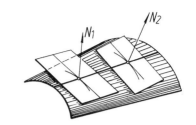

图 6-36　不可展直纹面的切平面

（a）

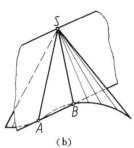

（b）

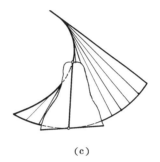

（c）

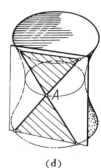

（d）

图 6-37　切平面和曲面的相对位置

可见,相切的概念是指点和切点的邻域,是就局部范围而言的。

三、曲面切平面的作图

过曲面上一点作它的切平面时,一般要过该点在曲面上先引两条曲线,再过该点分别作这两条曲线的切线。由两切线构成的平面即所求的切平面,下面举几个例子。

例 1　过圆锥面上的点 A 作圆锥面的切平面(图 6-38)。

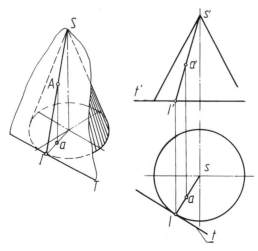

图 6-38　作圆锥面的切平面

分析　圆锥面是可展曲面,沿直素线各点的切平面相互重合。为此,过点 A 引素线 SI 交底圆于点 I,过点 I 作底圆的切线 T,则 SI 与 T 所确定的平面即为圆锥面在点 A 的切平面。具体画法如图 6-38 所示。

例 2　求过球面上的点 A 作球面的切平面(图 6-39)。

分析　过球面上点 A 的法线必过球心而与切平面垂直。因此,连接球心 O 与点 A 的直线 AO 即法线,过点 A 作平面垂直于 AO 即所求。

作图　连 AO,根据直线与平面垂直的投影特性,过点 A 作两条垂直于 AO 的直线,即所求的切平面。为了作图方便,利用直角投影的特性,过点 A 作水平线 AL_1 和正平线 AL_2 并使 AL_1 和 AL_2 垂直于 AO,AL_1 和 AL_2 确定的平面即所求切平面,具体画法如图 6-39 所示。

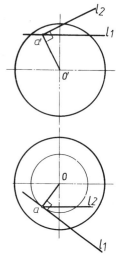

图 6-39　作球面的切平面

复习思考题

1. 试述曲线投影的一般性质。

2. 试述根据圆的空间位置求椭圆长、短轴的方法。

3. 试述圆柱螺旋线画法的要点。

4. 表达曲面时要画哪些要素?

5. 试述回转面的投影特点。

6. 试述曲面上求点的一般要点。

7. 锥面和柱面如何命名?

8. 如何求椭圆锥、椭圆柱上的圆切口?

9. 何谓曲面上某点的切平面? 它的性质如何?

10. 过曲面上一点作切平面的要点如何?

第七章 立体及平面与立体表面的交线

§7-1 立体及其表面上的点和线

立体依表面性质不同而分为平面立体和曲面立体。表面全是平面的叫平面立体；全是曲面或既有曲面又有平面的叫曲面立体。

一、平面立体

1. 平面立体的投影

画平面立体的投影图，可归结为画出它的棱线和所有顶点的投影。例如画三棱锥 $S-ABC$ 时，可先画底面 $\triangle ABC$ 和顶点 S 的投影，然后把 S 和 A、B、C 的同面投影两两相连（注意可见轮廓线的投影画粗实线，不可见轮廓线的投影画细虚线），就可得到三棱锥的投影图，如图 7-1 所示。

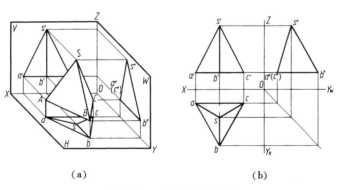

（a）　　　　　　　　　　　（b）

图 7-1　三棱锥的投影图

由图 7-1 可知，$\triangle ABC$ 为水平面，水平投影 $\triangle abc$ 为一反映实形的线框，左棱面 SAB、右棱面 SBC 为一般位置平面，三个投影为类似的三角形线框。后棱面 SAC 含有一条侧垂线 AC，是侧垂面。其侧面投影为有积聚性的直线段 $s''a''(c'')$，其余两投影为类似形线框。平面立体表面上一个平面的三投影中，若只有一个投影为线框，另外两投影为平行于相应投影轴的直线段，则这个面就是投影面的平行面；如果有两个投影反映为线框，一个投影为积聚性的直线段，它就是投影面的垂直面；三个投影都呈现线框，那就是一般位置平面。为方便记忆，提出："一个线框表一面"。即一个线框对应着某一个平面的投影。

画平面立体,应区分可见性,把棱线的不可见投影画成细虚线。

区分可见性时,应注意下述三点:

1)所有投影的边缘轮廓线都是可见的,用粗实线画出,如图 7-2 中 $s'a'b'$、$scab$、$s''c''b''$。

2)投影图中边缘轮廓线以内直线的可见性,仍然利用两交叉直线的重影点来判断。例如在图 7-2 中区分水平投影 bc、sa 的可见性时,可利用 SA 和 BC 上对 H 面的一对重影点 I、II,因 $z_{\mathrm{I}} > z_{\mathrm{II}}$,故 bc 为不可见;同法可知 $s'c'$ 也不可见。

3)每一投影的轮廓线内,如有交于一点的三条直线,则它们或者全部都不可见,或者全都可见。如果碰到这种情况,只要区分其中一条的可见性,其余各条也就随之确定了。显然,如三直线的交点可见,则直线也可见;如不可见,则直线也不可见。图 7-3 所示三棱柱水平投影的点 a_1 就是一例。

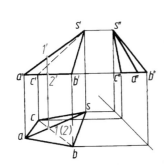

图 7-2 投影轮廓线可见性的判别

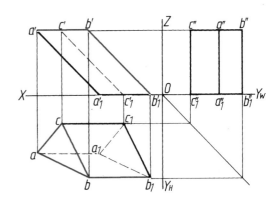

图 7-3 投影轮廓线内相交直线投影可见性判别

同一立体因与投影面的相对位置不同,会影响看图的难易和画图的繁简。因此,画图前要注意选择好立体与投影面的相对位置。就一般而言,使立体的主要表面,棱线或能反映立体高度的轴线处于与投影面平行或垂直的位置,往往可以收到较好效果,如图 7-1、图 7-2 所示。

2. 立体的无轴投影图

因立体投影的形状以及投影之间的联系与轴无关,所以实用图样不画投影轴。不画投影轴,对初学者好像失去了坐标原点,为此,可设想选取立体的对称面、端面、轴线或某一点的投影作为坐标轴或坐标原点来使用。图 7-4 所示为四棱台的三面投影图。这里以底面的对称中心为坐标原点 O。画 AB 的侧面投影 $a''(b'')$ 时,是以 o'' 为原点向前量取对应的 y 坐标值而得到的。而图 7-2 中是以顶点 S 的投影为原点,根据 s、s'' 画出了联系水平投影和侧面投影的 45°斜线,而得到 A、B、C 三点的水平投影和侧面投影的对应关系。

3. 平面立体表面上的点

在立体表面上取点的作图方法与平面内取点的方法完全相同。但要明确所取的点位于哪个表面上;然后根据表面的可见性区分该点投影的可见性。

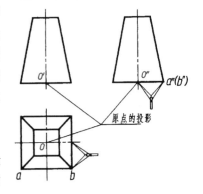

图 7-4 立体的无轴投影图

由图 7-5a 中点 K 的正面投影 k' 可知,点 K 在左棱面 SAB 上。故可在 SAB 内作过锥顶和点 K 的辅助线 SM,从而求得 k 和 k'',如图 7-5b 所示。

画立体表面上点的投影图时,已知点的投影有时不标记符号和可见性的标志,这时便要针对具体情况确定点所在的表面,或者求出所有可能的投影。例如图 7-5a,已知点 E 的正面投影,正面投影可见的点 E 在右棱面 $\triangle SBC$ 上,不可见的则在后棱面 $\triangle SAC$ 上。故求该点的其余两投影时,应把这两种结果都画出来,如图 7-5b 所示。

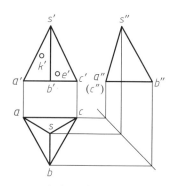 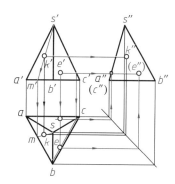

（a）已知点K及点E的正面投影, 求其余两面投影

（b）在立体表面上引辅助线SM求点K的投影,在立体表面上过点E作底边的平行线求点的投影

图 7-5　在立体表面上引辅助线求点的投影

4. 平面立体表面上的线

线可看成点在立体表面上运动的轨迹,故作线的投影的方法和在立体表面上取点相同。但是连点成线段时应注意:只有在同一表面内的相邻两点的同面投影才能相连。

平面立体表面上的线

例　已知四棱锥表面上线段的正面投影,求其水平投影(图 7-6a)。

分析　线段的正面投影可见,应在棱锥前左、右棱面内。但是,位于后左、右棱面的线段的正面投影也可以与它们重合,因此前、后表面上的投影都应求出来。

线段的正面投影通过了左、右棱面的交线,实际上是分别位于左、右两棱面上的两段直线,该两段直线在最前棱线 SB 上有一共有点 II(图 7-6b),故可将求线段的投影转化成为求线段上端点和共有点的投影。由于棱线 SB 是侧平线,点 II 的水平投影不能直接求出,则过点 II 作水平线 IIF 求得(图 7-6b)。求另外两端点时,应在左、右棱面上各引一直线求得(图 7-6c)。

作图　点的求法如图 7-6b、c 所示,在求得点的水平投影后,将同一表面内的水平投影连接即得。注意此时都为可见,因此都应画成粗实线。

曲面立体的表面是由曲面或曲面和平面组成。因此,曲面立体投影的画法和在其表面上取点、线的方法,与曲面相同。

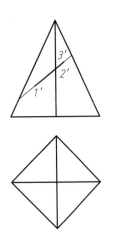

(a) 已知棱面上无名线段的正面投影

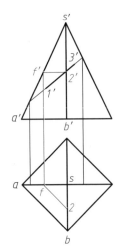

(b) 过点 II 作辅助线 II F//AB
求得2

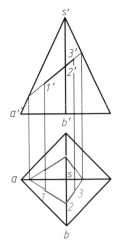

(c) 画出可见与不可见无名线段的水平投影

图 7-6　求立体表面上的线的投影

二、常见回转体

在曲面立体中,工程上使用较多的是圆锥、圆柱、球和圆环等回转体。它们的投影画法,与一般回转面相同。鉴于它们在工程制图中的重要性,有必要对其形成方法、特殊位置的投影特点、尺寸注法略加阐述。表 7-1 列出了这几种回转体的形成方法及其投影,下面再分别分析各自的投影特点及在表面上取点、线的方法。画图时应注意:回转面只画其转向轮廓素线的投影。

1. 圆柱

圆柱的表面由圆柱面和上、下底面所围成。图 7-7 所示圆柱的位置与表 7-1 相同,轴线为铅垂线,亦即圆柱面上所有直素线都是铅垂线。因此,圆柱面的水平投影积聚为一圆周。也就是说,圆周上任何一点,是圆柱面上相应位置直素线的水平投影。同时该圆也是圆柱上、下底面的水平投影。

表 7-1　圆锥面、圆柱面、球面、圆环面的形成和投影

名　　称	正　圆　锥	正　圆　柱	球	圆　环
形成方法和简图	直母线绕和它相交的轴线回转而成	直母线绕和它平行的轴线回转而成	圆母线绕以它的直径为轴线回转而成	圆母线绕和它共面但不过圆心的轴线回转而成

名　　称	正　圆　锥	正　圆　柱	球	圆　环
投影图			$S\phi$	ϕ
轴线位置	铅垂线	铅垂线		铅垂线
一般性质和在表面上取点的作图方法	1. 母线上任意一点的轨迹是一个圆周(纬圆)。圆心是轨迹平面和轴线的交点,半径是该点到轴线的距离 2. 在表面上取点的作图方法:利用纬圆求点;对于母线为直线的回转体,还可利用直素线求点			

在图示情况下,圆柱正面投影中左、右两轮廓线是圆柱面上最左、最右素线的投影。它们把圆柱面分为前、后两半,前半可见,而后半不可见,是可见和不可见的分界线。最左、最右两素线的侧面投影和柱轴的侧面投影重合,水平投影在横向中心线与圆周相交的位置。上、下两横向直线段是上、下底面的正面投影。

圆柱侧面投影中两轮廓线是圆柱面上最前和最后素线的投影,是圆柱面侧面投影可见性的分界线,圆柱面左半可见,而右半不可见。最前、最后素线的正面投影与柱轴的正面投影重合,水平投影在竖向中心线和圆周相交的位置。上、下两横向线段是上、下底面的侧面投影。

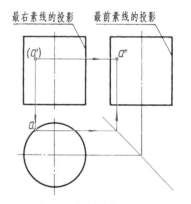

图 7-7　圆柱的投影分析和柱面上的点

当已知点 A 在圆柱面上及其(a')时,便可根据图示柱面的投影特性以及取点的方法,求得 a 和 a''。由于圆柱面的水平投影有积聚性,a 必在圆周上;而(a')不可见,A 必在后半圆柱面上,由此求出 a。据 a、(a')便可求出 a'',画法如图 7-7 所示。

图 7-8 表示已知圆柱和圆柱面上的线的水平投影,求正面投影和侧面投影的作图情形。

在图示情况下,柱轴为侧垂线,圆柱的侧面投影有积聚性,所求线的侧面投影与圆周重合。有了线的水平投影和侧面投影,就可求出正面投影。这里要注意两点:

1)线的水平投影与柱轴的水平投影相交,表明该线和圆柱面上的最高和最低素线相交。对 V 面来说这个交点是可见与不可见的分界点。位于后半柱面上的线是不可见的。

2)圆柱面上、下对称,线的正面投影和侧面投影是有两条的。

2. 圆锥

图 7-9 所示圆锥的轴线是铅垂线,因而圆锥面正面投影的轮廓线是圆锥面上最左、最右素线的投影,也是正面投影可见性的分界线。它们是正平线,表达了锥面素线的实长。它们的水平投影和圆的横向中心线重合,侧面投影和锥轴的侧面投影重合。

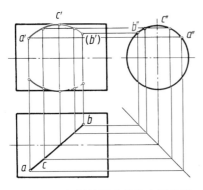

图 7-8 已知圆柱面上线的水平投影,
求其正面和侧面投影

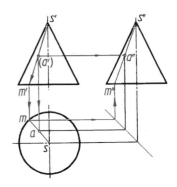

图 7-9 圆锥的投影分析和用直素线
法求其表面上的点

侧面投影的轮廓线是两条侧平线,它们是圆锥面上最前、最后素线的投影,也是侧面投影可见性的分界线。它们的水平投影和圆的竖向中心线重合,正面投影与锥轴的正面投影重合。

正面投影和侧面投影中的横线是底面的投影。水平投影中的圆为圆锥面和底面的投影。

图 7-9 表示在圆锥面上过点 A 的已知投影 a',求 a 和 a'' 的作图方法。由正面投影中(a')可知,A 点在后圆锥面上。过(a')连顶点 s',延长 $s(a')$ 交底圆上一点 m',得直素线 $s'm'$,求出 sm、$s''m''$。因 A 点在直素线 SM 上,则 a 必在 sm 上,a'' 在 $s''m''$ 上。注意判别 a 和 a'' 的可见性。

图 7-10 表示在圆锥面上过点 A 的已知投影 a,作纬圆求作 a' 和 a'' 的作图方法。a 表示点 A 在右前圆锥面上。在水平投影上,以顶点的水平投影到 a 的距离为半径画纬圆,该圆交最左素线于点 m;求得该点的正面投影 m';因纬圆所在的平面垂直于锥轴,故可过交点 m' 作垂直于锥轴的平面 P,纬圆在该平面上,A 在纬圆上,则 A 必在平面 P 上。由此可求出 a'、a''。

图 7-11 表示已知圆锥面上一段曲线的侧面投影,求正面投影和水平投影的作图情况。在

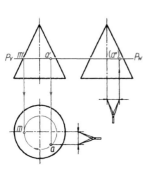

图 7-10 作纬圆求圆
锥面上的点

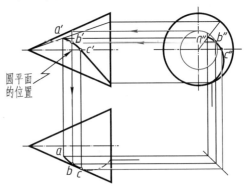

图 7-11 完成锥面上曲线的两投影

求曲线上的点时,曲线的两端点和轮廓线上的点(如点 C)是必须求出的。此外,中间适当位置上还需求一些点。连线时要注意区分位于点 C 两边的线段投影的可见性。

3. 球

球的三个投影都是与球的直径相等的圆。正面投影是平行 V 面的圆素线(主子午线)的投影,主子午线的水平投影和圆的横向中心线重合,侧面投影和圆的竖向中心线重合(图 7-12)。注意:主子午线是球面正面投影的转向轮廓线,只在正面投影中以粗实线圆表示,其余两投影不画。

球的水平投影的轮廓线是平行 H 面的圆素线(赤道圆)的投影。

球的侧面投影的轮廓线是平行于 W 面的圆素线的投影。

应注意,因在球表面上取不到直线,故求球表面上点的投影时,所借用的辅助线只能是纬圆。

图 7-12 表示在球面上作纬圆求点的投影的方法。从已知点的水平投影来看,点位于前、左球面上,因而正面投影和侧面投影是可见的。

图 7-13 表示已知球面上曲线(一段圆弧线)的正面投影,求水平投影和侧面投影的作图情形,也是用纬圆求曲线上的点来完成的。必须指出,曲线的正面投影位于上半球面且与圆的竖向中心线相交,这表明曲线的水平投影可见,而其侧面投影在轮廓线上的点 a'' 处,分为可见与不可见两部分,具体画法和可见性判别如图 7-13 所示。注意 a'' 是椭圆弧投影与轮廓线的切点。

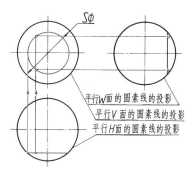

图 7-12 球投影轮廓线的
分析和球面上的点

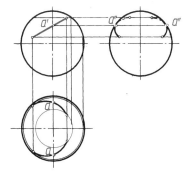

图 7-13 已知球面上曲线的正面投影,
求水平投影和侧面投影

4. 圆环

如使圆环轴线成为铅垂线(图 7-14),则它的正面投影中的两个圆是最左、最右素线圆的投影,细虚线半圆表示内环面的轮廓线,粗实线半圆为外环面的轮廓线,上、下两横线是最高和最低纬圆的投影。

水平投影中的两个同心圆是赤道圆和喉圆的投影。

因母线圆绕轴线旋转时,其上任一点的轨迹是圆,所以在圆环面上取点时,只有利用纬圆作图是最简便的。如已知 a_1' 求 a_1 和 a_1'' 时(图 7-14),宜先确定对应的空间点 A 的位置,根据已知 a_1' 或(a_2')的位置判断出点 A 位于左、下外环面上[为 a_1' 时,点 A 位于前半外环面上,如图中的

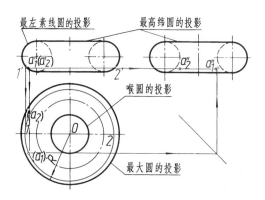

图 7-14　圆环投影轮廓线的分析和环面上的点

平面与平
面立体表
面的交线

(a_1)、a_1''所示;为(a_2')时,点 A 位于后半外环面上,如图中的(a_2)、a_2''所示],它的水平投影不可见,而侧面投影可见。点的位置确定后,就可用纬圆法求点。作法是:

　　1) 过 a_1' 或 (a_2') 作圆环轴线的垂线,使与环面轮廓线交于 $1'$、$2'$;

　　2) 求出 1,2 后,以 o 为圆心、12 为直径画圆,并在圆周上求出(a_1)、(a_2);

　　3) 由 a_1'、(a_2')、(a_1) 和 (a_2) 求 a_1''、a_2''。

§7-2　平面与立体表面的交线

　　平面与立体表面的交线叫做截交线。平面叫做截平面,由截交线围成的平面图形叫做截断面。在工程制图中则称为断面。

　　图 7-15 表示截平面 P 与三棱锥 $S-ABC$ 的表面相交所得的截交线为平面折线 ⅠⅡ、ⅡⅢ、ⅢⅠ,它们分别是面 P 与棱面 SAB、SBC、SCA 的交线;交线的各个端点则是棱锥相应棱线与截平面的交点。可见,求截交线可归结为求两平面的交线或直线与平面的交点(例如点 Ⅰ 即为 SA 与 P 的交点)。

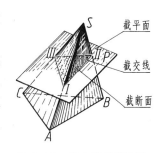

图 7-15　截交线是平面和
立体表面的共有线

一、平面与平面立体表面的交线

　　平面与平面立体的交线是一闭合的平面折线——多边形。多边形的各边是截平面与立体相应棱面的交线,多边形的顶点是截平面与立体相应棱线的交点。求截交线时,可根据具体情况选用求两平面的交线或求直线与平面的交点或两者兼用等方法。

　　例 1　求正垂面 P 与三棱锥 $S-ABC$ 的截交线(图 7-16)。

　　分析　由于 P 面 $\perp V$ 面,其正面投影积聚在迹线 P_V 上。P_V 与 $s'a'$、$s'b'$、$s'c'$的交点 $1'$、$2'$、$3'$,即截交线——三角形各顶点的正面投影。据此,可求得 1、2、3。

　　作图　如图 7-16 所示。

　　图 7-16 还用了换面法求出了截断面△ Ⅰ Ⅱ Ⅲ的实形。

例2 求铅垂面 Q 与斜三棱柱截交线的投影(图7-17)。

分析 由于 Q 面⊥ H 面,其水平投影积聚在水平迹线 Q_H 上。从水平投影可以看出, Q_H 与斜棱柱的三个棱面和上、下底面均相交。因而截交线由五段直线组成一个五边形。五边形的水平投影与 Q_H 重合。据此,即可求出其正面投影。具体画法如图7-17b所示。

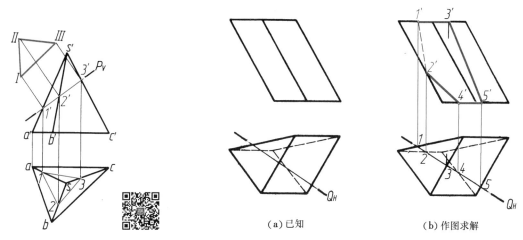

图 7-16 利用正面投影积聚在
P_V 上求截交线的投影

图 7-17 求铅垂面 Q 与斜三棱柱的截交线

(a)已知　　　　　(b)作图求解

注意,判别正面投影的可见性时,因后棱面不可见,故 $1'2'$ 应画成细虚线。

例3 完成带切口四棱锥的水平投影(图7-18a)。

分析 由正面投影可知:切口由两正垂面 P、Q 组成。Q 面过锥顶,且分别与右边两棱面以及 P 面相交,故该截面的形状为三角形;P 面与四个棱面以及 Q 面相交,故该截面的形状为五边形。分别求出三角形和五边形顶点的投影,相邻点连线即可完成该题。

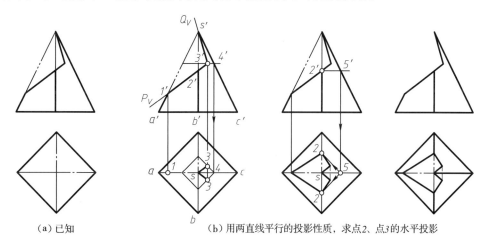

(a)已知　　　　(b)用两直线平行的投影性质,求点2、点3的水平投影

图 7-18 完成带切口四棱锥的水平投影

作图 如图7-18b所示,通过正面投影上点 $3'$ 作 $3'4'\text{//}b'c'$.求得点 $4'$,通过点 $4'$ 求得其水平投影点 4,作 $34\text{//}bc$,即可求得点 3。用上述方法可求得点 2。点 1 和点 s 可根据其正面投影直接

向下投射得到。连接相邻点,在连线时要注意线的可见性,如该题中两点 3 的连线为细虚线。最后还要完成棱线的投影,该题才算完成。

例 4 求带缺口四棱柱的侧面投影(图 7-19a)。

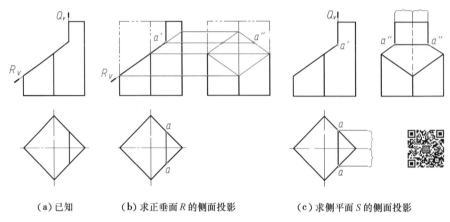

(a)已知　　　(b)求正垂面 R 的侧面投影　　　(c)求侧平面 S 的侧面投影

图 7-19　完成带缺口四棱柱的侧面投影

分析　由图 7-19a 可知,四棱柱的棱线是铅垂线,其切口由两个截平面组成,即一个正垂面(R 面)和一个侧平面(Q 面)。由水平投影可知,正垂面截棱柱得到一个五边形。侧平面是平行于棱柱的棱线截切的,将得到一个矩形。具体作图如图 7-19b、c 所示。注意:侧面投影中,最前、最后棱线上段被切掉;两个截平面的交线为可见。

二、平面与圆柱表面的交线

平面与圆柱表面的交线,因平面与圆柱轴线的相对位置不同而有不同的形状。

当截平面平行于柱轴时,截交线是矩形,其中两条边是平行于柱轴的直线,另两边是截平面与上、下底面的交线(图 7-20a);垂直于柱轴时,截交线是一个直径等于圆柱直径的圆(图 7-20b);倾斜于柱轴且完全与柱面相交时截交线是椭圆(图 7-20c)。椭圆的大小随截平面对柱轴的倾斜程度而变,但它的短轴总与圆柱的直径相等。当截平面倾斜于柱轴,且与一个底面或两个底面相交时,因截平面与底面的交线为直线段,故截交线由直线段和椭圆弧组成。

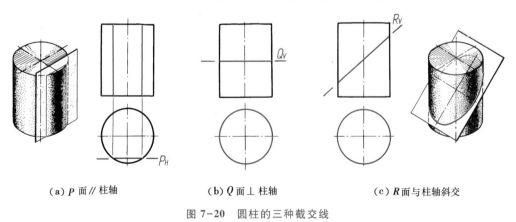

(a) P 面 // 柱轴　　　(b) Q 面 ⊥ 柱轴　　　(c) R 面与柱轴斜交

图 7-20　圆柱的三种截交线

例1 求正垂面与直立正圆柱面的截交线(图7-21)。

分析 柱轴为铅垂线,截交线的水平投影与柱面的水平投影重合;截平面是正垂面,它的正面投影有积聚性,即截交线的正面投影与正垂面的正面投影重合,要求的只是侧面投影。

由于截平面与柱轴斜交,截交线是椭圆。它的侧面投影一般还是椭圆。一般用表面取点法求出诸点后连接成椭圆,如果无特殊要求,可以用求长、短轴的方法作图。

作图 长、短轴的求法和椭圆的画法如图7-21所示。图中还用换面法求出了椭圆的实形。

注意,如截平面与柱轴的夹角 α 为45°,则椭圆的水平投影和侧面投影都是圆。大于45°时,实形中的长、短轴在侧面投影中互换。

例2 完成图7-22所示圆柱切口的水平投影和侧面投影。

分析 从图示可知,柱轴是铅垂线,圆柱面的水平投影有积聚性,圆柱上部左右两边对称地各切去一块,截平面为水平面和侧平面。截交线则分别为圆弧加直线和一矩形。据此,即可求出切口的水平投影和侧面投影。具体画法如图7-22b所示。

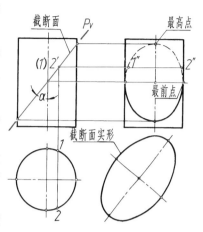

图7-21 平面斜截圆柱时
截交线的画法

讨论 图7-22c为圆柱上部中央开长方通槽的三个投影。由于最前、最后素线的上端被切去一段,比最左、最右素线短,使侧面投影的轮廓线呈"凸"形。而图7-22b所示的圆柱,上部被切去的部分是左右两边,最前、最后素线完整,使它的侧面投影与图7-22c的侧面投影不同。如果在图7-22的圆柱中加工一个同轴圆柱孔(图7-23),这时截平面不仅切到外圆柱表面,同时也切到内圆柱表面。这里应注意内圆柱表面的截交线投影的画法。图7-23a中的ⅠⅡⅢⅣ面为侧平面。图7-23b中的ⅠⅡⅢⅣ面为水平面。请注意点Ⅰ、Ⅱ、Ⅲ、Ⅳ的投影的画法。

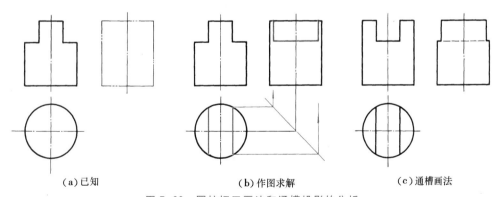

(a)已知   (b)作图求解   (c)通槽画法

图7-22 圆柱切口画法和通槽投影的分析

三、平面与圆锥表面的交线

和圆柱的截交线一样,圆锥截交线的形状也因截平面和锥轴的相对位置不同而异,如表7-2所列。

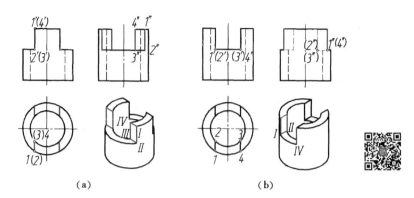

图 7-23 带切口圆筒的画法

表 7-2 圆锥的截交线

截交线的名称	过锥顶的等腰三角形	圆周	椭圆或椭圆弧与直线段	抛物线与直线段	双曲线与直线段
立体图					
投影图	过锥顶 $\beta<\alpha$	$\beta=90°$	$\beta>\alpha$	$\beta=\alpha$	$\beta<\alpha$

求圆锥的截交线,实质上是求圆锥面上的一系列点的投影,可用纬圆法或作直素线求得。其中截交线为直线段时,只需求两个端点;为椭圆时,要求出一对共轭轴上的各端点及适当数量的其余点;为抛物线或双曲线时,就要求适当数量点,才能连成光滑曲线。

例 1 求正垂面与直立正圆锥的截交线(图 7-24)。

分析 $\beta>\alpha$,截交线是椭圆。截平面是正垂面,它的正面投影有积聚性,即椭圆的正面投影为直线段。

在题设情况下,截交线椭圆的长轴为正平线,短轴为正垂线。这时长、短轴的水平投影和侧面投影都是相互垂直的。因此,它们分别是截交线的水平投影和侧面投影的长、短轴。

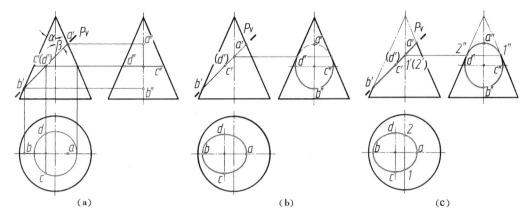

图 7-24　圆锥的截交线成椭圆时的画法

作图

（1）确定短轴 CD 的位置（在图示情况下 $c'd'$ 在 $a'b'$ 的中点处），并包含 CD 作纬圆，求出 cd 和 $c''d''$（图 7-24a）。

（2）求出 ab、$a''b''$ 后，椭圆的水平投影和侧面投影即可根据长、短轴画出（图 7-24b）。

如图 7-24c 所示，在正面投影中，平面 P 与圆锥最前、最后素线上的交点为 $1'$、$2'$，$1''$、$2''$ 为椭圆侧面投影可见性的分界点。由 $1''$、$2''$ 可求出 Ⅰ、Ⅱ 两点的水平投影。

（3）图 7-24c 表示的是正垂面切去圆锥上半部分的下半部分的三个投影。由正面投影可知，圆锥最前、最后素线在 Ⅰ、Ⅱ 两点以上被切去，其侧面投影应画到 $1''$、$2''$ 为止。

例 2　求侧垂面 P 与圆锥的截交线（图 7-25）。

分析　由于 P 面 ∥ 锥轴，表明 $\beta < \alpha$，所得截交线为双曲线和直线段。画双曲线的投影时，需要求适当数量的点。

作图　如图 7-25 所示。其中点 Ⅰ、Ⅱ、Ⅲ（最前素线上的点）和 Ⅳ（最左点）都是特殊点。而最左点的求法是：作纬圆与 P_W 相切，然后求出该纬圆所在的平面 R_V、R_H，再在 R_V、R_H 上求出 $4'$ 和 4。点 3 是水平投影可见性的分界点，也是双曲线投影与轮廓线的切点。

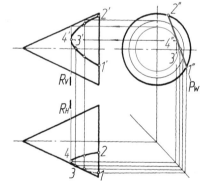

图 7-25　用纬圆法求双曲线上点的投影

四、平面与球表面的交线

由于球有无穷多条回转轴线，它与平面的截交线总是圆。图 7-26a 表示球面与水平面相交时，所得截交线的水平投影表达实形，正面投影和侧面投影为直线段。图 7-26b 为与侧平面相交时，截交线投影的画法。图 7-26c 为与铅垂面相交时，截交线投影的画法，此时，交线圆的正面投影和侧面投影都是椭圆，椭圆的长、短轴是截交线圆内一对互相垂直的直径的投影，求法如图所示。

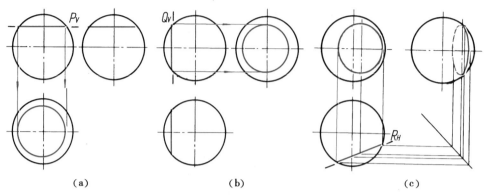

图 7-26 球截交线的画法

例 完成图 7-27a 所示半球切槽的水平投影和侧面投影。

分析 切槽由一对侧平面和一个水平面组成。截平面与球面的交线都是圆。侧平面截切半球的断面是拱形,水平面与半球的断面由两段平行的直线和两段圆弧组成。画法如图 7-27b 所示。

注意,在侧面投影中,水平面以上的球的轮廓线被切去,故半球轮廓的半圆是残缺的。

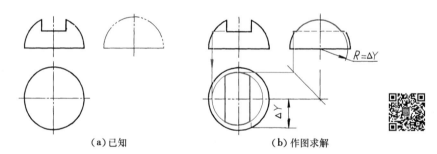

图 7-27 半球上切槽的画法

五、平面与任意回转体表面的交线

图 7-28 所示回转体由部分内环面和上、下底面所围成。在图示情况下,它的轴线是铅垂线。此时,回转面与正平面的截交线是一平面曲线,它的正面投影表达实形,水平投影和侧面投影为一直线段。

求截交线上点的正面投影时,只宜选用纬圆法。具体作法如图 7-28 所示。图中的点 I 是曲线上的最高点,点 II、III 是最左、最右点,又同是最低点,这些位于截交线上最前、最后、最左、最右、最上、最下,以及轮廓线上的点,称为特殊位置点。这些特殊位置点可以直接从有关的投影中判断出来,也可以通过作纬圆的方法求出。例如点 I 的正面投影 $1'$,可从 $1''$ 求出,而点 II、III 的正面投影 $2'$、$3'$ 可从水平投影 2、3 求出。作图时,最好先求特殊点,以明确交线的范围,然后求一般点。

118

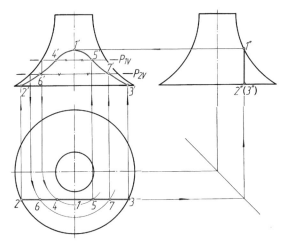

图 7-28　任意回转体表面截交线投影的画法

六、组合截交线的画法

图 7-29 所示的物体的表面是由同轴的圆柱面、圆环面和球面所组成。物体前后对称地被正平面各切去一块,而在表面上产生的截交线为一条闭合的曲线。从水平投影可以看出,正平面和圆柱面不相交。因此,截交线只是平面和圆环面、球面相交所得的组合曲线。截平面和球面的交线是圆周,而和圆环面的交线是非圆曲线。

由于截平面为正平面,交线的正面投影表达实形。且前、后截交线的正面投影重合。

画组合截交线的投影时,一般要画出两段截交线的结合点,通常情况下,结合点位于两形体的分界线上。如图 7-29a 中的点 5′、6′。但当组成物体的两个表面相切时,将两表面看成光滑过渡规定,不画分界线(图 7-29b)。

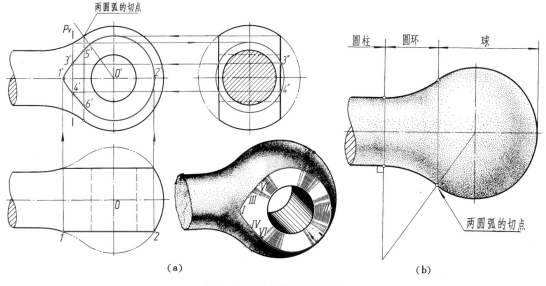

图 7-29　组合截交线的画法

§7-3 立体的尺寸标注

所画物体的大小,是由图上注出的尺寸确定的。立体尺寸的数目是一定的。多了不是重复就是矛盾,少了立体形状的大小不能确定,故标注尺寸的基本要求是:齐全、清晰。下面讨论常见立体尺寸标注的问题。

一、单个平面立体的尺寸标注

标注平面立体的尺寸,实际上是注出确定各个表面形状大小的定形尺寸及其相互位置的定位尺寸,而归根结底是确定各顶点的坐标尺寸。

1）以圆的内接正多边形为底的正棱柱和正棱锥,可只注外接圆的直径和它们的高(图 7-30a、b、c)。

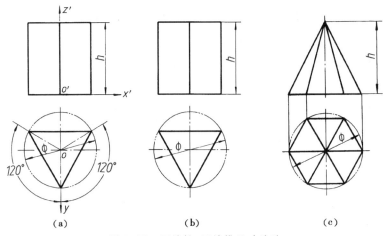

图 7-30 正棱柱、正棱锥尺寸注法

2）以圆的内接正多边形为底的斜棱锥,除了注出上述第 1 条所需的几个尺寸外,还应补充标注确定顶点位置的长度(X)方向和宽度(Y)方向的尺寸(图 7-31a)。

3）以任意多边形为底的斜棱锥,除了参照上述第 2 条注出顶点的尺寸外,还要注出确定底面多边形的尺寸(图 7-31b)。

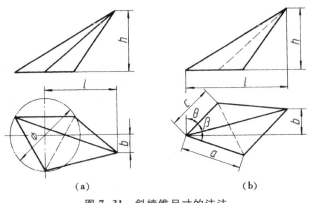

图 7-31 斜棱锥尺寸的注法

4）以长方形、正方形和直角三角形为底的棱柱、棱锥,实用上常以两直角边长的尺寸来确定底边各顶点的尺寸(图7-32a、b、c);以正三角形为底的棱柱、棱锥则注出边长和高(图7-32d);以正六边形为底的棱柱、棱锥,则注出正六边形的两对边的距离和对角线长的尺寸(图7-32e),该例中用括号括起来的尺寸为参考尺寸。

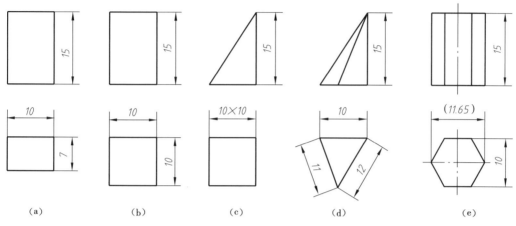

图7-32 常用棱柱棱锥尺寸的实用注法

二、回转体的尺寸标注

回转体只需标注确定母线形状大小,以及母线和轴线相对位置的尺寸。例如圆锥的尺寸标注,形式虽有多种(图7-33a),但实质是一样的。应用时可根据不同的条件选用适宜的注法。

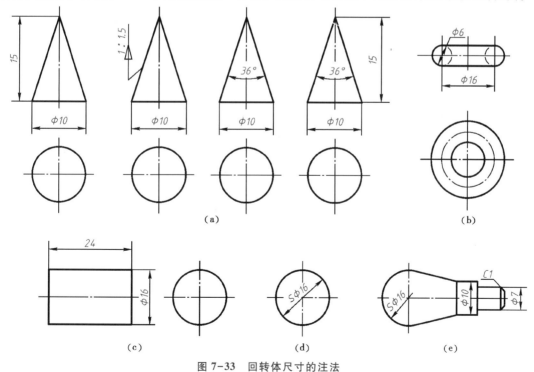

图7-33 回转体尺寸的注法

圆环、圆柱、球和一般组合回转体尺寸的标注,如图 7-33b~e 所示。

三、立体切口尺寸的标注

凡由平面截切立体时,立体的定形尺寸一经确定,截交线的形状大小取决于截平面与立体的相对位置。一般只注确定截平面位置的尺寸,而不标注截交线的定形尺寸。

例如图 7-34a、b 中用文字说明了应注的截平面的定位尺寸,其余为应注的立体的定形尺寸。

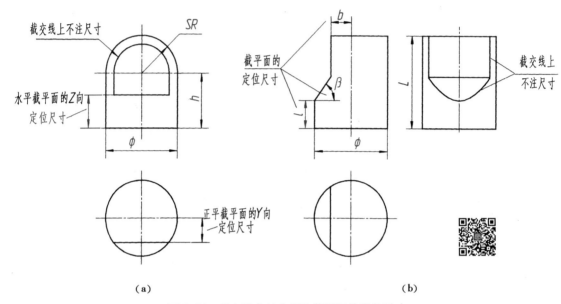

（a）   （b）

图 7-34　截交线上只宜标注截平面的定位尺寸

复习思考题

1. 试述平面立体投影的一般画法、表面可见性的判别方法。
2. 试比较在立体表面上取点的方法与在平面内取点的方法的异同。
3. 平面立体的截交线是什么?作图方法如何?能否用在平面内取点的方法作出?条件如何?
4. 试述圆锥、圆柱、球等立体表面上的截交线的投影性质,如何作图?
5. 试述以正多边形为底的平面立体的尺寸注法。
6. 圆柱、圆锥、球等回转体的尺寸如何标注?
7. 立体切口应标注哪些尺寸?

第八章 直线与立体表面的交点、两立体表面的交线

§8-1 直线与立体表面的交点

直线与立体表面相交时的交点,称为贯穿点。贯穿点是成对出现的,一般要借助辅助面才能求得。但在某些特殊情况下,也可利用线、面投影的积聚性或用在表面上取点的方法而得到贯穿点的投影。

一、直线与平面立体表面的交点

直线和平面立体表面的贯穿点,实际上就是直线和平面立体的某两个棱面的交点。因此,贯穿点的求法和直线与平面的交点的求法相同。

例 1 求直线 AB 和直立三棱柱的贯穿点(图 8-1)。

分析 三棱柱的三个侧面为铅垂面,它们的水平投影有积聚性。因此,当 AB 与棱面相交时,交点的水平投影必在相应棱面有积聚性的投影上。从水平投影可以看出,AB 只和左、右两个棱面相交。

作图

(1) ab 和 cd、de 的交点 k、l 即贯穿点的水平投影;

(2) 在 $a'b'$ 上求出 k'、l',即为所求贯穿点的正面投影。

例 2 求 AB 和三棱锥的贯穿点(图 8-2)。

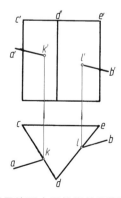

图 8-1 利用棱面水平投影的积聚性求贯穿点

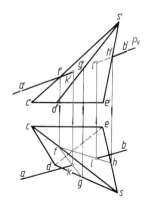

图 8-2 利用辅助面求贯穿点

分析 AB 为一般位置直线,三棱锥除底面外,其余棱面的投影没有积聚性。因而需要包含 AB 作辅助面求贯穿点。

作图

（1）过 $a'b'$ 作 P_V, P_V 分别和 $s'c'$、$s'd'$、$s'e'$ 交于 f'、g'、h'；

（2）在 sc、sd、se 上分别求出 f、g、h，并连接 fg、fh；

（3）fg、fh 与 ab 的交点 k、l 即贯穿点的水平投影；

（4）在 $a'b'$ 上求出 k'、l'，即为所求贯穿点的正面投影；

（5）判别可见性如图 8-2 所示。

二、直线与回转体表面的交点

求直线与回转体的贯穿点时,一般需含直线作辅助面求交点。但应使辅助面与回转面的交线及其投影简单易画。

例 1 求直线 AB 和直立圆柱的贯穿点（图 8-3）。

分析 由于圆柱的轴线是铅垂线,柱面的水平投影有积聚性,ab 和圆周的交点 k 即为贯穿点 K 的水平投影。

在正面投影中,$a'b'$ 和圆柱顶面有积聚性的投影交于 l',这点即为另一贯穿点 L 的正面投影。据 k、l' 即可求出 k'、l。

例 2 求铅垂线和正圆锥的贯穿点（图 8-4）。

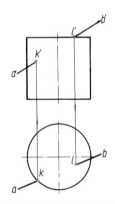

图 8-3 利用柱面投影的积聚性求贯穿点

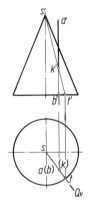

图 8-4 用包含直线作辅助面求贯穿点

分析 AB 为铅垂线,$a(b)$ 有积聚性,两贯穿点的水平投影必与 $a(b)$ 重合。这就相当于已知圆锥面上点的一个投影求其他投影。求圆锥面上的贯穿点时,即可包含 AB 作过锥顶的平面求点,也可以用纬圆法求点。本例取过直素线和直线 AB 的平面 Q_H。另一贯穿点的正面投影为 b'。

作图

（1）过 s 和 $a(b)$ 作 Q_H, Q_H 和圆交于 t；

（2）在正面投影上求出 t'，连 $s't'$，$s't'$ 和 $a'b'$ 的交点 k' 即为所求。

例 3 求直线 AB 和球面的贯穿点（图 8-5）。

分析 AB 为水平线,故可包含 AB 作水平面求贯穿点。具体作法如图 8-5 所示。

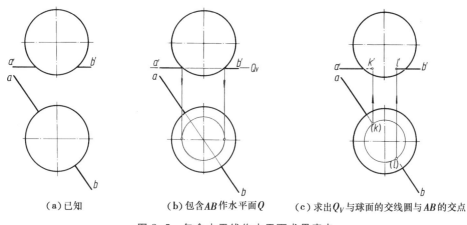

| (a) 已知 | (b) 包含 AB 作水平面 Q | (c) 求出 Q_V 与球面的交线圆与 AB 的交点 |

图 8-5　包含水平线作水平面求贯穿点

例 4　求一般位置直线 AB 和球面的贯穿点(图 8-6)。

分析　包含 AB 所作的平面,它们与球交线的其他投影都是椭圆,画图不便,因此本例采用换面法。图中是使 AB 成为投影面平行线后再来作图的。具体作法如图 8-6 所示。

顺便指出,本例是借用球正面投影纵向中心线为 Z 轴来求 $a_1' b_1'$ 的,不一定非画 Z 和 Z_1 轴不可。

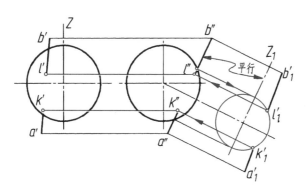

图 8-6　用换面法求贯穿点

§8-2　平面立体与曲面立体表面的交线

两立体表面相交所得的交线叫做相贯线。它随相交两立体表面的形状、大小以及相互位置不同而形状各异。但所有相贯线都有以下性质:

1. 相贯线一般是闭合的空间多边形,特殊情况下是平面多边形。

2. 相贯线是相交两形体表面的共有线,同时也是分界线。

从性质 2 可知,求相贯线的基本问题是求相交两表面的共有点,一般要借助于辅助面。

求点时,一些特殊位置的点如两条相贯线上的结合点,最高与最低点,最前与最后点,最左与最右点以及轮廓线上的点,可见与不可见的分界点等,条件许可时,最好先求出来,以便了解相贯线投影的范围和大致弯向,然后再求一般点。

例 求直立三棱柱和半球的相贯线(图8-7)。

分析 三棱柱的三个棱面和球面的交线都是圆周。因此,相贯线是由三段圆弧组成的闭合曲线。

棱柱的棱线是铅垂线,左、右两棱面是铅垂面,后棱面是正平面。因此,它们的水平投影有积聚性。待求的只是相贯线的正面投影。

选用辅助面求相贯线上的点时,要使所得截交线的投影为直线或圆弧,这样作图才简便准确。这是选择辅助面的基本要求。如图8-7所示,选择的辅助面为正平面 P_1、P_2 和水平面 Q。这两种辅助面与球面的截交线的投影是直线和圆,和棱柱面的交线是直线。而投影面垂直面和球面的截交线的投影总会出现椭圆,不宜选投影面垂直面作辅助面。

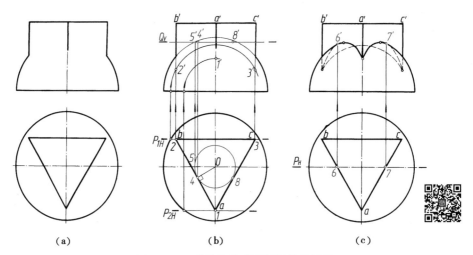

图8-7 三棱柱和半球面相贯线的画法

作图

(1) 求三棱柱的后棱面与半球面的截交线 包含后棱面作正平面 P_1(见图8-7b的水平投影 P_{1H})。P_1 与半球的截交线在正面的投影为半圆,该圆与两棱线 B、C 的正面投影交于 $2'$、$3'$,这两点是交线上的特殊点。由于后棱面位于后半球,交线圆在正面的投影都不可见,所以 $\overset{\frown}{2'3'}$ 应画成细虚线。

(2) 求前棱线 A 与半球面的贯穿点 包含前棱线 A 作正平面 P_2(见图8-7b的水平投影 P_{2H})。P_2 与半球面的截交线亦为半圆弧,该圆弧与 A 棱线的正面投影交于 $1'$,于是求得 A 棱线与半球面的贯穿点 $I(1,1')$。

(3) 求左、右两棱面与半球面的交线 先求两对特殊位置的交点。左、右两棱面与半球面交线的正面投影为椭圆弧。利用水平求最高点:在图8-7b的水平投影中以 o 为圆心、o 到 ab 的垂直距离 $o4$ 为半径画圆使之与 ab 相切;在正面投影中,求出所画圆平面的正面迹线 Q_V,在 Q_V 上求出 $4'$、$8'$。平面 Q 是所能选作平行 H 面的辅助面中最高的一个,超过 Q,则水平面和球面的截交线与左、右棱面就没有交点了。故 $4'$、$8'$ 就是椭圆弧中的一对最高点的正面投影。

再求左、右棱面与半球面交线上的一对可见性的分界点Ⅵ、Ⅶ。左、右两棱面一部分位于半球前半部,而一部分在半球的后半部。前、后是以平行于 V 面的球的最大圆素线分界。显然,图 8-7c 的一对点Ⅵ(6,6′),Ⅶ(7,7′)就是椭圆弧中可见性的分界点。

画出两棱面与半球的交线——椭圆弧:$\overset{\frown}{2'6'}$画成细虚线,$\overset{\frown}{6'1'}$画粗实线,$\overset{\frown}{1'7'}$画成粗实线,$\overset{\frown}{7'3'}$画成细虚线。至此,三棱柱与半球的相贯线——三段圆弧的正面投影全部求出。

(4)补画轮廓线 棱线 B、C 过平行 V 面的最大圆向下延伸至 2′或 3′处需画细虚线;还有平行 V 面的最大圆从Ⅵ至Ⅶ被三棱柱实体占有,不画线;其余应画成粗实线。

由上例可知:求平面立体与曲面立体的相贯线,可转化为求平面与曲面的截交线或直线与曲面立体的贯穿点;判别相贯线可见性的方法是,对于某一投影面来说,只有同时位于两可见表面上的点才是可见点,否则不可见。

§8-3 两曲面立体表面的交线

两曲面立体的相贯线一般是闭合的空间曲线,特殊情况下也可能是平面曲线或直线。求两曲面立体的相贯线一般需借助表面的积聚性投影或辅助平面求点,条件合适时,也可用球面作辅助面。

一、辅助平面法

辅助平面法是利用“三面共点”的原理,用求两曲面立体表面与辅助平面的一系列共有点来求两曲面立体表面的交线。

选择辅助平面时,应使它和两立体表面交线的投影简单易画(如投影为圆或多边形),并且两条交线要相交。为此,必须分析两相贯体的形状特点、相互位置关系以及它们与投影面的相对位置,以便选择恰当的辅助平面。

例 1 求轴线正交的圆柱与圆台的相贯线(图 8-8)。

分析 在给定条件下,锥轴为铅垂线,柱轴为侧垂线,圆柱面的侧面投影有积聚性。相贯线既在圆柱面上,它的侧面投影就必然与圆柱面的侧面投影重合。因此,待求的只是正面投影和水平投影。

考虑到锥面和柱面的轴线正交,且它们都是投影面垂直线,以选平行 H 面的辅助面为好。此时,水平面与锥面、柱面的交线以及它们的投影,是直线和圆。选用过锥顶的侧垂面(即过锥顶而又平行于柱轴的平面)、过锥顶的正平面和侧平面作辅助面也是可取的。至于其他位置的辅助平面所得截交线,一般为椭圆或双曲线、抛物线等二次曲线,作图就不方便了。

作图

(1)利用相贯线已知的侧面投影,可直接求出图 8-8a 所示的四个特殊点;

(2)在两立体投影的适当地方作水平面,画出水平面与圆锥面、圆柱面的截交线——圆周和平行两直线的投影,圆周和直线的交点即相贯线的点的水平投影,据此可以求出正面投影(图8-8b、c);

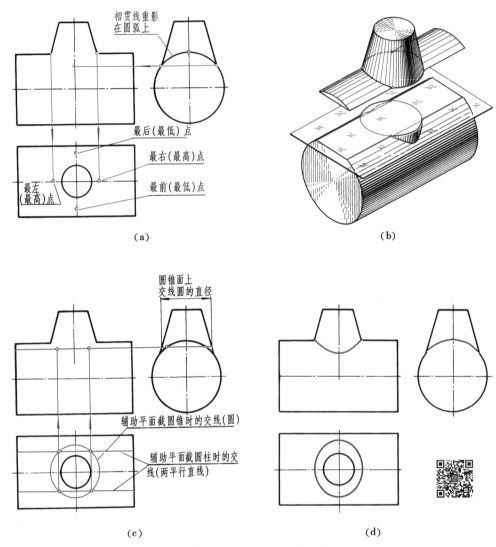

图 8-8 借助水平的辅助面求相贯线上的点

（3）重复上法求出适当数量的点；

（4）区分可见性：两相贯体前后对称，位于后半锥面与后半柱面的相贯线的正面投影，本来是不可见的，但与可见部分的投影重合在一起，不另表达。对 H 面来说，锥面上的点和位于上半柱面上的点都是可见的，因而相贯线的水平投影都可见。区分可见性后，将所求各点的同面投影连成光滑的曲线（图 8-8d）。

必须指出：不仅两实体相贯（外相贯）有相贯线（外相贯线），实体上开孔也有相贯线，例如图 8-9a 中的圆柱上开了个横向圆孔，孔口曲线就是相贯线。孔与孔相交（内相贯）同样有相贯线，例如图 8-9b 中的横向圆孔与纵向圆孔相交，在相交处的曲线即相贯线（内相贯线）。不论是外相贯还是内相贯，相贯线的作图方法都是一样的。

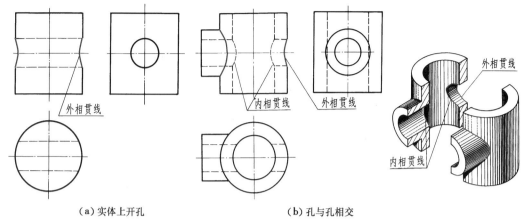

（a）实体上开孔　　　　　　　　　　（b）孔与孔相交

图 8-9　相贯线示例

例 2　求四分之一的圆环面和圆柱面的相贯线（图 8-10a）。

分析　在给定条件下，柱轴是侧垂线，圆柱面的侧面投影有积聚性；环轴是正垂线。两轴线交叉垂直，且柱轴位于环面的前后对称面内。

圆柱与圆环的相贯线是闭合的空间曲线。它的侧面投影与圆柱面的侧面投影重合，待求的只是水平投影和正面投影。

作图

（1）选辅助面　根据以上的分析，对环面来说只宜选与环轴垂直的正平面，它与环面的交线及其正面投影都是圆；正平面与圆柱面的交线是一对平行于柱轴的直素线。其他种类的平面就不宜选用了。

（2）判别特殊点　从相贯线的侧面投影可以看出：最高、最低和最前、最后四点，分别位于圆柱面的最高、最低和最前、最后素线上，求法如图 8-10b 所示。例如最前点是借助包含圆柱最前素线所作的正平面与圆环相交而得到的。

（3）求中间点　在圆柱面的最前、最后的素线范围内，作适当数量的正平面，就可以找出足够数量的相贯点（图 8-10c）。

（4）区分可见性、连点　连好后的相贯线的投影如图 8-10d 所示。

相交两立体前后对称，相贯线也前后对称，它的正面投影前后重合。

圆柱上的最前和最后素线，是圆柱面水平投影可见性的分界线，上半部可见，下半部不可见。因此，位于下半圆柱面的相贯线，它的水平投影是不可见的，用细虚线表示。

必须指出，本例中相贯线的最右点，凭图示不易判断。此时，可在附近多求几点，使相贯线的投影达到必需的准确度。

二、辅助球面法

1. 作图原理

图 8-11 表示球面的中心通过回转面的轴线时，球面和回转面的交线是圆，并且垂直于回转轴。从辅助面和相交两立体的交线及其投影应简单易画的要求来看，只要符合下列条件，可选球面为辅助面。

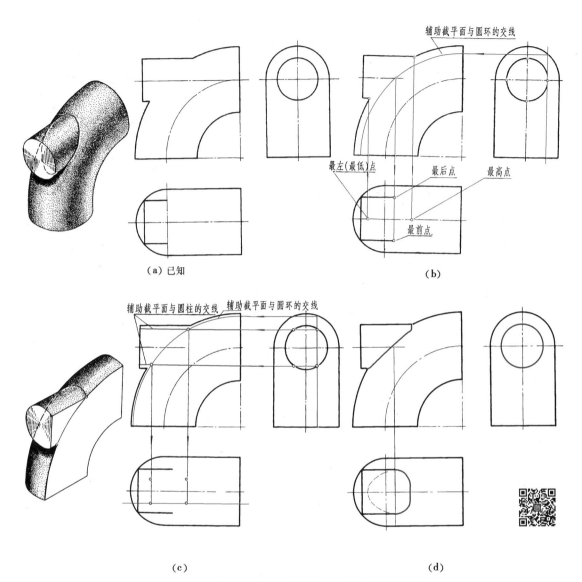

（a）已知

辅助截平面与圆环的交线

最左（最低）点　　最后点　　最高点

最前点

（b）

辅助截平面与圆柱的交线　辅助截平面与圆环的交线

（c）　　　　　　　　　　　　　　　（d）

图 8-10　借助与 *V* 平行的辅助面完成相贯线的投影

1）参加相贯的必须都是回转体，一般要求轴线相交；

2）两轴线同时平行于某一投影面，这样球面与两回转面的交线（圆周）在平行于轴线的投影面上的投影都为垂直于轴线的直线段，避免了画椭圆。

由于上述条件，限制了它的应用范围。但在上述场合，用球面法比较简单。

2. 画法

在图 8-12 中，两圆柱的轴线斜交，并且都是正平线，符合用辅助球面法求相贯线的条件。

画图时，以两轴线的交点为球心，适当长度 R 为半径作辅助球面，它和水平圆柱的交线（圆周）的正面投影为垂直横轴的直线段，球面和斜圆柱的交线（圆周）的正面投影是垂直斜轴的直线段；两线段的交点 $1'(2')$ 为两圆柱面和球面的相贯线上点的投影。

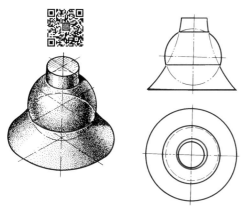

图 8-11　球面法的作图原理

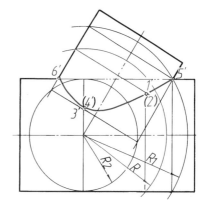

图 8-12　用球面法求相交两圆柱的相贯点

变动球面半径的大小,可得到相贯线上一系列的点。但所选半径不能大于 R_1 和小于 R_2。否则,就得不到相贯线上的点。以 R_1、R_2 为半径所作的球面,分别称为最大和最小辅助球面。在一般情况下,球心到两回转面轮廓线较远的一个交点的距离,就是最大球面半径;最小球面半径或是从球心到两回转面轮廓线较近的一个交点的距离,或是内切于较大的回转面的球面半径。

例　求轴线斜交的圆柱和回转体的相贯线(图 8-13)。

分析　相交两立体都是回转体,它们的轴线相交并且都平行于正面,符合用辅助球面法的条件。

两立体正面投影的轮廓线位于公共对称面内,它们的交点 $1'$、$2'$ 所对应的 I、II 分别是相贯线的最高点和最低点。

作图　以两轴的交点 O (即 o') 为球心,适当的长度 R 为半径作辅助球面,它和两立体表面的交线都是圆周。圆周的正面投影都是直线段,并且垂直于各自的轴线。这两段直线的交点 $3'$、$(4')$ 就是相贯线上的一对点的正面投影;水平投影 3、4 则借助于直立回转面上的截交线(圆周)而求得。对图 8-13 来说,R_1 是最大球面半径,R_2 是最小球面半径。辅助球面半径应在 R_1 和 R_2 之间选择。

判别相贯线投影的可见性时,由于相贯两立体前后对称,相贯线正面投影的可见部分和不可见部分重合。但水平投影则要判别,以斜圆柱的最前、最后素线为界,上半部分可见,下半部分不可见。这两条素线上的点 VII、VIII 即是相贯线水平投影可见性的分界点。这两点的正面投影 $7'$、$(8')$ 在圆柱轴线的正面投影上,由连点确定。

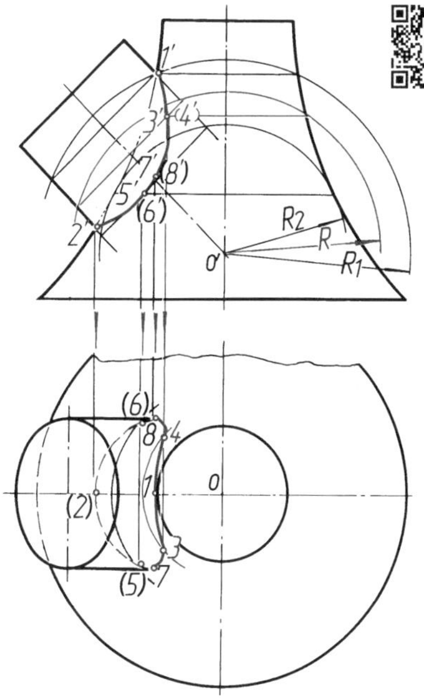

图 8-13　用球面法求轴线斜交两回转体的相贯线

三、两二次曲面的相贯线的特殊情况

两曲面立体的相贯线一般为空间曲线。但如相交两曲面都是二次曲面(立体解析几何中能用

131

二次方程表示的曲面),且公切于一个二次曲面,则相贯线为两条平面曲线(蒙若定理)。此时,如它们的轴平面为某投影面平行面,则相贯线在该投影面上的投影为直线段。例如图 8-14a~d 中相交的圆柱和圆锥,它们有公共的内切球,因而相贯线成为一对相交的椭圆,其轴平面为正平面,故相贯线的正面投影为相交两直线段。

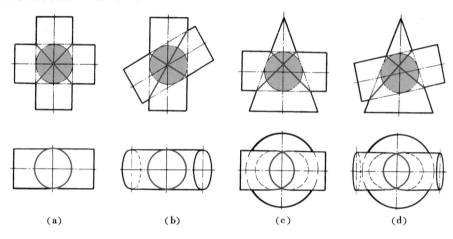

图 8-14　二次曲面的相贯线为平面曲线的情况

四、影响相贯线形状的因素

通过上面的分析可知,相贯线的空间形状,只与两曲面立体的表面性质、它们的相互位置以及尺寸大小有关。至于相贯线投影的形状如何,还要看它们在投影面系中的位置而定。

表 8-1、表 8-2 所示相贯线形状的变化即表明了它们的影响。

表 8-1　表面性质和相对位置对相贯线形状的影响

表面性质	相 对 位 置			相对位置变化时
	轴线正交	轴线斜交	轴线交叉	
柱柱相贯				无论是柱与柱、柱与锥、还是柱与球相贯,当两立体轴线的相互位置(正交、斜交或交叉)发生变化时,其相贯线的形状也将随之变化
锥柱相贯				

表面性质	相 对 位 置			相对位置变化时
	轴线正交	轴线斜交	轴线交叉	
柱球相贯	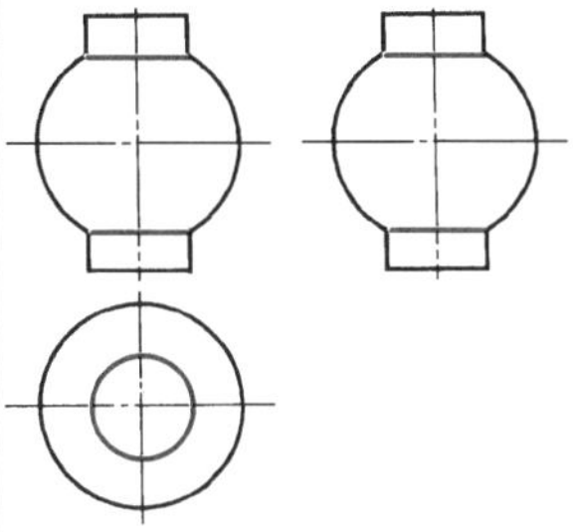	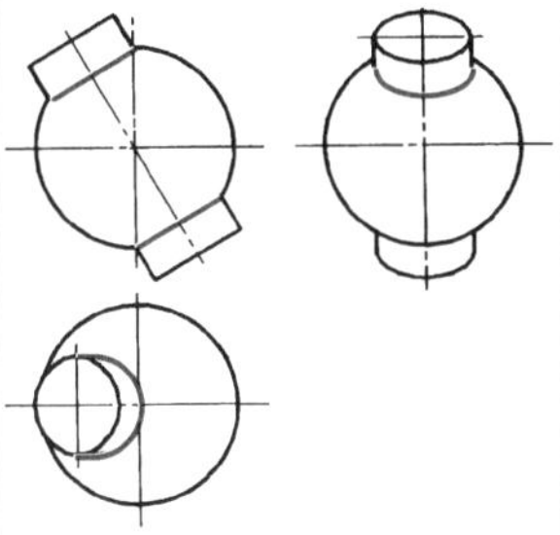	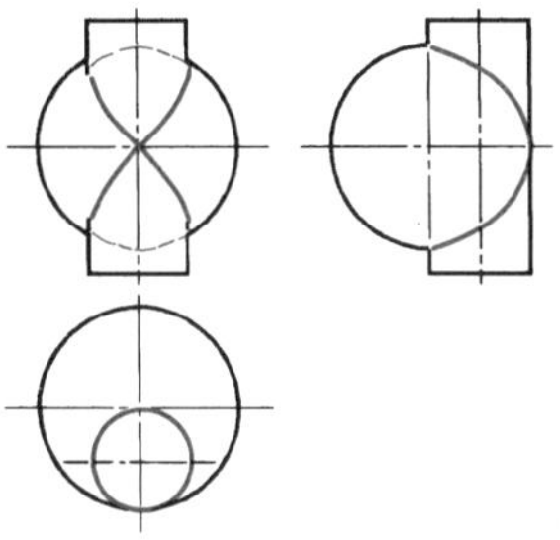	无论是柱与柱、柱与锥、还是柱与球相贯,当两立体轴线的相互位置(正交、斜交或交叉)发生变化时,其相贯线的形状也将随之变化
表面性质不同时	当两立体的表面性质不同时,尽管两立体的相互位置关系不变,但其相贯线的形状也会发生变化。			

表 8-2　表面性质和相对位置相同而尺寸不同对相贯线形状的影响

相对位置	表面性质	尺寸变化:直立圆柱的直径变化时			
轴线正交	柱柱相贯	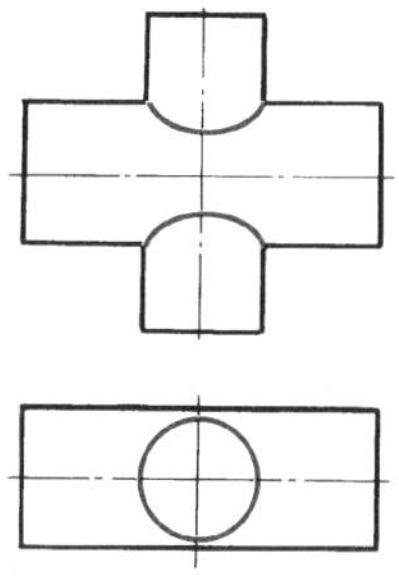	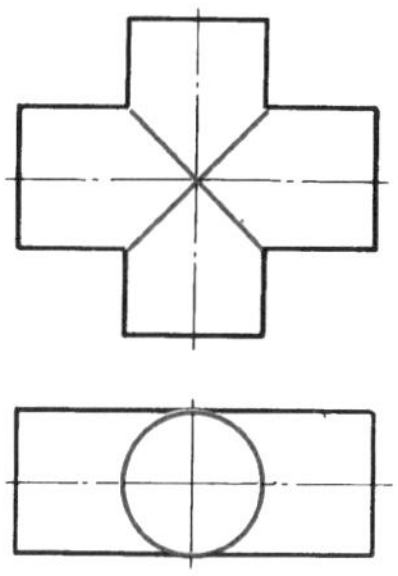	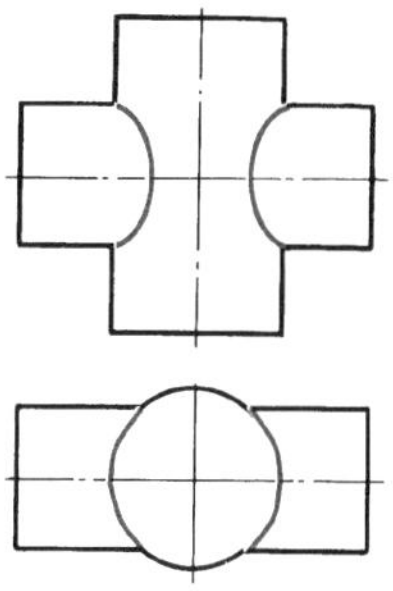	两立体的大小发生变化时,相贯线的形状和位置也随之改变。当相贯线为空间曲线时,其投影(曲线)的弯曲方向为:由尺寸小的凸向大尺寸立体的轴线
	柱锥相贯	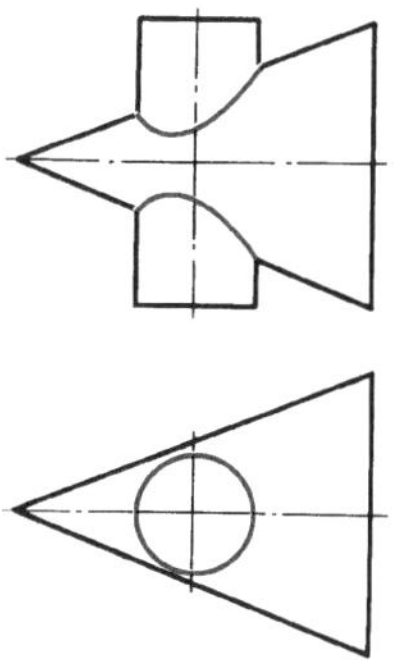	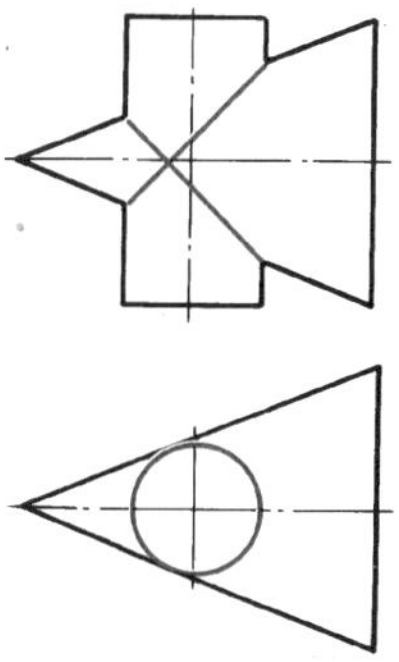	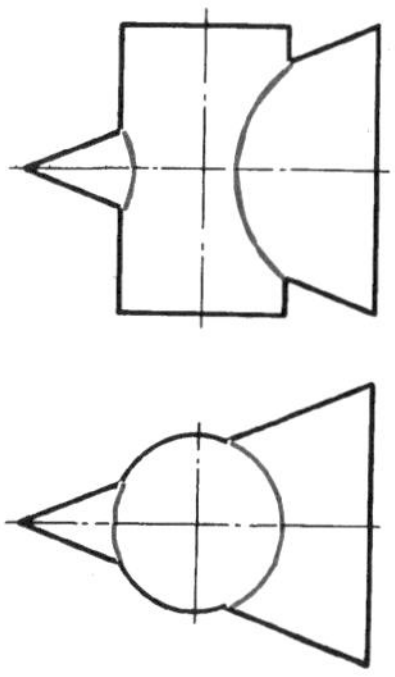	

五、组合相贯线的画法

某一立体和另外两个立体相贯时,会在该立体的表面上产生两段相贯线。它们的投影按两两相贯时的相贯线的画法分别绘制。但要注意两段相贯线的组合形式。例如图8-15a中的直立圆柱与两共轴的不等径横置圆柱相贯,两段相贯线被两共轴圆柱的分界面隔开,因而在正面投影中两段相贯线的投影相错,且被分界面的正面投影(直线)隔开。图8-15b中的直立圆柱与共轴的圆柱、圆台相贯,两段相贯线相交,其交点为三个立体表面的共有点。图8-15c中的直立圆柱与相切的球、圆柱相贯,两段相贯线是圆滑连接的。

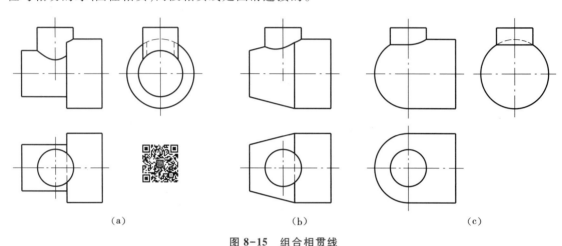

| (a) | (b) | (c) |

图8-15 组合相贯线

§8-4 两平面立体表面的交线

两平面立体表面相交所成的相贯线,一般是闭合的空间折线。折线的每一线段是一立体的某一棱面与另一立体某一棱面的交线,折线的顶点是一个立体的某一棱线对另一个立体的贯穿点。因此,求两平面立体的相贯线时,可以针对具体情况,采用求贯穿点的方法或用求两平面交线的方法作图。

例 求直立三棱柱与斜置三棱柱的相贯线(图8-16)。

分析 直立三棱柱的棱线为铅垂线。棱面的水平投影有积聚性。只要求出相贯线的正面投影即可。

从水平投影可以看出,斜棱柱的CC棱线的水平投影与直棱柱面的水平投影不相交,即CC与直棱柱没有贯穿点。直立棱柱的前棱和斜棱柱也没有贯穿点。这样,只有四条棱线与立体表面相交,可得8个贯穿点。

作图 (图8-16b)

(1)求棱线的贯穿点 利用直立棱柱水平投影的积聚性,直接得到AA棱线上的两个贯穿点的正面投影 $1'$、$6'$;BB棱线上的两个贯穿点的正面投影 $2'$、$5'$。

包含直柱左侧棱线和右侧棱线作铅垂面 P_1、P_2 使与 AA 平行,即可求出其余四个贯穿点的正面投影。

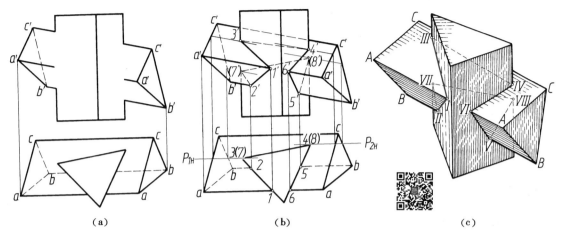

| （a） | （b） | （c） |

图 8-16　两平面立体的相贯线的画法

（2）区分可见性和连点　可见性判断的方法与曲面立体交线的判断相同。

连点时要注意：

① 只有在甲立体的同一棱面内又在乙立体的同一棱面内的两点才能相连。

② 同一棱线上的两点不能相连。

例如 Ⅰ、Ⅱ 两点既在直立棱柱的左侧棱面内，又在斜棱柱的 AB 棱面内，因而它们的正面投影可以连成 $1'2'$。同理，可以连成 $2'7'$、$7'8'$、$8'5'$、$5'6'$、$6'4'$、$4'3'$、$3'1'$。

（3）补画各棱线的投影，如图 8-16b 所示。

复习思考题

1. 试述求贯穿点的一般方法和步骤。
2. 试述相贯线的性质和选择辅助面的一般要求。
3. 试述相贯线可见性判别的方法。
4. 试述平面立体与曲面立体相贯线的特点及画图的方法和步骤。
5. 两曲面立体相贯时根据什么选择辅助面？试以圆锥与圆柱为例（假设各种情况）说明之。
6. 试说明要补全两相贯体投影轮廓线的条件。
7. 试述应用辅助球面法的条件及其优点。
8. 在什么条件下二次曲面的相贯线为平面曲线？投影情况如何？
9. 你能在自行车上找出几个有相贯线的零件吗？

第九章　组合体的视图和尺寸

§9-1　组合体的组合形式分析

物体用正投影法向投影面投射所得的图形,称为视图。由前向后投射所得的视图为主视图,由上向下投射所得的视图为俯视图,由左向右投射所得的视图为左视图,视图一般只表达物体可见部分的轮廓,必要时,才用细虚线将不可见的轮廓画出。

一、组合体的组成

将前面介绍过的几何形体按一定的形式叠加起来,或在几何形体上切去一些几何形体所形成的物体,称为组合体。图 9-1a 所示为一叠加型组合体,按照它的形体特征,可以认为是由大小圆筒、两直立棱柱(肋和支撑板)、水平放置的棱柱(底板)等几部分叠加而成。肋和支撑板都叠加在底板的上表面,且支撑板的右表面与底板右表面平齐。大圆筒放在肋和支撑板的上面,且与支撑板的左、右表面相切。小圆筒放在大圆筒上面,且轴线正交。分析了这些情况后,选好主视图,就可画出图 9-1b 所示的三个视图。

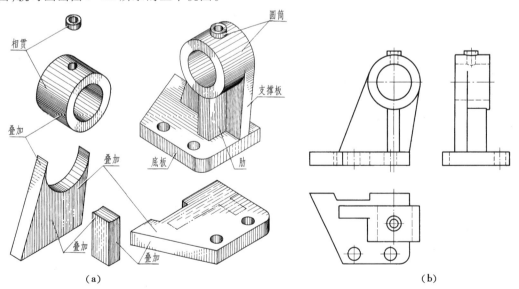

（a）　　　　　　　　　　　　（b）

图 9-1　支架的分析及其视图

图 9-2b 所示为一切割型组合体,它是在半圆筒上用水平面,正平面和正垂面分别切去三部分而成。画出切平面的投影,擦去切去的部分,就可得到图 9-2a 所示的三个视图。

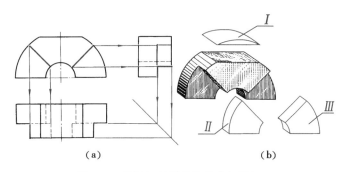

（a）　　　　　　　　　　　（b）

图 9-2　平面切割圆柱体的分析及视图

二、两形体邻接面的关系

为了正确地画出组合体的三个视图,还必须分析各形体邻接面之间的位置关系,即相交、相切还是共面。如图 9-1a 中的支架,大圆筒与支撑板的后表面共面(即两平面平齐),支撑板的左、右表面与大圆筒的外表面相切,大、小圆筒的内、外表面相交,这三种位置关系可按图 9-3 和图 9-4 画出。

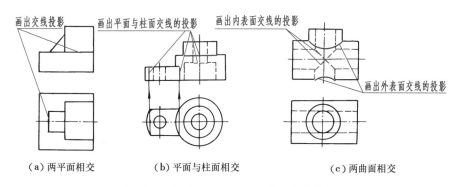

（a）两平面相交　　　　　（b）平面与柱面相交　　　　　（c）两曲面相交

图 9-3　两表面相交时要画出交线的投影

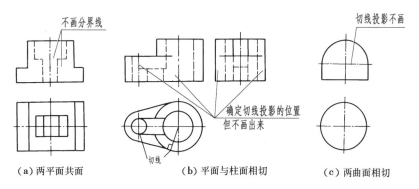

（a）两平面共面　　　　　（b）平面与柱面相切　　　　　（c）两曲面相切

图 9-4　两平面共面和两表面相切时不画分界线

以上分析了组合体的组合形式及邻接面间的位置关系,这种将物体分解成若干几何形体,并分析它们的相对位置及邻接面的关系的方法,叫做形体分析法,它是组合体的画图、尺寸标注和看图的基本方法。

§9-2　组合体的视图画法

画组合体的视图的基本方法是形体分析法,即用形体分析法将组合体分解成若干几何形体,根据各形体间的相对位置分别画出各自的三视图,然后处理好两形体邻接面间的投影,即可完成该组合体的视图,其画图步骤如下:

一、叠加型组合体视图的画法

1. 分析形体　图 9-5a 所示为一叠加型组合体,根据其形体的特点,可将其分解成四部分,如图 9-5b 所示;分析各形体间的位置关系,如四部分沿底板的长边方向具有公共的对称面,支撑板与底板的后表面平齐,圆筒后端面伸出支撑板后表面等;分析两形体邻接面的关系,如支撑板的左、右侧面与圆筒表面相切,前、后表面与圆筒相交,肋的左、右及前表面与圆筒相交,支撑板、肋与底板上表面相交等。

组合体三视图的画法及其尺寸标注

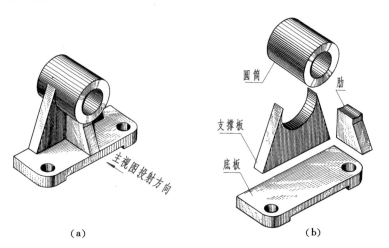

（a）　　　　　　　　　　（b）

图 9-5　组合体的分析

2. 选择视图　即选择能完整、清晰、正确地表达物体形状的视图。视图中的主视图一经选定,其余的视图也随之确定,故首先对主视图进行选择。选择主视图时考虑两个因素:其一是物体的安放位置,即将物体置于稳定状态,并使其上主要表面、轴线等平行或垂直于投影面;其二是主视图的投射方向,通常将能较多地反映物体各组成部分的形状特征及其相对位置关系的视图作为主视图,且使其余视图上的虚线较少。图 9-5a 表示按箭头方向投射所得的视图,能满足上述选择原则,故可作为主视图。

主视图选定以后,俯视图和左视图也随之而定。这两个视图补充表达了主视图上未表达清楚的部分,如底板的形状及其上小孔中心的位置在俯视图上反映出来,肋的形状则由左视图表达。由此可知,所选三个视图能完整、清晰地表达出物体的形状。

3. 选比例、定图幅　视图选定以后,便要根据实物的大小,从国家标准《制图技术》中选定比例和图幅。比例尽量选用 1∶1。图幅则要依据视图所占面积及各视图之间、视图与图框之间间距的大小而定。

4. 布置视图　根据每一视图的最大轮廓尺寸,均匀地布置好三个视图的位置。画出每一视图上的作图基准线,如物体上的对称面、回转面的轴线、圆的中心线以及长、宽、高三个方向上作图的起始线等(图 9-6a)。并按规定的格式和尺寸画出标题栏。

5. 画底稿　依据各形体间的位置关系,逐个画出各形体的三个视图,处理好两形体邻接面间的位置关系。底稿线应力求清晰、准确,具体画图步骤如图 9-6b~f 所示。

画图时还应注意以下几个问题:

1) 画图的一般顺序是:先画主要组成部分,后画次要部分;先画反映形体特征的视图,再画其他视图;先画外轮廓,后画内部形状。如应先画反映底板实形的俯视图和反映圆筒实形的主视图,再画底板和圆筒的另外两个视图;其次画支撑板和肋的主视图,最后完成它们的俯视图和左视图。

2) 按形体分析法将组合体分解成若干几何形体后,同一形体的三个视图,应按投影关系同时进行。特别是画相贯线和截交线时更应如此。

3) 画完各形体的三个视图后,应检查两形体邻接面处的投影是否正确。如支撑板的左右侧面与圆筒表面相切,所以支撑板在俯视图和左视图上应画到切线处止;肋与圆筒表面相交处,

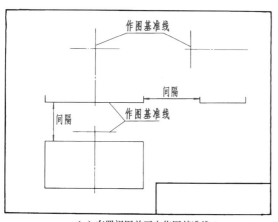

(a) 布置视图并画出作图基准线

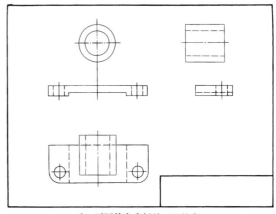

(b) 画圆筒和底板的可见轮廓

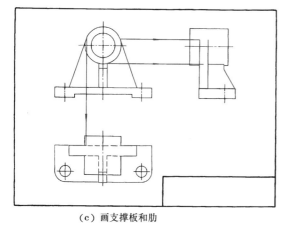

(c) 画支撑板和肋

(d) 画细部、补画必要的细虚线、描深

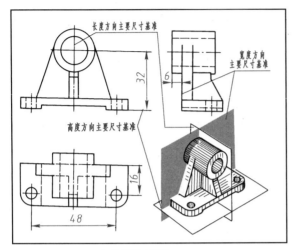

(e) 选定尺寸基准

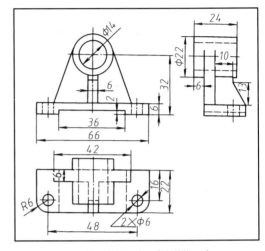

(f) 注各部分尺寸和总体尺寸

图 9-6　画图步骤

应画出交线的投影。回转体的轮廓线穿入另一形体的实体部分的那一段线不画,如圆筒的左、右外轮廓线在俯视图上处于支撑板宽度范围内的一段线不画;最下轮廓线在左视图上处于肋和支撑板宽度范围内的一段线也不画。

6. 检查、描深　底稿完成后,应仔细检查,在确认没有错误和多余图线后再描深。描深时应先描圆或圆弧,后描直线。细实线和细点画线也应描深,使所画的图线保持粗细有别,浓淡一致。

7. 标注尺寸　将画单个形体时所需要的尺寸加以调整,即为所需注出的尺寸。关于尺寸标注的具体要求和方法,请看§9-3中的介绍。

二、切割型组合体的视图画法

1. 分析形体　图 9-7a 为一切割型组合体,它是在长方体上用三个截平面(正垂面、正平面、水平面)分别切去 Ⅰ 、Ⅱ 两部分而成(图 9-7b)。

2. 画原始形体的三个视图　画图时应使形体的表面尽可能处于与投影面平行或垂直的位置上,以利于画图和看图。

3. 画截平面的三个视图　先画截平面有积聚性的投影,再按照求平面与立体表面交线的方法及视图间的投影关系,即可完成截平面的另外两个投影(图 9-7c、d)。

4. 检查描深　擦去被切去部分的投影,检查无误后再描深。

5. 标注尺寸　注出原始形体的定形尺寸和截平面的定位尺寸即可。

140

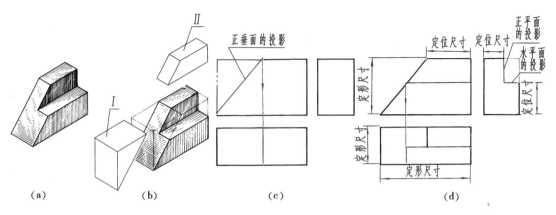

图 9-7　平面切割平面立体画法示例

§9-3　组合体的尺寸标注

视图只能表达物体的形状,而物体的大小及各组成部分的相对位置,则需以尺寸确定。尺寸标注的最基本要求是:符合国家标准(§1-1),齐全,清晰。标注尺寸的基本方法是形体分析法。

一、有关尺寸齐全的问题

1. 组合体的尺寸分类　标注组合体的尺寸时,一般要注全下列三种尺寸:

1) 定形尺寸——确定组合体中单个形体形状大小的尺寸,如图 9-8a 中的直径尺寸和不带"△"符号的尺寸。

2) 定位尺寸——确定各形体间或各截平面间相互位置关系的尺寸,如图 9-8a 中带"△"符号的尺寸。

3) 总体尺寸——表明组合体整体形状的总长、总宽和总高等尺寸,如图 9-8a 中的"L"尺寸是物体总长;"B"为物体总宽;总高尺寸为小圆筒顶面的定位尺寸与 h_1 的和,此题中的总高尺寸就不需注出。

图 9-8a 是按形体分析法注出了画各形体时所需要的尺寸。将这些尺寸加以调整(如将图中的 4 处 ϕ_1 保留一处,h_1 和 ϕ_2 也只保留一处等),再注上确定各形体位置关系的定位尺寸和总体尺寸,就可注全该组合体的尺寸了,如图 9-8b 所示。

2. 组合体的定位尺寸和尺寸基准　要确定形体与形体、面与面之间的位置,则必须选定标注尺寸的基准,将确定尺寸位置的点、线或面等称为尺寸基准。

尺寸基准常选用物体上圆的中心、对称面、回转体的轴线、底面或端面等。在组合体的长、宽、高每个方向上,必须有一个尺寸基准,如图 9-8b 所示。

尺寸基准选定后,可直接或间接地从基准出发,注出每一形体上的对称面或回转体的轴线或端面或截平面等的定位尺寸。在图 9-8b 的主视图上,大圆筒在高度和长度方向上的两个定位尺寸(带"△"符号的尺寸),就是直接从基准注出的。而底板上两小孔之间在长度方向的定位尺寸(左边带"△"符号的尺寸),则是通过右边的定位尺寸与长度方向的基准联系的。

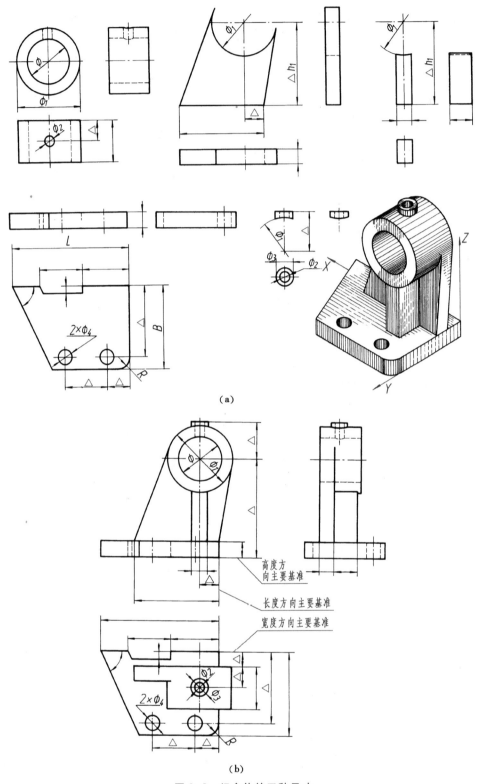

（a）

（b）

图 9-8　组合体的三种尺寸

每一形体在长、宽、高三个方向上都可有定位尺寸,如图 9-8b 中的圆筒,就注有三个方向上的定位尺寸。但在下列情况时,可以省略不注:

1) 两形体有公共对称面时,该两形体间在与对称面垂直的方向上的定位尺寸为零,如图 9-9a 中圆筒与底板在长度方向的定位尺寸为零;

2) 共轴的多个回转体,其径向定位尺寸为零(图 9-9b);

3) 形体间某方向上两相邻的平面平齐即为共面时(图 9-9c),该向的定位尺寸为零。

4) 形体之间某向的定位尺寸和某个形体的同向定形尺寸重合时,如图 9-9a 中圆筒高度方向上的定位尺寸即与底板的高度尺寸重合。

3. 总体尺寸的标注 总体尺寸有时要直接注出,如图 9-9a 中的全高和图 b 中的全长。但遇下列情况之一时,可以不单独标注。

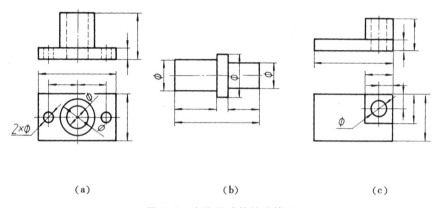

(a)　　　　　　　　(b)　　　　　　　　(c)

图 9-9　定位尺寸的特殊情况

1) 某向的总体尺寸和某个形体同向的定形尺寸重合时(图 9-9a 中的长度方向和宽度方向)。

2) 以回转面为某向轮廓时,一般不注该方向的总体尺寸(图 9-10)。但也有例外的。

4. 对于切割型的组合体,一般只注两类尺寸,即原始形体的定形尺寸和截平面的定位尺寸,其交线处一般是不注尺寸的(图 9-11)。

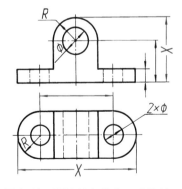

图 9-10　不注某向总体尺寸的情况

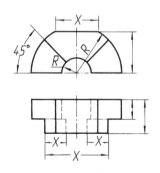

图 9-11　切口、切槽尺寸的标注

143

二、有关尺寸布置清晰的问题

要做到尺寸标注清晰,应注意以下几点:

1. 同一形体的定形与定位尺寸,尽可能集中注在一两个视图上,以方便看图,如图 9-9a 中底板上孔的定形与定位尺寸都集中在俯视图上注出。

2. 尺寸应注在表达形体特征最明显的视图上,并尽量避免注在虚线上。表示圆弧的半径尺寸应注在投影为圆弧的图上。如图 9-8b 中底板在长度和宽度方向的尺寸,都注在反映其形状的俯视图上。

3. 尺寸应尽量注在视图的外边,以保持图形的清晰和避免尺寸线或数字与轮廓线相交。

三、尺寸标注举例

图 9-12b 所示为一底座,用形体分析法可将其分解为四部分(图 9-12c)。从图 9-12b 可知,底座前后对称,该对称面即为宽度方向的主要尺寸基准;底座的底面和右端面分别是高度和长度方向上的主要尺寸基准。

基准选定后,即可注出各部分的定形尺寸,以及各部分之间的定位尺寸和总体尺寸。这些尺寸注出后还要进行适当的调整,使所注的尺寸既要齐全,但又不能多注。如Ⅲ上 R40 的圆心的定位尺寸和Ⅳ上 R40 的圆心的定位尺寸相同,只能注一个。又如注出了Ⅲ 的上表面在高度方向上的定位尺寸 30 后,Ⅲ 的高度可通过其他尺寸得到,故无须注出。

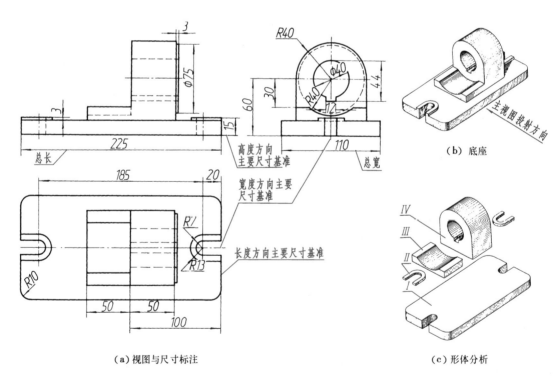

图 9-12　底座的形体分析和尺寸标注

§9-4 读组合体的视图

画组合体的视图,是将三维形体用正投影的方法表示成二维图形。而读组合体的视图,则是将多个二维图形依据它们之间的投影关系,想象出三维形体的形状。可以说,读图是画图的逆过程。所以,读图时仍采用形体分析法,但对于较复杂的形体,还需辅以线面分析法(将在后面加以介绍)才能看懂。

一、读图时应注意的几个问题

1. 用形体分析法读图时,是将视图中的一个封闭线框看作一个几何形体的投影,依据投影关系,找出与之对应的另外两个线框,再将这三个线框联系起来,想出该形体的形状。如图9-13的俯视图上有四个线框,依据投影关系,在主、左视图上找出与之对应的线框,想出各部分的形状后,再根据各部分的位置关系,便可得知该组合体的形状。

2. 用线面分析法读图时,是将视图中的一个封闭线框看作物体上的一个面(平面或曲面或平面与曲面的组合)或孔洞的投影。若一个封闭线框表示平面,根据第四章中各种位置平面的投影可知它的另外两个投影或为两个与之类似的线框(一般位置平面)或为一类似线框及一段直线(投影面垂直面)或为两段直线(投影面平行面)。如图9-14a的主视图上的"回"形线框,根据投影关系首先找类似的线框(在俯视图上),在左视图上没有对应的类似线框,而是一段斜线,可知该平面为一侧垂面。图9-14b上的正垂面也是这样分析确定的。

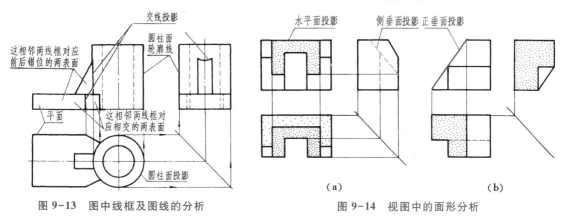

图 9-13　图中线框及图线的分析　　　　图 9-14　视图中的面形分析

在图上相邻的两个线框,对应着物体上两个或相交或错位的表面。如图9-13主视图上相邻两线框的左、右和上、下位置已知,其前、后位置则由俯视图或左视图确定。

投影图中的每条图线,或是两面的交线,或是曲面的轮廓线,或是有积聚性面的投影,如图9-13所示。

以上对投影图中的线框和图线进行的分析,确定了它们的空间形状及位置,这种分析方法称为线面分析法。

3. 读图要从表达物体的形状特征最明显的那个视图入手,联系其他视图一起分析,切忌只从某一视图上找答案,因为一个视图是不能唯一确定物体的形状的。图9-15a所示的物体,它们具有相同的俯视图,只有将主视图联系起来看,才能确定它们的形状。图 9-15b 说明只看主、俯两个视图还不能确定该物体的形状,只有将左视图也联系起来看才行。图 9-15a 中的主视图,图.9-15b 中的左视图就是反映物体形状特征的视图。

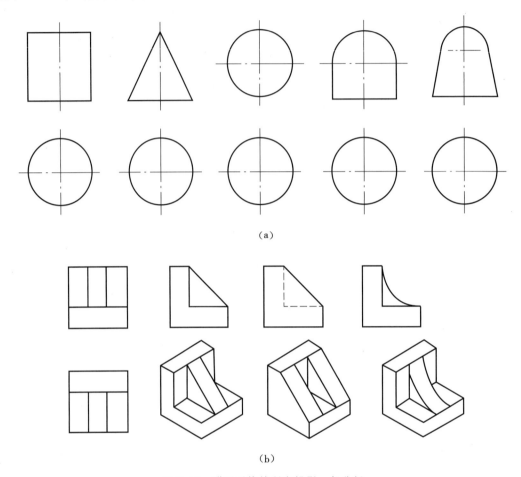

(a)

(b)

图 9-15　联系形体的所有投影一起分析

全局如此,局部也是这样。图 9-16 所示主视图上的三个矩形线框,都与俯视图上的三个矩形线框和等长的四条线段相关,它们究竟与哪个线框或哪条线段相对应,一看左视图就清楚了。

二、读图的步骤

读图时,一般宜先粗略地看看各个视图,明确视图之间的投影关系;然后根据图形特点和投影联系,分成几个部分,并想象它们的形状;最后综合各部分的形状及其相互位置关系想出物体的整体形状。下面以图 9-17 所示的支架为例,说明读图的一般步骤。

1. 分析视图　根据图 9-17a 视图的相互位置关系,可知

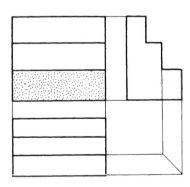

图 9-16　分析面形有时也要
三个投影一起分析

146

横向并列的是主视图和左视图,纵列的是主视图和俯视图,从而确定了三图之间的投影关系。

2. 分析投影、分部分、想形状　主视图较多地表达了支架的形体特点,即较清楚地表达了由几个组成部分和各部分的相互位置关系;而俯视图和左视图则显示了支架前后的对称性。

根据主视图的图形特点及其与俯视图、左视图的投影关系,可分为图示的五个部分。每一部分可根据投影关系,用三角板、分规等工具找出它们的其他投影,想出各部分的形状。图 9-17b、c、d 表示对视图进行投影分析后,再逐个分析各部分的投影,并补出所省略的细虚线,进而想出各部分的形状。各部分的立体形状如所附轴测图所示。

从分析各部分投影的分界线可知:III、IV 和 I 相交,并且 III 的前、后表面与圆柱面是相切的;其他立体之间就都是叠加了。

3. 综合归纳想整体　在分析了各部分的形状以后,就可根据各部分在视图中的相互位置关系,想象出支架的整体形状,如图 9-17e 所示。

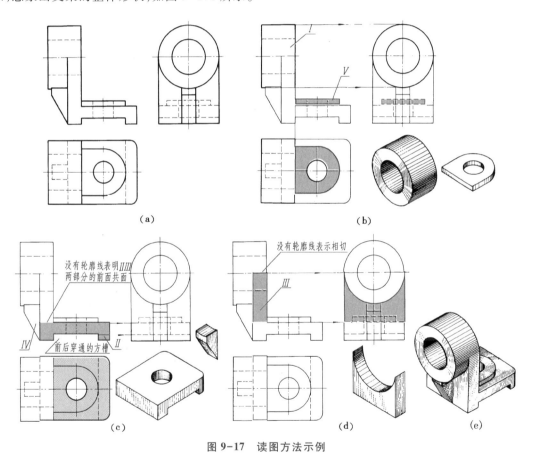

图 9-17　读图方法示例

三、由已知两视图求作第三视图

由已知两视图求作第三视图或补全视图的投影,是培养分析问题和解决问题的一个重要方法。

由已知两个视图求作第三视图,一般是在看懂视图的基础上进行的。所给视图也要能够完全确定物体的形状。

图 9-18 表示由已知两个视图求作第三视图的作图过程。从视图特点来看,可分为图 9-18b 所示的 Ⅰ、Ⅱ、Ⅲ 三个部分。从 Ⅰ 的投影特点,结合所注符号即可推断:这部分的原形为一四棱柱,前面正中从上到下有个长方通槽;上后方被一正垂面和正平面切去一块。这样,原形的侧面投影为矩形,然后按截平面和四棱柱的相对位置,画出它和各棱面的交线。在图示情况下,棱柱表面和截平面都是特殊位置平面,它们的交线为正平线、正垂线和铅垂线。根据正面和水平投影就可以画出侧面投影。具体画法如图 9-18c 所示。

图 9-18d 为补画 Ⅱ、Ⅲ 两部分侧面投影的情形,具体画法如图示。

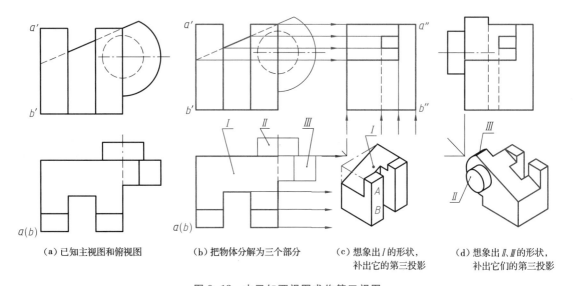

(a) 已知主视图和俯视图　(b) 把物体分解为三个部分　(c) 想象出 Ⅰ 的形状,　(d) 想象出 Ⅱ、Ⅲ 的形状,
　　　　　　　　　　　　　　　　　　　　　补出它的第三投影　　补出它们的第三投影

图 9-18　由已知两视图求作第三视图

画图时,要注意根据已给视图,判断所补视图某些部分的可见性。这只要分清了各部分的前后、左右和上下的方位关系,可见性的问题是可以解决的。

最后,还要检查所补视图和已知视图的投影关系是否正确(包括粗实线和细虚线),有无遗漏或错误,并将所想象的形体和第三视图进行核对验证。

顺便指出,在图 9-18 中,如不给定 AB 棱线的投影符号[a′、b′,a(b)],则 Ⅰ 的形体并未完全确定,读者可自行思考。

§9-5　组合体的构形设计

任何一个复杂的形体,都可以通过若干个简单的立体叠加或截切而形成。构形设计就是根据给定的要求,构思设计出满足某种功能要求、具有新颖和合理结构的形体。它包括形体的组合与分解设计,是挖掘思维潜力的创造过程,需要丰富的空间想象力。它可以激发人们的好奇心,是充分发挥想象力、发展和开拓思维、提高画图和读图能力、培养创新意识和开发创造能力的最有效的方法之一。

组合体的构形设计就是以简单的立体为主,根据物体的一个或多个已知视图,利用各种创造性思维方式构形设计出形状复杂、大小不同的形体,并画出表达该形体所需的其他视图的过程。

一、常见形体的构形方式

1. 简单体的构形方式

简单体的构形方式一般有以下几种。

1)拉伸

拉伸是一平面图形通过延展形成的实体,延展的方向可以与平面图形垂直或倾斜,如图 9-19a 所示。

2)旋转

旋转是一平面图形绕轴线回转形成的实体,如图 9-19b 所示。

3)扫掠

扫掠是一平面图形沿一路径移动所形成的实体,如图 9-19c 所示。

4)放样

放样是形体通过若干个截面形成的实体,如图 9-19d 所示。

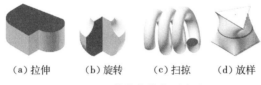

(a)拉伸　　(b)旋转　　(c)扫掠　　(d)放样

图 9-19　简单体的构形方式

2. 组合体的构形方式

复杂的形体可以通过简单体的叠加或切割等方式生成。

1)叠加

组合体可以通过若干个简单体堆叠而成,通过改变简单体之间的相对位置,可以构造不同的组合体,如图 9-20 所示。

(a)　　　　　　　　　　　　　　　(b)

图 9-20　叠加方式

2)切割

一个基本立体经多次切割,可以形成不同的组合体,如图 9-21 所示。

图 9-21　切割方式

3）综合法

综合法就是同时运用切割和叠加的形式构成组合体的方法，它是组合体构形时最常用的方法。图 9-22 中的组合体均是运用切割和叠加的形式构成的。

图 9-22　复杂形体的构型

二、组合体构形设计的基本原则

1. 形式美法则

人们对产品从简单的功能性追求已提升到了功能与精神并重的层次。因此，产品设计除了需要满足使用要求之外，还应给人以美的享受，形式美包括比例和谐、对称与均衡以及稳定等。

1）比例和谐

比例主要表现在物体的整体与局部以及局部与局部之间的长、宽、高之间的和谐关系。恰当的比例给人一种协调的美感。

当图形符合或接近于圆、正多边形等具有确定比例的简单几何图形时，就可能由于某种几何制约关系而产生和谐统一的效果。

黄金分割比是世界公认的最具有审美意义的比例数字、最能引起人美感的比例，具有严格的比例性、艺术性、和谐性，蕴藏着丰富的美学价值。图 9-23 所示为黄金分割在汽车外形上的运用。

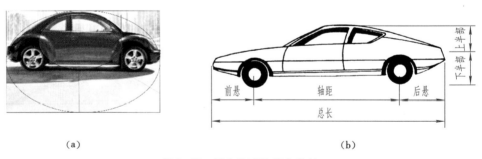

（a）　　　　　　　　　　　　　　　　　　　　　　（b）

图 9-23　轿车外形的黄金分割

黄金分割是将整体一分为二，较大部分与较小部分之比等于整体与较大部分之比，其比值为 1：0.618 或 1.618：1，即长段为全段的 0.618 的分割。将直线划分为黄金分割比的最常用方法如图 9-24a 所示。

用具有黄金分割比例关系的两组线段构成的矩形称为黄金比矩形，即矩形的长边为短边 1.618 倍，其作图方式如图 9-24b 所示，其中 CDEF 为正方形。

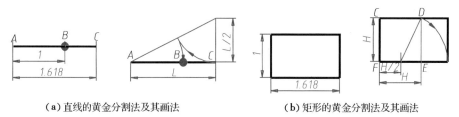

（a）直线的黄金分割法及其画法　　　　　　　（b）矩形的黄金分割法及其画法

图 9-24　直线及矩形的黄金分割画法

均方根比例是指由 $1:\sqrt{2}$、$1:\sqrt{3}$ 等一系列形式所构成的系统比例关系,在现代工业产品造型设计中,$1:\sqrt{2}$、$1:\sqrt{3}$、$1:\sqrt{5}$ 比例关系符合人们的现代审美需求,所以这三个比例的矩形已被广泛采用。

同样,物体的边线、体积、周长也有一定的数值制约,这种制约越严格,其外形的肯定性也越大,给人的视觉记忆力也越强。体积的对比与协调可以使产品外形变化丰富、主次关系分明。因此,适当地调整各部分的体积,可使体积大的突出其量感,小的则凸显其细致、精巧的一面。

2）对称、均衡及稳定

设计的形体最好能对称、均衡及稳定,这样能给人以庄重、稳定、可靠的印象,具有静态美和条理美,如图 9-25 所示。

对于非对称的组合体,采用适当的形体分布,可以获得力学与视觉上的平衡感与稳定感。如图 9-25c 所示,支柱圆柱体的右边加肋,底部的一对安装孔设计在与肋成 30° 的方向上,以增强稳定感和平衡感。

在形体设计时形体的相邻两面应采用逐渐演变的形式,以取得和谐的效果。在形体对称部位以相似的特点进行处理,这样产生的呼应可以产生和谐、均衡、统一的效果。

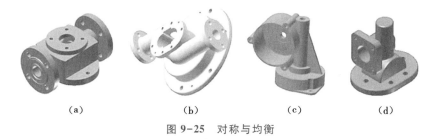

（a）　　　　　　　（b）　　　　　　　（c）　　　　　　　（d）

图 9-25　对称与均衡

2. 构形的基本要素

构成组合体的基本要素最好是简单的形体。为了更好地拓展思路,培养创造力和想象力,在构形设计时可以暂不考虑其功能和加工工艺性。

3. 构形应简洁、多样、新颖、独特

在给定的条件下,构成一个组合体所使用的基本体的种类、组合方式、相对位置、表面连接关系应尽可能简洁、多式样、有变化,构形过程要积极思维、大胆创造,敢于突破常规。

如图 9-26 所示,圆柱体的顶面可以是水平面、投影面垂直面、锥面、球面、等直径或非等直径的圆柱面,可以凸出,也可以凹进等,设计越独特,形体越新颖。

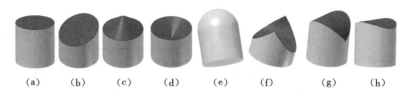

图 9-26　圆柱体顶面的变换

三、构造组合体的技巧

在构造组合体时应运用形体分析和线面分析的方法,即根据已给视图中每一条线、每一线框的空间含义,并充分发挥空间想象力去构造新颖、多样、独特的形体。

1. 改变简单体的类型

在形体分析法中,一般是将视图中的一个线框看成一个简单体的投影。这个简单体可以是平面立体,也可以是曲面立体或平面与曲面、曲面与曲面光滑过渡的立体。因此,在构形时应善于使用各种不同的简单体,使用的简单体类型不同,构造出立体的形状也随之不一样。如图 9-27 所示,主视图中的矩形框,可以构造成长方体、三棱柱、圆柱、带圆角的长方体、不完整的圆锥或球体、圆柱与球的复合体等;主视图中的圆线框,可以是圆柱、圆锥或球等的投影。

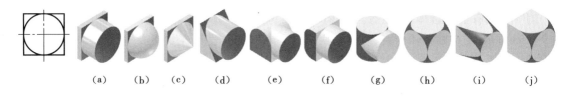

图 9-27　改变简单体的类型

2. 改变简单体的数量以及它们之间的相对位置

在构形时可以通过改变各个简单体的数量和它们之间的相对位置构造出不同的形体,如图 9-28 所示。

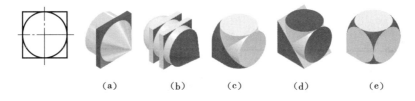

图 9-28　改变简单体的数量及相对位置

3. 改变截面和表面的类型

在线面分析法中,视图中的一条线可以是面面相交的交线,也可以是面有积聚性的投影,或是回转体的转向轮廓线的投影。视图中一个线框可以看成是物体上一个面的投影,这个面可以是平面或曲面。若为平面,则可以是投影面的平行面、垂直面或一般位置平面。因此,可以通过改变形体表面的正与斜、平与曲的差异构思出各种不同的形体,如图 9-29 所示。

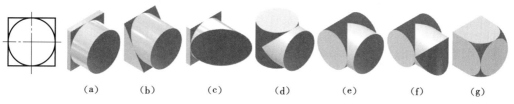

图 9-29　改变截面和表面的类型

4. 改变形体之间的凸凹性

在线面分析法中,视图中相邻的两个线框代表两个不同的表面,两表面可以平行或错开。因此,可以通过改变形体表面之间的凸凹和层次,构造出不同的形体。如图 9-30 所示,主视图中有 5 个线框,一定是 5 个表面的投影,通过改变表面的平曲性质、凸凹的层次可构造出不同形体。

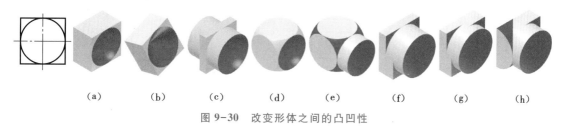

图 9-30　改变形体之间的凸凹性

对于图 9-31 所示的主视图,按照以上技巧当然还可以构造出更多独特、新颖的形体。

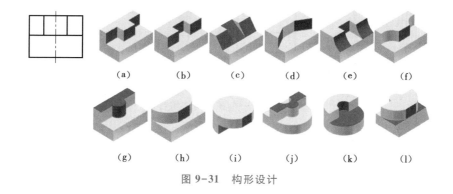

图 9-31　构形设计

四、构形设计时应注意的事项

1. 两个形体组合时,各部分应连接牢固,不能出现点接触、线接触和面连接,如图 9-32 所示。

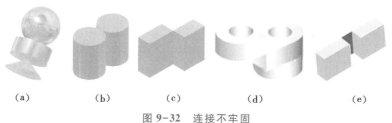

图 9-32　连接不牢固

153

2. 一般采用平面或回转曲面造形,尽量不采用自由曲面,否则给绘图带来不便和增加制造成本。

3. 封闭的内腔构形不便于加工,因此尽量不要采用。

五、组合体构形设计的基本类型

1. 由一个视图构造组合体

一个视图只能从一个方向看物体,不能唯一确定物体的空间形状,因此给出物体的一个视图可以构造多个形体。图 9-33 所示是由一个俯视图构思多个物体的例子。

图 9-33　由一个视图构造组合体

2. 由两个视图构造组合体

当物体的结构较复杂时,两个视图也不能唯一确定其空间的形状。如图 9-34 和图 9-35 所示,它们的主视图和俯视图是相同的,但可以构造不同的形体。

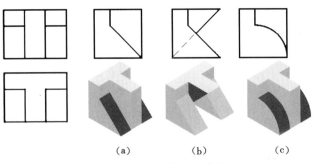

(a)　　　　(b)　　　　(c)

图 9-34　由两个视图构造组合体(一)

154

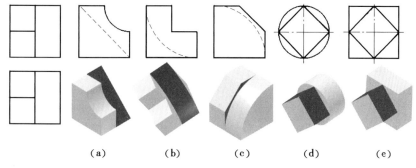

（a）　　　（b）　　　（c）　　　（d）　　　（e）

图 9-35　由两个视图构造组合体（二）

六、组合体构形设计的一般步骤

1. 总体构思

根据给定的已知条件,用联想的方式在构造可行的简单体的基础上,反复酝酿,逐步想象构思出组合体的总体形象,然后用草图、模型或者轴测图等来表达各种构思方案,再经分析、比较、评定后选出新颖、独特的方案。

2. 分部构形

按照选定的总体构思方案,详细设计出各个组成部分的具体形状和大小,确定其相对位置及表面连接关系等。

3. 检查修改并绘制其他视图

为了使构形更加合理,可以先画出轴测图的草图,再根据草图画出投影图并标注尺寸。

§9-6　第三角投影简介

我国《技术制图》国家标准规定,视图优先采用第一角投影画法,所以本书主要研究第一分角里的问题。但国际上也有采用第三角投影的,即将物体放在第三分角中投影。这个问题第二章曾经介绍过,这里只指出几点:

1. 按四个分角的划分方法,放置在第三分角里的物体是不可见的。因此,要假定投影面是透明的,即将投影面处于观察者与物体之间进行投射。投影面的展开方法如图 9-36a 所示,V 面不动,顶面向上、侧面向右各旋转90°与 V 面重合即可。

2. 采用第三角投影时,必须在图样中画出第三角投影的识别符号,如图 9-36b 所示。

3. 基本视图的名称及其相互位置关系如图 9-36c 所示。

4. 各视图两两之间的投影关系与第一分角投影完全相同。

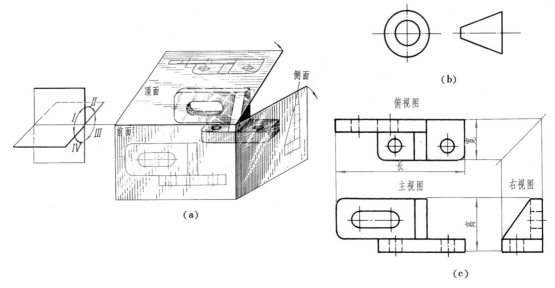

图 9-36　第三角投影

复习思考题

1. 什么是形体分析法？什么是线面分析法？

2. 试述组合体的画图步骤。

3. 组合体的尺寸分几类？如何注全？注尺寸与画图有无联系？

4. 试补画下列几组视图的第三视图。你能补出几个呢？

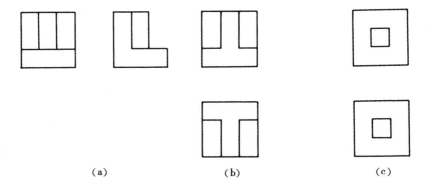

（a）　　　　　　　　（b）　　　　　　　　（c）

5. 根据给定的一个视图,把你能想出的形体的另外两个视图画出来。

图 9-37　题 5 图

第十章 机件形状的常用表达方法

机件(机器零件的简称)的形状是多种多样的,为了完整、清晰而又简便地将它们表达出来,在国家标准《技术制图》和《机械制图》中规定了一系列的表达方法,现摘要介绍如下。

§ 10-1 视图

视图主要是用来表达机件的外部形状,视图包括基本视图、向视图、局部视图、斜视图等。

视图

一、基本视图

为了清晰地表达机件的上、下、左、右、前、后等方向的形状,在原有的三个基本投影面的基础上,再增加三个基本投影面,组成一个正六面体。将机件置于由这六个基本投影面围成的空腔中,并向各投影面投射,就得到了六个基本视图。其展开方法如图10-1a所示,各视图的名称和配置见图10-1b。按此位置配置在同一张图纸内的基本视图,一律不注视图的名称。

在画基本视图时应注意:

1)基本视图之间仍遵循"三等"规律:主、俯、仰、后四个视图"长相等";主、左、右、后四个视图"高平齐";俯、左、右、仰四个视图"宽相等"。

2)每一个基本视图都能反映机件的四个方位,如图10-1a所示。由此可知,除后视图外,围绕主视图的四个视图有"远离主视的一边是机件的前面"这一规律。因此,在考虑视图之间的度量关系时,应与视图上所示物体的方位相对应。

二、向视图

向视图是可以自由配置的视图,是基本视图的另一种表达方式。根据专业需要,只允许从规定的两种表达方式中选择一种。本教材只介绍其中的一种,即在向视图的上方标出"×"("×"为大写拉丁字母),在相应的视图附近用箭头指明投射方向,并注上同样的字母(图10-2)。

三、局部视图

将机件的某一部分向基本投影面投射所得的视图叫局部视图。故局部视图实际上是某一基本视图的一部分。

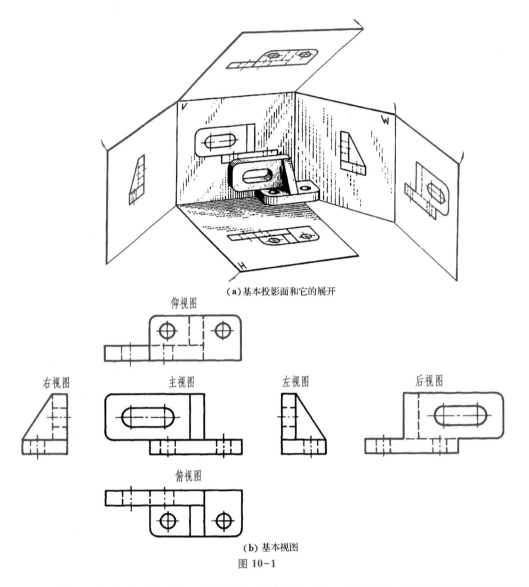

（a）基本投影面和它的展开

仰视图

右视图　　　　　主视图　　　　　左视图　　　　　后视图

俯视图

（b）基本视图

图 10-1

图 10-3[1] 所示的弯管，其左端面及右边凸台的形状在主、俯视图中都未表达清楚，但又不必画全左、右视图，故采用了局部视图。

画局部视图时应注意：

1）局部视图可按基本视图的位置配置，图 10-3 中弯管左端面的局部视图，就配置在左视图的位置上。也可按向视图的形式配置并加标注，如弯管右端面的局部视图（图 10-3 中的 B 向视图）。

2）局部视图的断裂边界用波浪线或双折线表示（图 10-3b 中的 B 向视图）。当所表示的局部结构是完整的，且外轮廓线成封闭时，波浪线可以省略不画（图 10-3b 中的 A 向视图）。

3）对于对称图形，在不引起误解的情况下，对称机件的视图可以只画一半或四分之一。但必须在对称中心线的两端画出两条与其垂直的平行细实线，如图 10-3c 所示。

---

[1]　图 10-3 所示的弯管上有螺纹结构，有关螺纹画法的具体介绍，请参看本书第十三章的有关部分。

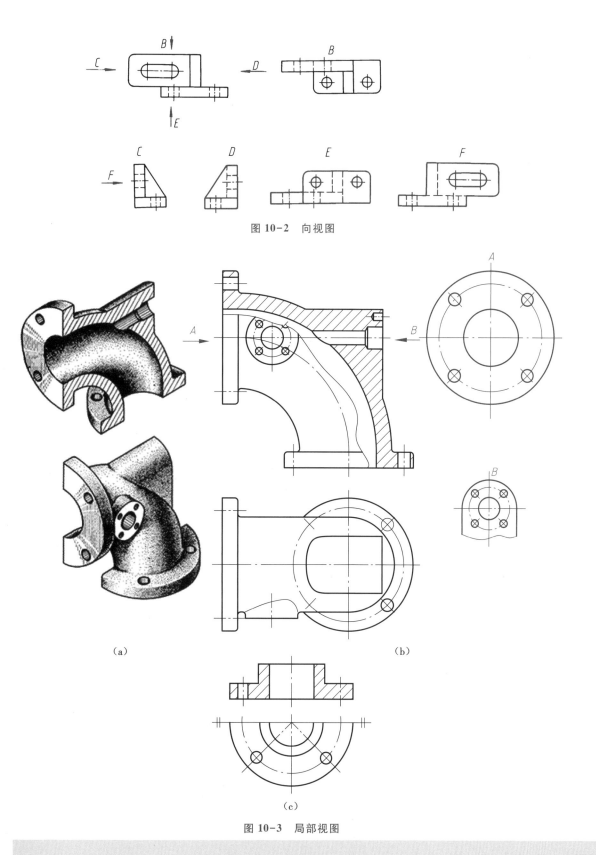

图 10-2　向视图

（a）　　　　　　　　　　　　　　　　　（b）

（c）

图 10-3　局部视图

四、斜视图

将机件的倾斜部分向不平行于基本投影面的平面投射所得的视图叫斜视图。如图 10-4a 中的斜轴承座,其上部斜面在基本投影面上的投影都不反映实形,此时,可用换面法设置一平行于斜面的投影面,即可求得该斜面的实形(图 10-4a 中的 A 向视图)。

画斜视图时应注意:

1)斜视图通常按向视图的形式配置并标注(图 10-4 中 A 向视图)。

2)必要时,允许将斜视图旋转配置,表示该视图名称的大写拉丁字母应靠近旋转符号(旋转符号是以字高为半径的半圆弧,线宽为字高的 1/10)的箭头端(图 10-4b)。也允许将旋转角度注写在字母的后面,如"⌒ A30°"。

3)原来平行于基本投影面的部分,因在斜视图中不反映实形,最好以波浪线为界省略不画。

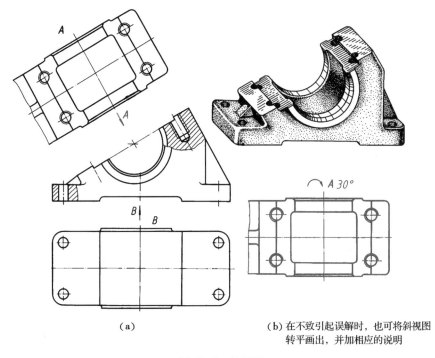

（a）　　　　　　　　　　　（b）在不致引起误解时,也可将斜视图
转平画出,并加相应的说明

图 10-4　斜视图

§ 10-2　剖视图

　　剖视图主要用于表达机件的内部形状。为此,假想用剖切面将机件剖开,并将处于观察者和剖切面之间的部分移去,然后将其余部分向投影面投射所得的图形叫剖视图,可简称剖视。如图 10-5a 所示的压盖,为使其上圆孔在主视图中可见,便假想用一通过孔轴的正平面将它剖开,移去剖切平面前面部分,将余下部分向 V 面投射,这样,圆孔在主视图上的投影可见,图 10-5c 中的主视图就是按此方法画出的剖视图。

一、剖视图的一般画法

1. 剖切面及其位置选择   剖切面可为平面(投影面的平行面或垂直面)或柱面,平面用得较多。用平面剖切时,平面的数量可依据机件的形状特点,选用一个或多个。

为了表达机件内部的实形,剖切面的位置应通过孔、槽的轴线或对称面,且要平行于某一基本投影面。图 10-5b 中的剖切平面,既通过孔的轴线又平行于正面,此时孔在主视图上的投影反映实形。

2. 剖视图的画法   图 10-5c 中的剖视图按如下步骤画出:

1)选定剖切面并确定其剖切位置   图 10-5c 中选用的是正平面且与压盖的前后对称面重合。

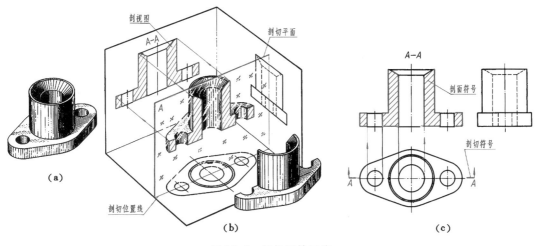

图 10-5   剖视图的画法

2)画出剖切面与机件表面的交线   将俯视图中的水平点画线看成剖切平面的迹线位置,依据此迹线与俯视图上轮廓线的交点,画出交线在主视图上的投影,并将剖切到的实体部分围成封闭的图形,如图 10-5c 中的红色封闭线框。

3)在剖面区域(剖切到的实体部分)画上剖面符号   表 10-1 中列出了部分材料的剖面符号。

在同一金属零件的图中,剖视图、断面图中的剖面线,应画成间隔相等、方向相同且一般与剖面区域的主要轮廓线或对称线成 45°的平行线,必要时,剖面线也可画成与主要轮廓线成适当角度,如图 10-6 所示。

当不需表示材料的类别时,可按通用剖面线(与金属材料的剖面线相同)表示。剖面区域的其他表示方法请查阅相关标准。

4)画全剖切面后面可见部分的投影   图 10-5c 中的圆锥孔与圆柱孔的交线可见,应画出。

3. 剖视图的标注   剖视图一般需要标注其名称、剖切线和剖切符号等内容。

表 10-1　剖面区域的表示法（摘自 GB/T 4457.5—2013）

金属材料（已有规定剖面符号者除外）		型砂、填砂、粉末冶金、砂轮、陶瓷刀片及硬质合金刀片等		木材纵断面	
非金属材料（已有规定剖面符号者除外）		玻璃及供观察用的其他透明材料		液　　体	
转子、电枢、变压器和电抗器等的叠钢片		线圈绕组元件		木质胶合板	
				格　　网（筛网、过滤网等）	

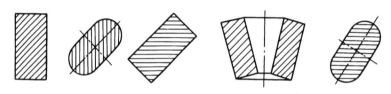

图 10-6　剖面线的画法

名称——在剖视图的上方用一对同名的大写拉丁字母，按"×—×"形式标明，同时在剖切符号附近写上相同的字母，借以表示投影关系。不同剖视图上的名称不能重复。

剖切线——指示剖切面位置的线（细点画线）。

剖切符号——指示剖切面起、迄和转折位置（用粗短画表示）及投射方向（用箭头或粗短画表示）的符号。

剖切符号、剖切线和字母的组合标注如图 10-7 所示。剖切线也可以不画，如图 10-8 所示。当单一剖切平面通过机件的对称面，且剖视图按投影关系配置而中间又无其他图形隔开时，可以

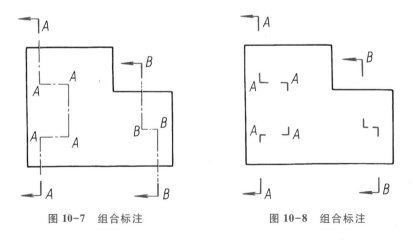

图 10-7　组合标注　　　　　　　图 10-8　组合标注

省略标注上述三项内容。当剖视图按投影关系配置而中间又无其他视图隔开时,可省略箭头,如图 10-9 中所示。

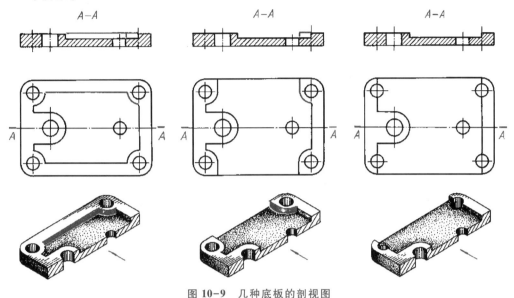

图 10-9　几种底板的剖视图

4. 画剖视图应注意的问题

1）剖视图只是假想地剖开机件,用以表达其内部形状的一种方法,实际上机件是完整无损的,因此除剖视图外的其他图形,都应按完整的形状画出。图 10-5c 中的俯视图就是这样。

2）剖视图上一般不画细虚线,只有在不影响剖视图的清晰而又能减少视图时,可画少量细虚线。

3）要仔细分析剖切面后面的形状,可见部分都要画出,不能遗漏。图 10-9 是剖面区域相同,而剖切面后面的形状不同的几种机件的剖视图的例子。图 10-10 所示的几例说明机件的内部空腔形状不同,投影后的剖视图也是不同的。

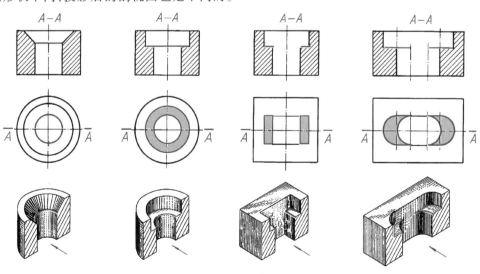

图 10-10　几种孔槽的剖视图

二、三种剖视图

要想用适量的图形将机件形状完整而又清晰地表达出来,可根据机件形状的特点,选用以下三种剖视图。

1. 全剖视图　用剖切面完全地剖开机件后画出的剖视图称为全剖视图。

图 10-11 所示盖的主视图,就是用过轴线的正平面剖切后得到的全剖视图。这个图清晰地表达了顶部孔、空槽和下部圆柱孔及其后面凸台的形状。全剖视的重点在于表达机件的内形,故全剖视适用于外形简单、内部形状复杂而又不对称的机件或全由回转面构成外形的机件。如果外形也需表达,可再用视图或局部视图表示。

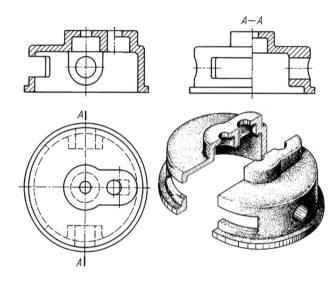

图 10-11　全剖视图和半剖视图

2. 半剖视图　当机件具有对称平面时,在垂直于对称面的投影面上投射所得到的图形,以对称中心为界,一半画成剖视,另一半画成视图,即为半剖视图。

图 10-12 所示的溢流阀壳体,左右对称,前有马蹄形凸台,内有阶梯孔等需要表达,适合用半剖视图表示。图 10-12c 中的主视图,是由图 10-12b 中主视图外形的一半加 A—A 全剖视的一半合并而成,中间用点画线分界。

画半剖视图时应注意:

1) 具有对称面的机件,只能在垂直于对称面的投影面上取半剖,如图 10-12c 中的 A—A、B—B 视图。机件的形状基本对称,而不对称的部分已另有图形表达时,也可采用半剖视,如图 10-13 所示(图中肋的画法请参看图 10-35)。

2) 半个剖视和半个视图必须以细点画线为界。当轮廓线与图形的对称线重合时,应避免使用半剖视。图 10-14 中的主视图就不适宜取半剖视,而宜采用下面介绍的局部剖视图。

3) 半剖视的标注和全剖视方法相同,如图 10-12c 所示。

3. 局部剖视图　用剖切面局部地剖开机件后投射所得的图形称为局部剖视图。此图形也是由剖视和视图合并而成,一般用波浪线分界。

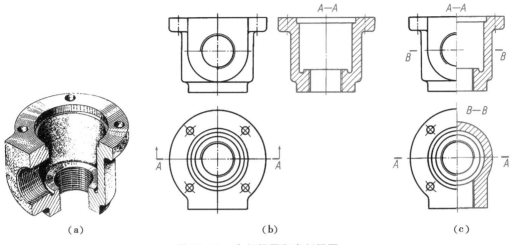

图 10-12　全剖视图和半剖视图

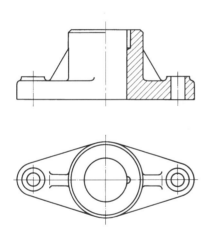

图 10-13　机件形状接近对称,用半剖视图示例

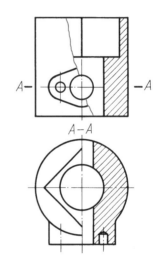

图 10-14　内轮廓线和对称线重合,
不应采用半剖视图示例

图 10-14 中的主视图是局部剖视图。图 10-15 所示摇杆臂的左右轴孔都需剖开表达,但又不宜作全剖视图和半剖视图,而采用局部剖视图。

画局部剖视图时应注意:

1)局部剖视图是一种比较灵活的表达方法,剖切位置和剖切范围视实际需要而定。但使用时应考虑看图方便,剖切不宜过于零碎。

2)剖视与视图分界处的波浪线,可看成机件断裂痕迹的投影,故只能画在机件的实体部分,而不能画入孔、槽或画出机件外,如图 10-16a 所示。波浪线也不能与图中的其他图线重合或成为其他图线的延长线,以免引起误解,如图 10-16b 所示。当被剖切的部分为回转体时,允许将回转体的中心线作为剖视与视图的分界线,如图 10-15 摇杆臂左端的局部剖视图。

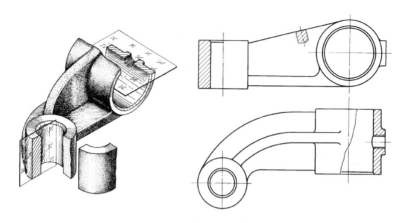

图 10-15 局部剖视图应用举例

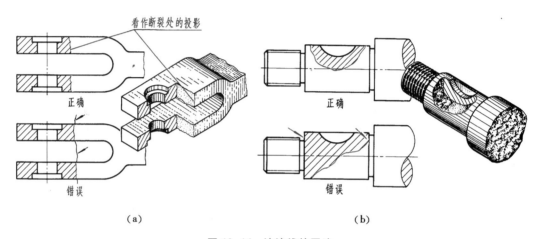

（a）   （b）

图 10-16 波浪线的画法

3）局部剖视图和全剖视图的标注方法相同，如图 10-17 中的 *A—A*。当剖切位置明显且又不致引起误解时，也可以不标注，如图 10-17 主视图上的局部剖视图。

三、剖切面和剖切方法

各种剖切方式的剖视图

1. 单一剖切面　单一剖切面用得最多的是投影面的平行面，前面所举图例中的剖视图都是用这种平面剖切得到的。单一剖切面也可以用柱面，此时所画的剖视图应按展开绘制。单一剖切面还可以用垂直于基本投影面的平面，当机件上具有倾斜部分时，可采用此剖切面剖切，然后用换面法求得实形。如图 10-18 所示机油尺管座，它的基本轴线为正平线，与底板是不垂直的。为了表达管端的螺孔和槽等结构，图中采用了垂直于管轴的正垂面剖切，得到 *A—A* 剖视图。

采用单一投影面垂直面剖切时，应注意：

1）剖视图最好配置在与基本视图有直接投影关系的位置上，如图 10-18a 中的 *A—A*。必要时（如为了合理布置图幅）可以将图形平移到图纸的其他地方，在不致引起误解时，还允许将图形转平画出，如图 10-18c 的"*A—A*⌒"图。

166

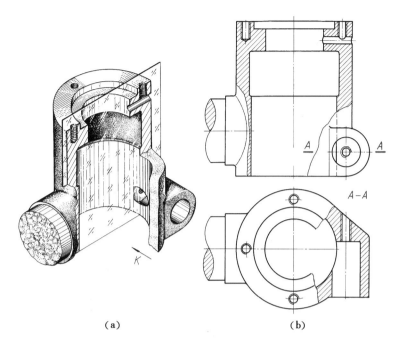

（a）　　　　　　　　　　　　　　　　（b）

图 10-17　局部剖视图需要标注和剖开大部分的示例

2）此剖切方法主要用于表达倾斜面的结构。凡在斜剖后面的不反映机件实形的投影,一般宜避免画出。例如图 10-18a 中,按主视图上箭头所示方向绘制的剖视图,就避免了画三角形底板的失真投影。

3）采用该剖切方法得到的剖视图必须标注。注法如图 10-18a 所示。字母一律水平书写。

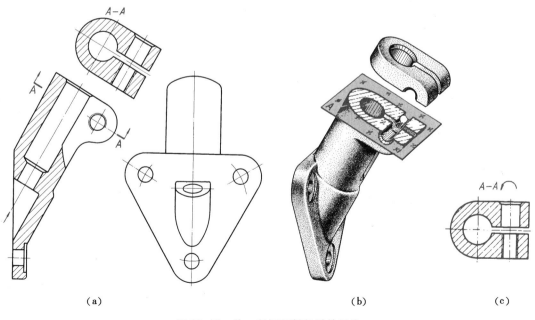

（a）　　　　　　　　　　　　　（b）　　　　　　　　　　（c）

图 10-18　单一剖切面斜剖时的画法

2. 几个平行的剖切平面　用几个平行的剖切平面剖开机件的方法可称为阶梯剖。

图 10-19 所示的底板,其上三种形状的孔、槽在主视图上都需表示,且孔、槽的中心轴线位于两平行平面内,此时可用两个正平面分别通过孔、槽的中心轴线剖开底板,并将这两个剖切平面剖切所得的剖视图画在同一图上,便得到了图 10-19b 中的 $A—A$ 阶梯剖视图。

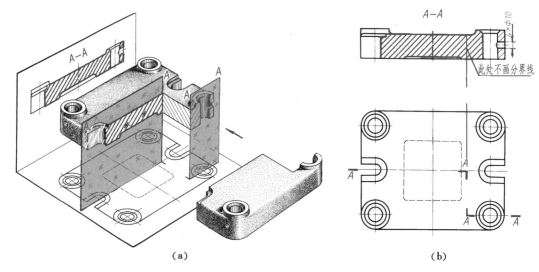

图 10-19　阶梯剖的用法和画法

用几个平行的平面剖切时应注意:

1) 两剖切平面的转折处,在剖视图上不必画出。

2) 转折处的位置要选择恰当,使剖视图中不致出现不完整的形状,仅当两结构在剖视图中具有公共的对称面或轴线时,可以各画一半,中间用细点画线分界,如图 10-20 所示。转折的位置也不能与图中的轮廓线重合。

3) 用阶梯剖所得到的剖视图必须标注。标注方法如图 10-19、图 10-20 所示。在剖切平面迹线的起始、转折和终止的地方,画出剖切符号,并写上相同的字母,而在相应的剖视图上标出"×—×"。当转折处地位有限又不致引起误解时,允许省略字母。

3. 几个相交的剖切面　用几个相交的剖切面(交线垂直于某一基本投影面)剖开机件的方法可称为旋转剖。图 10-21a 所示的法兰盘,其中间阶梯孔和均匀分布在四周的圆孔都需要清楚地表达,如用相交于法兰盘轴线的侧平面和正垂面剖切,并将位于正垂面上的断面及剖到的有关部分绕交线(正垂线)旋转到和侧面平行,再进行投射就得到了旋转剖视图。

采用几个相交的剖切面剖切时,应注意以下三点:

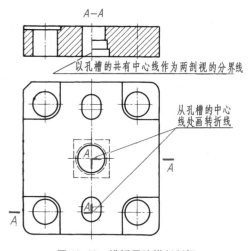

图 10-20　模板用阶梯剖剖切

168

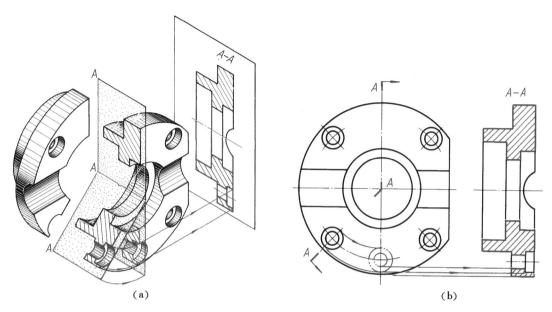

(a)   (b)

图 10-21　旋转剖的用法和画法

1）倾斜的剖切面必须旋转到与选定的基本投影面平行,使被剖开的结构投影为实形。而在剖切平面后的其他结构一般应按原来位置画它的投影。如图 10-22 中的小油孔。当剖切后产生不完整要素时,应将此部分按不剖画出,图 10-23 中圆筒右侧居中的臂就是这样处理的。

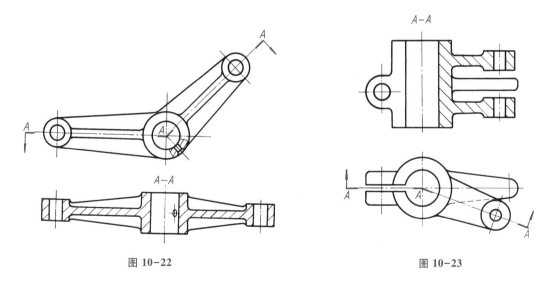

图 10-22   图 10-23

2）用该剖切方法所得的剖视图必须标注,注法如图 10-22、图 10-23、图 10-24 所示。图 10-25 是又一适用该剖切方法来画剖视图的例子,其标注方法如图所示。

3）当用该剖切方法剖切所得剖视图需采用展开画法时,应标注"×—×ᴏ➤"字样,如图 10-26 所示。

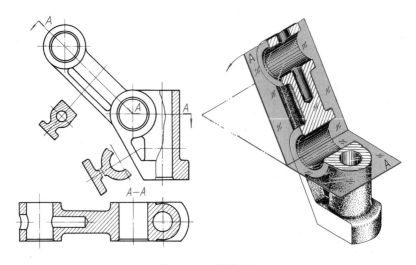

图 10-24　摇臂支座

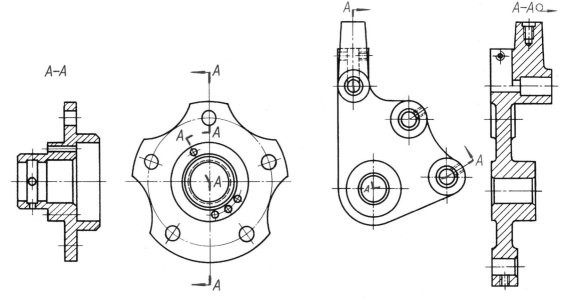

图 10-25　端盖　　　　　　　　图 10-26　展开时的画法和注法

断面图及
其表达方
法

由上可知,剖视图按剖切方法不同有单一剖切面、几个平行的剖切平面、几个相交的剖切面。按剖开机件的范围大小有全剖视、半剖视和局部剖视。显然,任何一种剖切方法都可以得到三种剖视形式中的一种。

§10-3　断面图

假想用剖切面将机件的某处切断,仅画出断面的图形,称为断面图,简称为断面。例如图 10-27a 所示的吊钩,它的断面形状随部位不同而异,为了表达吊钩结构的变化,图 10-27b 除

170

用主视图表达它的基本结构形状外,还在不同位置用四个垂直于主要轮廓线的剖切平面切断吊钩,画了四个断面,其结构形状就一目了然了。

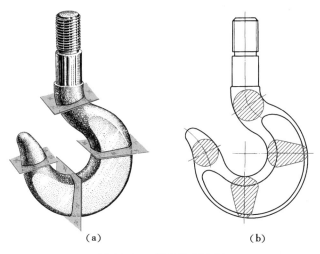

图 10-27　吊钩的断面图

断面分为移出断面和重合断面两种。

一、移出断面

画在视图之外的断面叫做移出断面,它的画法要点如下:

1. 移出断面的轮廓线用粗实线画出,并且应尽量配置在剖切符号或剖切平面迹线的延长线上(剖切线规定用细点画线表示),必要时可将断面移至适当位置,如图 10-28 所示。在不致引起误解时,还允许将图形转正,如图 10-31 所示。

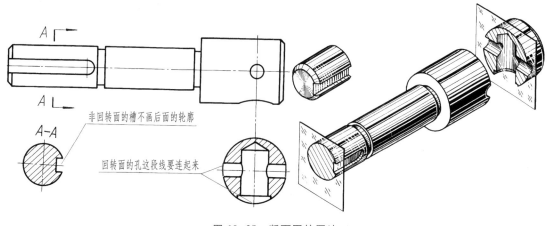

非回转面的槽不画后面的轮廓

回转面的孔这段线要连起来

图 10-28　断面图的画法

2. 画断面时,应设想断面是绕剖切线或剖切符号旋转 90° 后与图面重合得到的。因此,同一位置的断面因为剖切线画在不同的视图上,而会导致图形方向的不同,如图 10-29 所示。

3. 剖切平面应与被切部分的主要轮廓垂直。图 10-30 所示零件的结构,须用相交的两个平面,分别垂直于肋来切断,但断面中间应断开。

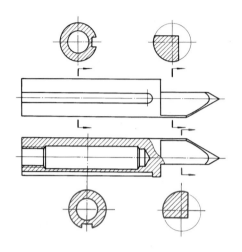

图 10-29　断面图形与剖切位置标注的关系

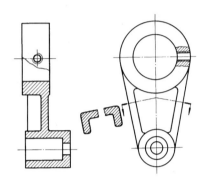

图 10-30　用两个相交且垂直于肋的平面剖切出的断面

4. 当剖切平面通过由回转面形成的孔或凹坑的轴线时,这些结构应按剖视画出,如图 10-28 右图。

当剖切平面通过非圆孔,会导致出现完全分离的两个断面时,这些结构应按剖视绘制,如图 10-31所示。

二、重合断面

画在视图里面的断面叫做重合断面。重合断面的轮廓线用细实线画出。当重合断面的轮廓线与视图中的轮廓线重叠时,视图中的轮廓线仍应连续画出,不得中断,如图 10-32 所示。

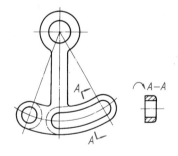

图 10-31　剖切平面通过非圆孔时断面的画法

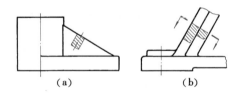

(a)　　　　　(b)

图 10-32　重合断面

三、断面图的标注

1. 移出断面图一般应标出剖切符号、剖切线和名称,如图 10-28 中的 *A—A* 断面图和

图 10-31所示。

2. 配置在剖切符号或剖切线上的不对称断面,可以省略字母(图 10-30 和图 10-32b)。而对称断面,则不必标注,如图 10-28 右图和 10-32a 所示。

3. 不配置在剖切线的延长线上的对称移出断面,以及按投影关系配置的不对称移出断面,均可省略箭头。

这两种断面应用最多的是移出断面,只有在不影响视图清晰和可增强被表达部分的实感时才用重合断面。

§10-4 局部放大图和简化画法

除了上面所介绍的一些表达方法之外,画图时还可依据不同的机件形状,选用以下一些表达方法。

一、局部放大图

机件上某些细小结构在视图中表达不够清晰,或不便于标注尺寸时,可将这些结构用大于原图所用的比例画出(图 10-33),这种图形叫做局部放大图。

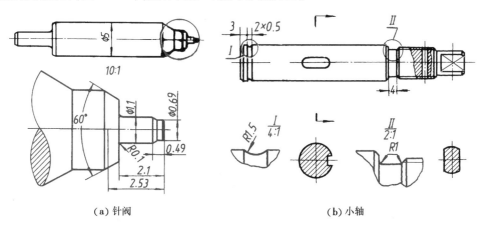

(a) 针阀   (b) 小轴

图 10-33　局部放大图

局部放大图应尽量配置在被放大部分的附近,且其表达方式与被放大部分无关,即它可画成视图、剖视、断面等。

局部放大图必须标注,其标注方法是:在原图上用细实线圆圈出被放大的部位,在局部放大图的上方注明所用的比例(图 10-33a)。当放大的部位不止一处时,必须用罗马数字编号,并在局部放大图上标出相应的罗马数字和所用比例(图 10-33b)。

二、简化画法

1. 应尽量避免不必要的视图和剖视图,如图 10-34 所示(图中 EQS 表示均布)。

2. 机件上的肋、轮辐和薄壁等,如按纵向剖切(即剖切平面通过它们厚度的对称面)时,在这些结构的断面内不画剖画符号,但要用粗实线将它与邻接部分分开,画法如图 10-35 所示。

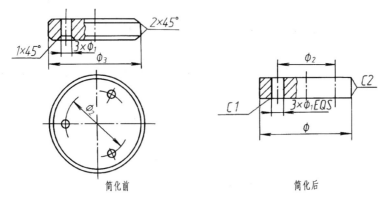

简化前　　　　　　　　　　　　　　　简化后

图 10-34　省略不必要的图形

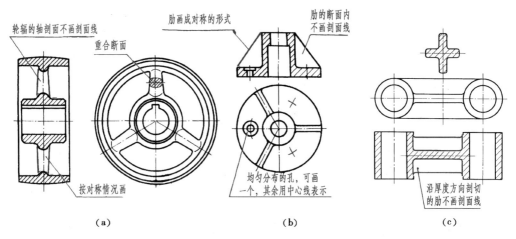

（a）　　　　　　　　　　　（b）　　　　　　　　　　　（c）

图 10-35　肋、轮辐等的规定画法

当肋、轮辐、孔等结构均匀分布在回转体的端面上而又未被剖切时,可将这些结构旋转到剖切平面内画出(图 10-35)。符合上述条件的肋和轮辐,无论它的数量为奇数还是偶数,在与回转轴平行的投影面上的投影,这些结构一律按对称形式画出,其分布情况由垂直于回转轴的视图表明(图 10-35a、b,图 10-36)。

3. 当机件上有若干直径相同且成规律分布的孔(圆孔、螺孔、沉孔等),可以只画一个或几个,其余用细点画线表示孔的中心位置,但图中应标明孔的总数,如图 10-37a 所示,图中"t"表示厚度。

机件上如有若干相同结构(如齿、槽等)且成一定规律分布,则可只画几个完整的结构,其余用细实线连接,而在图中注明该结构的总数,如图 10-37b 所示。

4. 在不致引起误解时,过渡线、相贯线允许简

肋板、轮辐等的规定画法

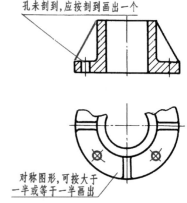

图 10-36　肋、均匀分布孔的规定画法

化,例如用圆弧或直线代替非圆曲线(图 10-38a)。

与投影面倾斜角度≤30°的圆或圆弧,其投影可用圆或圆弧代替(图 10-38b)。

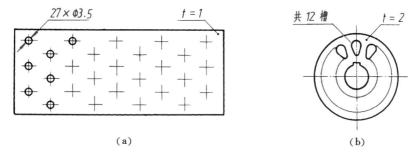

图 10-37 成规律分布的相同结构的省略画法

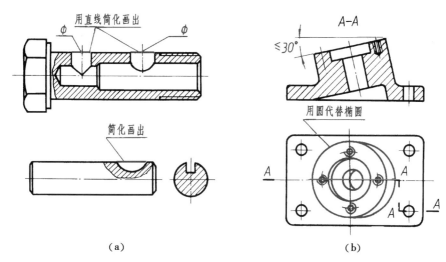

图 10-38 用圆弧或直线代替非圆曲线的画法

5. 对于机件端面上均匀分布的孔,如只需表示数量和分布状况时,可按图 10-39 画出。

6. 对网状物、编织物或机件上的滚花部分,可在轮廓线附近用粗实线示意画出,而在图上或技术要求中注明这些结构的具体要求,如图 10-40 所示。

7. 当图形不能充分表达平面时,可用平面符号(可用细实线绘出对角线)表示(图 10-41)。

8. 较长的机件(轴、杆、型材、连杆等)沿长度方向的形状一致或按一定规律变化时,可断开后缩短绘制(图 10-42),而尺寸按实际长度标注。断裂边界可以是波浪线、双折线或细双点画线绘制。

9. 在不致引起误解的情况下,剖面符号可省略,如图 10-43 所示。

10. 除确需表示的某些结构圆角外,其他圆角在零件图中均可不画,但必须注明尺寸或在技术要求中加以说明,如图 10-44 所示。

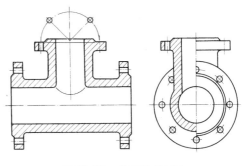

图 10-39 均布孔的画法

175

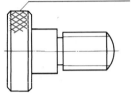

网纹 *m*0.5 GB/T 6403.3

图 10-40　滚花画法

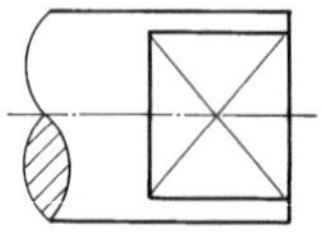

图 10-41　平面符号的用法

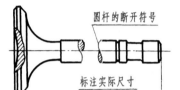

圆杆的断开符号

标注实际尺寸

*I*78

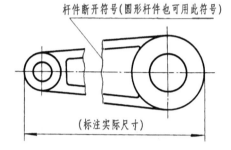

杆件断开符号(圆形杆件也可用此符号)

(标注实际尺寸)

图 10-42　断开画法

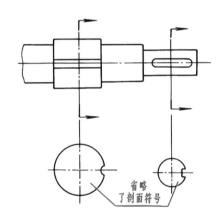

省略了剖面符号

图 10-43　断面的画法

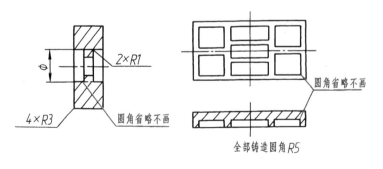

2×R1

4×R3

圆角省略不画

圆角省略不画

全部铸造圆角 R5

(a)　　　　　　　　　　(b)

图 10-44　圆角的表示法

§10-5 表达方法应用分析举例

每种表达方法都有自己的特点和适用范围,要注意合理选用。下面举例说明。

例1 支架视图分析。

图10-45所示的支架由圆筒、底板和连接板三部分组成。

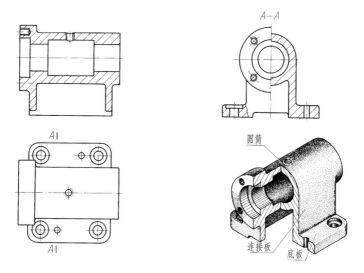

图10-45 支架

主视图的全剖视是用正平面通过支架前后对称面剖切得到的。它清楚地表达了内部的主要结构;左端凸缘上螺孔的中心不在剖切面内,图上按旋转一个剖切的画法画出,孔的数目和位置在左视图上表示。主视方向的外形比较简单,从俯视图、左视图可以看清楚,无须特别表达。

俯视图是外形图,主要反映底板的形状和安装孔、销孔的位置。

左视图利用支架前后对称的特点,采用半剖视。从"A—A"的位置剖切,既反映了圆筒、前后连接板和底板之间的连接情况,又表现了底板上销孔的穿通情况。后半部分的外形图上主要表达圆筒左端面上螺孔的数量和分布位置。局部剖视表示底板上的安装孔。

图10-45的三个视图,表达方法搭配适当,每个视图都有表达的重点,目的明确,既起到了相互配合和补充的作用,又达到了视图数量适当的要求。

例2 轴承盖的视图分析(图10-46)。

轴承盖的外形大致由球带、圆台等形体组成;内形的主要结构是半圆柱阶梯孔。

主视图表达了轴承盖的形体特点,圆台和球带的相互位置比较清楚。考虑到盖本身左右对称,可用半剖视兼顾内外形,俯视图是外形图,表达了球带外形的特点;轴承盖前后对称,左视图也用半剖视以表达轴孔的形状;轴承盖底面的形状需要清晰表达,采用了向视图A,它实际上是仰视图的一部分,采用了对称图形省略的画法,是辅助性视图。轴承盖用了四个视图(其中两个为剖视)才表示清楚。但如过细分析,俯视图没有说明多少问题,而仰视图又是必需的。如将俯视图改成仰视图,三个视图也就够了。

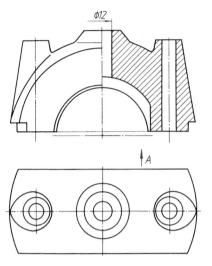

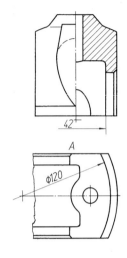

图 10-46　轴承盖

还须指出,机件内形采用剖视表达以后,要把确定内形的定形、定位尺寸布置在相应的剖视图上。可能时,还要把表示外形和内形的尺寸分注在视图的两边,以保持尺寸布置的清晰。图 10-46表示了在半剖视图上结构要素投影不全时完整尺寸的注法,如 φ12、42 和 φ120 等。

例 3　拨块视图的分析。

图 10-47a 所示拨块的形状,可认为由球切割而成:前、后、左、右各对称地切去一块,顶部开有弧形弯槽,下边切去一小块后还穿通一个小螺孔,中间穿通一个大圆孔,左、右又各钻了一个小圆孔。

为了表达拨块的形体特征,选箭头方向的投影作主视图,并取半剖视以清晰地显示弯槽、左右小圆孔和下边螺孔的情况。而拨块的厚度,中间大圆孔的穿通情况以及弯槽的侧向形状,用半

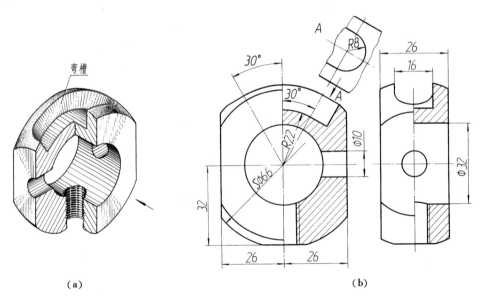

（a）　　　　　　　　　　　　　　　　　（b）

178

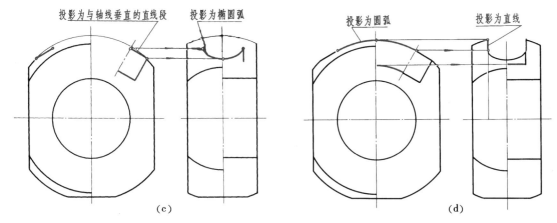

投影为与轴线垂直的直线段　投影为椭圆弧　投影为圆弧　投影为直线

(c) (d)

图 10-47　拨块的视图分析

剖的左(或右)视图表达。弯槽两端的半圆柱形另用 A 斜视图表达,这样也有利于标注尺寸,如图 10-47b 所示。

图 10-47c、d 表示分析主、左视图上弯槽的投影关系及其作图方法。

复习思考题

1. 表达物体内、外形状的方法有哪些?

2. 基本视图共有几个? 它们之间的位置配置和投影关系如何?

3. 试将图 10-48 中的左视图改用局部视图和斜视图表示。

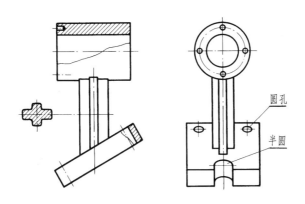

圆孔

半圆

图 10-48　题 3 图

4. 试述剖视图的种类、画法要点、标注方法和适用范围。

5. 试述剖视图与断面图的异同。断面图在什么情况下按剖视图画出?

6. 均匀分布在回转体上的孔和肋,在剖视图中应注意哪些问题?

第十一章 轴测图

§11-1 概述

在图 11-1 中用平行投影法将物体连同其直角坐标系,沿不平行于任一坐标平面的方向(S)一并投射到选定的单一投影面(如 P 面)上所得到的投影,称为轴测投影,又称轴测图,它是具有立体感的图形。P 面称为轴测投影面;直角坐标轴(OX、OY、OZ)在轴测投影面上的投影称为轴测轴(O_1X_1、O_1Y_1、O_1Z_1)[①]。轴测轴是画轴测图的主要依据,也是本章将要研究的一个主要问题。

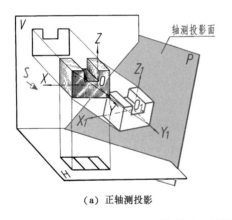
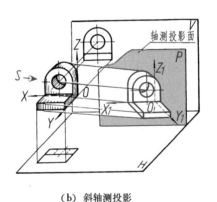

(a)正轴测投影　　　　　　　　　(b)斜轴测投影

图 11-1　轴测投影的形成

要使画出的图形具有立体感,必须避免三根坐标轴中的任何一根的投影成为一点,即要求没有积聚性。这只要所选择的投射方向不与任一坐标面平行即可。

轴测图由以下两个参数确定。

1. 轴间角　即两根轴测轴之间的夹角,如图 11-1 所示。显然,$\angle X_1O_1Y_1$、$\angle Y_1O_1Z_1$ 和 $\angle Z_1O_1X_1$ 中的任何一个都不允许等于零。

2. 轴向伸缩系数　即轴测轴上的单位长度与相应直角坐标轴上单位长度的比值。在图 11-2

[①]　轴测轴按 GB/T 14692—1993 规定记为 OX、OY、OZ。但在本章的论证部分,为了区别于直角坐标系的标记,则在每个字母右下角暂加上标"1",即 O_1X_1、O_1Y_1、O_1Z_1,具体画图时,去掉下标。

中,设 e 为 OX、OY 和 OZ 轴上的单位长度(OK、OM、ON),e_X、e_Y、e_Z 为 e 在相应轴测轴上的投影长度(O_1K_1、O_1M_1、O_1N_1),若令 p_1、q_1、r_1 为沿 OX、OY、OZ 三轴向的比值,则

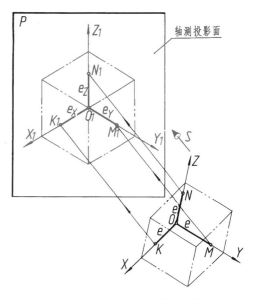

OX 轴向伸缩系数　　$p_1 = \dfrac{e_X}{e}$;

OY 轴向伸缩系数　　$q_1 = \dfrac{e_Y}{e}$;

OZ 轴向伸缩系数　　$r_1 = \dfrac{e_Z}{e}$。

画轴测图时必须知道轴间角和轴向伸缩系数。"轴测"就是指根据轴向伸缩系数,可以度量平行于相应轴向的尺寸的意思。显然,凡不与轴测轴平行的线段,作图时不能直接度量。

至于如何确定轴间角和轴向伸缩系数?波尔克(Pohlke)定理就回答了这个问题:在同一平面内过同一点所引的三条任意长度并互成任意角度的线段,都是直角坐标系上由原点起所截取的三段等

图 11-2　轴向伸缩系数示意图

长线段的平行投影。按照这条定理,可知轴测投影的形式是很多的。但从投射方向与投影面的相互位置来看,轴测投影只有两类:

1. 正轴测投影　投射方向垂直于轴测投影面(图 11-1a);
2. 斜轴测投影　投射方向倾斜于轴测投影面(图 11-1b)。

如从轴向伸缩系数相等与不等来看,在上述两类轴测投影中又可分为三种:

1. 三测投影($p_1 \neq q_1 \neq r_1$);
2. 二测投影($p_1 = r_1 \neq q_1$);
3. 等测投影($p_1 = q_1 = r_1$)。

下面分述正轴测投影和斜轴测投影的基本性质以及轴测图的画法。

§11-2　正轴测图

一、正轴测投影的两个基本性质

1. 任意锐角三角形的三条高线,可认为是正轴测投影的三条轴测轴。

在图 11-3 中,设轴测投影面 P 与三坐标面相交得一锐角三角形 $X_1Y_1Z_1$(也称迹线三角形),当从原点 O 向 P 作垂线时,则 OZ 在 P 面上的投影为 O_1Z_1。根据直线垂直平面的几何条件及直角的投影特性可知,$O_1Z_1 \perp X_1Y_1$。同理,$O_1X_1 \perp Y_1Z_1$;$O_1Y_1 \perp X_1Z_1$。

锐角三角形的重心必在三角形内。因此,三高线所夹的角度均为钝角,即正轴测投影的轴间角必是钝角。

2. 正轴测投影的三轴向伸缩系数的平方和等于 2。

在图 11-3 中，设 α、β、γ 分别为 OX、OY、OZ 与 P 面的夹角；α_1、β_1、γ_1 分别为 OO_1 与 OX、OY、OZ 的夹角。根据方向余弦定理可得，

$$\cos^2\alpha_1+\cos^2\beta_1+\cos^2\gamma_1 = 1 \tag{1}$$

令 $\alpha_1 = 90°-\alpha$，$\beta_1 = 90°-\beta$，$\gamma_1 = 90°-\gamma$，以之代入（1）式得：

$$\cos^2(90°-\alpha)+\cos^2(90°-\beta)+\cos^2(90°-\gamma) = 1$$

即

$$\sin^2\alpha+\sin^2\beta+\sin^2\gamma = 1$$

$$\therefore \quad (1-\cos^2\alpha)+(1-\cos^2\beta)+(1-\cos^2\gamma) = 1$$

移项后得

$$\cos^2\alpha+\cos^2\beta+\cos^2\gamma = 2 \tag{2}$$

但 $\cos\alpha = \dfrac{e_X}{e} = p_1$，

$\cos\beta = \dfrac{e_Y}{e} = q_1$，

$\cos\gamma = \dfrac{e_Z}{e} = r_1$，

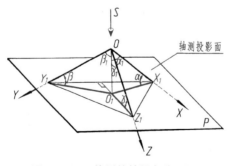

图 11-3　锐角三角形的
三高线和轴测轴的关系

以之代入（2）即得：

$$p_1^2+q_1^2+r_1^2 = 2 \tag{3}$$

由（3）可知，正轴测投影的三轴向伸缩系数只能任意给定两个，第三个应按式（3）算出；并且连同轴间角也确定了。

正轴测投影的形式也是很多的。但考虑到画图简便和立体感强，常选用正等轴测投影和正二轴测投影，而以正等轴测图最为人们所乐用。下面分别介绍它们的画图方法。

二、正等轴测图的画法

正等轴测图简称正等测。正等轴测投影的轴向伸缩系数 $p_1 = q_1 = r_1$，按式（3）可算出均为 0.82。这说明平行于坐标轴的线段其正等测投影均为原长的 0.82 倍。

又据 $OO_1 \perp P$ 和 $\alpha = \beta = \gamma$（图 11-4）的关系，可以证明 $\triangle X_1Y_1Z_1$ 为一等边三角形。因此，它的三高所夹的角均为 120°，此即轴间角。如将 O_1Z_1 轴竖直放置，则 O_1X_1、O_1Y_1 轴和水平线夹角都是 30°角，用 30°—60°三角板作图就很方便了（图 11-5）。

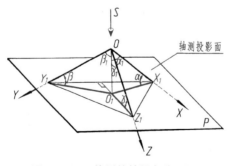

图 11-4　正等测的轴间角为 120°

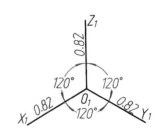

图 11-5　正等轴测图的轴间
角和轴向伸缩系数

画图时,为了免除计算之烦,一般将轴向伸缩系数乘上一个放大系数 K,使其乘积等于一个方便值,如 1 或 0.5,这种数值叫做简化伸缩系数(分别用 p、q、r 表示)。如令 $p=q=r=1(=K\cdot 0.82)$,则放大系数 $K=\dfrac{1}{0.82}\approx1.22$,即按简化伸缩系数画出的轴测图,沿各轴向都放大了 1.22 倍。图 11-6 即表明了两者大小的差别。

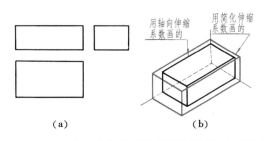

图 11-6 用两种轴向伸缩系数所画轴测图大小的比较

1. 基本画法 画轴测图的基本方法是坐标法,即根据平面立体的尺寸或角点的坐标画出点的轴测投影,然后将同一棱线上的两角点连成直线即得立体的轴测图。对曲面立体来说,可先画出曲线轮廓上适当点的轴测投影并连成曲线,然后画曲面立体的其他轮廓线。下面举例说明。

例 1 画三棱锥的正等轴测图(图 11-7)。

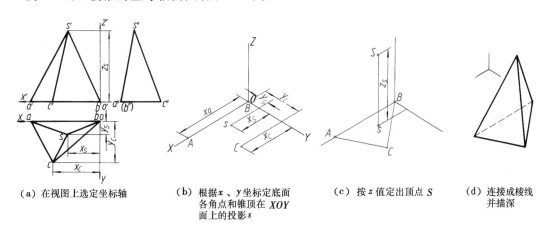

(a)在视图上选定坐标轴　　(b)根据 x、y 坐标定底面　(c)按 z 值定出顶点 S　　(d)连接成棱线
　　　　　　　　　　　　各角点和锥顶在 XOY　　　　　　　　　　　　　并描深
　　　　　　　　　　　　面上的投影 s

图 11-7 用坐标法画三棱锥的正等轴测图

具体画图时,应根据形体的特点,选择恰当的坐标系和确定相应的轴测轴,然后按坐标值画形体有关点的轴测投影。对所画的三棱锥来说,把锥底放在 XOY 平面内,并把坐标原点选在锥底的点 B 处和使底边 AB 与 OX 轴重合较为方便。具体作图步骤见图 11-7。

注意,顶点 S 在 XOY 面上的投影,叫做次投影。对于这个图来说,有了次投影 s,锥顶的高度才能确定,因而是必需的;否则,形状就不定了。其次,图 11-7d 旁所画的轴测轴,表明了轴测图的种类。画斜锥和斜柱的轴测图时都要注意上述两点。

例 2 画正六棱柱的正等轴测图(图 11-8)。

图 11-8 具体说明了正六棱柱正等轴测图的画法。特点是使坐标面 XOY 位于顶面上,而 OZ 轴为两对称面的交线。顶面上所画的对称线和侧棱线,就表达了轴测轴的方向;而顶面各点的次

183

投影与底面重合,这样就无须再画轴测轴和次投影了,以后只有必要时才画,并且不再一一说明;在轴测图中,因尽量少画或不画不可见轮廓线,故坐标原点尽可能选在顶面或左面或前面上。

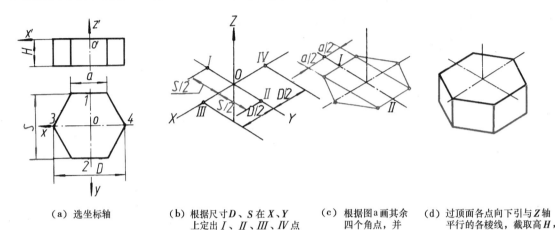

（a）选坐标轴 　（b）根据尺寸D、S在X、Y上定出I、II、III、IV点 　（c）根据图a画其余四个角点,并连成六边形 　（d）过顶面各点向下引与Z轴平行的各棱线,截取高H,即可得底面上各点。连接各点并描粗即完成全图。

图 11-8　正六棱柱正等轴测图的画法

例3　画圆和圆弧曲面的正等轴测图。

图11-9为圆的正等轴测投影的画法,即找出圆周上一系列点的轴测投影后,便可连成椭圆。

图11-10为用图11-9的方法画圆弧曲面正等轴测图的例子。

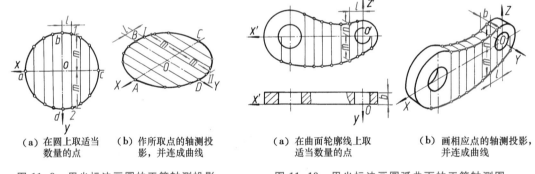

（a）在圆上取适当数量的点　（b）作所取点的轴测投影,并连成曲线

（a）在曲面轮廓线上取适当数量的点　（b）画相应点的轴测投影,并连成曲线

图 11-9　用坐标法画圆的正等轴测投影　　　图 11-10　用坐标法画圆弧曲面的正等轴测图

2. 圆的正等轴测投影　当圆所在平面不平行于轴测投影面时,它的轴测投影都是椭圆。三个坐标面在正等轴测投影中都倾斜于轴测投影面,因此位于或平行于坐标面上的圆的正等轴测投影都是椭圆,如图 11-11 所示。

当圆K位于XOY面内时(图11-11),它的轴测投影——椭圆的长轴方向与XOY面内的P面平行线(AB)的投影(A_1B_1)平行,短轴方向则与坐标面内对P面的最大斜度线(OM)的投影(O_1M)平行。由于$OO_1 \perp P$,显然O_1M位于O_1Z_1的延长线上。据此可知,$C_1D_1 /\!/ O_1Z_1$,而$A_1B_1 \perp O_1Z_1$。

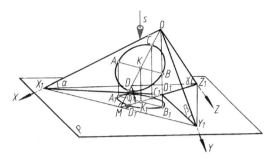

图 11-11　位于坐标面上的圆的正等轴测投影——椭圆长短轴的分析

同理，位于 YOZ 面内圆的正等轴测投影——椭圆的长轴垂直于 O_1X_1 轴，短轴则平行于 O_1X_1 轴；位于 ZOX 面内圆的正等轴测投影——椭圆的长轴垂直于 O_1Y_1 轴，而短轴则平行于 O_1Y_1 轴。

总之，平行于坐标面上圆的正等轴测投影——椭圆的长轴垂直于不包括圆所在坐标面的一条轴测轴，短轴则平行于该轴测轴。至于它们的长度，显然，长轴 $A_1B_1 = AB = d$；短轴 $C_1D_1 = CD\cos\varphi = d\cos\varphi$。

在正等测中，$\alpha = \beta = \gamma$，而 $\varphi = 90° - \gamma$，$r = \cos\gamma = 0.82$，以之代入 $C_1D_1 = d\cos\varphi$ 即可求出 $C_1D_1 = 0.58d$。

平行于三坐标面的圆的轴测投影——椭圆长短轴的方向及其伸缩系数如图 11-12 所示。采用简化伸缩系数时，长轴为 $1.22d$，短轴为 $0.7d$（图中加括号的即是）。

为了画图的方便，一般用四段圆弧连接的办法来代替椭圆，即所谓的椭圆的近似画法，如图 11-13 所示。

知道了圆的正等轴测投影的画法，就可以画圆柱、圆锥等的正等轴测图了。

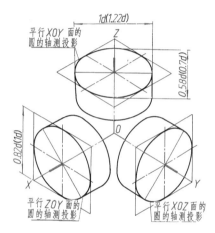

图 11-12　平行各坐标面圆的正等轴测投影

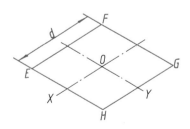

（a）画圆所在面的轴测轴，据 d 作菱形 $EFGH$，F、H 即大圆弧圆心

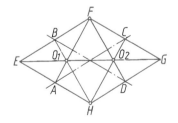

（b）从 F、H 分别与对边的中点 A、D、C、B 相连，两两相交的交点 O_1、O_2 即为小圆弧圆心

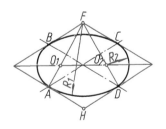

（c）以 F、H 为圆心，R_1 为半径画大圆弧，以 O_1、O_2 为圆心，R_2 为半径画小圆弧，连接即成

图 11-13　平行坐标面的圆的正等轴测投影的近似画法

例 4　画圆柱的正等轴测图（图 11-14）。

圆柱的上、下底圆相同，在完整地画出顶面的椭圆后，用移心法即可画底面可见部分的椭圆，具体面法如图 11-14 所示。

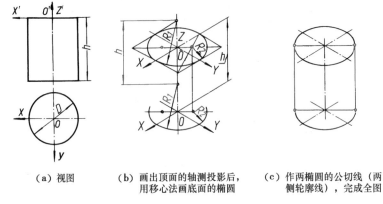

(a) 视图　　　　(b) 画出顶面的轴测投影后，　　(c) 作两椭圆的公切线（两
　　　　　　　　用移心法画底面的椭圆　　　　侧轮廓线），完成全图

图 11-14　圆柱正等轴测图的画法

例5　画圆台的正等轴测图（图 11-15）。

圆台正等轴测图的画法和圆柱的画法相同。但要注意：

（1）因轴线水平放置，两端面的圆平面为侧平面，短轴应平行于 X 轴。

（2）圆台的轮廓线是大小椭圆的公切线。完成后的轴测图如图 11-15c 所示。

例6　画球的正等轴测图（图 11-16）。

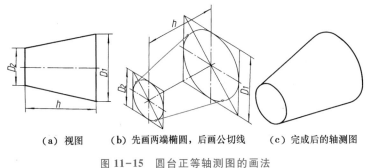

(a) 视图　　　(b) 先画两端椭圆，后画公切线　　(c) 完成后的轴测图

图 11-15　圆台正等轴测图的画法

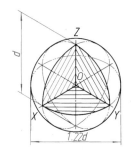

图 11-16　按简化伸缩系数并作
剖切的球的正等轴测图画法

球的正等轴测图仍是一个圆。采用简化伸缩系数时，圆的直径为球的直径 d 的 1.22 倍；采用轴向伸缩系数时，仍是球的直径 d。为了增加图形的立体感，一般用切去球的 1/8 的方法来表达。当不用图示方法而改用其他表达方法（如润饰）时，应画出轴测轴。

例7　画圆角（1/4 圆弧）的正等轴测图（图 11-17）。

机件底板的四个角常为 1/4 圆柱面形状（图 11-17a）。这四个 1/4 圆弧相应于整圆的四分之一（图 11-17b），因此可以采用近似画法画出它们的正等轴测投影，各段圆弧的圆心和半径按图 11-17b 中的方法确定。

3. 组合体的画法　画组合体的轴测图时，也应进行形体分析，先弄清形体的组成情况（由哪些基本体按何种形式组合，相互位置关系如何，在结构形状上又表现出哪些特点——对称性、相同重复的结构等），然后考虑表达的清晰性，进而确定画图的方法和顺序，一般可采用下述两种方法。

186

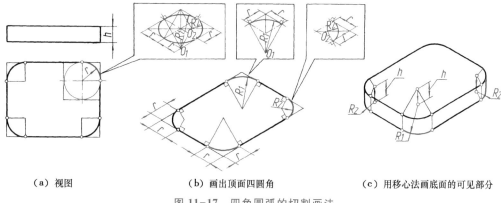

(a) 视图   (b) 画出顶面四圆角   (c) 用移心法画底面的可见部分

图 11-17　四角圆弧的切割画法

对属于叠加型且单体形状清晰而相邻两形体界线又明显的组合体,可以先对主要结构形体进行定位,然后从上而下,由前向后分别画出各单体的轴测投影、连接处分界线及次要结构。图 11-18 即为此种画法的示例。为了画图主动和避免画不必要的线,建议画图前,先按想象清楚的空间形状画一轴测草图,作为画图时参考。

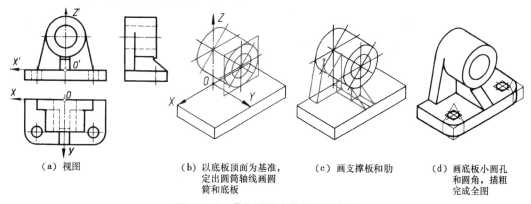

(a) 视图　　(b) 以底板顶面为基准,　(c) 画支撑板和肋　(d) 画底板小圆孔
　　　　　　　定出圆筒轴线画圆　　　　　　　　　　　和圆角,描粗
　　　　　　　筒和底板　　　　　　　　　　　　　　　完成全图

图 11-18　叠加型组合体的画法示例

对属于切割型且形体不甚清晰或其上有切口、切槽的组合体,可认为由基本形体逐步切割而成。其画图步骤体现切割的顺序,如图 11-19、图 11-20 所示。

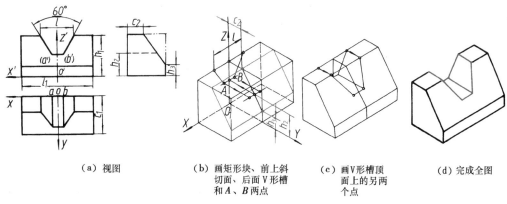

(a) 视图　　(b) 画矩形块、前上斜　　(c) 画V形槽顶　　(d) 完成全图
　　　　　　　切面、后面V形槽　　　　面上的另两
　　　　　　　和 A、B 两点　　　　　　个点

图 11-19　切割型组合体画法示例一

图 11-20 为带切口回转体正等轴测图的画法。

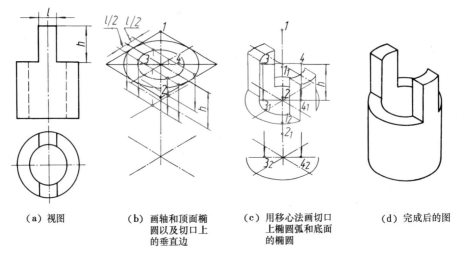

（a）视图　　　（b）画轴和顶面椭　　（c）用移心法画切口　　（d）完成后的图
　　　　　　　　　　圆以及切口上　　　　上椭圆弧和底面
　　　　　　　　　　的垂直边　　　　　　的椭圆

图 11-20　切割型组合体画法示例二

三、正二轴测图的画法

正二轴测图简称正二测。常用的正二轴测投影的两个相等的轴向伸缩系数是 $p_1 = r_1$，而取 $q_1 = (1/2) p_1 = (1/2) r_1$。以之代入公式 $p_1^2 + q_1^2 + r_1^2 = 2$ 中，经计算后得

$$p_1 = r_1 = 0.94, \quad q_1 = 0.47$$

轴间角也可以证明：$\angle XOY = \angle YOZ = 131°25'$，$\angle XOZ = 97°10'$（图 11-21）。

实际作图时，一般采用 $p = r = 1, q = 0.5$ 的简化伸缩系数。放大系数 $K = 1.06$，也就是用简化伸缩系数画出的正二轴测图，沿各轴向均放大了 1.06 倍。

考虑到 $\tan 7°10' \approx 1/8$，画轴测轴 OX 时，可利用这一正切值确定 OX 轴的方向。同理用 $\tan 41°25' \approx 7/8$ 来确定 OY 轴的方向（图 11-22）。

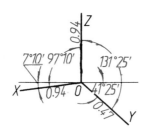

图 11-21　正二测的轴向伸缩系数和轴间角

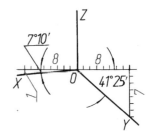

图 11-22　正二测轴间角的近似画法

1. 圆的正二轴测投影　平行于坐标面的圆的正二轴测投影，也是椭圆。椭圆长、短轴的方向和正等测的相同，但长短不同。平行于 XOZ 面的圆的正二轴测投影接近于圆（图 11-23），长轴为 d，短轴为 $0.88d$；而平行于 ZOY 和 XOY 的圆的正二轴测投影为扁椭圆，长轴为 d，短轴为 $0.33d$。用简化伸缩系数时，长、短轴都放大了 1.06 倍，如图 11-23 中括弧内的数值所示。

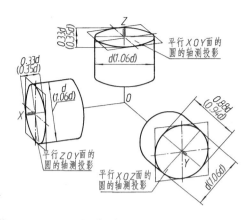

图 11-23　平行于坐标面的圆的正二轴测投影

平行于坐标面的圆的正二轴测投影——椭圆的近似画法,列于表 11-1、表 11-2 中。

表 11-1　平行于 *XOZ* 面的圆的正二轴测投影的画法

步骤	一、画轴测轴和四连接点	二、定圆弧中心	三、画圆弧,连成椭圆
作 图			
说 明	1. 过椭圆中心画 *OX* 和 *OZ* 轴 2. 以 *O* 为对称中心在 *OX*、*OZ* 轴上取点 *A*、*B*、*C*、*D*,使其距离为 *d*/2 3. 过已知点作与轴平行的平行四边形	1. 作平行四边形的对角线,长对角线即长轴方向,短对角线为短轴方向 2. 过 *A*、*B* 作相应边的垂线,它们与短对角线的交点 O_1、O_2 即大圆弧中心,与长对角线的交点 O_3、O_4 即小圆弧中心	1. 以 O_1、O_2 为圆心,R_1 为半径画短轴两端的大圆弧 2. 以 O_3、O_4 为圆心,R_2 为半径画长轴两端的小圆弧

2. **画法**　正二轴测图的基本画法仍然是坐标法。组合体的画法和作图步骤与正等轴测图相同,就不重复了。图 11-24 表示用切割概念画平面立体正二轴测图的实例,可供参考。

189

表 11-2 平行于 *XOY*(或 *ZOY*)面的圆的正二轴测投影的画法

步骤	一、定长、短轴方向	二、定短轴上大圆弧中心	三、定长轴上小圆弧中心
作图	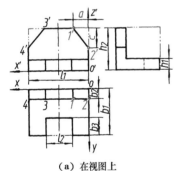		
说明	1. 过椭圆中心 O 分别作 OX、OZ 轴的平行线，CD($\parallel OZ$ 轴)即短轴方向 2. 作 $AB \perp CD$，AB 即长轴方向 3. 以 O 为中心，$d/2$ 为半径作圆与 OX 轴的交点 E、F，即两连接点	1. 在 CD 线上 O 点的上、下两侧取 $OO_1 = OO_2 = d$，得 O_1、O_2(图上未标出) 2. 以 O_1 为中心，O_1F 为半径画大圆弧求得 G、F 点	1. 连 O_1F、O_1G，它们与长轴的交点 O_3、O_4 即小圆弧中心 2. 以 O_3、O_4 为中心，O_3E 为半径画小圆弧

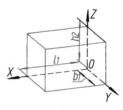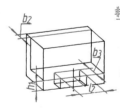

（a）在视图上　　（b）按尺寸画完整长方　　（c）画前上方的切口和　　（d）画后竖板左、右的
选坐标轴　　　　　体的正二等轴测图　　　　底部前面的缺口　　　　切口，完成全图

图 11-24 正二轴测图画法示例

§11-3 斜二轴测图

一、轴向伸缩系数和轴间角

斜二轴测图
图

斜二轴测图简称斜二测。斜轴测投影的轴向伸缩系数和轴间角，每种都可各自独

190

立地选择两个。但常用的为 $p=r=1$, $q=1/2$ 和 $\angle XOZ=90°$，$\angle XOY=\angle YOZ=135°$的斜二轴测投影，如图 11-25 所示。

二、斜二轴测图的画法

斜二轴测图的基本画法仍然是坐标法。复杂形体的画法，与正等轴测图相似。

斜二轴测图能如实表达物体一个坐标面上的实形，因而宜用来表达某一方向的形状复杂或只有一个方向有圆的物体。图 11-26a 所示的拨叉，符合所述要求，宜用斜二轴测图表达。具体画法如图 11-26b、c、d 所示。关键在确定一个主要面为定位的基准。

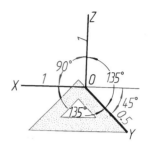

图 11-25 斜二轴测投影的轴向伸缩系数和轴间角

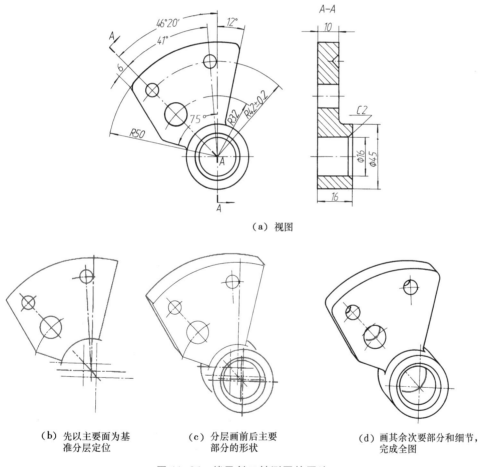

（a）视图

（b）先以主要面为基准分层定位

（c）分层画前后主要部分的形状

（d）画其余次要部分和细节，完成全图

图 11-26 拨叉斜二轴测图的画法

191

三、圆的斜二轴测投影

平行于坐标面的圆的斜二轴测投影,如图 11-27 所示。平行于 XOY 和 YOZ 面的圆的斜二轴测投影——椭圆的形状相同,但长、短轴的方向不同。它们的长轴都和圆所在坐标面内某一坐标轴所成角度约为 7°。平行于 ZOX 面上的圆的斜二轴测投影仍是圆。

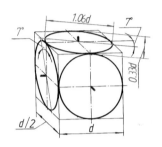

图 11-27　平行坐标面圆的斜二轴测投影

表 11-3 列出了平行于 XOY 面的圆的斜二轴测投影——椭圆的画法。平行 YOZ 面的圆的斜二轴测投影——椭圆的画法与表 11-3 相同,只是长、短轴的方向不同而已。

表 11-3　平行于 XOY 面的圆的斜二轴测投影的画法

步骤	一、定长、短轴方向和椭圆上四点	二、定四圆弧中心	三、画大、小圆弧
作图			
说明	1. 画圆的外切正方形的斜二轴测投影,与 OX、OY 相交得中点 1、2、3、4 2. 作长轴 AB,使与 OX 轴成 7° 3. 作短轴 CD⊥AB	1. 在 CD 的延长线上取 O5=O6=d,5、6 即大圆弧中心 2. 连 52、61,它们与长轴的交点 7、8 即小圆弧中心	1. 以 5、6 为中心,52 为半径,画大圆弧 2. 以 7、8 为中心,71 为半径,画小圆弧

§11-4　轴测图中的剖切

轴测图一般用两个剖切平面沿轴向剖切物体以表达内部结构。剖面符号应按图 11-28 所示的规定方向画出相应剖面区域内的符号。

　　在轴测图上作断面的步骤,一般有两种。一种是先画整体的外形轮廓,然后画断面和内部看得见的结构和形状(图11-29),宜于初学者采用;另一种则先画出断面形状,后画外面和内部看得见的结构(图11-30)。显然,后者可省画那些被剖切部分的轮廓线,并有助于保持图面的整洁。

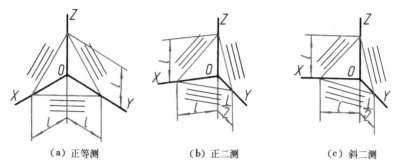

(a) 正等测　　　　　　　　(b) 正二测　　　　　　　　(c) 斜二测

图 11-28　常用三种轴测图上的剖面线方向

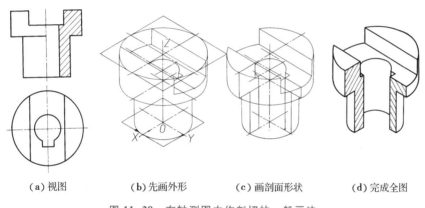

(a) 视图　　　　(b) 先画外形　　　　(c) 画剖面形状　　　　(d) 完成全图

图 11-29　在轴测图中作剖切的一般画法

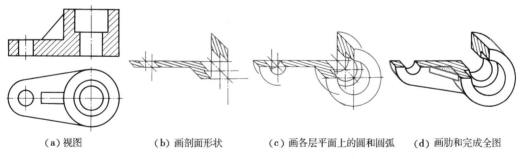

(a) 视图　　　(b) 画剖面形状　　　(c) 画各层平面上的圆和圆弧　　　(d) 画肋和完成全图

图 11-30　轴测图剖切的另一画法

　　画剖切轴测图时,如剖切平面通过肋或薄壁结构的对称面,则在这些结构要素的剖面区域内,规定不画剖面符号,但要用粗实线把它和邻接部分分开。为了清晰,也可在肋或薄壁的剖面区域内打上细点以示区别,如图11-30d 所示。

§11-5 轴测图上的交线

一、截交线的画法

平面和曲面立体表面的交线,既可用坐标法作图,也可以用在表面上找点的方法求出一系列的点后再连成曲线。图 11-31 表示用坐标法画截交线的轴测投影,画法如图所示。

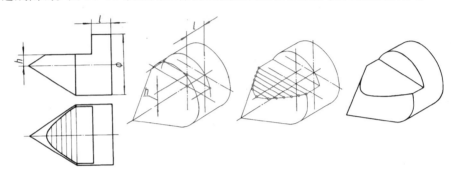

(a) 在视图上定出曲线上点 (b) 画完整体轮廓后,画 (c) 按坐标画曲线上各点的 (d) 完成全图
的坐标   切口为直线的投影   投影,并圆滑地连接

图 11-31 用坐标法画截交线

二、相贯线的画法

轴测图上相贯线的画法,也有坐标法和辅助平面法两种。图 11-32 是用辅助平面法求相贯线的实例。

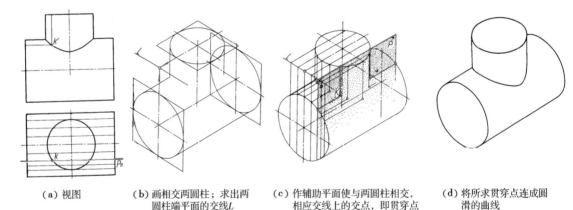

(a) 视图 (b) 画相交两圆柱;求出两 (c) 作辅助平面使与两圆柱相交, (d) 将所求贯穿点连成圆
          圆柱端平面的交线L   相应交线上的交点,即贯穿点   滑的曲线

图 11-32 用辅助平面法求相贯线

三、过渡线的画法

物体上相邻部分的圆弧过渡处,建议采用图 11-33 的画法,即在理论相交的地方以细实线画出交线,且不与轮廓线相交,以示区别。

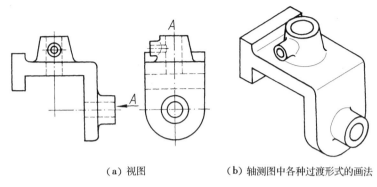

（a）视图　　　　　　　　（b）轴测图中各种过渡形式的画法

图 11-33　轴测图中圆弧过渡处的画法

§11-6　轴测草图

轴测图表现物体的形状具有直观性，但是作图较繁，故仅在要求准确表达对象时，如书籍插图、结构图册、挂图等，才采用仪器正规作图；而一般在设计工作中草拟技术意图或在学习中作为读图的辅助手段时，多凭徒手画出草图，既方便随意又提高效率。可见，作为工程技术人员，具有较熟练的画轴测草图的技能，对他的工作和学习无疑会有莫大帮助。

在学习了本章有关轴测图的知识和画法并掌握了一定徒手画图的技巧的基础上，只要把握轴测图的特点，画好轴测草图是不难的。然而轴测草图毕竟是凭目测徒手画的，随意性大，若想得到较满意的效果，应注意下面几个问题。

1. 定准轴间角和把握好所画物体各部分间的大小比例。这是决定草图效果的关键问题。关于轴间角，可参照第一章图 1-57 和本章图 11-22 所示的近似画法画出；而对比例问题，首要取准物体长、宽、高三向的比例与定好主要部分的大小比例，其他次要部分和细节就容易定好。初学者最好借助于印好轴向的格纸（见习题集）练习，待熟练后再在白纸上画图就自如了。

2. 注意画好图中相互平行的线段。物体上平行的线段在轴测图中若画得不准确，就会产生不同的视觉效果。如一圆筒，若其轮廓线画成不平行，则会出现柱面锥面并存，如图 11-34 所

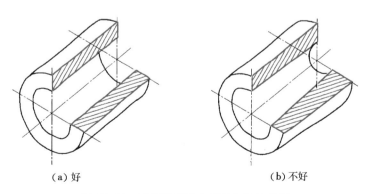

（a）好　　　　　　　　　　（b）不好

图 11-34　画好轴测图中相互平行的线段

示。而平面体上平行的线段画得不平行,亦会令所表示的形体变样。要避免这种情况,只有在画线段时先选定基准(如与它平行的轴测轴或先画出的某一棱边),以后除注意使所画线段与前一线段保持平行外,还须使它与基准也基本平行。

3. 注意较准确地画出平行各坐标面的圆的轴测投影——椭圆。关键之一是定准长、短轴方向,可参阅本章有关图例,或先画出立方体轴测图上各椭圆作参考。其二是画好同心圆的轴测投影,这方面的问题是受几何概念的影响,往往容易把两椭圆间的距离也画成相等,如图 11-35 所示。要克服这种现象,可以像画正规图一样大概画出圆的外切正方形的轴测图,再画椭圆就有把握了。

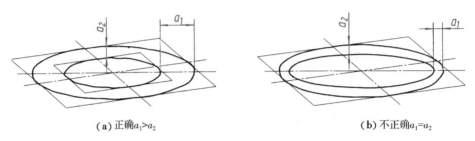

(a) 正确 $a_1 > a_2$ (b) 不正确 $a_1 = a_2$

图 11-35 两同心圆轴测图的正确画法

4. 要画好具有曲线的轮廓,一般借助于与其相关的直线外形(如圆弧则是外切的正方形),或应用坐标法大致定出曲线一些主要点,这样就能较好地画出曲线的轮廓来。

画轴测草图的步骤,基本与正规画轴测图一样,可参考前面所举画轴测图的例子,这里不重述。

§11-7 轴测图的尺寸标注

一、线性尺寸注法

轴测图中的线性尺寸一般应沿轴测轴的方向标注。尺寸线必须和所标注的线段平行,尺寸界线一般应平行于某一轴测轴。尺寸数值为零件的公称尺寸,如图 11-36 所示,尺寸数字应标注在尺寸线的上方或左侧,尺寸数字的方向应平行于相应的轴测轴。当在图形中出现字头向下时应引出标注,将数字按水平位置注写,如图 11-36 中的高度尺寸 20 和图 11-37b 中的高度定位尺寸 35。

轴测图的
尺寸标注

二、直径和半径的注法

标注圆的直径时,尺寸线和尺寸界线应分别平行于圆所在平面内的轴测轴,如图 11-37a 中的尺寸 $\phi20$、图 11-37b 中的尺寸 $\phi20$ 和 $2\times\phi6$。标注圆弧半径或较小圆的直径时,尺寸线可以从(或通过)圆心引出标注,但注写数字的横线必须平行于轴测轴,如图 11-37a 中的尺寸 $2\times\phi12$、$R10$ 和 $R8$,以及图 11-37b 中的尺寸 $\phi10$。

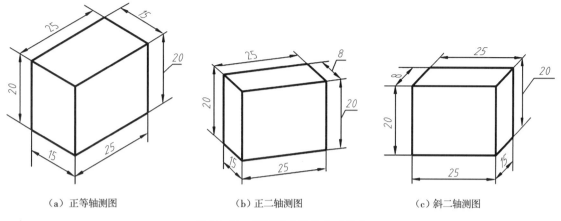

（a）正等轴测图　　　　　（b）正二轴测图　　　　　（c）斜二轴测图

图 11-36　轴测图中线性尺寸注法

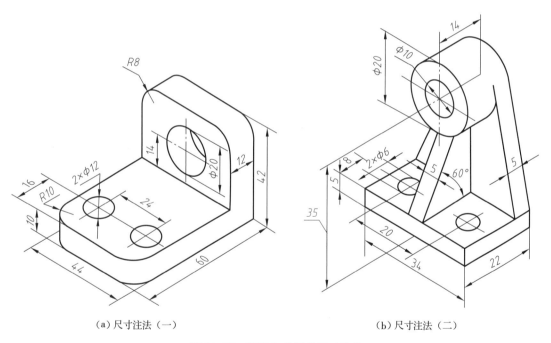

（a）尺寸注法（一）　　　　　　　　（b）尺寸注法（二）

图 11-37　直径和半径的尺寸注法

三、角度的注法

标注角度时,其尺寸线应画成与该坐标平面相应的椭圆弧,角度的尺寸数字一般写在尺寸线的中断处,字头向上,如图 11-37b 中的尺寸 60°和图 11-38 中的角度尺寸。

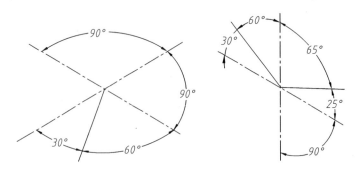

图 11-38 轴测图中角度尺寸的注法

复习思考题

1. 轴测投影图是如何得出来的？它与多面正投影图有何区别？
2. 画轴测投影图的主要参数是什么？说出各种轴测投影图的参数。
3. 画轴测图的基本方法是什么？什么情况多用这种方法？
4. 平行坐标面圆的各种轴测投影椭圆,其长、短轴方向和长短是否有共同规律？
5. 画带切口的平面体与组合体在方法上有何不同？
6. 画轴测草图应注意哪些问题？

第十二章 机械图概述

§12-1 零件与部件的关系

机器从设计、制造到投入使用是一个复杂的过程,它包括可行性分析研究、方案设计、选型、总体设计、零部件设计、制造、检验、装配、使用与维护等诸多环节,在每个环节中,都要用到各种不同的图样,这些图样都可以称为机械图。这些图样由于在机械的设计、制造过程中所起的作用不同,其要求也是各不相同的,在这些图样中,最主要的图样是零件图和装配图。

机器是由若干部件和零件组成的,装配时,一般先把零件装配成部件,然后把有关的部件和零件装配成机器或成套设备。表达单个零件的图样称为零件图,表达部件或机器的图样则称为装配图。零件图和装配图都是生产中的基本技术文件,既反映设计者的意图,也是制造和检验成品的依据。

表 12-1 所示为一般机械设计过程的阶段划分及主要任务,图 12-1 所示为在产品仿制或产品技术改造工作中,对已有机械进行测绘的全过程,从这些设计或测绘工作的内容来看,绘制机械图是一项十分重要的内容,几乎贯穿工作的始终,由此可以看出,在设计过程中,大多数的工作都将和机械图联系在一起,而机械产品能够最终被制造出来并投放市场,更是依赖于机械图中最重要的两种图样——零件图和装配图。

零件图应明确而清晰地表达出零件的结构形状、尺寸和技术要求。这些要求主要取决于零件在部件中的作用。而部件采用什么结构、需要哪些零件,又与它本身的功用有关。零件设计得合理与否和制造加工质量的好坏,必将影响部件的工作性能和使用效果,因此,在画图前,了解部件的功用和零件之间的关系,是很有必要的。下面以铣刀头为例,着重说明零件和部件在结构、尺寸和技术要求等方面的关系。

图 12-2 所示的铣刀头是专用铣床上的一个部件,供装铣刀盘用。装上铣刀盘就可用来铣削平面。

这个铣刀头采用带轮 4、轴 7、键 5、键 13 等传动件和连接件形成传动路径,由电动机发出的扭矩,通过带(图上未画)传送到铣刀盘。而带轮、铣刀盘和轴则用轴承 6、座体 8 等支承件支承起来;两端用端盖 11 调整轴承的松紧并确定轴的轴向位置,还用毡圈 12 密封,防止涂在轴承上的润滑油脂外流和灰尘、水汽等外物侵入;端盖和座体用螺钉 10 连接并固紧;用挡圈 1、螺钉 2 确定带轮 4 的轴向位置,用销 3 防止挡圈 1 转动;挡圈 14、螺栓 15 和垫圈 16 则用来确定铣刀盘的轴向位置,且弹簧垫圈 16 还起防松作用(和销 3 的作用类似)。可见,部件中的每一种零件都有它的作用,都是不可缺少的。

表 12-1 机械设计的阶段和步骤

阶　段	设　计　步　骤	工　作　目　标
可行性研究阶段	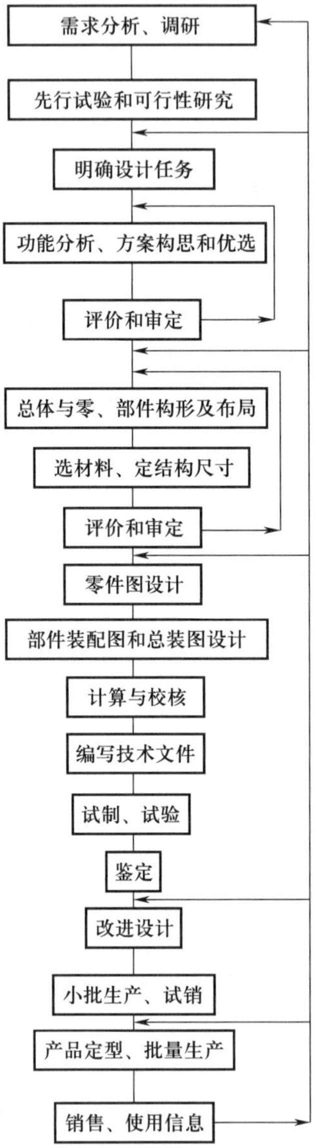 需求分析、调研 先行试验和可行性研究	选题及设计任务书 可行性方案
初步设计阶段	明确设计任务 功能分析、方案构思和优选 评价和审定	技术任务书 总装配、部件草图 原理方案图 性能参量计算
技术设计阶段	总体与零、部件构形及布局 选材料、定结构尺寸 评价和审定 零件图设计 部件装配图和总装图设计 计算与校核 编写技术文件	零件图 部件装配图 总装配图 设计、计算说明书
改进设计阶段	试制、试验 鉴定 改进设计	样机 改进设计图 试验结果
生产	小批生产、试销 产品定型、批量生产 销售、使用信息	产品
使用		信息反馈

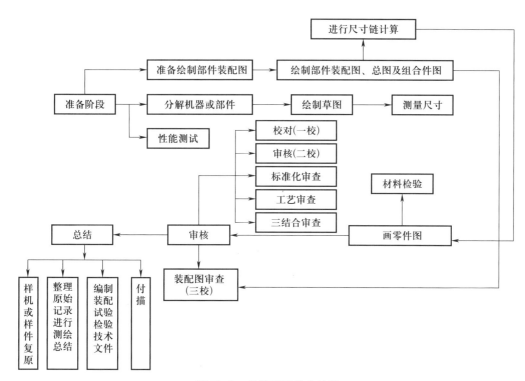

图 12-1 机器测绘的全过程

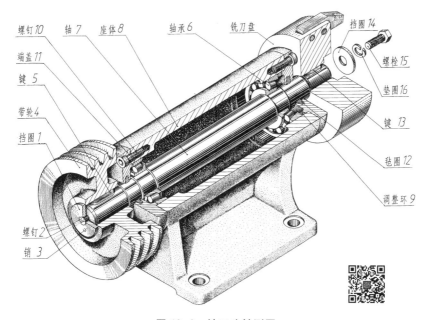

图 12-2 铣刀头轴测图

零件在部件中所起的作用,是通过它的结构形状和尺寸来实现的。例如要求轴 7 与带轮 4 (图 12-3)一起旋转,采用键连接。因此,轴 7 的相应部位和带轮 4 的内孔都要开设键槽(图 12-4),

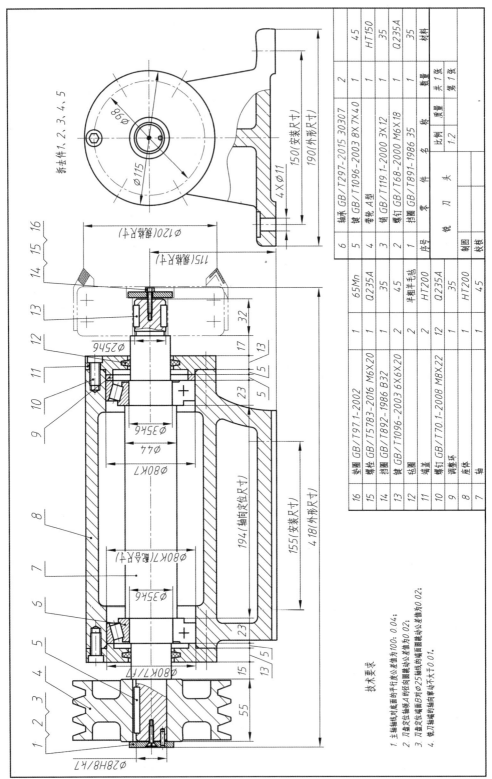

图 12-3 铣刀头装配图

拆主件1、2、3、4、5

16	垫圈	GB/T97.1-2002	1	65Mn			6	轴承	GB/T297-2015 30307	2	45
15	螺栓	GB/T5783-2016 M6×20	1	Q235A			5	键	GB/T1096-2003 8X7X40	1	HT150
14	挡圈	GB/T892-1986 B32	1	35			4	带轮 A型		1	35
13	键	GB/T1096-2003 6X6X20	2	45			3	销钉	GB/T119.1-2000 3X12	1	Q235A
12	毡圈		2	半粗羊毛毡			2	螺钉	GB/T68-2000 M6X18	1	
11	端盖		2	HT200			1	挡圈	GB/T891-1986 35	1	
10	螺钉	GB/T70.1-2008 M8X22	12	Q235A			序号		零件名称	数量	材料
9	调整环		1	35					铣刀头	比例 1:2	共1张
8	座体		1	HT200							第1张
7	轴		1	45			制图			质量	
							校核				

技术要求

1. 主轴轴线对底面的平行度公差值为100:0.04;
2. 刀盘定位轴肩A的径向圆跳动公差值为0.02;
3. 刀盘定位端面B对φ25轴线的端面圆跳动公差值为0.02;
4. 铣刀端盖的轴向窜动量不大于0.01.

φ28H8/h7
φ80K7/h7
φ35k6
φ80K7(配合尺寸)
φ44
φ80K7
φ35k6
φ25h6
φ98
φ115
4×φ11
φ120(外形尺寸)

55
13/5
15
23
194(轴向定位尺寸)
23
5/5
17
13
5/5
32
13

155(安装尺寸)
418(外形尺寸)
115(外形尺寸)
120(外形尺寸)
150(安装尺寸)
190(外形尺寸)

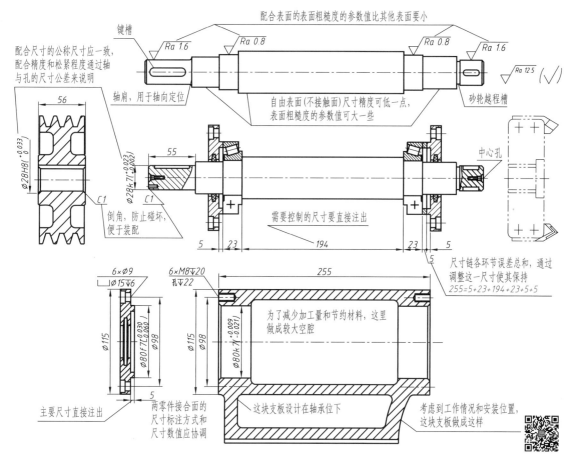

图 12-4 从零件的作用和装配关系分析铣刀头的结构、尺寸和表面粗糙度

并且尺寸大小要协调一致。轴 7 装上了一对圆锥滚子轴承 6,减轻了轴颈的磨损并使轴能轻快地转动,但不许轴承有轴向移动,并要求轴承内环和轴一道旋转。从图 12-4 可以看出,前者是通过设置轴肩实现的,并使轴肩的直径小于轴承内环外径,以保证内环外露,方便拆卸;后者则把轴颈的直径做得稍大于内环的孔径,通过让轴颈硬"挤"进孔里的方式来实现的。图 12-3 中的 φ35k6 就反映了这样的要求。基本尺寸相同的孔和轴装在一起时,会有松紧程度的不同。反映这种松紧程度的技术要求,就是所谓的"配合要求"或"配合关系"了。有配合要求的表面,其另一技术要求——表面粗糙度,如图 12-4 中的代号 $\sqrt{Ra\ 0.8}$,轮廓算术平均偏差参数 0.8,比其他表面的参数值要小些(如图中" $\sqrt{Ra\ 12.5}\ (\sqrt{})$ ")。图 12-4 的上、中两图说明了轴为什么要做成阶梯形和细部结构的作用,以及尺寸、表面粗糙度和这些结构作用之间的关系等。从这个图还可看出,中心孔供加工时装夹定位用,轴上的砂轮越程槽供加工时退刀用。可见,工艺上的要求对零件结构形状的影响,也是不容忽视的。

图 12-4 的中、下两图说明了座体的长度与端盖、轴、轴承和调整环轴向尺寸之间的关系。理论上座体的长度尺寸 255 应等于两端盖凸缘尺寸 5 加上两轴承尺寸 23 再加上轴段尺寸 194 和调整环尺寸 5 之和,由于轴在滚动轴承的支撑下应灵活转动,并且在轴向不能有窜动,

实际装配后座体和相关零件之间应存在装配间隙,因此尺寸255、5、23、194、23、5、5构成了装配尺寸链。由于任何一个尺寸在加工过程中都会产生误差,其中任何一个尺寸的加工精度都影响装配后间隙的大小。为了保证间隙在设计要求的范围内变化,就要控制各相关零件轴向尺寸的精度,这意味着提高了加工要求。从方便加工考虑,可适当降低某个零件轴向尺寸的精度,例如调整环,而在装配时采用改变调整环厚度尺寸5的方法来最终实现装配间隙的设计要求。这里,端盖、轴和座体中属于该组的轴向尺寸,都是主要尺寸,应在零件图上相应部位直接注出,不允许由其他尺寸推算得出。

上述这组零件的尺寸,它们彼此关联,按一定顺序排列,构成封闭回路,且其中某一尺寸受其余尺寸影响的情况,称为装配尺寸链。属于不同零件的尺寸255、5、23、194等称为尺寸链的组成环,调整环的尺寸5叫终结环(封闭环),该尺寸在装配后自然形成,不必标注出来。参与装配尺寸链的组成环尺寸,即相应零件的主要尺寸。

列出了装配尺寸链,不仅明确了零件的主要尺寸,也为选择尺寸基准提供了依据。

图12-4的下图还说明,端盖上的六个小孔和座体端面上六个螺孔的定位尺寸 $\phi98$ 应当一致;端盖凸台外径和座体轴孔内径有配合要求,公称尺寸应相同,即 $\phi80$;其他相关表面的尺寸也应一致,如 $\phi115$。

由以上分析可知,零件的结构形状、尺寸和技术要求,主要应以部件的功用为依据,但也要考虑制造加工的要求,以及使用维修方便。还可看出,实现某种作用的结构形式不是唯一的,须视具体情况选定。例如图12-2的铣刀头,为了使轴和带轮旋转,采用键连接,而轴和轴承内环的一道旋转,却用装配较紧的过渡配合实现。又如螺钉 *10* 的头部有个内六角,是为了松紧螺钉时安放扳手用的,而螺栓 *15* 的头部是外六角,也起同样的作用,还有在螺钉头部开"一"字或"十"字槽的。又如端盖 *11* 的外露部分,也可以做成方形,假如座体端面是方形的话。这说明零件的形状是可以改变的,但必须与它在部件中的作用相适应。

零件按其在部件中所起的作用和标准化程度,大致可分为三类:

1. 一般零件   这类零件包括轴、盘、盖、叉架、箱体等。它们的结构形状、尺寸大小和技术要求等,都要根据它在部件中所起的作用、与相邻零件的关系以及制造工艺等确定。

2. 传动零件   常用传动零件有带轮、链轮、齿轮、蜗轮、蜗杆、丝杠等。这几种零件的主要结构已经标准化了,并有规定画法。

3. 标准件   常用的标准件有螺栓、螺柱、螺钉、螺母、垫圈、键、销、铆钉和各种滚动轴承等。这类零件的结构、尺寸、画法和标记已全部标准化。

以上几类零件,将分别在有关章节中介绍。

§12-2　零件的常见工艺结构

零件的结构形状除了必须满足设计要求外,还要适合制造和加工工艺的一些特点。所谓零件结构的工艺性,是指所设计零件的结构,在一定生产条件下,是否适合制造、加工工艺的一系列特点,能否质量好、产量高、成本低地把它制造出来,以得到较好经济效果的问题。下面只是根据现有的一般生产水平,简单介绍一些常见的砂型铸造工艺和一般机械加工工艺等对零件结构的要求,供制图时参考。

一、铸造工艺对零件结构的要求

1. 铸件的最小壁厚　铸件的最小壁厚受到金属熔液流动性及浇注温度的限制。为了避免金属熔液在充满砂型之前凝固,在一般铸造条件下,铸件壁厚不应小于表 12-2 所列的数值。

表 12-2　铸件最小壁厚　　　　　　　　　　　　　　　　　　　　mm

铸造方法	铸件尺寸	铸　钢	灰　铸　铁	球墨铸铁
砂型	~200×200 >200×200~500×500 >500×500	8 10~12 15~20	~6 >6~10 15~20	6 12

2. 铸件壁厚要均匀　为了避免浇注零件时因冷却速度不同而在肥厚处产生缩孔,或在断面突然变化处发生裂纹,应使铸件壁厚保持等厚或逐渐变化,如图 12-5 所示。

3. 关于外壁、内壁与肋的厚度　外、内壁与肋的厚度应依次减薄,顺次相差约为 20%,以利于铸件均匀冷却,避免使铸件因铸造应力而变形、开裂(图 12-6)。

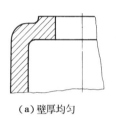

（a）壁厚均匀　　　（b）壁厚薄不同　　　（c）壁厚处理不当时,
　　　　　　　　　　应逐渐过渡　　　　　　铸件可能产生的缺陷

图 12-5　壁厚不应发生突然变化　　　　　图 12-6　内外壁与肋的厚度关系

4. 铸造圆角和起模斜度　图 12-7 表示铸件在表面相交处,应做成圆角,以免砂型尖角处落砂和浇注时熔液冲坏砂型,也可避免铸件冷却收缩时在尖角处开裂或产生缩孔。铸件中半径相同的圆角,可统一在技术要求中注明,例如:"未注铸造圆角 R3~R5"。如对零件的起模斜度无特殊要求,图中可不必画出。起模方向高度为 25~500 的铸件,起模斜度为 1:10~1:20(α = 3°~6°)。

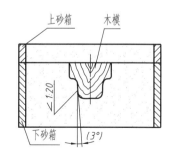
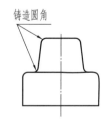
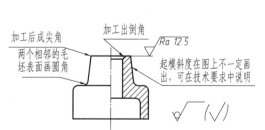

图 12-7　铸造圆角和起模斜度

毛坯经机械加工后,铸造圆角消失,从而产生尖角或加工成倒角或圆角。

应当指出在起模方向不宜有内凹的地方,以利于造型(图 12-8b)。此外,零件结构宜尽量简单紧凑,这样可以节省制造模型工时,减少造型材料消耗、降低成本(图 12-9b)。

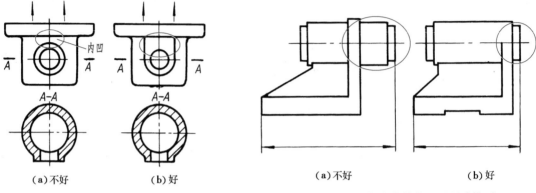

图 12-8 起模方向不宜有内凹的地方   图 12-9 结构力求简单以利制造模型

上述各项要求的具体数据,可查阅机械零件设计手册。

由于铸件上有圆角,铸件表面的相贯线就不太明显了。为了区别不同表面,在零件图上仍要画出这条线,通常称该线为过渡线。过渡线的画法与相贯线的画法基本相同,图 12-10 所示为几种过渡线的画法。

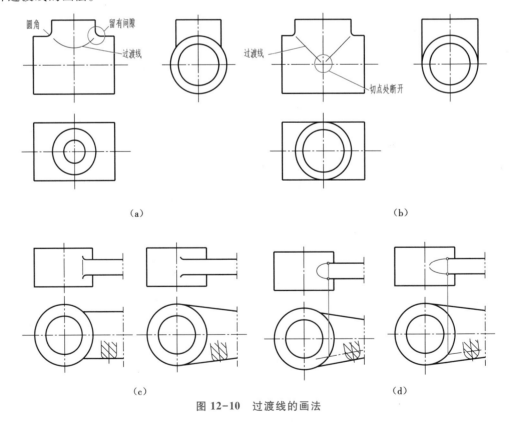

图 12-10 过渡线的画法

（1）两曲面相交时,轮廓线相交处画出圆角,相贯线端部与轮廓线间留出空白,如图12-10a 所示;

（2）两曲面有相切部位时,切点附近应留空白,如图 12-10b 所示;

（3）肋与立体相交,肋断面头部为长方形时,过渡线为直线,且平面轮廓线的端部稍向外弯,如图 12-10c 所示 ;

（4）肋与立体相交,肋断面头部为半圆时,过渡线为向内弯的曲线,如图 12-10d 所示。

二、机械加工工艺对零件结构的要求

1. 为了防止划伤人手和便于装配,常将加工时形成的尖角切除成倒角或圆角;为了避免应力集中,在轴肩转折处往往加工成圆角;为了方便刀具进入或退出加工面,可留出退刀槽或工艺孔,如图 12-11 所示。

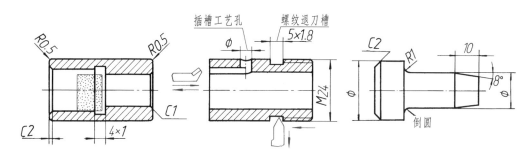

图 12-11　砂轮越程槽、退刀槽和工艺孔

2. 尽量避免设置不敞开的加工面(图 12-12)。

3. 零件上同类的结构要素,尽可能统一尺寸,并排列一致,以便采用比较少量的定径刀具和夹具。图 12-13 所示的右图较左图好。

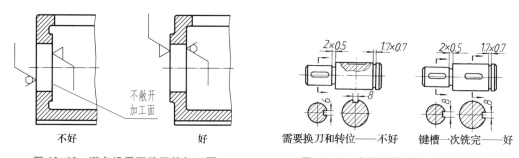

图 12-12　避免设置不敞开的加工面　　　　图 12-13　相同结构的尺寸尽可能统一

4. 力求毛坯有较高的精度,较小的切削余量,并尽可能缩小加工面积,减少加工面数量。常采用在毛坯上加凸台、凹槽、凹腔、沉孔等办法,如图 12-14 所示。

5. 设计钻孔时,要考虑钻头与被钻处的相对位置,务必使钻头垂直钻进。因此,钻斜孔时,宜增设凸台或凹坑。还要尽可能避免单边加工。图 12-15 为几种钻孔设计的好坏分析。

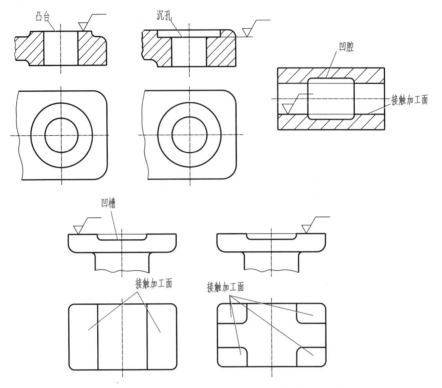

图 12-14　加凸台或制成凹槽、沉孔以减少加工面积

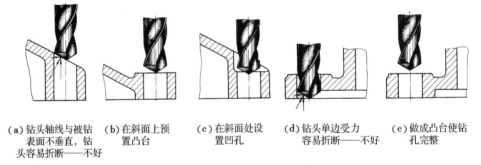

（a）钻头轴线与被钻　（b）在斜面上预　　（c）在斜面处设　　（d）钻头单边受力　　（e）做成凸台使钻
　　表面不垂直，钻　　　置凸台　　　　　　置凹孔　　　　　　容易折断——不好　　　孔完整
　　头容易折断——不好

图 12-15　钻孔设计的好坏分析

复习思考题

1. 以生活或学习上的用具为例说明零件和部件之间的关系。

2. 零件的结构形状取决于哪些因素？

3. 加工工艺对零件构型有何影响？为什么要考虑加工工艺对零件结构的影响？

第十三章 紧固件、齿轮、弹簧和焊接件等的画法

§13-1 概述

螺栓、螺钉、螺母、键、销和滚动轴承等都是应用范围广、需要量大的机件。为了减轻设计工作量,提高设计速度和产品质量,降低成本,缩短生产周期和便于组织专业化协作生产,对这些面广量大的机件,从结构、尺寸到成品质量,国家标准都有明确的规定。凡全部符合标准规定的机件为标准件;不符合标准规定的为非标准件。

齿轮、蜗杆、蜗轮中的轮齿和机器零件上的螺纹,它们的结构和尺寸都有国家标准。轮齿、螺纹等结构要素,凡符合国家标准规定的,叫做标准结构要素,不符合的为非标准结构要素。

在绘制标准件和标准结构要素时,要注意以下一些特点。

1. 完整的表示方法由图形、尺寸和规定的标记组成,缺一不可。

2. 标准件和标准结构要素,一般只给几个主要尺寸,其余则根据规定的标记从相应的标准中查出。因此,画图往往要查阅标准寻找所需数据。

3. 有些标准结构要素还有规定画法,如螺纹、轮齿等。凡有规定画法的按规定画,其余的则按正投影法画。

§13-2 螺纹和螺纹紧固件

螺纹的画
法及分类

一、螺纹的形成及其要素

螺纹为回转表面上沿螺旋线所形成的、具有相同剖面的连续凸起和沟槽。实际上可认为是平面图形绕和它共平面的回转轴线作螺旋运动时的轨迹。在圆柱面上形成的螺纹为圆柱螺纹(图13-1);在圆锥面上形成的螺纹为圆锥螺纹。

螺纹在回转体外表面时为外螺纹(图13-1);在内表面(即孔壁上)时为内螺纹(图13-2)。

形成螺纹的要素有:

1. 牙型 螺纹轴向剖面的轮廓形状,即平面图形的实形。标准牙型规定了标记符号。

2. 公称直径 通常指螺纹大径(图13-3),即与外螺纹的牙顶或内螺纹的牙底相重合的假想圆柱面的直径,内螺纹用 D 表示,外螺纹用 d 表示。

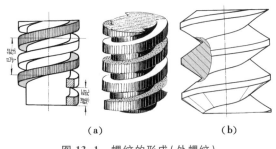

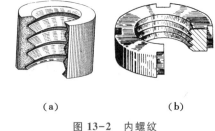

（a）　　　　　　　　　（b）

图 13-1　螺纹的形成（外螺纹）

（a）　　　　　　　（b）

图 13-2　内螺纹

3. 小径　用 $d_1(D_1)$ 表示（图 13-3），即与外螺纹的牙底或内螺纹的牙顶相重合的假想圆柱面的直径。也可认为是导圆柱面的直径。

4. 线数　圆柱端面上螺纹的数目，以 n 表示。沿一条螺旋线形成的螺纹为单线螺纹，沿两条或两条以上、在轴间等距分布的螺旋线所形成的为多线螺纹。

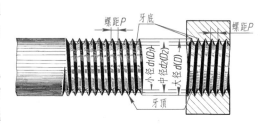

图 13-3　螺纹的直径、螺距

5. 螺距、导程　相邻两牙在中径①线上对应两点间的轴向距离称为螺距，以 P 表示。同一螺旋线上相邻两牙沿中径线上对应两点的轴向距离称为导程，用 P_h 表示。导程、螺距、线数之间的关系为导程 $=nP$（n 为线数）。

6. 旋向　螺纹有左旋和右旋之分。顺时针旋入的螺纹称右旋，反之为左旋。判断螺纹旋向时，可将轴线竖起，螺纹可见部分由左向右上升的为右旋，反之为左旋。

内、外螺纹是配合使用的，只有六个螺纹要素完全相同的内、外螺纹才能旋合。

螺纹牙型的结构，尺寸（如大径、小径、螺距等）都有标准数列。凡牙型、直径、螺距符合标准的为标准螺纹；牙型符合标准，直径或螺距不符合标准的为特殊螺纹；牙型不符合标准的为非标准螺纹。

二、螺纹的规定画法

螺纹通常采用专用刀具在机床或专用机床上制造，无须画出螺纹的真实投影，因而在 GB/T 4459.1—1995 中规定了螺纹的画法，如表 13-1 所示。

表 13-1　螺纹的规定画法

名称	规 定 画 法	说 明
外螺纹	在投影为圆的视图中不画倒角顶面的投影　　终止处画粗实线　大径（顶径）　小径（底径）	1. 牙顶部分（指大径）用粗实线绘制 2. 牙底部分（指小径）用细实线绘制。在螺杆的倒角或倒圆部分也应画出。在垂直于螺纹轴线的投影面的视图中，表示牙底圆的细实线只画出约 3/4 圈（空出约 1/4 圈的位置不作规定），此时，螺杆或螺孔上的倒角投影不应画出

---

① 中径是指一个假想圆柱的直径，该圆柱的母线通过牙型上沟槽和凸起宽度相等的地方，假想圆柱称为中径圆柱。

名 称	规 定 画 法	说 明
外螺纹	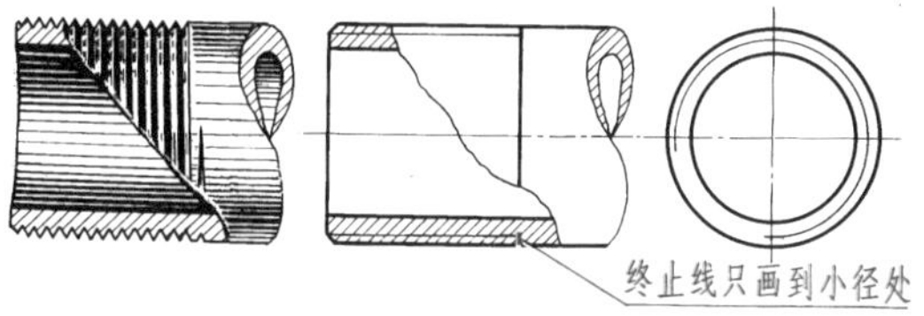 终止线只画到小径处	3. 螺纹终止线用粗实线绘制
	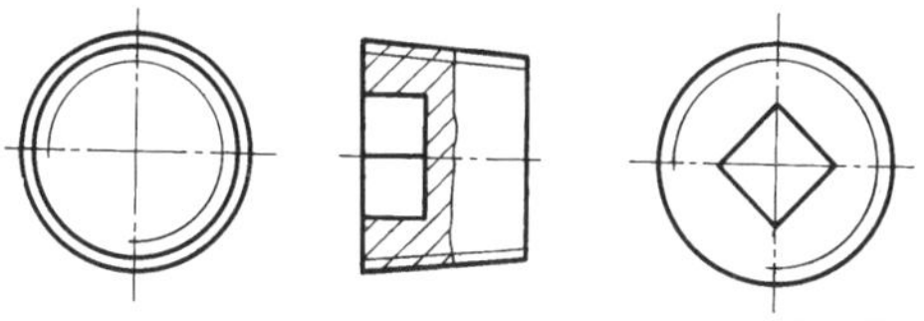	4. 锥螺纹在投影为圆的视图中只画一端(大端或小端)螺纹的投影
内螺纹	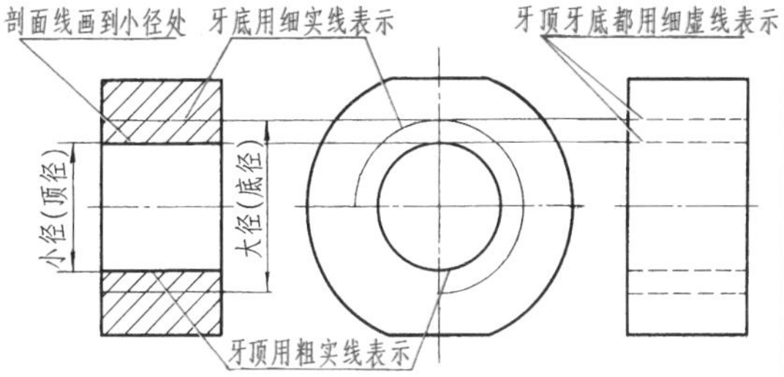 剖面线画到小径处　牙底用细实线表示　牙顶牙底都用细虚线表示 小径(顶径)　大径(底径)　牙顶用粗实线表示	1. 不可见螺纹的所有图线用细虚线表示 2. 在剖视图中,牙顶(小径)用粗实线绘制,牙底(大径)用细实线绘制,剖面线都应画到粗实线上 3. 在投影为圆的视图中,牙顶(小径)用粗实线绘制,牙底(大径)只画出约3/4的细实线圆,倒角的投影不画 4. 在垂直于螺纹轴线的投影面的视图中,需要表示部分螺纹时,螺纹的牙底线也应适当空出一段距离(见图14-6中的俯视图)
	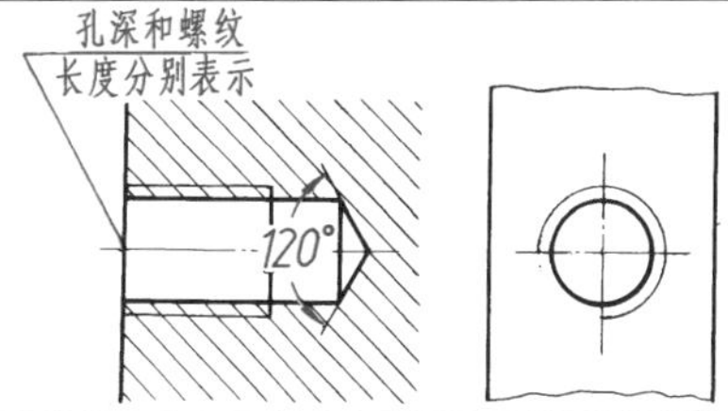 孔深和螺纹长度分别表示　120°	5. 不通孔的锥尖角120°,由钻尖顶角(118°)所形成,无须标注 6. 不通孔的钻孔深度要比螺纹长度长,一般应将钻孔的深度与螺纹部分的深度分别画出
	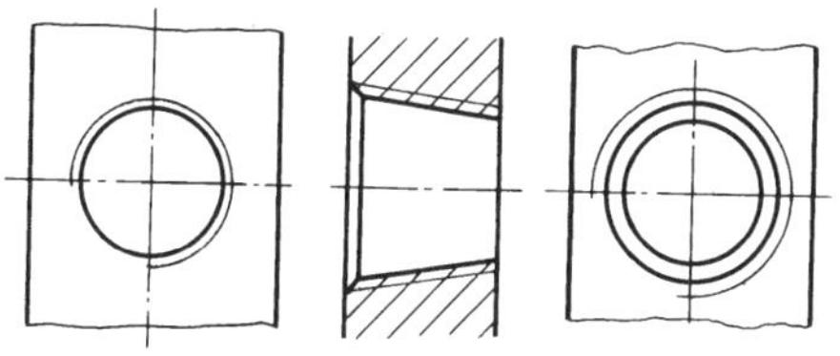	7. 锥螺纹的画法同上,并按外螺纹中的第4条说明处理
	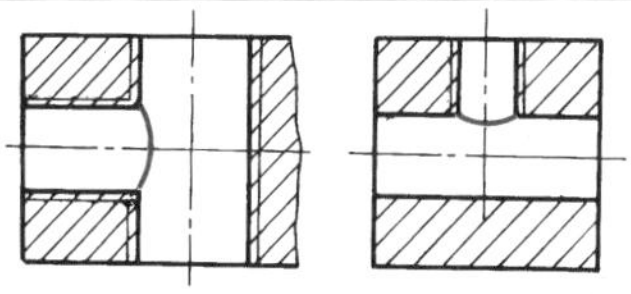	8. 两螺孔相贯或螺孔与光孔相贯时只画小径产生的相贯线
内外螺纹旋合时	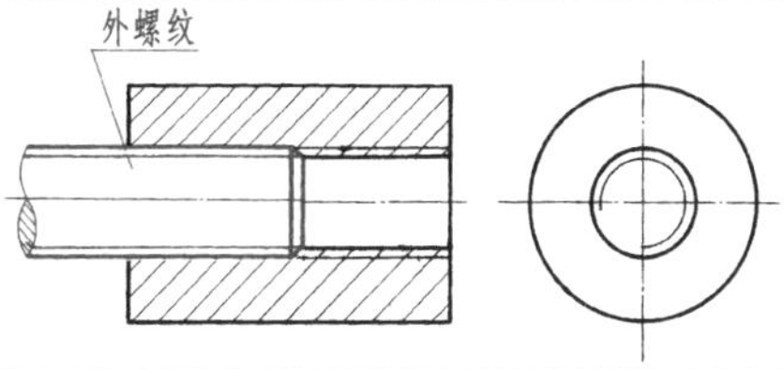 外螺纹	1. 在剖视图中,内、外螺纹旋合的部分按外螺纹画出 2. 未旋合的部分按各自的规定画法画出

名称	规 定 画 法	说　　明
内外螺纹旋合时	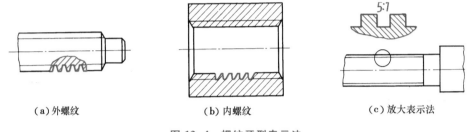	

按规定画法画出的螺纹,如必须表示牙型时,可按图 13-4 的画法画出。

（a)外螺纹　　　　　　　　（b)内螺纹　　　　　　　（c)放大表示法

图 13-4　螺纹牙型表示法

三、螺纹的标注

螺纹的标注

　　螺纹采用了规定画法后,图上反映不出牙型、螺距、线数、旋向等要素,这些都用螺纹代号来说明。对于成品的精度要求,即有关螺纹的公差[1],还需注出螺纹公差带代号和螺纹旋合长度。

　　螺纹公差带代号由表示其大小的公差等级（以数字表示）和代表公差带位置的字母组成,如 6H,6g[2] 等;旋合长度有短（用 S 表示）、中（用 N 表示）、长（用 L 表示）之分,中等旋合长度不标注。螺纹标注的顺序和格式为:

螺纹代号−螺纹公差带代号−旋合长度代号

　　1. 普通螺纹的螺纹代号为:

　　单线螺纹的螺纹代号为:螺纹特征代号 M　公称直径×螺距−旋向

　　其中,粗牙螺纹不注螺距,细牙螺纹要注螺距。多线螺纹的尺寸代号为:螺纹特征代号 M　公称直径×P_h 导程 P 螺距”,如果需要进一步表明多线螺纹的线数,可在后面括号内用英语说明,例如“M16×P_h3P1.5 或 M16×P_h3P1.5（two starts）”表示公称直径为 16 mm,螺距为 1.5 mm,导程为 3 mm 的双线普通螺纹。

　　2. 梯形螺纹的螺纹代号为:

　　螺纹特征代号 Tr　公称直径×导程 P 螺距−旋向

　　其中,单线螺纹仅注螺距,不注导程。

---

① 有关螺纹公差请参看 GB/T 197—2003。
② 尺寸公差的标注为 H6、g6。要注意二者在注法上的区别。

3. 管螺纹的螺纹代号为：

螺纹特征代号　尺寸代号　公差等级-旋向

尺寸代号与带有螺纹管子的孔径相近,不是管螺纹的大径。

4. 锯齿螺纹的螺纹代号为：

螺纹特征代号 B　公称直径 × 导程(P 螺距)-精度等级-旋向

其中,单线螺纹仅注螺距,不注导程。

表 13-2 为普通螺纹的标注方法;表 13-3 为管螺纹、传动螺纹的标注方法。

表 13-2　普通螺纹的标注方法

类型	牙型	标注代号顺序								代号标注示例
		螺纹代号					公差带代号		旋合长度代号	
		特征代号	直径	螺距	线数	旋向	中径公差带代号	顶径公差带代号		
普通螺纹（粗牙）	60°	M	24	3	1	右	5g	6g	S	M24-5g6g-s
			24	3	1	右	6H	6H	N	M24-6H
普通螺纹（细牙）	牙顶、牙底削平,用于紧固连接		24	2	1	左（LH）	6h	6h	N	M24×2-6h-LH
			24	2	1	右	6H	6H	N	M24×2-6H

注:1. 粗牙普通螺纹不注螺距。

2. 单线右旋螺纹不注线数和旋向。

3. 中径、顶径公差带代号相同时,只标注一个。

4. 一般情况下,不注螺纹旋合长度时,螺纹公差带按中等旋合长度考虑。必要时可加长度代号 L 或 S。

表 13-3　其他螺纹的标注方法

用途	类型	牙型	螺纹种类（或特征）代号	直径或尺寸代号	螺距	导程	线数	公差带（或等级）代号	旋向	代号标注示例
连接用	55°非密封管螺纹	55°	G	1	2.309（每英寸 11 牙）	2.309	1	B	右	G1　G1B
	55°密封管螺纹	55°	R₁ R₂ Rc Rp	1/2	1.814（每英寸 14 牙）	1.814	1		右	Rp1/2　Rc1/2　R₂1/2

用途	类型	牙型	螺纹种类（或特征）代号	直径或尺寸代号	螺距	导程	线数	公差带（或等级）代号	旋向	代号标注示例
										标注代号顺序
传动用	梯形螺纹	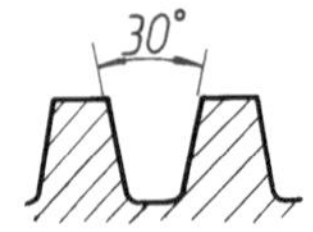 30° 用于承受两个方向的轴向力的地方，如车床上的丝杠	Tr	22	5	10	2	7e	左（LH）	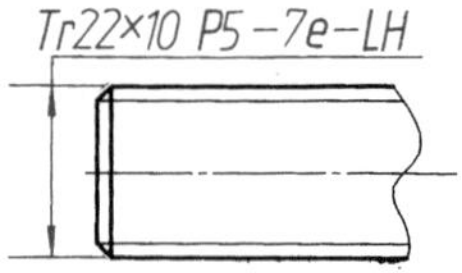 *Tr22×10 P5-7e-LH*
				32	6	6	1	7H	右	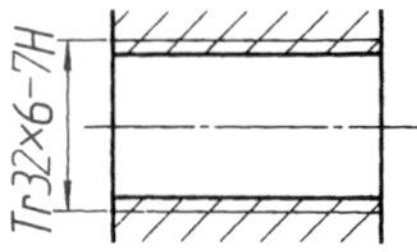 *Tr32×6-7H*
	锯齿形螺纹	 30° 3° 用于承受单向轴向力的地方，如千斤顶上的丝杠	B	40	5	5	1	3	右	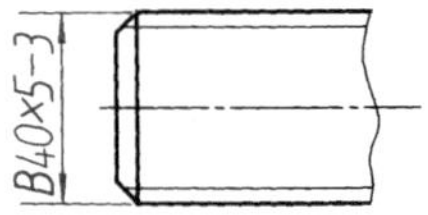 *B40×5-3*

注:1. 55°非密封管螺纹（GB/T 7307—2001）要标注螺纹特征代号、尺寸代号、公差等级代号等。其螺纹特征代号为 G,尺寸代号为 $\frac{1}{2}$、1、$1\frac{1}{2}$、…,公差等级代号只有外螺纹需要标注,分为 A、B 两级,内螺纹不标注。如为左旋还应注上"LH",例如 G1A-LH,即表示左旋非密封,A 级螺纹公差的外管螺纹。

2. 管螺纹中的尺寸代号中的数值,其单位为英寸,一般指管子通孔的近似直径,不是螺纹大径。画图时,应查附表 10。

3. 55°密封管螺纹（GB/T 7306.1—2000、GB/T 7306.2—2000）只注螺纹特征代号和尺寸代号。R_1 表示与圆柱内螺纹相配合的圆锥外螺纹,R_2 表示与圆锥内螺纹相配合的圆锥外螺纹,Rc 表示圆锥管内螺纹,Rp 表示圆柱内螺纹。圆锥管外螺纹可与圆柱内螺纹配合使用。左旋的注法与非密封管螺纹的注法相同。

标注特殊螺纹的螺纹代号时,应在特征代号前加注"特"字,如图 13-5 所示。

至于非标准螺纹,也可按规定画法画出。但必须画出牙型和注出所需要的尺寸及有关要求如图 13-6 所示。

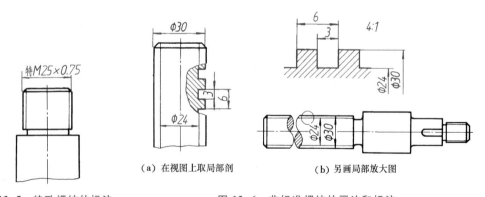

图 13-5 特殊螺纹的标注

图 13-6 非标准螺纹的画法和标注

（a）在视图上取局部剖　　　（b）另画局部放大图

标出的螺纹长度,是指不包含螺尾①在内的有效螺纹长度。当需要标出螺尾长度时,按
图 13-7所示标注。螺尾部分一般不必画出,当需要表
示螺尾时,该部分用与轴线成30°的细实线绘制。

需要时,在装配图中应标注螺纹副的标记。该标记
的标注方法与螺纹标记的标注方法相同。如图 13-8
所示。

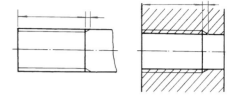

图 13-7　螺纹长度的标注和螺尾的画法

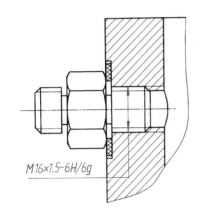

M16×1.5-6H/6g

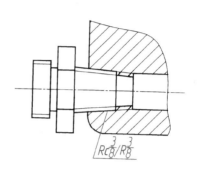

$\frac{3}{Rc8}/\frac{3}{R8}$

图 13-8　螺纹副的标注

螺纹紧固
件及比例
画法

四、螺纹紧固件

螺纹紧固件包括螺栓、螺柱、螺钉、螺母、垫圈等。

螺纹紧固件一般由标准件厂生产。设计时无须画出它们的零件图,只要在装配图的明细栏
内填写规定的标记即可。其标记的内容包括标准件的名称、标准编号、规格和机械性能等。

六角螺母和六角头螺栓头部外表面上的曲线(双曲线),可根据公称直径的尺寸,采用图 13-9
的比例画法或按图 13-10 中的简化画法画出。

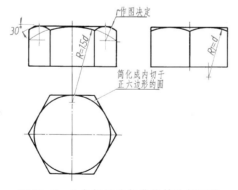

图 13-9　六角螺母头部曲线的比例画法

---

①　螺尾指螺纹渐浅部。在临近螺纹终止的地方,由于加工的刀具要离开工件而使螺纹达不到应有的吃刀深度,于是形成
了螺尾。其型式、结构、尺寸等都有标准规定。

表 13-4 列出了几种螺纹紧固件的画法和标注。

表 13-4　螺纹紧固件画法和标注

名称	标记	画法和尺寸标注	说　明
六角头螺栓	螺栓 GB/T 5783 M5×30	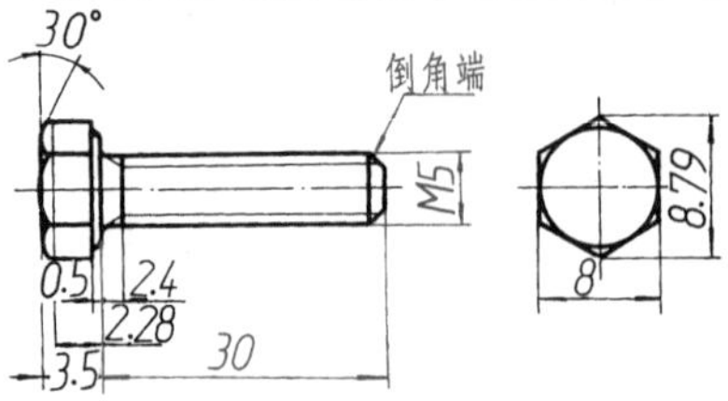 30° 倒角端 M5 8.79 0.5 2.4 2.28 3.5 30 8	M5 和 30 是两个主要尺寸。根据这两个尺寸,从"GB/T 5783—2000"中就可查出其余尺寸。螺纹长度 l 则根据设计要求选定
双头螺柱	螺柱 GB/T 898 M6×30	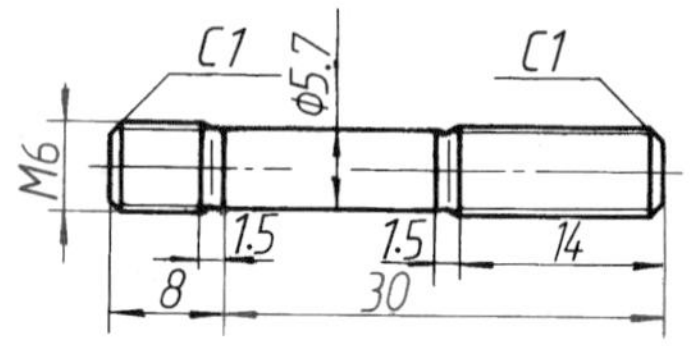 C1 φ5.7 C1 M6 1.5 1.5 14 8 30	M6 和 30 是主要尺寸。根据这两个尺寸从"GB/T 898—1988"可查出其余尺寸。8 为旋入端。该端长度根据机体材料确定
开槽长圆柱端紧定螺钉	螺钉　GB/T 75 M6×12	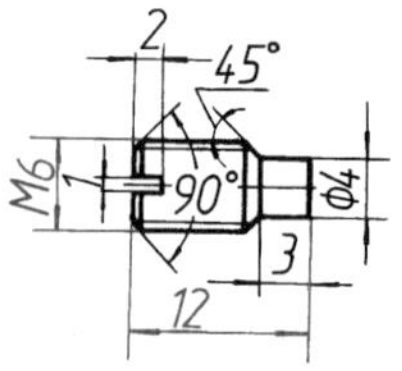 2 45° M6 90° φ4 3 12	
1 型六角螺母	螺母 GB/T 6170 M6	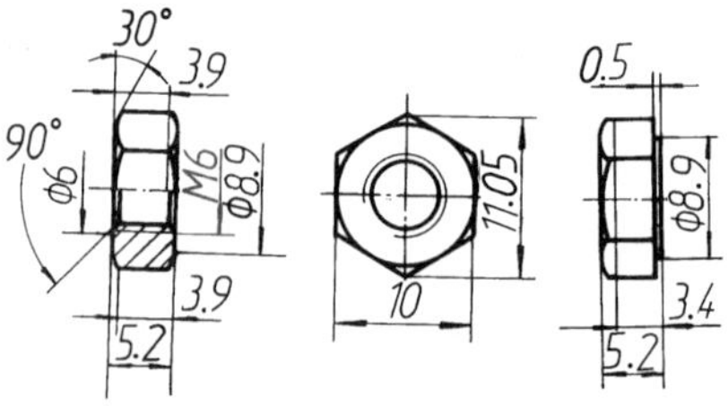 30° 3.9 90° φ6 M6 φ8.9 0.5 11.05 3.9 10 3.4 5.2 5.2	
弹簧垫圈	垫圈 GB/T 93　6	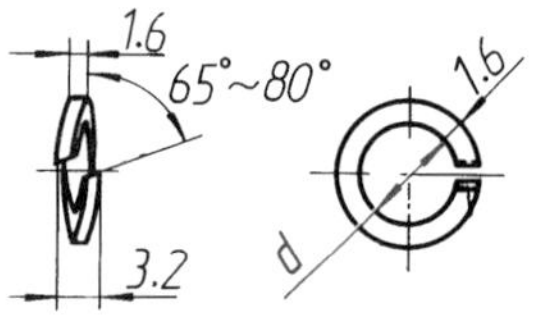 1.6 65°~80° 1.6 3.2 d	6 指螺纹的公称直径。垫圈孔径 d 在 6.1 与 6.68 之间,比 6 大

五、螺纹紧固件装配图的画法

螺纹连接的画法

1. 画装配图的一般规定

1）相邻两零件的表面接触时,画一条粗实线作为分界线;不接触时按各自的尺寸画出。间隙过小时,应夸大画出。

2）在剖视图中,相邻两零件的剖面线方向应相反或方向一致时错开画出或改变疏密度。在同一张图上,同一零件在各个剖视图中的剖面线方向、间距应一致。

3）剖切平面通过螺纹紧固件或实心件的轴线时,紧固件或实心件按不剖画出,即只画外形。其工艺结构如倒角、退刀槽、缩颈、凸肩均可省略不画。

4）在装配图中,不通孔的螺纹孔可不画钻孔深度,仅按有效螺纹部分的深度(不包括螺尾)画出。

5）在装配图中,螺栓、螺钉的头部及螺母等,可采用简化画法。

2. 螺栓连接　螺栓适用于连接两个不太厚的零件。连接时穿过两零件上的光孔,加上垫圈,最后用螺母紧固,如图 13-10 所示。垫圈是用来增加支撑面和防止损伤被连接件的表面。

画图时,必须知道两被连接件的厚度(δ_1,δ_2),螺母和垫圈的标记;然后根据各自的标记从相应的标准中查出螺母、垫圈的厚度(m,h);再按下式算出螺栓的参考长度(l'):

$$l' = \delta_1 + \delta_2 + m + h + a$$

最后根据螺栓的标记查相应的螺栓标准,从标准中选取与 l' 相近的螺栓公称长度 l 的数值。a 为螺栓伸出螺母外的长度,一般取 $a \approx 5 \sim 6$ mm。

螺栓连接可按查出的尺寸作图。也可按图 13-10 中所示的比例画出。

3. 双头螺栓连接　螺柱的两端都有螺纹。一端(旋入端)全部旋入机体的螺孔内,以保证连接可靠,而且一般不再旋出,其长度用 b_m 表示。另一端穿过被连接件的光孔,用垫圈、螺母紧固。双头螺柱多用于被连接件之一太厚而不便使用螺栓连接,或因拆卸频繁不宜使用螺钉的地方。螺柱连接的画法如图 13-11 所示。图中的垫圈为弹簧垫圈,依靠它的弹性增大摩擦力可防止螺母因受振而自行松脱。注意斜口方向应与旋转方向一致。

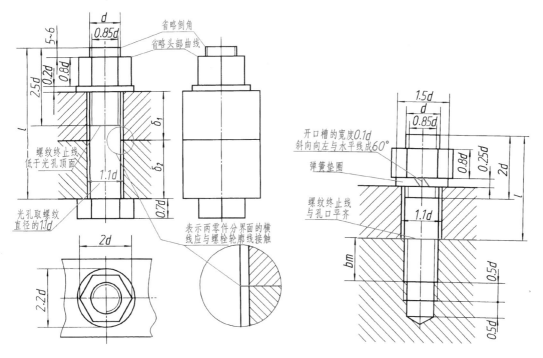

图 13-10　按比例画出的简化螺栓连接图　　图 13-11　双头螺柱连接的按比例简化画法

双头螺柱旋入端的长度 b_m 与机体材料有关,一般钢或青铜等硬材料,取 $b_m = d$,此时,标准号为 GB/T 897—1988;铸铁取 $b_m = 1.25d$,其标准号为 GB/T 898—1988;铝等轻金属取 $b_m = 2d$,其标准号为 GB/T 900—1988。画图时,需要知道制有螺孔的零件的材料(以便确定旋入端的长度)、螺柱的直径和制有光孔零件的厚度,然后查表得到螺母,垫圈的厚度,再计算出双头螺柱的参考

长度 l'，最后选定与参考长度相近的公称长度 l。计算方法与螺栓连接相仿。

4. 螺钉连接 螺钉用于受力不大或不经常拆卸的场合。将螺杆直接旋入被连接件之一的螺孔内，螺钉头部即可将两被连接件固紧。

图 13-12 为螺钉连接的画法。螺钉上的螺纹长度 b 应大于螺孔深度，以保证连接可靠。螺钉的旋入长度同螺柱一样与机件的材料有关。画图时所需参数，数据查阅和画图方法等，与螺柱连接基本相同。但要注意：

1）在投影为圆的视图中，头部起子槽一般按 45° 倾角画出。当槽宽小于 2 mm 时，可以涂黑表示。

2）螺钉头部的支承端面（开槽沉头螺钉为锥面）是画螺钉的定位面，应与被连接件的孔口密合。

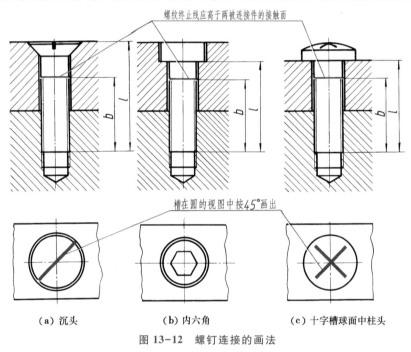

螺纹终止线应高于两被连接件的接触面

槽在圆的视图中按45°画出

（a）沉头　　　　　　（b）内六角　　　　　　（c）十字槽球面中柱头

图 13-12　螺钉连接的画法

齿轮画法

§13-3　齿轮

齿轮是机械传动中广泛应用的传动零件，它可用来传递动力，改变转速和方向，但必须成对使用。

齿轮的种类繁多，常用的有以下三种：

1. 圆柱齿轮　用于平行两轴间的传动；
2. 锥齿轮　用于相交两轴间的传动；
3. 蜗轮、蜗杆　用于交叉两轴间的传动。

一、圆柱齿轮

轮齿是齿轮的主要结构，有标准可循。凡轮齿符合标准中规定的为标准齿轮。在标准的基础上，轮齿作某些改变的为变位齿轮。这里只介绍标准齿轮的基本知识及其规定画法。

1. 圆柱齿轮各部分的名称和尺寸 圆柱齿轮有直齿、斜齿和人字齿三种。表 13-5 列出了直齿圆柱齿轮各部分的名称、主要参数及其符号。

模数 m 是设计、制造齿轮的一个重要参数。m 值大，表示齿轮的承载能力大。制造齿轮时，刀具的选择是以模数为准的。为了便于设计和制造，模数的数值已系列化，常用值见表 13-6 所列。

标准直齿圆柱齿轮各部分的尺寸与模数有一定的关系，计算公式见表 13-7。

表 13-5 齿轮各部分的名称和主要参数

名称	符号	说 明	示 意 图
齿顶圆直径	d_a	通过齿轮顶部的圆周直径	
齿根圆直径	d_f	通过轮齿根部的圆周直径	
分度圆直径	d	对标准齿轮来说为齿厚等于槽宽处的圆周直径	
齿高	h	齿顶高 h_a 与齿根高 h_f 之和	
齿顶高	h_a	分度圆至齿顶圆的径向距离	
齿根高	h_f	分度圆至齿根圆的径向距离	
齿距	p	分度圆上相邻两齿间对应点的弧长（槽宽+齿厚）	
齿数	z		
模数	m	$\pi d = zp, d = \dfrac{p}{\pi} \cdot z$ 令 $\dfrac{p}{\pi} = m, d = mz$	

表 13-6 标准模数系列（GB/T 1357—2008）

第一系列	1　1.25　1.5　2　2.5　3　4　5　6　8　10　12　16　20　25　32　40　50
第二系列	1.125　1.375　1.75　2.25　2.75　3.5　4.5　5.5　(6.5)　7　9　11　14　18　22　28　35　45

注：选用模数时，应优先选用第一系列，括号内的模数尽可能不用。

表 13-7 标准直齿圆柱齿轮的计算公式

基本参数：模数 m，齿数 z 和齿形角 α

名　称	代　号	公　式
齿距	p	$p = \pi m$
齿顶高	h_a	$h_a = m$
齿根高	h_f	$h_f = 1.25\,m$
齿高	h	$h = h_a + h_f = 2.25\,m$
分度圆直径	d	$d = mz$
齿顶圆直径	d_a	$d_a = m(z+2)$
齿根圆直径	d_f	$d_f = m(z-2.5)$
中心距	a	$a = \dfrac{1}{2}m(z_1 + z_2)$
分度圆齿厚	s	$s = \dfrac{1}{2}\pi m$

219

一对相互啮合的齿轮,模数、压力角①必须相等。标准齿轮的压力角(对单个齿轮而言即为齿形角)为 20°。

2. 单个齿轮的画法(图 13-13)　齿轮的轮齿是在齿轮加工机床上用齿轮刀具加工出来的,一般不需画出它的真实投影。GB/T 4459.2—2003 规定了它的画法:

1) 齿顶圆和齿顶线用粗实线表示;分度圆和分度线用细点画线表示;外形图中齿根圆和齿根线用细实线表示(图 13-13a),也可省略不画(图 13-13b、c)。

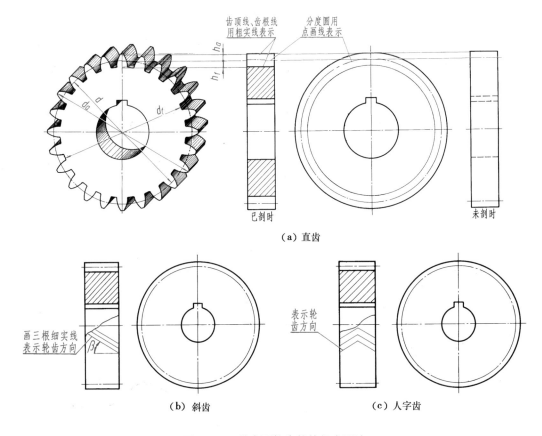

（a）直齿

（b）斜齿　　　　　　　　（c）人字齿

图 13-13　单个圆柱齿轮的规定画法

① 压力角是指:两齿轮啮合时(见附图),轮齿在分度圆上啮合点 C 处的受力方向和该点瞬时运动方向之间的夹角。

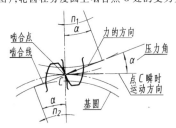

2）在剖视图中,当剖切平面通过齿轮的轴线时,轮齿一律按不剖处理,齿根线用粗实线绘制。

3）如系斜齿或人字齿,还需在外形图上画出三条平行的细实线用以表示齿向和倾角。

图 13-14 是圆柱齿轮零件图,供画图时参考。

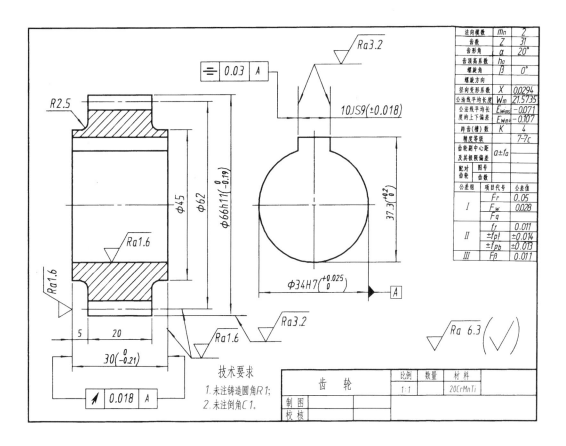

图 13-14　齿轮零件图

3. 啮合画法(图 13-15)　一对模数、压力角相同且符合标准的圆柱齿轮,处于正确的安装位置时,即两齿轮的分度圆相切,此时的分度圆又叫节圆①。啮合区的画法规定如下:

1）在垂直于齿轮轴线的投影面的视图中,两节圆相切;啮合区的齿顶圆用粗实线绘制,或省略不画。

2）在非圆的外形视图中,啮合区内的齿顶线不画;节线画成粗实线。

3）当剖切平面通过两啮合齿轮的轴线相,两齿轮的节线重合,用细点画线绘制;其中一个齿轮的轮齿用粗实线绘制;另一个齿轮的轮齿被遮挡的部分用细虚线绘制,也可以省略不画。一个

---

①　过一对啮合齿轮连心线上啮合点处(见上页注①附图上的点 C)所作的两个相切的圆,当它们作无滑动的滚动时,在切点(啮合点)处两轮的速度相等,这两个圆叫做节圆,处于正确安装位置的一对相互啮合的标准齿轮,它们的分度圆与节圆重合,其他情况下,节圆与分度圆不重合。

齿轮的齿顶与另一个齿轮的齿根之间应有 $0.25\,m$ 的间隙。当剖切平面不通过啮合齿轮的轴线时,齿轮一律按不剖绘制。

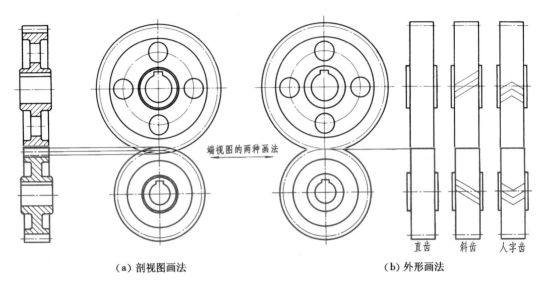

端视图的两种画法

（a）剖视图画法　　　　　　　　　　　　　　（b）外形画法

直齿　　斜齿　　人字齿

图 13-15　圆柱齿轮啮合时的画法

在齿轮的零件图上,如必须画出齿廓的形状,则可按图 13-16 的近似齿形画出(d 为分度圆直径)。

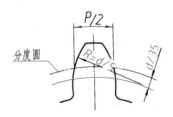

分度圆　$P/2$　$R=d/5$　$d/35$

图 13-16　齿廓的近似画法

二、锥齿轮

1. 锥齿轮各部分名称及尺寸关系　锥齿轮的轮齿分布在圆锥面上,一端大一端小,因此模数自大端至小端逐渐变小。为了制造和设计方便,规定以大端模数为准计算大端轮齿各部分的尺寸。表 13-8 列出了直齿锥齿轮各部分尺寸的计算公式。

2. 单个锥齿轮的画法　锥齿轮的画法与圆柱齿轮的画法基本相同。主视图多用全剖视。端视图中大端、小端齿顶圆用粗实线画出、大端分度圆用细点画线画出,齿根圆和小端分度圆规定不画,如图 13-17 所示。

图 13-18 为根据大端模数 m、齿数 z 和节锥角 δ' 画轮齿部分的作图步骤和画法。

表 13-8　直齿锥齿轮各部尺寸计算公式

基本参数:大端模数 m、齿数 z 和节锥角 δ'

名　　称	代号	公　　式	图　例	说　　明
齿顶高	h_a	$h_a = m$		均用于大端
齿根高	h_f	$h_f = 1.2m$		
齿高	h	$h = h_a + h_f = 2.2m$		
分度圆直径	d	$d = mz$		
齿顶圆直径	d_a	$d_a = m(z + 2\cos\delta')$		
齿根圆直径	d_f	$d_f = m(z - 2.4\cos\delta')$		
锥距	R	$R = \dfrac{mz}{2\sin\delta'}$		
齿顶角	θ_a	$\tan\theta_a = \dfrac{2\sin\delta'}{z}$		"1"表示小齿轮
齿根角	θ_f	$\tan\theta_f = \dfrac{2.4\sin\delta'}{z}$		"2"表示大齿轮
节锥角	δ_1'	$\tan\delta_1' = z_1/z_2$		适用于 $\delta_1' + \delta_2' = 90°$
	δ_2'	$\tan\delta_2' = z_2/z_1$		
顶锥角	δ_a	$\delta_a = \delta' + \theta_a$		
根锥角	δ_f	$\delta_f = \delta' - \theta_f$		
齿宽	b	$b \leqslant R/3$		

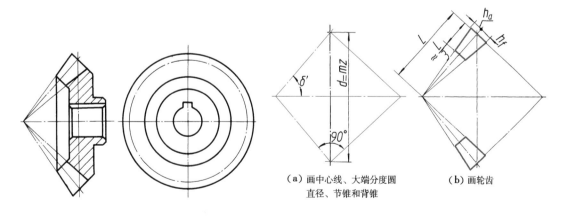

图 13-17　锥齿轮画法

图 13-18　锥齿轮轮齿的画法

（a）画中心线、大端分度圆
直径、节锥和背锥

（b）画轮齿

3. 啮合画法　锥齿轮啮合时,两轮的齿顶交于一点,节锥相切,轴线夹角 φ 常见的为 90°,主视图一般取全剖视。当已知 m、z_1、z_2 和 φ 时,即可按图 13-19 作图。

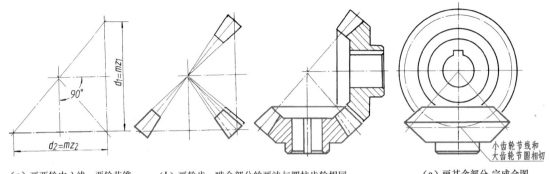

（a）画两轮中心线，两轮节锥　　　（b）画轮齿，啮合部分的画法与圆柱齿轮相同　　　（c）画其余部分,完成全图

图 13-19　锥齿轮啮合的画法

三、蜗杆、蜗轮

蜗杆、蜗轮用来传递交叉两轴间的运动和动力,而以两轴交叉垂直者较为常见。蜗杆实际上是一齿数不多的斜齿圆柱齿轮。常用蜗杆的轴向剖面和梯形螺纹相似。因此,这种螺杆又有模数螺纹之称,齿数即螺纹线数。蜗轮可看成圆柱斜齿轮,齿顶常加工成凹弧形(内环面),借以增加与蜗杆的接触面积,延长使用寿命。

蜗杆、蜗轮成对使用,可得到很大的传动比。缺点是摩擦大,效率低。

1. 蜗杆、蜗轮各部分名称和尺寸　蜗杆、蜗轮各部分的名称,尺寸关系和基本参数与圆柱齿轮基本相同,但多了一个系数(蜗杆的直径系数)q,其值为

$$q = \frac{\text{蜗杆分度圆直径 } d_1}{m}$$

有了 q,就可简化蜗轮加工的刀具系列。加工蜗轮时,要求所用滚刀的形状和尺寸与蜗杆相同。但模数相同的蜗杆,可有多种直径和不同的分度圆导程角 γ。最理想的是一把滚刀加工一种蜗轮。这给制造加工带来许多不便。为了减小滚刀的数目,除了规定模数外,还以蜗杆的直径系数的形式规定了对应的分度圆直径。蜗杆的直径系数和模数的关系见表 13-9。

表 13-9　标准模数和蜗杆的直径系数（GB/T 10088—1988）

模数 m_x	1	1.5	2	2.5	3	(3.5)	4	(4.5)	5	6	(7)	8	(9)	10	12
蜗杆的直径系数 q	14	14	13	12	12	12	11	11	10 (12)	9 (11)	9 (11)	8 (11)	8 (11)	8 (11)	8 (11)

蜗杆以轴向剖面上的齿形的尺寸为准。其基本参数和主要尺寸的计算公式见表 13-10。

表 13-10　蜗杆主要尺寸的计算公式

基本参数:轴向模数 m_x,蜗杆头数 z_1,蜗杆的直径系数 q		
名　　称	符号	公　　式
分度圆直径	d_1	$d_1 = m_x q$
齿顶圆直径	d_{a1}	$d_{a1} = m_x(q+2)$
齿根圆直径	d_{f1}	$d_{f1} = m_x(q-2.4)$

基本参数:轴向模数 m_x,蜗杆头数 z_1,蜗杆的直径系数 q

名　称	符号	公　式
轴向齿距	p_x	$p_x = \pi m_x$
齿顶高	h_{a1}	$h_{a1} = m_x$
齿根高	h_{f1}	$h_{f1} = 1.2 m_x$
齿高	h_1	$h_1 = 2.2 m_x$
分度圆导程角	γ	$\tan \gamma = \dfrac{m_x z_1}{d_1} = \dfrac{z_1}{q}$
蜗杆螺线导程	p_z	$p_z = z_1 p_x$
蜗杆齿宽	b_1	$b_1 \approx (13 \sim 16) m_x$(当 $z_1 = 1 \sim 2$ 时)
		$b_1 \approx (15 \sim 20) m_x$(当 $z_1 = 3 \sim 4$ 时)

蜗杆和蜗轮啮合时,蜗杆的轴向模数必须等于蜗轮的端面模数;蜗轮的螺旋角 β 必等于蜗杆的分度圆导程角 γ,且方向相同。

蜗轮的基本参数和主要尺寸的计算公式见表 13-11。

表 13-11　蜗轮主要尺寸的计算公式

基本参数:端面模数 m_t,齿数 z_2

名　称	符号	公　式
分度圆直径	d_2	$d_2 = m_t z_2$
齿顶圆直径	d_{a2}	$d_{a2} = m_x (z_2 + 2)$
齿根圆直径	d_{f2}	$d_{f2} = m_t (z_2 - 2.4)$
咽喉面半径	R	$R = \dfrac{d_{f1}}{2} + 0.2 m_t = \dfrac{d_1}{2} - m_t$
蜗轮蜗杆中心距	a	$a = \dfrac{1}{2}(d_1 + d_2) = \dfrac{1}{2} m_t (q + z_2)$
蜗轮外径	D	$D \leqslant d_{a2} + 2 m_t$(当 $z_1 = 1$ 时)
		$D \leqslant d_{a2} + 1.5 m_t$(当 $z_1 = 2 \sim 3$ 时)
		$D \leqslant d_{a2} + m_t$(当 $z_1 = 4$ 时)
蜗轮宽度	b_2	$b_2 \leqslant 0.75 d_{a1}$(当 $z_1 \leqslant 3$ 时)
		$b_2 \leqslant 0.67 d_{a1}$(当 $z_1 = 4$ 时)
螺旋角	β	$\beta = \gamma$ 且旋向相同

2. 单个蜗杆、蜗轮的画法　画蜗杆时,必须知道齿形各部分的尺寸,画法见图 13-20。

蜗轮的画法如图 13-21 所示。在投影为圆的视图上,只画分度圆和外圆,齿顶圆和齿根圆可省略不画。

3. 蜗杆、蜗轮啮合画法　图 13-22 为蜗杆、蜗轮啮合的画法。在蜗杆为圆的视图上,蜗轮与蜗杆投影重叠的部分,只画蜗杆的投影;而在蜗轮为圆的视图上,啮合区内蜗杆的节线与蜗轮的节圆是相切的。

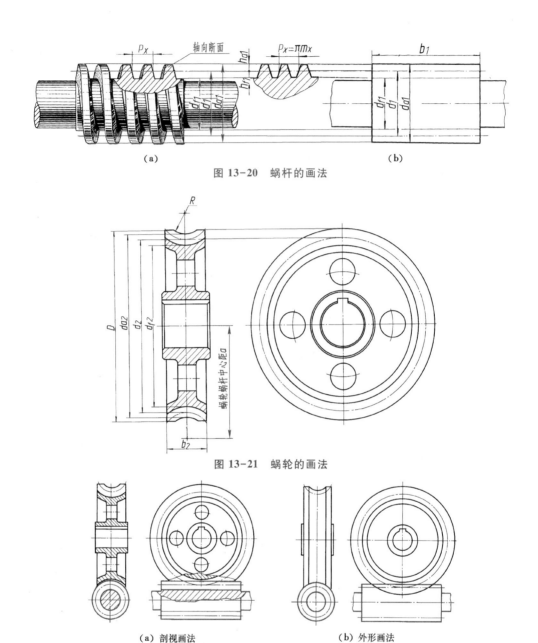

图 13-20　蜗杆的画法

图 13-21　蜗轮的画法

（a）剖视画法　　　　　　　　　　（b）外形画法

图 13-22　蜗杆、蜗轮啮合画法

键连接

§13-4　键、销连接

　　键、销都是标准件,它的结构、型式和尺寸都有规定,可从有关标准中查阅选用。

一、键连接

键用来连接轴和轴上的带轮、齿轮等零件,起传递扭矩的作用。

1. 常用键　常用的有普通平键、半圆键和钩头楔键。它们的型式、标记和连接画法见表 13-12。

表 13-12　常用键的型式、标记和连接画法

名称	图　例	标 记 示 例	连 接 画 法
普通平键	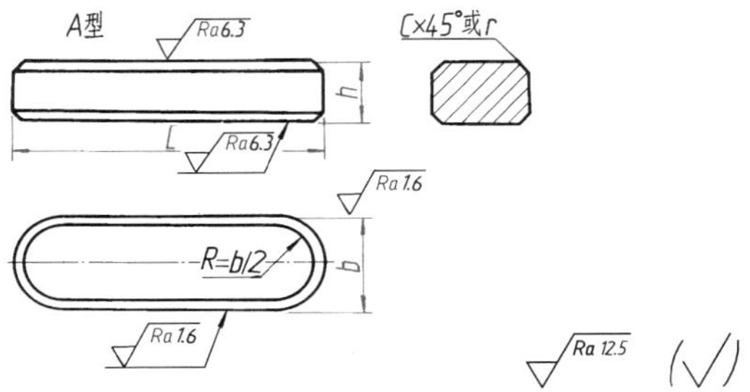	A 型圆头普通平键： 键宽 $b=10$，$h=8$ L（根据计算选定）$=36$ 其标记为：GB/T 1096 键 $10 \times 8 \times 36$	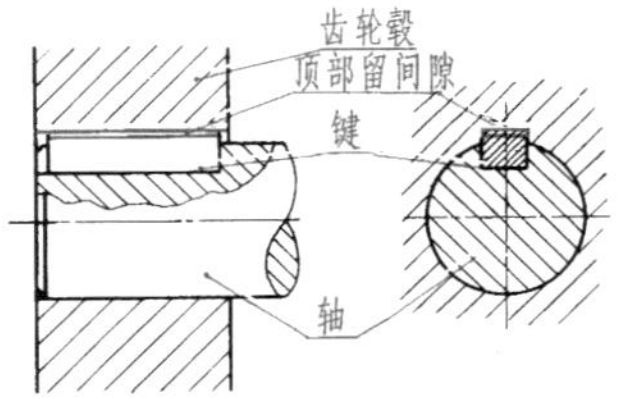 键和轮毂上的键槽的两侧是工作面，没有间隙。顶部应有间隙。
半圆键	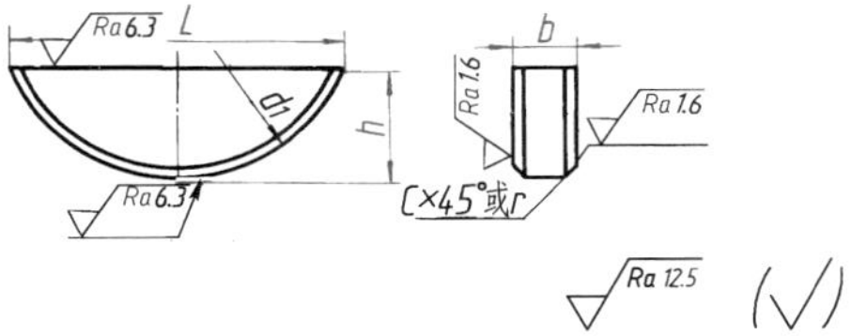	半圆键：宽 $b=6$，$d_1=25$，$h=10$ 其标记为：GB/T 1099.1 键 $6 \times 10 \times 25$	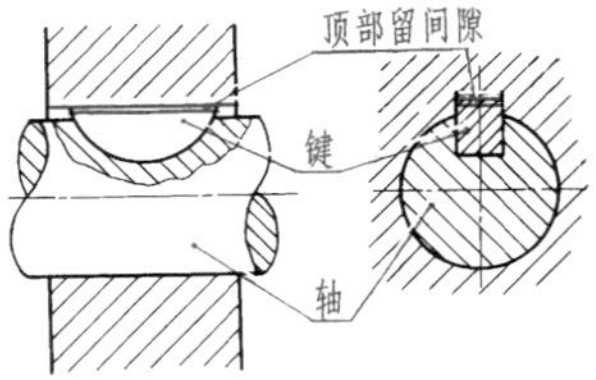 键和键槽的两侧是工作面，没有间隙。顶部留有间隙。
钩头楔键	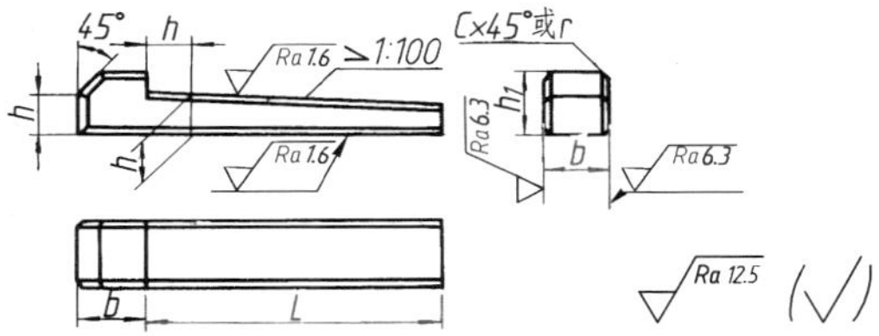	钩头楔键：键宽 8，$L=40$， 其标记为：GB/T 1565 键 8×40	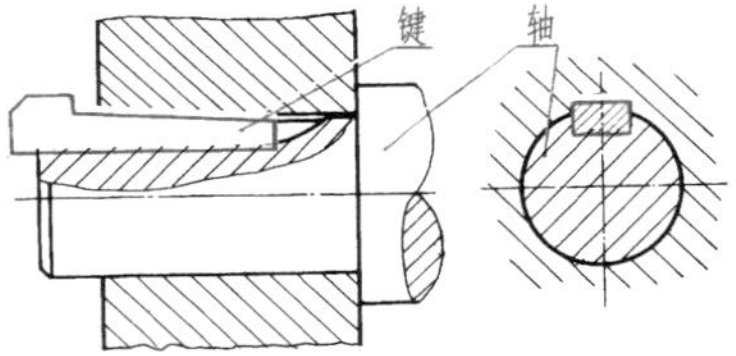 键的顶面有斜度，它和键槽的顶面是配合面，不画间隙。键的顶面和底面是工作面，没有间隙，而两侧是非工作面，有间隙，不画间隙。键的倒角不画

2. 花键　花键的齿形有矩形、渐开线形等。常用的是矩形花键。应根据轴径大小选用。

花键具有传递扭矩大、连接强度高、工作可靠。同轴度和导向性好等优点,是机床、汽车等变速箱中常用的传动轴。

GB/T 4459.3—2000 中所规定的花键画法如图 13-23、图 13-24、图 13-25 所示。

图 13-23 为矩形花键轴的画法和尺寸标注。花键尾部一般画成与轴线成 30°的斜线,必要时可按实际情况画出。当采用简化画法时,应注明齿数。花键长度可采用以下三种形式之一标注:标注工作长度;标注工作长度和尾部长度;标注工作长度和全长。

图 13-24 为矩形花键孔的画法和尺寸标注。

图 13-25 为矩形花键连接的画法和代号注法。连接部分按花键轴表示。

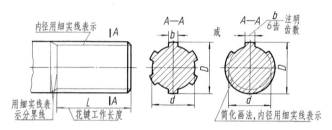

图 13-23　矩形花键轴的画法和尺寸标注

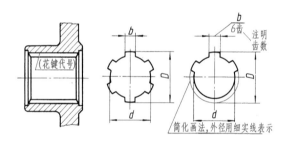

图 13-24　矩形花键孔的画法和尺寸标注

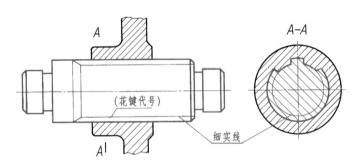

图 13-25　矩形花键连接的画法和代号注法

二、销及其连接

销主要用来连接和定位。常用的有圆柱销和圆锥销。用销连接和定位的两个零件上的销孔,一般须一起加工,并在图上注写"装配时作"或"与××件配"。圆锥销的公称尺寸是指小端直径。常用销及其连接的画法和标注如图 13-26 所示。

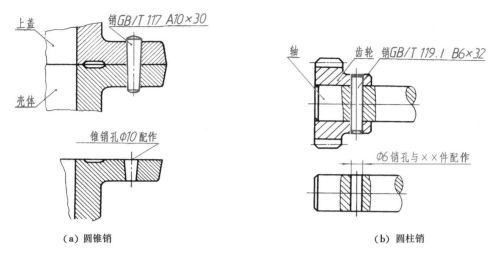

（a）圆锥销 （b）圆柱销

图 13-26 销连接的画法和标注

§13-5 弹簧

弹簧是一种储存能量的零件,可用来减振、夹紧和测力等。

弹簧的种类很多,这里只介绍圆柱螺旋压缩弹簧的画法,其他种类的弹簧的画法请查阅 GB/T 4459.4—2003。

一、螺旋弹簧的规定画法

1. 在平行于螺旋弹簧轴线的投影面的视图中,各圈的外轮廓线画成直线。

2. 当弹簧的有效圈数大于 4 圈时,可只画两端的 1~2 圈(支承圈不算在内),中间各圈可省略不画,且可适当缩短图形的长度,中间用通过簧丝剖面中心的细点画线连起来。省略后的画法如图 13-27 所示。

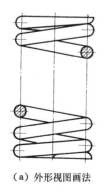

（a）外形视图画法 （b）剖视画法

图 13-27 弹簧的一般画法

3. 左旋弹簧可画成右旋。但无论画成左旋或右旋,必须加写"左"字。

4. 在装配图中,弹簧中间各圈省略后,原被弹簧挡住的结构一般不画,可见部分应从弹簧的外轮廓线或从弹簧钢丝剖面的中心线画起,画法如图13-28a。线径小于或等于 2 mm 时,簧丝剖面可全部涂黑,轮廓线不画,如图13-28b 所示,也可用示意画法画出,如图13-28c所示。

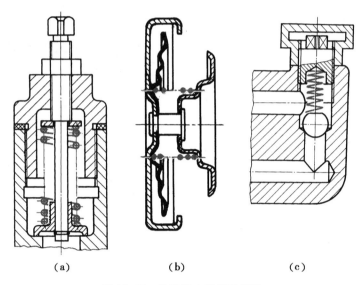

(a)   (b)   (c)

图 13-28　装配图中弹簧的画法

二、圆柱螺旋压缩弹簧的画法

  圆柱螺旋压缩弹簧各部分的名称和尺寸如图13-29所示,其画法如图13-30所示。

  圆柱螺旋压缩弹簧是用金属丝按圆柱螺旋形卷绕而成的。为了使弹簧在压缩时受力均匀,它的两端面应与轴线垂直,因此在制作时两端绕紧并磨平,该部分在压缩时无明显变化,只起支承作用,称为支承圈。支承圈数较为常见的是2.5圈。除了支承圈外,相邻两圈的轴向距离称为节距 t,节距相等的各圈称为有效圈(亦称工作圈)。

  有效圈数(n)+支承圈数(n_z)= 总圈数(n_1)

  自由高度(或长度)H_0(未受外力时的高度或长度)

$$H_0 = nt + (n_z - 0.5)d$$

簧丝长度 L(即型材长度)

$$L \approx n_1 \sqrt{(\pi D_2)^2 + t^2}$$

  对于两端贴紧磨平的压缩弹簧,无论支承圈数多少和末端贴紧的情况如何,都可按图13-30来画,即按 $n_z = 2.5$ 的形式画出。

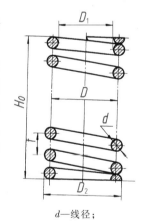

d—线径;
D—弹簧的平均
 直径(中径);
D_2—弹簧的外径;
D_1—弹簧的内径;
t—弹簧的节距;
H_0—弹簧的自由高度

图 13-29　弹簧各部分
  的名称和尺寸

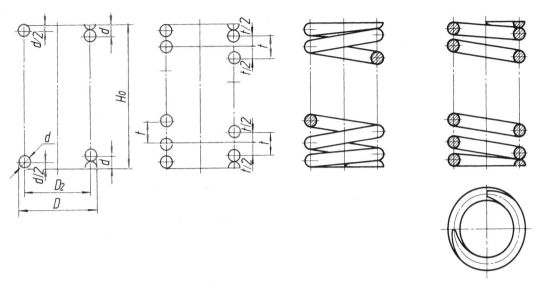

(a) 定出弹簧自由高度 H_0，画出两端贴紧圈

(b) 右边竖向点画线上型材中心位置的距离，从第二点开始都等于 t，左边竖向点画线上型材的第二个中心位于右边第二和第三个型材中心连线的垂直平分线上

(c) 按右旋方向作相应圆的公切线，完成全图

(d) 必要时，取剖视或画出俯视图

图 13-30　圆柱螺旋压缩弹簧的画法

§ 13-6　滚动轴承

滚动轴承是标准部件，用来支承传动轴，具有结构紧凑、摩擦阻力小，动能损耗少和旋转精度高等优点，应用极广。

轴承的种类很多，但结构大致相同，即由外圈、内圈、滚动体和保持架等零件组成。外圈装在机座的轴孔内，一般固定不动；内圈套在轴上，随轴一道旋转。

滚动轴承由专业厂生产，用户根据机器的具体情况确定型号选购，因而无须画出零件图，只在装配图上，根据外径 D、内径 d 和宽度 B 等几个主要尺寸按比例简化画出即可，但要按照规定详细标注。

滚动轴承有规定画法和简化画法。用简化画法绘制滚动轴承时，应采用通用画法或特征画法，但在同一图样中一般只采用其中一种画法。

在规定画法、通用画法和特征画法中的各种符号、矩形线框和轮廓线均用粗实线绘制。

采用规定画法画滚动轴承的剖视图时，轴承的滚动体不画剖面线，其各套圈可画成方向和间距相同的剖面线。在不引起误解时，也允许省略不画。

滚动轴承的通用画法如图 13-31 所示。

常用滚动轴承的规定画法和特征画法见表 13-13。

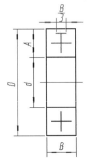
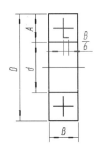

（a）一般通用画法 （b）外圈无挡边的通用画法 （c）内圈有单挡圈的通用画法

图 13-31　滚动轴承通用画法的尺寸比例示例

表 13-13　常用滚动轴承的规定画法和特征画法（GB/T 4459.7—2017）

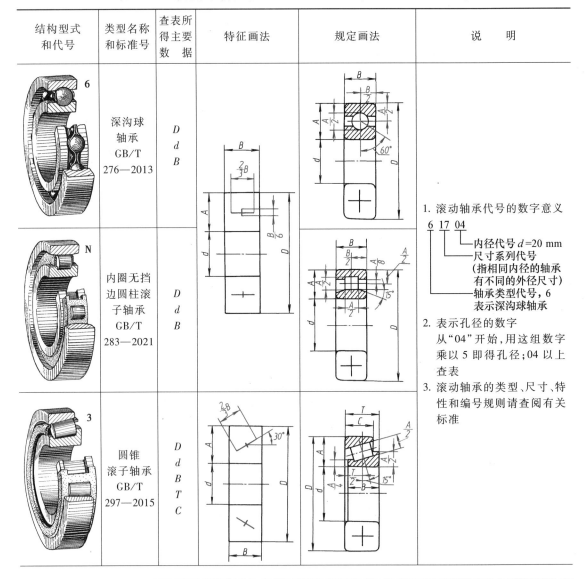

结构型式和代号	类型名称和标准号	查表所得主要数据	特征画法	规定画法	说　明
6	深沟球轴承 GB/T 276—2013	D d B			1. 滚动轴承代号的数字意义 6 17 04 内径代号 d=20 mm 尺寸系列代号（指相同内径的轴承有不同的外径尺寸） 轴承类型代号，6 表示深沟球轴承 2. 表示孔径的数字从"04"开始，用这组数字乘以 5 即得孔径；04 以上查表 3. 滚动轴承的类型、尺寸、特性和编号规则请查阅有关标准
N	内圈无挡边圆柱滚子轴承 GB/T 283—2021	D d B			
3	圆锥滚子轴承 GB/T 297—2015	D d B T C			

结构型式和代号	类型名称和标准号	查表所得主要数据	特征画法	规定画法	说　明
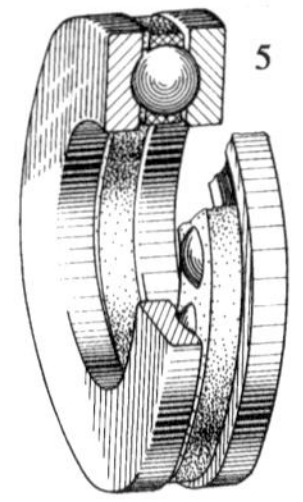 （推力球轴承 5）	推力球轴承 GB/T 301—2015	D d T	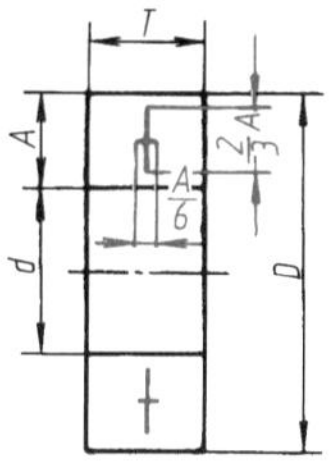	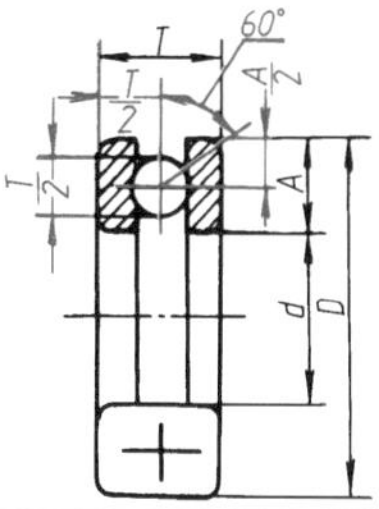	

§13-7　金属焊接件

一、焊接代号简介

焊接是不可拆的连接。把需要连接的两个金属零件在连接的地方局部加热并填充熔化金属，或用加压等方法使之熔合在一起，其焊接熔合处即焊缝。焊接具有重量轻，连接可靠，工艺过程和设备简单等优点。

在图上表达焊接要求时，一般需要将焊缝的型式、尺寸表示清楚，有时还要说明焊接方法和要求。这些都有标准规定，并有相应的符号。焊接的符号很多，这里只就焊缝代号作一简要的说明。详情请参考有关的焊接标准。

焊缝代号由基本符号、辅助符号、补充符号指引线和焊缝尺寸符号等组成。基本符号表示焊缝横剖面形状、辅助符号说明对焊缝的辅助要求。表 13-14 列出了几种基本符号，辅助、补充符号和

表 13-14　焊接代号和标注方法举例

符号种类	符号种类			标注方法举例		说　明
	名称	符号	图　例	焊缝型式	标注方法	
基本符号	Ⅰ形焊缝	‖	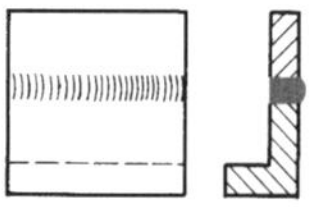	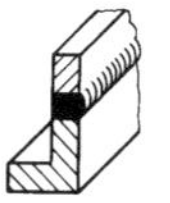	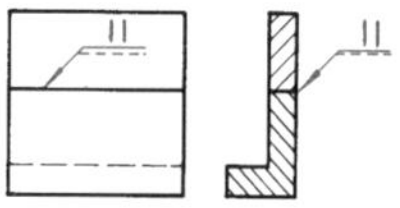	1. 焊缝外表面在接头的箭头一侧时，符号注在横线上；否则注在横线下 2. 单面角焊的符号为 双面角焊的符号为 
	V形焊缝	 V	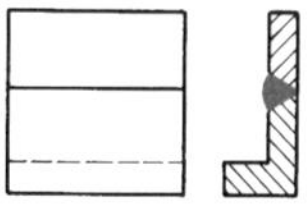	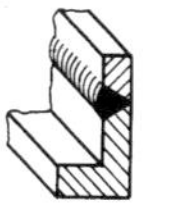	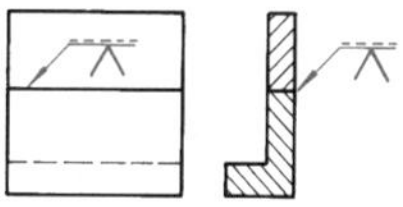	
	角焊缝	（角焊缝符号）	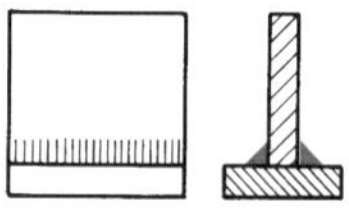		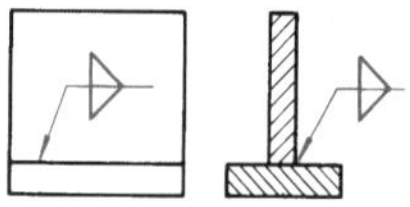	

233

符号种类	符号种类			标注方法举例		说　明
	名称	符号	图　例	焊缝型式	标注方法	
辅助、补充符号	平面符号	—	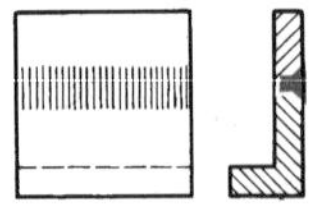	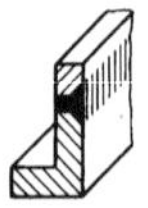	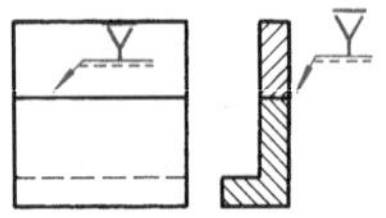	表示焊缝表面平齐
	三面焊缝符号	⊏		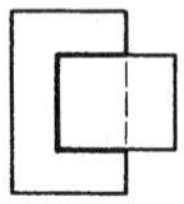	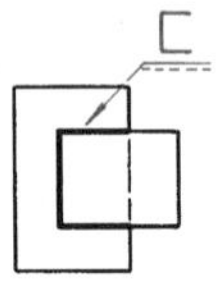	要求三面焊缝符号的开口方向与焊缝实际方向画得基本一致
	周围焊缝符号	○		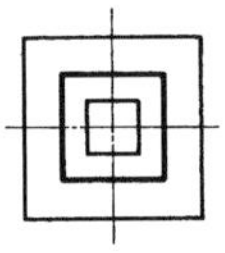	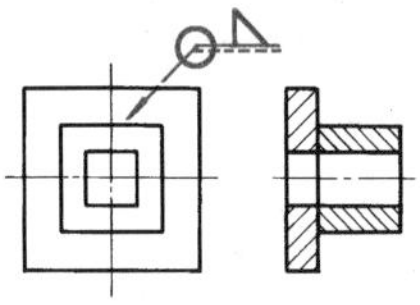	表示环绕工件周围进行角焊
焊缝尺寸符号	板材厚度 坡口角度 坡口深度 根部间隙	δ α H b			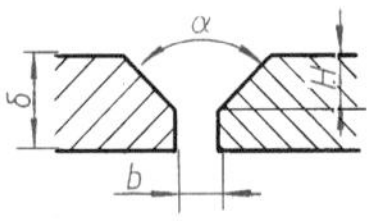	必要时注在构件图或装配图上
	焊角高度 焊缝间距 焊缝长度 相同焊缝数量符号	K e l N	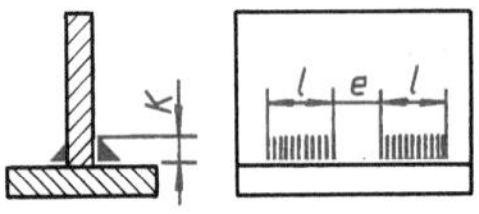		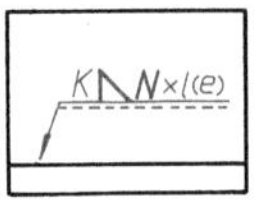	断续角焊缝

焊缝尺寸符号及其标注方法,供参考。

　　指引线一般由箭头线和两条基准线(一条为实线,一条为细虚线)组成,画法如图 13-32 所示。

二、金属焊接件图

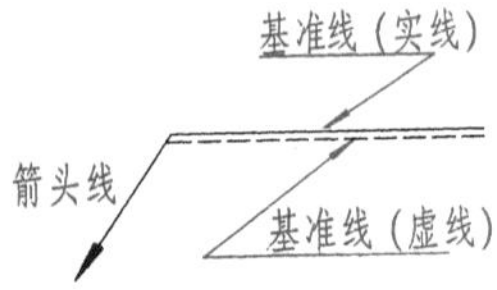

　　金属焊接件图是焊接施工所用的一种图样。它除了应把构件的形状、尺寸和一般要求表达清楚外,还必须把焊接有关的内容表达清楚。根据焊接件结构复杂程度的不同,大致有两种画法。

图 13-32　指引线的画法

　　1. 整体式(图 13-33)　这种画法的特点是,图上不仅表达了各零件(构件)的装配、焊接要求,而且还表达了每个零件的形状和尺寸大小以及其他加工要求,不再画零件图了。这种画法的优点是表达集中、出图快,适用于结构简单的焊接件以及修配和小批量生产。

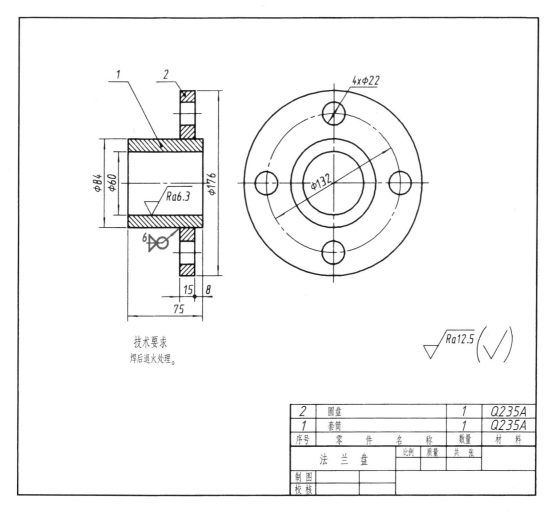

技术要求
焊后退火处理。

$\sqrt{Ra12.5}\left(\sqrt{}\right)$

2	圆盘		1	Q235A
1	套筒		1	Q235A
序号	零 件 名 称		数量	材 料
法 兰 盘		比例 质量 共 张		
制 图				
校 核				

图 13-33　整体式焊接图

2. 分件式(图 13-34)　这种画法的特点是:焊接图着重表达装配连接关系、焊接要求等,而每个零件另画零件图表达。这种画法的优点是图形清晰,重点突出,看图方便,适用于结构比较复杂的焊接件和大批量生产。图 13-34 只画了总图,单个的零件图未示。

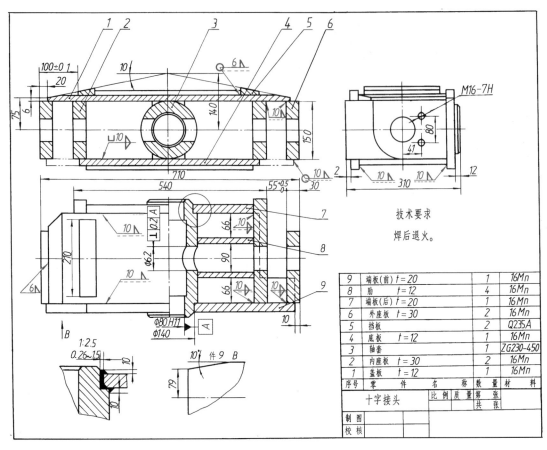

图 13-34　分件式画法(总图)

复习思考题

1. 螺纹结构的六要素是什么?

2. 螺纹有哪些规定画法? 内、外螺纹在剖视图中的画法有何不同?

3. 螺纹为什么要标注? 标注的内容包括哪几个方面?

4. 内、外螺纹旋合的条件是什么? 旋合部分应如何表示?

5. 螺纹通常为什么需要倒角和退刀槽?

6. 齿轮与螺纹在画法上有何不同?

7. 齿轮啮合的条件是什么? 啮合处应如何表示?

第十四章 零件图

§14-1 零件图的内容

作为生产基本技术文件的零件图,应当提供生产零件所需的全部技术资料,如结构形状、尺寸大小、质量要求、材料及其热处理要求等,以便生产、管理部门用于组织生产和检验成品质量。因此,一张零件图应具备以下内容:

1. 一组图形　完整、清晰地表达出零件的结构形状。

2. 一组尺寸　正确、齐全、清晰、合理地标注出零件的全部尺寸,表明形状大小及其相互位置关系。

3. 技术要求　用规定的符号、数字或文字说明制造、检验时应达到的技术指标,如尺寸公差、表面结构要求、几何公差、材料热处理等方面。

4. 标题栏　说明零件名称、材料、数量、作图比例、设计和审核人员、设计和批准年月以及设计单位等。

图 14-1 是铣刀头轴的零件图。此轴的作用及其结构形状,第十二章已有说明,不再重复。

此轴是由共轴的回转体构成的。为了清楚地表达轴的这一形状特点,选用了轴线水平放置的主视图来表达轴的基本结构;又用局部剖视图、断面图、局部视图、局部放大图等表达方法说明键槽(腰形圆坑)、砂轮越程槽(圆柱环形槽)等的形状;用规定标记的方法来表明中心孔的结构形状和尺寸要求;考虑到这根轴较长,又用了断开画法,这样,轴的结构形状就完整清晰地表达出来了。对轴类零件来说,图 14-1 所用的表达方法和表达方案具有一定的代表性。

零件图上的尺寸,除了要标注齐全和清晰外,还要找出主要尺寸和恰当地选择尺寸基准。图 14-1 轴的轴向主要尺寸有 $32_{-0.2}^{0}$、23、$194_{-0.30}^{0}$ 等,尺寸 23、194 以轴承轴向定位端面 C 为主要尺寸基准直接注出;32 以右端面 E 为基准标注,轴向 E、D、F 等都是辅助尺寸基准;径向主要尺寸有 $\phi28k7$、$\phi35k6$、$\phi25h6$ 等,轴线是径向的主要尺寸基准。这样注出的尺寸既满足设计要求,又方便加工制造。

图 14-1 还标注了表面粗糙度代号、几何公差以及热处理等技术要求。

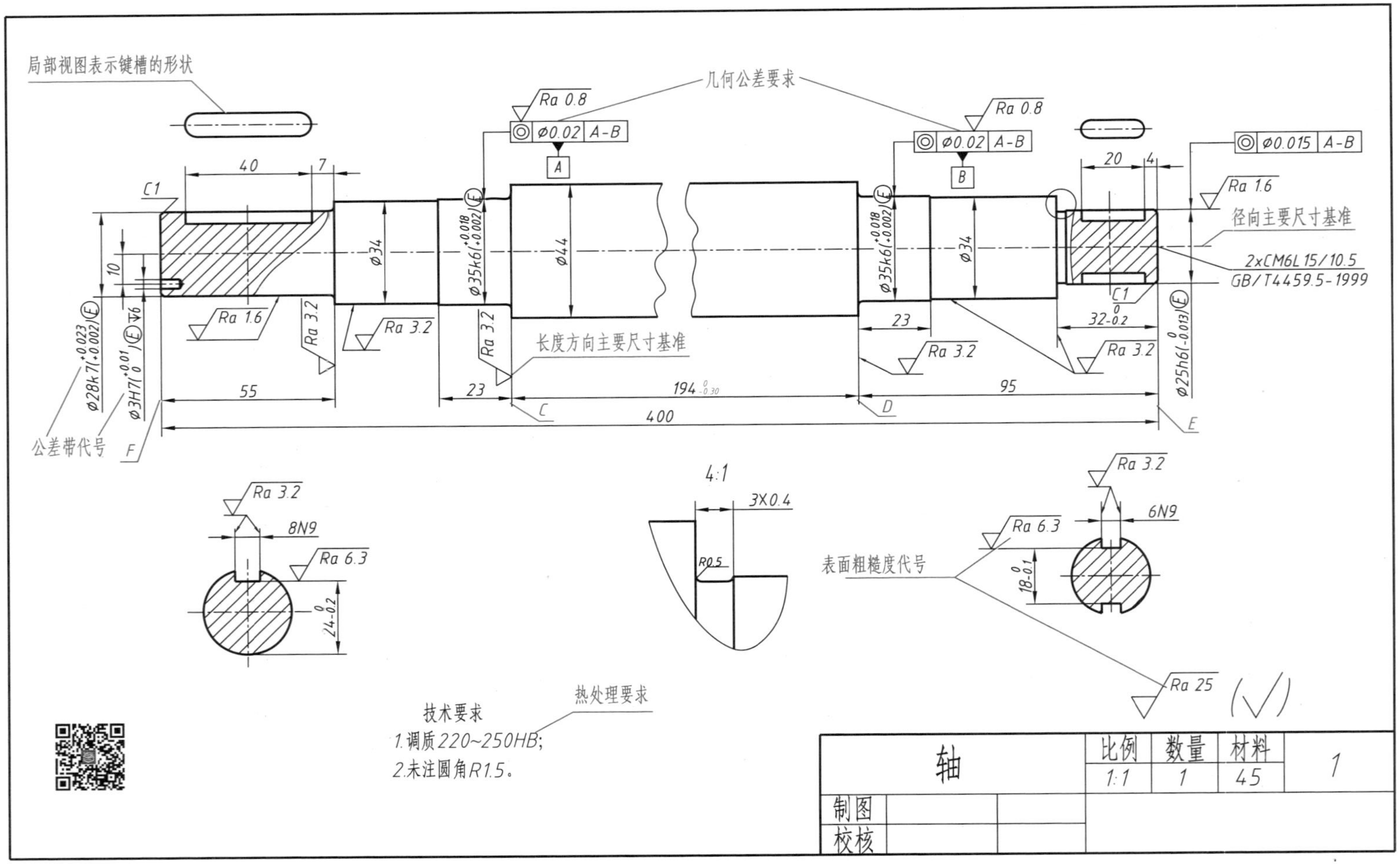

局部视图表示键槽的形状
几何公差要求
Ra 0.8
ϕ0.02 A-B
A
B
ϕ0.015 A-B
Ra 1.6
径向主要尺寸基准
2xCM6L 15/10.5
GB/T4459.5-1999
C1
40
7
20
4
10
ϕ34
ϕ44
ϕ35k6(+0.018 +0.002)Ⓔ
ϕ28k7(+0.023 +0.002)Ⓔ
ϕ3H7(+0.01 0)Ⓔ▽6
ϕ25h6(0 -0.013)Ⓔ
Ra 3.2
长度方向主要尺寸基准
23
55
194 0 -0.30
95
32 0 -0.2
400
C
D
E
F
公差带代号
4:1
3X0.4
R0.5
8N9
Ra 6.3
24 0 -0.2
6N9
18 0 -0.1
表面粗糙度代号
Ra 25
技术要求
1.调质220~250HB;
2.未注圆角R1.5。
热处理要求
轴
比例
数量
材料
1:1
1
45
制图
校核

图 14-1　零件图的内容

§14-2 零件的表达方案及其选择

在选择零件的表达方案时,应以"首先考虑看图方便,并根据零件的结构特点,选用恰当的表达方法,在完整、清晰地表达零件各部分的前提下,做到制图简便"为指导,力求表达方法和图形数量都较适当。

一、选择表达方案的方法和步骤

选择零件图的表达方案包括选择视图、表达方法和确定图形数量等。建议按如下步骤进行。

1. 选择主视图　选择主视图时,要确定零件的安放位置和投射方向。一般说来,零件图中的主视图应是零件在机器中的工作位置或主要加工位置。结构形状比较复杂的零件,如支架、箱体等,多按工作位置画主视图,以便与装配图联系,校核零件形状和尺寸的正确性。以回转体为主要结构的简单零件,如轴、轮盘等,多按主要加工位置画主视图。如图 14-1 中的主视图,将轴线水平放置以有利于在进行车削、磨削等主要工序时看图方便。至于工作位置和加工位置多变的零件(如某些运动件),则按画图方便或自然位置画主视图。

确定投射方向,即取哪一面的投影作主视图的问题。在位置已定的条件下,应从左、右、前、后四个方向,选择较明显地表达零件的主要结构形状和各部分之间相对位置关系(即形状特征)的一面作为主视图。图 14-1 轴的主视图是符合这一要求的。当然,选择主视图还要考虑选用恰当的表达方法,如各种剖视、断面等。

2. 选择其他视图　选择其他视图时,应以主视图为基础,然后根据零件形状的特点,以完整、清晰、唯一地确定它的形状为线索,采用与分析组合体相似的方法,按自然结构(如腔体、底板、支承孔、座板、肋、凸台等)逐个分析所需视图及其表达方法;最后综合、调整和归并。一般说来,零件的主要结构和主要形状,要选用基本视图或在基本视图上取剖视来表达;在基本视图上没有表达或不够清晰的次要结构、细部或局部形状用局部视图、局部放大图、断面图等方法表达。在基本视图中,若左视与右视、俯视与仰视的表达内容相同,应优先选用左视和俯视。布图时,有关的视图尽可能保持直接的投影联系。

在所选择的一组视图中,应使每个视图都有表达的重点,各个视图相互配合、补充而不重复,务使图形数量适当。因此,在选用表达方法时,要尽量将剖视配置在基本视图上或在基本视图上作剖视。

二、表达方案选择举例

轴类零件的结构一般比较简单,前面也分析过了,不再重复。下面以轮盘、支架等为例,说明以上方法步骤的具体应用。

1. 轮盘类零件　图 14-2 是 CW6140 型车床主轴箱上的法兰盘,用途如图示。

1) 结构形状分析　法兰盘的主体为共轴回转体构成,其结构及其作用,图上已有说明,不再重复。圆盘上的各种孔呈辐射状非对称分布,受安放位置的限制而切去两块。

2) 主视图的选择(图 14-3)　将盘的轴线水平放置,作为主视图的安放位置,既符合主要加工（车削）位置，也符合工作位置，并选用 A—A 全剖视以清晰地表达阶梯孔、油孔、密封槽和圆盘上孔的穿通情况，整体特点表达得很明显。

3）其他视图的选择　各种孔的数量及其分布状况、切口的形状和位置，选用左视图加以说明。为了方便标注油沟（圆环面）的尺寸，还采用了局部放大图。

有了上述两个基本视图和一个局部放大图，法兰盘的形状就表达得完整清晰了。

2. 支架类零件　图 14-4 所示支架是用来支承滚动轴承和轴的，其结构和作用如图所示。

1）结构形状分析　支架主要由支承套筒（主体为圆筒）、底板（主体为长方体）和支撑板（棱形凹槽板）组成。套筒上有三个呈辐射状均匀分布的通孔，相应地设置了三个部分圆柱凸台。底板下部有两条前后穿通的长方槽，以减少加工面。

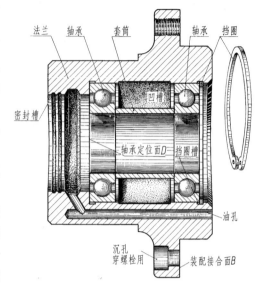

图 14-2　法兰盘的用途和结构示意图

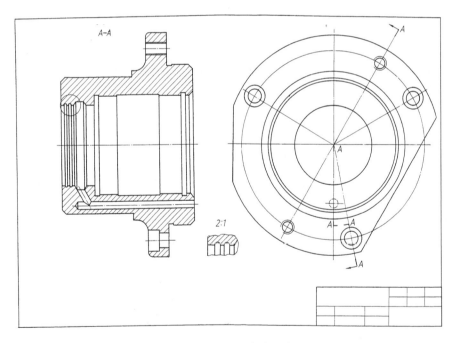

图 14-3　法兰盘表达方案

支架的毛坯是铸件，在相邻两面的连接处，一般用铸造圆角过渡，以适应铸造工艺的要求。

2）主视图的选择　将支架底板水平放置使之符合一般工作位置，而选 K 向的投影作主视图（图 14-5）。明显地表达了主要组成部分的相互位置关系和基本形状,符合主视图的要求。

3）其他视图的选择　顶部凸台和底板需画俯视图,凹槽形支撑板要画左视图。可见,俯视图和左视图都是必要的。为了清晰地表达孔、槽等的穿通情况,左视图上又选用了 A—A 剖视。如果画出完整的俯视图,则套筒将部分地遮住底板上的马蹄形槽,不够清晰。因此,采用 D—D 剖视以突出底板的形状。顶部凸台为次要结构,另用局部视图 C 表达。肋（左视图上）用移出断面来表达断面实形。支架的完整表达方案如图 14-5 所示。

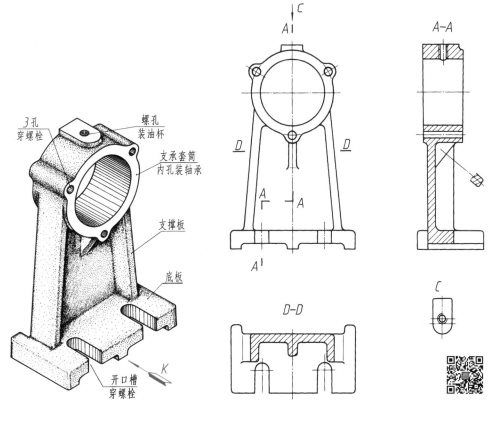

图 14-4　支架的结构和作用　　　　　图 14-5　支架表达方案（一）

三、零件表达方案的分析比较

零件结构形状的表达方案,一般说来不会只有一种。在多种方案中要分析比较,择优选用,例如图 14-4 所示支架,如果要突出内部形状和主要加工面的表达,可以图 14-5 中 A—A 剖视为主视图,配以表达外形的左视,并把 D—D 改为半剖作为俯视图,借以兼顾内外形状表达的需要而不过于强调底板,就得到了图 14-6 的又一表达方案。图 14-5 和图 14-6 这两种表达方案的效果大致相同,但为了便于布图和作图,常将底板的长边水平放置,所以通常选用图 14-5 的表达方案。

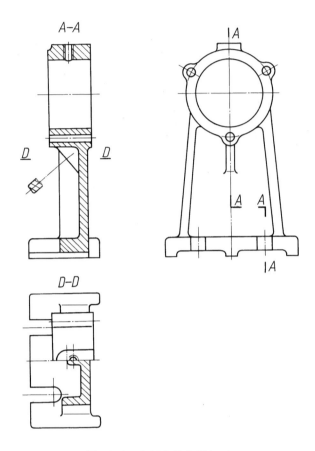

图 14-6　支架表达方案(二)

下面再举一个例子。

例　尾架体表达方案的选择与分析(图 14-7)。

(1) 结构形状分析　尾架体上所有结构的作用如图 14-7b 所示。它的主要特点是在一块带弧形的方板上开了各种不同形状的孔和槽,并有切口和凸台等结构。

(2) 主视图的选择　图 14-7a 即尾架体的工作位置。主视图的位置就确定了。

尾架体前后、左右四个方面的情况,只有图 14-7b 箭头所示方向的投影较能表达它的结构特点。如通过顶尖套孔的轴线取全剖视,则顶尖套孔、顶紧螺杆孔和切槽等结构的形状以及各孔的相互位置关系更加清楚,更适合作为主视图(图14-8)。

(3) 表达方案的选定与分析比较　按自然结构的需要选定其他视图和恰当的表达方法,进而考虑整个表达方案。尾架体的顶尖套孔、顶紧螺杆孔的前后位置和刻零线凸台的形状需要左视图;切槽的位置需要俯视图或右视图。如果着眼于切槽和顶尖套孔的相互关系,以选右视图为好;如在右视图上取 K—K 剖视(图 14-9),还可表达夹紧螺杆孔。顶面油孔的前后位置和锁紧螺栓孔的位置,也要水平投影。通过以上分析可得图 14-9 的表达方案。

如将俯视图改用 A—A 旋转剖表达,又可整理成图 14-10 的表达方案。这个方案的优点是视图数量少,缺点是清晰程度略差。

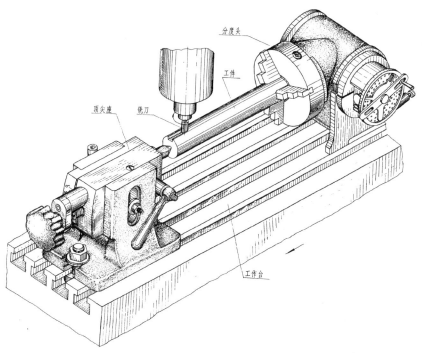

分度头

工件

顶尖座   铣刀

工作台

（a）在工作台上安放顶尖座

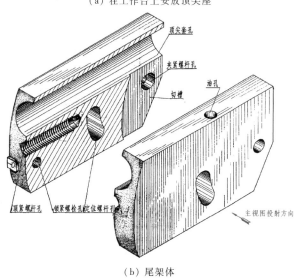

顶尖套孔

夹紧螺杆孔

切槽   油孔

顶紧螺杆孔 锁紧螺栓孔定位螺杆孔

主视图投射方向

（b）尾架体

图 14-7　顶尖座尾架体的工作位置

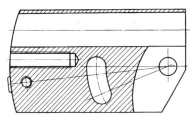

图 14-8　尾架体的主视图

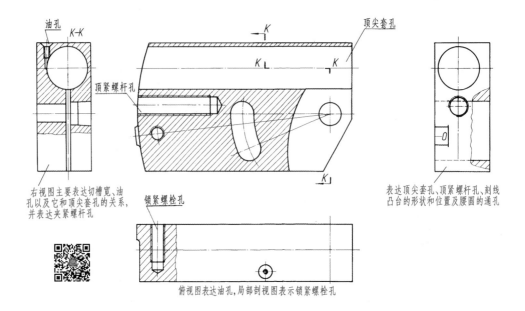

油孔 K—K   顶尖套孔

顶紧螺杆孔

右视图主要表达切槽宽、油
孔以及它和顶尖套孔的关系，
并表达夹紧螺杆孔

锁紧螺栓孔

表达顶尖套孔、顶紧螺杆孔、刻线
凸台的形状和位置及腰圆的通孔

俯视图表达油孔，局部剖视图表示锁紧螺栓孔

图 14-9 尾架体表达方案（一）

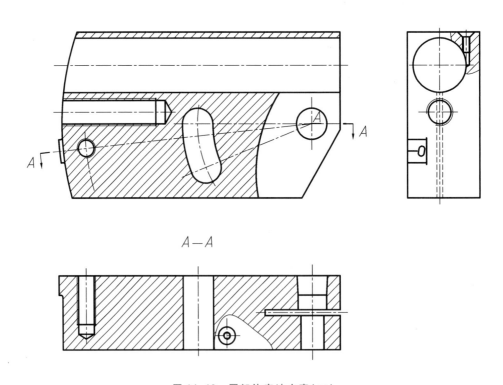

A—A

图 14-10 尾架体表达方案（二）

§14-3 零件的尺寸标注

一、零件尺寸的合理性

零件图上所注尺寸应当满足正确、齐全、清晰、合理的要求。前三项在第一章、第七章、第九章已有介绍,不再复述;合理性涉及设计、制造和生产实际经验等许多专业知识,这里只能概括介绍几个基本问题和一般的注法准则,真正解决这个问题有待学习后继的有关课程和在实际工作中不断积累经验。

所谓尺寸合理,主要是指:既满足设计要求,保证部件的使用性能,又能满足工艺要求,使加工测量方便,成本低廉。达到这一目的的关键在于:分清零件尺寸的主、次;选配恰当的尺寸公差和正确选定尺寸基准。

1. 主要尺寸和非主要尺寸 在第十二章中已讲过,装配尺寸链中的组成环是主要尺寸,它们直接影响部件或机器的规格性能、配合性质、零件在部件中的准确位置、连接、安装以及互换性等。而外轮廓尺寸,非配合要求的尺寸,用来满足零件的机械性能、结构形状和工艺要求等方面的尺寸,均属非主要尺寸。

零件的主要尺寸在图上都应直接注出,并给出公差带代号或尺寸的极限偏差值。非主要尺寸一般只注公称尺寸(设计计算给定的尺寸),这种尺寸也叫未注公差尺寸,它们的尺寸公差较大,并有统一的规定,故在图上不必一一注明。

从制造方面来说,尺寸公差大,意味着精度低,加工易,成本低;尺寸公差小,则相反。因此,就是主要尺寸也要区别对待,在满足设计要求的前提下,应尽量选用较低精度的尺寸公差。

2. 零件的尺寸基准 所谓基准,实际上是在零件上选定一组几何元素作为确定其他几何元素相互位置关系的依据。基准按用途不同可分为:

设计(结构)基准——用来确定零件在部件中准确位置的基准,通常选取其中之一作为尺寸标注时的主要尺寸基准;

工艺基准——加工、测量时的基准,常作为尺寸标注时的辅助尺寸基准。

零件的重要底平面、端面、结构的对称平面,装配时的结合平面,主要孔或轴的轴线以及坐标原点,均可选择作为尺寸基准。至于究竟选哪一个作基准比较合适,则要通过结构分析来确定。

零件有 X、Y、Z 三个方向的尺寸,每个方向上都要有一个主要尺寸基准。同一方向如还有多个辅助尺寸基准时,各基准之间应有直接的或间接的联系尺寸(即定位尺寸)。一般说来,零件的主要尺寸应从设计基准(主要尺寸基准)出发标注,以保证成品质量;非主要尺寸考虑加工测量方便,可从工艺基准(辅助尺寸基准)标注。条件许可时,应尽量使设计基准与工艺基准重合,以减少尺寸误差,方便加工制造和提高成品质量。

3. 图上不允许出现封闭尺寸链 封闭尺寸链是指零件同一方向上的尺寸,从某处开始一个尺寸接一个尺寸,最后又回到始点而形成链条式的封闭状态。

图 14-11a 是箱体的结构示意图,假如注出了高度方向的 $A1$、$A2$ 和 N 三个尺寸,就形成了封闭尺寸链。这不利于保证主要尺寸的精度,也给加工带来了麻烦。在加工时如以底面 1 为基准加工顶面 2,则可控制尺寸 $A1$;如再镗孔 3,尺寸 $A2$ 也可得到保证。但尺寸 N 是最后自然得到

的,精度受 A1、A2 的影响,其尺寸误差等于各组成环尺寸误差的总和,难以控制在所要求的误差范围以内,因此,这样标注尺寸是不合理的。解决的办法是在封闭的尺寸链中空出一环不注,如 N(图 14-11b)。在零件尺寸链中,这种在加工时最后自然得到的一环叫终结环。终结环在图上一般是不标注的。不注终结环的尺寸链叫开口尺寸链,所以终结环又叫开口环。一般应选零件上最不重要的尺寸作为开口环。

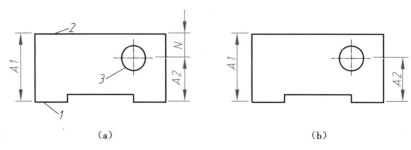

（a）   （b）

图 14-11　零件尺寸链与加工的关系

4. 同一方向的若干加工面和非加工面之间,一般只宜有一个联系尺寸　为了达到此要求,每个方向的毛坯尺寸与加工尺寸要尽可能按两个系统标注。例如图 14-12a 中所注高度方向的尺寸,虽然齐全,但不合理。如改为图 14-12b 的标注方法,则加工面与非加工面之间只有一个联系尺寸,满足了所注尺寸的精度要求又使加工方便,这样就合理多了。

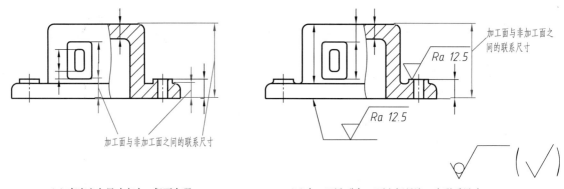

（a）高度方向尺寸齐全，但不合理　　　　（b）加工面和非加工面之间只注一个联系尺寸

图 14-12　正确标注加工面与非加工面之间的联系尺寸

二、零件尺寸标注的方法和步骤

标注零件尺寸时,应了解零件各组成部分结构形状和作用,分析与相邻零件的有关表面之间的关系,找出装配尺寸链,确定主要尺寸和设计基准,从设计基准出发标注主要尺寸。其次,从方便加工考虑选择工艺基准,按形体分析的方法,注全确定形体形状所需的定形尺寸和定位尺寸等非主要尺寸。

现以叶片泵的轴为例说明标注尺寸的步骤:

1. 了解零件的作用及其与相邻零件的关系,确定零件的主要尺寸和设计基准(主要尺寸基准)。

轴的转鼓外径要与偏心套相切才能把高、低压力腔分开;叶片槽要使叶片在槽中能自由伸缩;转鼓轴向尺寸直接影响泵的间隙。右端轴颈与齿轮内孔配合,并用键连接;齿轮的轴向位置由轴肩和挡圈确定,中段与泵体的内孔配合。根据上面的分析就可确定泵轴的轴向和径向主要尺寸以及设计基准,如图 14-13 所示,其中 K、P 为轴向设计基准,轴线为径向设计基准。

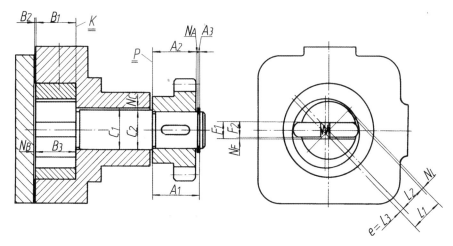

图 14-13　叶片泵装配尺寸链分析示意图

2. 从设计基准出发标注主要尺寸及其偏差,如图 14-14 所示。

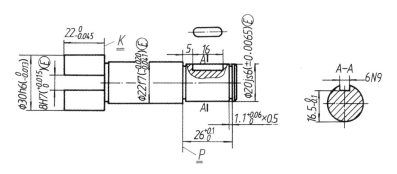

图 14-14　从设计基准标注主要尺寸

3. 考虑加工制造要求,选择适当工艺基准,注全其他尺寸。考虑加工制造的要求,选择轴的左、右端面为工艺基准,此时,可以零件的结构要素(如倒角、退刀槽、键槽等)和自然结构(如箱体、支架等类零件中的底板、连接板、主体、凸台、肋等)为单位,按定形和定位尺寸的需要注出非主要尺寸。对标准结构要素(如键槽、倒角、砂轮越程槽、中心孔等)的尺寸,还需查阅相应的标准,选用标准数值。图 14-15 为注全尺寸后的轴零件图。

4. 检查。首先检查主要尺寸和设计基准是否恰当,有无遗漏,尺寸数值及其极限偏差能否满足设计要求,与有关零件的零件图上的相关尺寸是否协调。

其次检查尺寸是否齐全。此时可以零件结构形状为单元,检查定形尺寸和各向定位尺寸是否齐全,有无重复、遗漏或矛盾,也可以用默画平面图形的方法检查,即根据图上给出的尺寸,能否正确地把图形画出来。

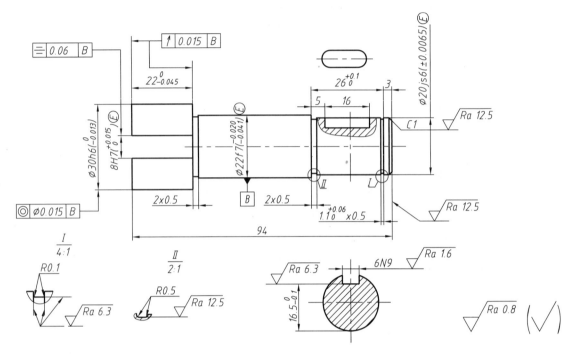

图 14-15   注出非主要尺寸,保证尺寸齐全

最后检查尺寸是否符合国家标准。

图 14-16 为泵体尺寸注法示例。根据泵体在部件中的作用和结构特点,选择 Q、K 为轴向设计基准,回转孔的轴线为径向设计基准,宽度方向以主体的对称面为基准,所确定的主要尺寸如图 14-16a,注齐尺寸后如图 14-16b 所示。

三、标注尺寸的注意事项

1. 要严格执行国家有关标准。长度、直径、角度、锥度及其极限偏差,都有标准数值,一般应从中选择。零件上的标准结构要素,在确定结构形式、公差等级后,应按相应的标准规定标注尺寸及其极限偏差,以利加工制造和提高成品质量及劳动生产率。

2. 尺寸要注齐,但也要防止标注多余的尺寸。尺寸不齐的零件图,根本无法制造;尺寸多余,则产生废品的可能性增大。图 14-17a 左视图上方带×号的两个尺寸,是多余尺寸。而图 14-17a 中 Z 向两个带×号的尺寸和主视图上带×号的尺寸,它们是由已经给定的相关尺寸决定的,也是多余尺寸。如有特殊要求,可作为参考尺寸(尺寸数字加上括号)处理,如图 14-17b 中的"(23.65)"。

3. 为了方便看图,加工面与非加工面的尺寸最好分列在视图的两侧,并且同一工种所需加工尺寸要集中标注,不宜过于分散。

4. 有联系的尺寸应协调一致。部件中各零件有配合、连接、传动、位置等关系,在标注它们有联系的尺寸时,应尽量做到尺寸基准、标注内容和标注形式协调一致。

图 14-18、图 14-19 为两张零件图,附有标注尺寸的简单说明,供标注尺寸时参考。

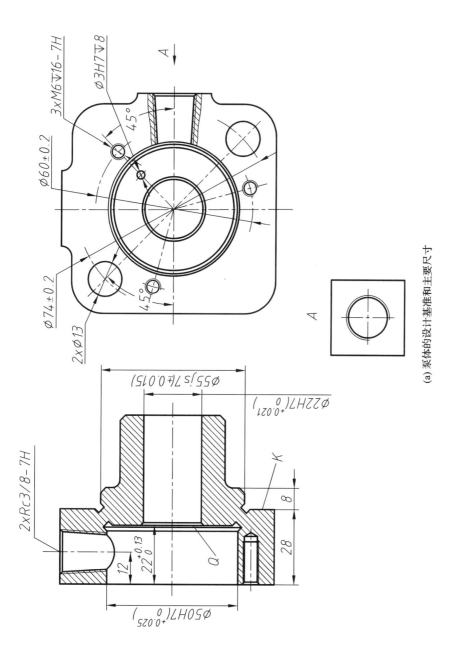

(a) 泵体的设计基准和主要尺寸

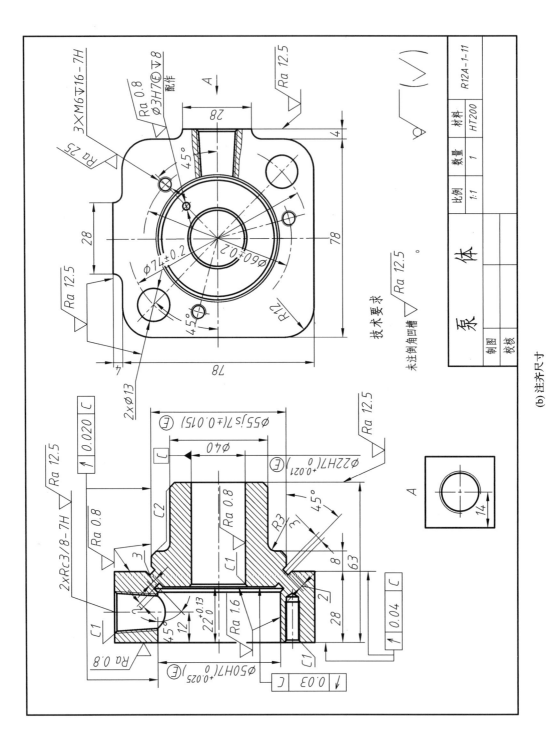

技术要求

未注倒角凹槽 $\sqrt{Ra\ 12.5}$。

		比例	数量	材料	
		1:1	1	HT200	R12A-1-11
泵	体				
制图					
校核					

(b) 注齐尺寸

图 14-16　泵体的尺寸标注

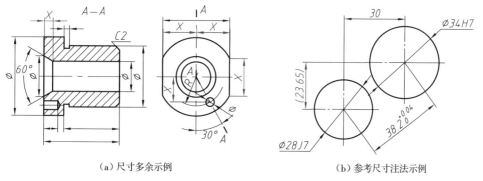

（a）尺寸多余示例　　　　　　　　　（b）参考尺寸注法示例

图 14-17　不要注多余尺寸

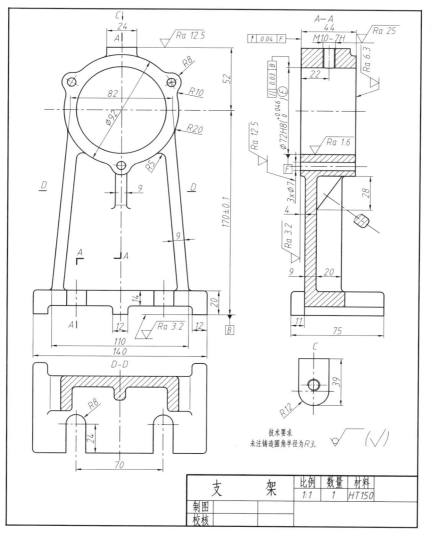

有关尺寸标注的说明：1. 高度方向主要尺寸：170±0.1；2. 高度方向主要基准：底面 B，辅助基准：孔的轴线；3. 长度方向主要尺寸：70（安装尺寸）；4. 长度方向主要基准：左右对称面的轴线；5. 径向主要尺寸：φ72H8；6. 径向尺寸基准：孔的轴线；7. 宽度方向主要尺寸基准：圆筒后端面。

图 14-18　支架零件图

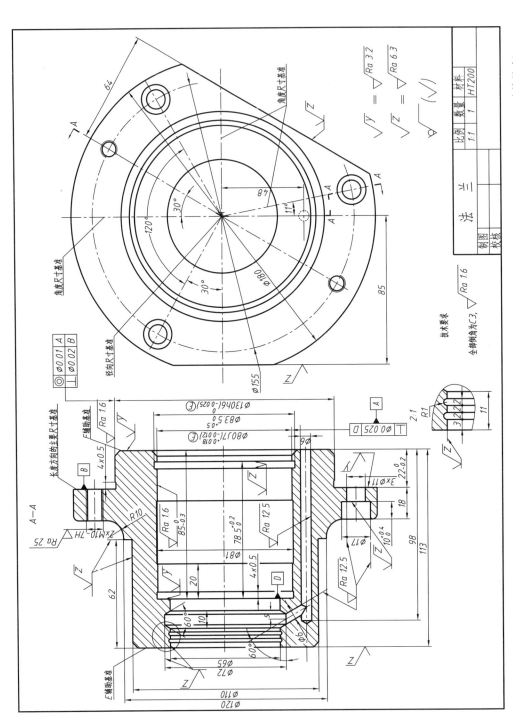

有关标注的说明：1. 轴向主要尺寸：78.5⁺⁰·²₀；2. 轴向主要基准：B，辅助基准：D、E、F；3. 径向主要尺寸：ϕ80J7，ϕ130h6，ϕ155（连接尺寸）；

4. 径向主要基准：回转轴线；5. 角度尺寸基准：左视图的中心线。

图 14-19 法兰盘零件图

四、零件上各种小孔的尺寸注法

零件上常见各种孔的尺寸,可以采用表 14-1 所列的各种注法。

表 14-1　零件上常见孔(光孔、螺孔、沉孔)的尺寸注法

类型	简　化　后		简　化　前	说　　明
光孔	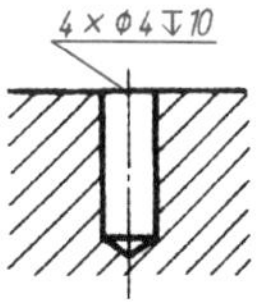 4×Φ4▽10	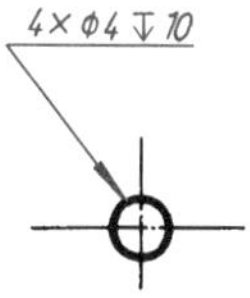 4×Φ4▽10	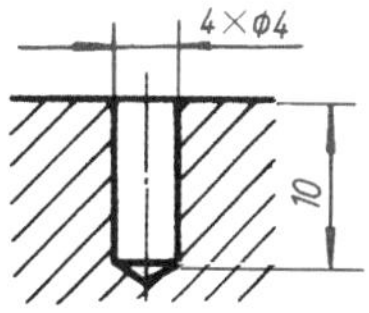 4×Φ4　10	
	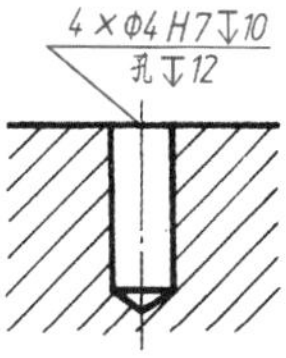 4×Φ4H7▽10 孔▽12	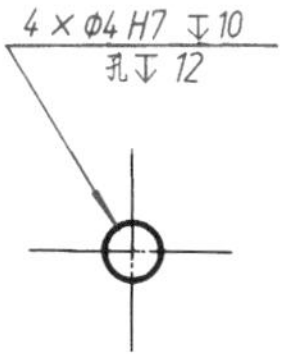 4×Φ4H7▽10 孔▽12	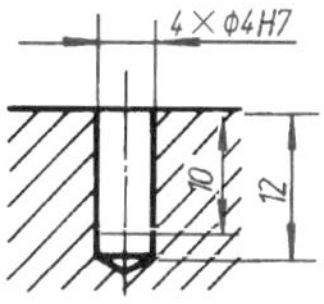 4×Φ4H7　12	1. "▽"是深度符号 2. "⌵"是埋头孔的符号 3. "⌴"是沉孔或锪平孔的符号
螺孔	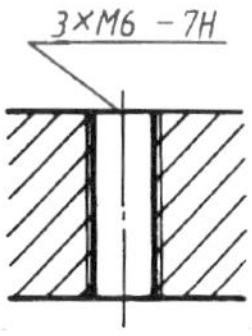 3×M6-7H	 3×M6-7H	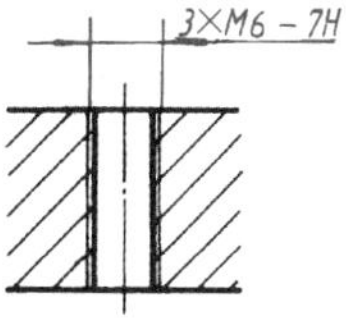 3×M6-7H	
	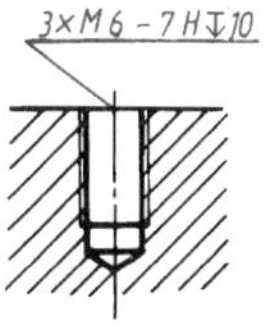 3×M6-7H▽10	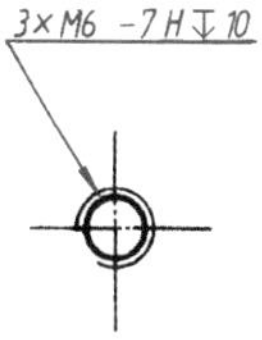 3×M6-7H▽10	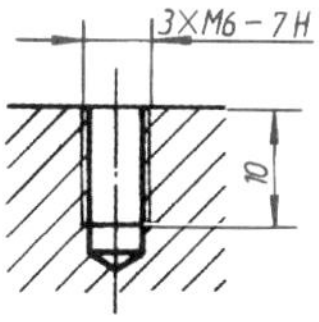 3×M6-7H　10	
	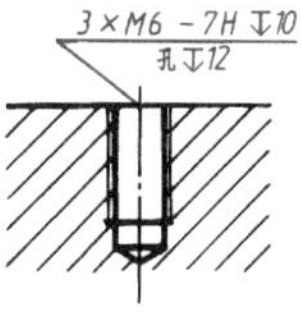 3×M6-7H▽10 孔▽12	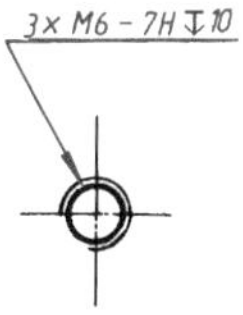 3×M6-7H▽10	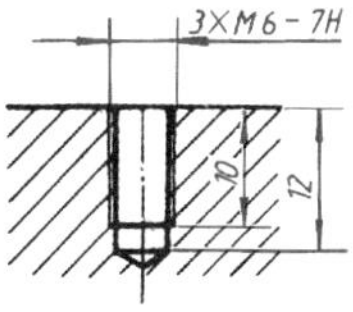 3×M6-7H　12	

类型	简 化 后		简 化 前	说 明
沉孔	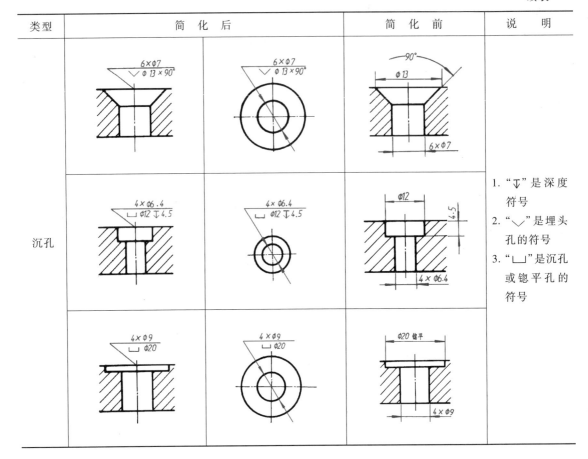			1. "▽" 是深度符号 2. "∨" 是埋头孔的符号 3. "⌴" 是沉孔或锪平孔的符号

§14-4 零件图上技术要求的注写

零件图上要注写的技术要求,包括表面结构要求、极限与配合、几何公差、热处理及表面镀涂层、零件材料以及零件加工、检验的要求等项目。其中有些项目如表面结构要求、极限与配合、几何公差、零件材料等,有技术标准规定的应按规定的代号或符号注写在图上,没有规定的可用文字简明地注写在图样的空白处,一般是写在图样的下方。下面介绍表面结构要求、极限与配合、几何公差等的注法。

一、表面结构要求

在机械图样上,为保证零件装配后的使用要求,要根据功能需要对零件的表面质量——表面结构给出要求。表面结构是表面粗糙度、表面波纹度、表面缺陷、表面纹理和表面几何形状的总称。表面结构在图样上的表示法在 GB/T 131—2006 中均有具体规定,本节主要介绍常用的表面粗糙度表示法。

1. 基本概念及术语

（1）表面粗糙度

零件的表面，即使是经过精细加工，用肉眼来看很平滑，但用放大镜或显微镜去观察，仍可看出表面具有一定的凸峰和凹谷（图14-20）。零件加工表面上具有较小间距与峰谷所组成的微观几何形状特性称为表面粗糙度。表面粗糙度与加工方法、刀刃形状和走刀量等各种因素都有密切关系。

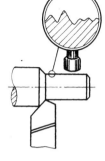

表面粗糙度是评定零件表面质量的一项重要技术指标，对零件的耐磨性、抗腐蚀性和抗疲劳的能力有相当影响，也影响零件的配合质量，是零件图中必不可少的一项技术要求。一般情况下，凡是零件上有配合要求或有相对运动的表面，粗糙度参数值要小，参数值越小，表面质量越高，但加工成本也越高。因此，在满足零件使用要求的前提下，应尽量选用较大的参数值，以降低成本。

图14-20　表面粗糙度示意图

（2）表面波纹度

在机械加工过程中，由于机床、工件和刀具系统的振动，在工件表面所形成的间距比粗糙度大得多的表面不平度称为波纹度。零件表面的波纹度是影响零件使用寿命和引起振动的重要因素。

表面粗糙度、表面波纹度以及表面几何形状总是同时生成并存在于同一表面上。

（3）评定表面结构常用的轮廓参数

对于零件表面结构的状况，可由三大类参数加以评定：轮廓参数（由 GB/T 3505—2000 定义）、图形参数（由 GB/T 18618—2002 定义）、支承率曲线参数（由 GB/T 18778.2—2003 和 GB/T 18778.3—2006 定义）。其中轮廓参数是我国机械图样中目前最常用的评定参数。本节仅介绍评定粗糙度轮廓（R 轮廓）中的两个高度参数 Ra 和 Rz。

① 算术平均偏差 Ra　是指在一个取样长度内纵坐标值 $z(x)$ 绝对值的算术平均值（见图14-21）。

可近似表示为：

$$Ra = \frac{1}{l} \int_0^l |z(x)| \, dx$$

② 轮廓的最大高度 Rz　是指在同一取样长度内，最大轮廓峰高和最大轮廓谷深之和的高度（图14-21）。

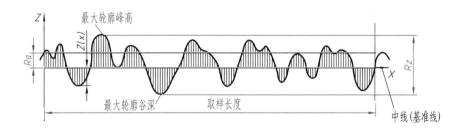

图14-21　轮廓算术平均偏差 Ra 和轮廓最大高度 Rz

255

（4）有关检验规范的基本术语

检验评定表面结构的参数值必须在特定条件下进行,国家标准规定,图样中注写参数代号及其数值要求的同时,还应明确其检验规范。

有关检验规范方面的基本术语有取样长度、评定长度、滤波器和传输带以及极限值判断规则。

① 取样长度和评定长度

以粗糙度高度参数的测量为例,由于表面轮廓的不规则性,测量结果与测量段的长度密切相关,在 X 轴(即基准线,见图 14-21)上选取一段适当长度进行测量,这段长度称为取样长度。

在每一取样长度内的测得值通常是不等的,为取得表面粗糙度最可靠的值,一般取几个连续的取样长度进行测量,并以各取样长度内测量值的平均值作为测得的参数值。这段在 X 轴方向上用于评定轮廓的、包含着一个或几个取样长度的测量段称为评定长度。

当参数代号后未注明时,评定长度默认为 5 个取样长度,否则应注明个数。例如:$Rz\ 0.4$、$Ra\ 3\ 0.8$、$Rz\ 1\ 3.2$ 分别表示评定长度为 5 个(默认)、3 个、1 个取样长度。

② 轮廓滤波器和传输带

物体表面轮廓分为三类,分别是原始轮廓(P 轮廓)、粗糙度轮廓(R 轮廓)和波纹度轮廓(W 轮廓),三类轮廓各有不同的波长范围,它们又同时叠加在同一表面轮廓上,因此,在测量评定三类轮廓上的参数时,必须先将表面轮廓在特定仪器上进行滤波,以便分离获得所需波长范围的轮廓。这种可将轮廓分成长波和短波的仪器称为轮廓滤波器。由两个不同截止波长的滤波器分离获得的轮廓波长范围则称为传输带。

按滤波器的不同截止波长值,由小到大顺次分为 λs、λc 和 λf 三种,前面提到的三类轮廓就是分别应用这些滤波器修正表面轮廓后获得的:应用 λs 滤波器修正后的轮廓称为原始轮廓;在 P 轮廓上再应用 λc 滤波器修正后形成的轮廓即为粗糙度轮廓;对 P 轮廓连续应用 λf 和 λc 滤波器后形成的轮廓则称为波纹度轮廓。

③ 极限值判断规则

完工零件的表面按检验规范测得轮廓参数值后,需与图样上给定的极限值比较,以判定其是否合格。极限值判断规则有两种:

16% 规则   运用本规则时,当被检表面测得的全部参数值中,超过极限值的个数不多于总个数的 16% 时,该表面是合格的。所谓超过极限值,是指当给定上限值时,超过是指大于给定值;当给定下限值时,超过是指小于给定值。

最大规则   运用本规则时,被检的整个表面上测得的参数值一个也不应超过给定的极限值。

16% 规则是所有表面结构要求标注的默认规则。即当参数代号后未注写"max"字样时,均默认为应用 16% 规则(例如 $Ra\ 0.8$)。反之,则应用最大规则(例如 $Ramax\ 0.8$)。

2. 标注表面结构的图形符号

标注表面结构要求时的图形符号种类、名称、尺寸及其含义见表 14-2。

表 14-2　表面结构符号

符号名称	符　号	含　义
基本图形符号		由两条不等长的与标注成 60°夹角的直线构成。基本图形符号仅用于简化代号的标注,没有补充说明时不能单独使用
扩展图形符号		在基本图形符号上加一短横,表示指定表面是用去除材料的方法获得,如通过机械加工获得的表面
		在基本图形符号上加一圆圈,表示指定表面是用不去除材料的方法获得
完整图形符号	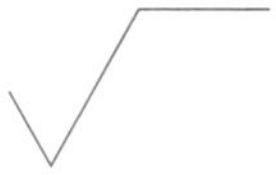 (a) 允许任何工艺 　(b) 去除材料 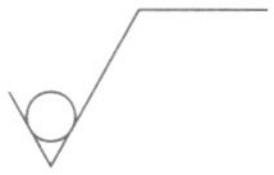　(c) 不去除材料	在以上各种符号的长边上加一横线,以便注写对表面结构特征的补充信息 在报告和合同的文本中用文字表达图形符号时,用 APA 表示图 a,用 MRR 表示图 b,用 NMR 表示图 c

图形符号的比例和尺寸按 GB/T 131—2006 的相应规定绘制(图 14-22、表 14-3)。

当在图样某个视图上构成封闭轮廓的各表面有相同的表面结构要求时,应在完整图形符号上加一圆圈,标注在图样中工件的封闭轮廓线上,如图 14-23 所示。如果标注会引起歧义,则各表面应分别标注。

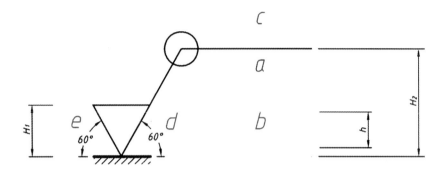

位置 a 注写表面结构的单一要求

位置 a 和 b a 注写第一表面结构要求

b 注写第二表面结构要求

位置 c 注写加工方法、表面处理、涂层等工艺要求,如车、磨、镀等

位置 d 注写要求的表面纹理和纹理方向,表面纹理方向符号见表 14-4

位置 e 注写加工余量,加工余量以 mm 为单位

图 14-22 图形符号的画法及表面结构要求的注写位置

表 14-3 图形符号和附加标注的尺寸

数字和字母高度 h(见 GB/T 14691)	2.5	3.5	5	7	10	14	20
符号线宽 d'	0.25	0.35	0.5	0.7	1	1.4	2
字母线宽							
高度 H_1	3.5	5	7	10	14	20	28
高度 H_2	7.5	10.5	15	21	30	42	60

注:1. 表中 H_2 为最小值,实际高度取决于标注内容。

2. 单位为 mm。

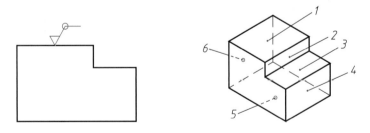

图 14-23 对周边各面有相同的表面结构要求的注法

3. 表面结构要求在图形符号中的注写位置

为了明确表面结构要求,除了标注表面结构参数和数值外,必要时应标注补充要求,包括传输带、取样长度、加工工艺、表面纹理及方向、加工余量等。这些要求在图形符号中的注写位置如图 14-22 所示。其中,表面纹理是指完工零件表面上呈现的,与切削运动轨迹相应的图案,各种纹理方向的符号及其含义见表 14-4。

表 14-4　表面纹理的标注

符号	解释和示例
=	纹理平行于视图所在的投影面 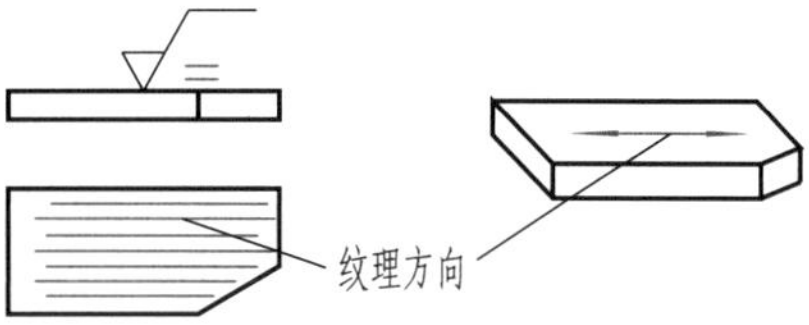
⊥	纹理垂直于视图所在的投影面 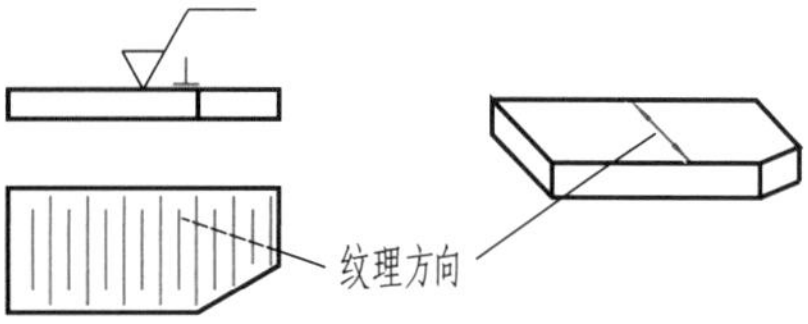
X	纹理呈两斜向交叉且与视图所在的投影面相交 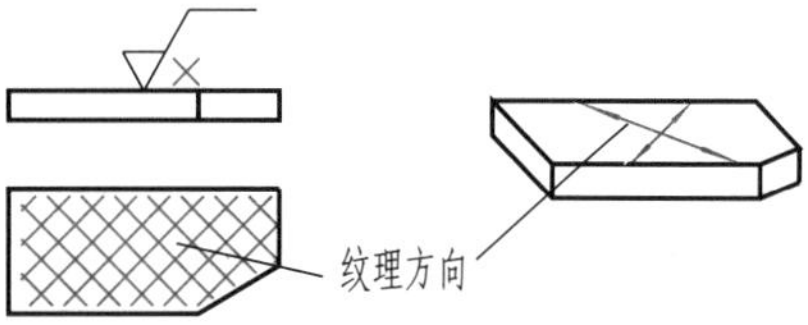
M	纹理呈多方向 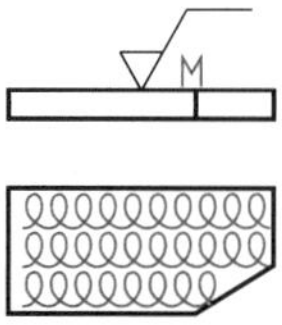
C	纹理呈近似同心圆且与表面中心相关 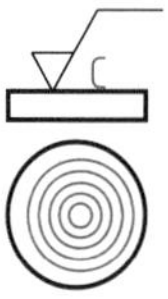
R	纹理呈近似放射状且与表面圆心相关 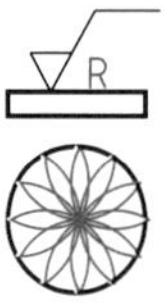
P	纹理呈微粒、凸起、无方向 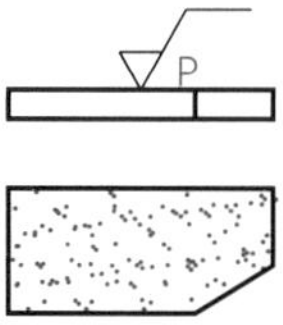

4. 表面结构代号

表面结构符号中注写了具体参数代号及数值等要求后即称为表面结构代号。表面结构代号示例及其含义见表 14-5。

表 14-5　表面结构代号示例及其含义

No.	代号示例	含义/解释	补充说明
1	√ Ra 0.8	表示不允许去除材料,单向上限值,默认传输带,R 轮廓,算术平均偏差 0.8 μm,评定长度为 5 个取样长度(默认),"16% 规则"(默认)	参数代号与极限值之间应留空格(下同),本例未标注传输带,应理解为默认传输带,此时取样长度可由 GB/T 10610 和 GB/T 6062 中查取 在文本中表示为: NMR Ra 0.8
2	√ Rzmax 0.2	表示去除材料,单向上限值,默认传输带,R 轮廓,粗糙度最大高度的最大值 0.2 μm,评定长度为 5 个取样长度(默认),"最大规则"	示例 No.1~No.4 均为单向极限要求,且均为单向上限值,则均可不加注"U",若为单向下限值,则应加注"L" 在文本中表示为: MRR $Rzmax$ 0.2
3	√ 0.008-0.8/Ra 3.2	表示去除材料,单向上限值,传输带 0.008 ~ 0.8 mm,R 轮廓,算术平均偏差 3.2 μm,评定长度为 5 个取样长度(默认),"16% 规则"(默认)	传输带"0.008-0.8"中的前、后数值分别为短波和长波滤波器的截止波长(λs-λc),以示波长范围。此时取样长度 lr 等于 λc,即 lr = 0.8 mm 在文本中表示为: MRR 0.008-0.8/Ra 3.2
4	√ -0.8/Ra3 3.2	表示去除材料,单向上限值,传输带:根据 GB/T 6062,取样长度 0.8 mm,(λs 默认 0.002 5 mm),R 轮廓,算术平均偏差 3.2 μm,评定长度包含 3 个取样长度,"16% 规则"(默认)	传输带仅注出一个截止波长值(本例 0.8 表示 λc 值)时,另一截止波长值 λs,应理解为默认值,由 GB/T 6062 中查知 λs = 0.002 5 mm 在文本中表示为: MRR-0.8/Ra 3 3.2
5	√ U Ramax 3.2 L Ra 0.8	表示不允许去除材料,双向极限值,两极限值均使用默认传输带,R 轮廓,上限值:算术平均偏差 3.2 μm,评定长度为 5 个取样长度(默认),"最大规则";下限值:算术平均偏差 0.8 μm,评定长度为 5 个取样长度(默认),"16% 规则"(默认)	本例为双向极限要求,用"U"和"L"分别表示上限值和下限值。在不致引起歧义时,可不加注"U""L" 在文本中表示为: NMR U $Ramax$ 3.2;L Ra 0.8

5. 表面结构要求在图样中的注法

(1)表面结构要求对每一表面一般只注一次,并尽可能注在相应的尺寸及其公差的同一视图上。除非另有说明,所标注的表面结构要求是对完工零件表面的要求。

(2)表面结构的注写和读取方向与尺寸的注写和读取方向一致。表面结构要求可标注在轮廓线上,其符号应从材料外指向零件表面(图 14-24)。必要时,表面结构也可用带箭头或黑点的指引线引出标注(图 14-25)。

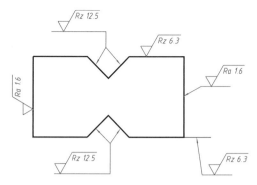

图 14-24　表面结构要求在轮廓线上的标注

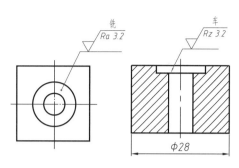

图 14-25　用指引线引出表面结构要求

（3）在不致引起误解时,表面结构要求可以标注在给定的尺寸线上（图 14-26）。

（4）表面结构要求可标注在几何公差框格的上方（图 14-27）。

（5）圆柱和棱柱表面的表面结构要求只标注一次（图 14-28）。如果每个棱柱表面有不同的表面要求,则应分别单独标注（图 14-29）。

6. 表面结构要求在图样中的简化注法

（1）有相同表面结构要求的简化注法

如果在工件的多数（包括全部）表面有相同的表面结构要求时,则其表面结构要求可统一标注在图样的标题栏附近。此时,表面结构要求的符号后面应有：

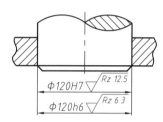

图 14-26　表面结构
要求标注在尺寸线上

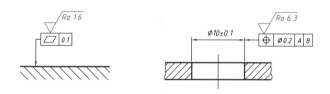

图 14-27　表面结构要求标注在几何公差框格的上方

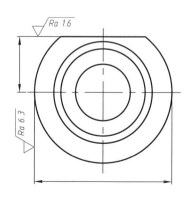

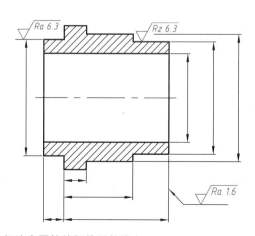

图 14-28　表面结构要求标注在圆柱特征的延长线上

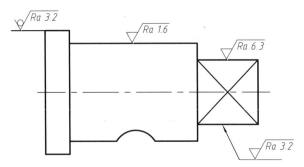

图 14-29　圆柱和棱柱表面结构要求的注法

在圆括号内给出无任何其他标注的基本符号(图 14-30a)。

在圆括号内给出不同的表面结构要求(图 14-30b)。

不同的表面结构要求应直接标注在图形中(图 14-30a、b)。

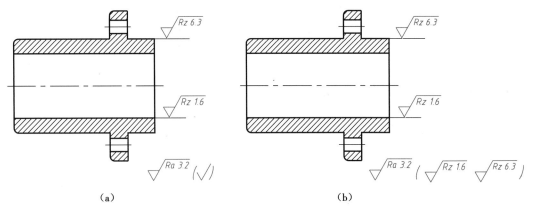

　　　　　　　　（a）　　　　　　　　　　　　　　　　（b）

图 14-30　大多数表面有相同表面结构要求的简化标注

（2）多个表面有共同要求的注法

用带字母的完整符号的简化注法,如图 14-31 所示,用带字母的完整符号,以等式的形式,在图形或标题栏附近,对有相同表面结构要求的表面进行简化标注。

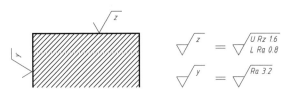

图 14-31　在图纸空间有限时的简化注法

（3）只用表面结构符号的简化注法,如图 14-32 所示,用表面结构符号,以等式的形式给出对多个表面共同的表面结构要求。

（4）两种或多种工艺获得的同一表面的注法

由几种不同的工艺方法获得的同一表面,当需要明确每种工艺方法的表面结构要求时,可按图 14-33a 所示进行标注(图中 Fe 表示基体材料为钢,Ep 表示加工工艺为电镀)。

图 14-33b 所示为三个连续的加工工序的表面结构、尺寸和表面处理的标注。

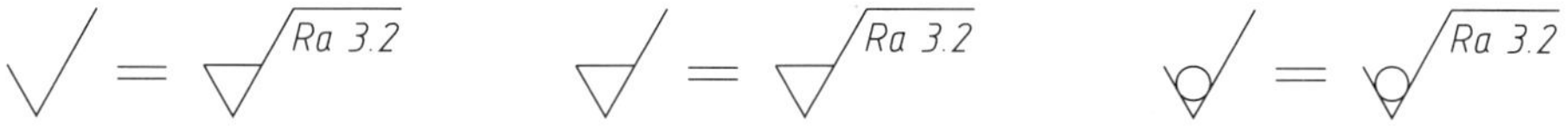

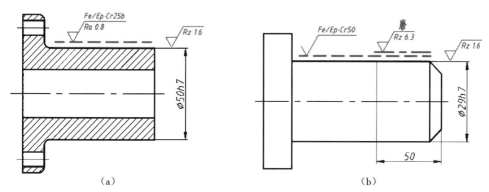

图 14-32　多个共同表面结构要求的简化注法

（a）未指定工艺方法　　　（b）要求去除材料　　　（c）不允许去除材料

（a）　　　　　　　　　　　　　　　　　（b）

图 14-33　多种工艺获得的同一表面的注法

第一道工序：单向上限值，$Rz=1.6$ μm，"16% 规则"（默认），默认评定长度，默认传输带，表面纹理没有要求，去除材料的工艺。

第二道工序：镀铬，无其他表面结构要求。

第三道工序：一个单向上限值，仅对长为 50 mm 的圆柱表面有效，$Rz=6.3$ μm，"16% 规则"（默认），默认评定长度，默认传输带，表面纹理没有要求，磨削加工工艺。

二、极限与配合

极限与配合是尺寸标注中的一项重要内容。前面谈到了由于加工制造的需要，要给尺寸一个允许变动的范围，这是需要极限与配合的原因之一。

然后，是部件或机器本身工作的需要，也就是设计要求。例如图 14-34 所示的轴衬装在轴承座孔中，要求紧密配合，使轴衬能得到较好的定位；而轴和轴衬的配合要有一定间隙，使轴能在轴衬中旋转。这两种不同要求的本身，就是对零件尺寸提出了相应的"偏差"要求。

最后，是零件互换性的需要。所谓零件的互换性，是指同一规格的任一零件在装配时不经选择和修配，就能达到预期的配合性质，满足使用要求。要满足零件的互换性，就要求有配合关系的尺寸（如轴承座孔径、轴衬的内外径以及轴颈的外径）在一个允许的范围内变动，并且在制造上又是经济合理的。

总之，极限与配合既是设计要求，也是加工制造的需要。

1. 尺寸公差的概念　允许尺寸的变动量，叫做尺寸公差，简称公差。有关尺寸公差的术语定义如下（图 14-35、图 14-36）。

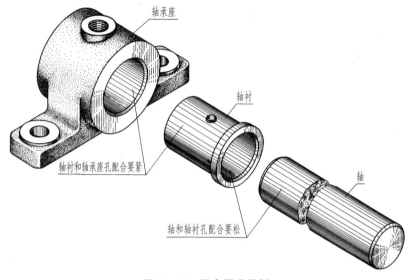

图 14-34 配合要求举例

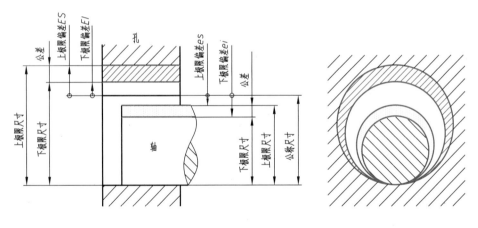

图 14-35 公差与配合示例

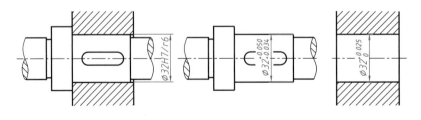

图 14-36 轴孔公差尺寸举例

公称尺寸——由图样规范确定的理想形状要素的尺寸,即设计时根据计算或经验决定的尺寸,如图 14-36 中的 $\phi32$。

实际尺寸——零件制成后,实际测量所得的尺寸。

上极限尺寸——尺寸要素允许的最大尺寸,即允许制造达到的最大尺寸,孔为 $\phi32^{+0.025} = 32.025$;轴为 $\phi32^{+0.050} = 32.050$。

下极限尺寸——尺寸要素允许的最小尺寸,即允许制造达到的最小尺寸,孔为 $\phi32_0 = 32$,轴为 $\phi32_{+0.034} = 32.034$。

上极限偏差——上极限尺寸减其公称尺寸所得的代数差。孔的上极限偏差 $= 32.025 - 32 = +0.025$;轴的上极限偏差 $= 32.050 - 32 = +0.050$。

下极限偏差——下极限尺寸减其公称尺寸所得的代数差。孔的下极限偏差 $= 32 - 32 = 0$;轴的下极限偏差 $= 32.034 - 32 = +0.034$。

公差——上极限尺寸减下极限尺寸之差,或上极限偏差减下极限偏差之差的绝对值。如孔的公差 $= 32.025 - 32 = 0.025$ 或公差 $= 0.025 - 0 = 0.025$。

偏差值或正、或负或零均可。公差是指绝对值,没有正负之分,也不可能为零。

2. 尺寸公差带(简称公差带) 公差带由代表上、下极限偏差的两条直线所限定的区域来表示(图 14-37)。实用中,一般以图 14-37 所示的公差带图来表示。零线是表示公称尺寸的一条直线,正偏差位于零线之上,负偏差位于零线之下。

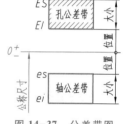

图 14-37 公差带图

公差带由"公差带大小"和"公差带位置"两个要素组成。大小由"标准公差"确定,位置由"基本偏差"确定。

3. 标准公差 标准公差是指国家颁布的"标准公差数值表"(表 14-6)中用以确定公差带大小的任一公差值。它是由公称尺寸和公差等级所确定。标准公差分为 20 级,即 IT01,IT0,IT1,…,IT18。IT 表示标准公差,后面的数字表示公差等级。01 级最高,公差值最小;18 级最低,公差值最大。例如 $\phi32$ 的 IT7 的公差值为 0.025、IT9 为 0.062、IT12 为 0.25 等。尺寸公差的等级应根据使用要求确定,表 14-7 所列情况可供参考。

4. 基本偏差 基本偏差是指用以确定公差带相对于零线位置的上极限偏差或下极限偏差。当公差带在零线上方时,基本偏差为下极限偏差(孔用 EI 表示,轴用 ei 表示);当公差带在零线下方时,基本偏差为上极限偏差(孔用 ES 表示,轴用 es 表示),如图 14-38 所示。

基本偏差代号用拉丁字母表示:大写表示孔,小写表示轴,共采用 21 个字母,加上用两个字母表示的有 7 个,共有 28 个代号,即孔和轴各有 28 个基本偏差,如图 14-39 所示。

基本偏差与标准公差之间,原则上是彼此独立、没有关系的,但有些偏差对于不同的公差等级使用不同的数值。例如 K 在公差 4~7 级范围内使用一种数值,而在其他公差等级范围内全都是零值。因此,在图 14-39 中,K 对零线有两种不同的位置,同理,M、N 对零线也有两种不同的位置,J 对零线有三种不同的位置。

表14-6 标准公差数值（节选）

公称尺寸/mm 大于	至	IT01	IT0	IT1	IT2	IT3	IT4	IT5	IT6	IT7	IT8	IT9	IT10	IT11	IT12	IT13	IT14	IT15	IT16	IT17	IT18
等级							μm											mm			
—	3	0.3	0.5	0.8	1.2	2	3	4	6	10	14	25	40	60	0.1	0.14	0.25	0.4	0.6	1.0	1.4
3	6	0.4	0.6	1	1.5	2.5	4	5	8	12	18	30	48	75	0.12	0.18	0.3	0.48	0.75	1.2	1.8
6	10	0.4	0.6	1	1.5	2.5	4	6	9	15	22	36	58	90	0.15	0.22	0.36	0.58	0.9	1.5	2.2
10	18	0.5	0.8	1.2	2	3	5	8	11	18	27	43	70	110	0.18	0.27	0.43	0.7	1.1	1.8	2.7
18	30	0.6	1	1.5	2.5	4	6	9	13	21	33	52	84	130	0.21	0.33	0.52	0.84	1.3	2.1	3.3
30	50	0.6	1	1.5	2.5	4	7	11	16	25	39	62	100	160	0.25	0.39	0.62	1	1.6	2.5	3.9
50	80	0.8	1.2	2	3	5	8	13	19	30	46	74	120	190	0.3	0.46	0.74	1.2	1.9	3.0	4.6
80	120	1	1.5	2.5	4	6	10	15	22	35	54	87	140	220	0.35	0.54	0.87	1.4	2.2	3.5	5.4
120	180	1.2	2	3.5	5	8	12	18	25	40	63	100	160	250	0.40	0.63	1	1.6	2.5	4.0	6.3
180	250	2	3	4.5	7	10	14	20	29	46	72	115	185	290	0.46	0.72	1.15	1.85	2.9	4.6	7.2
250	315	2.5	4	6	8	12	16	23	32	52	81	130	210	320	0.52	0.81	1.30	2.10	3.2	5.2	8.1
315	400	3	5	7	9	13	18	25	36	57	89	140	230	360	0.57	0.89	1.40	2.30	3.6	5.7	8.9
400	500	4	6	8	10	15	20	27	40	63	97	155	250	400	0.63	0.97	1.55	2.50	4	6.3	9.7

表 14-7 公差等级的应用

应　用	公差等级（IT）																			
	01	0	1	2	3	4	5	6	7	8	9	10	11	12	13	14	15	16	17	18
块　规	■	■	■																	
量　规			■	■	■	■	■	■	■											
配合尺寸							■	■	■	■	■	■	■	■						
特别精密零件的配合			■	■	■	■														
非配合尺寸（大制造公差）														■	■	■	■	■	■	■
原材料公差										■	■	■	■	■	■	■	■	■		

5. 公差带代号和极限偏差　公差带代号由基本偏差代号中的拉丁字母和表示公差等级的数字组成，如 ϕ35H7、ϕ35f6 中的 H7、f6 等。

如已知尺寸公差带代号，则可从孔或轴的极限偏差表中查出该尺寸的基本偏差和另一极限偏差，并求得公差。如已知 ϕ35H7，则可从附录中附表 29"常用及优先用途孔的极限偏差表"的"大于 30 至 40"横行内与"H7"纵列下相交处查得数组 $^{+25}_{0}$，即 ϕ35H7 的极限偏差为 $\phi35^{+0.025}_{0}$，基本偏差（此处为下极限偏差）为零，上极限偏差为 +0.025，公差为 0.025。按同样方法可从附表 28 中得知 ϕ35f6 的极限偏差为 $\phi35^{-0.025}_{-0.041}$，即基本偏差（此处为上极限偏差）为 -0.025，下极限偏差为 -0.041，公差为 0.016；也可以根据公差带代号，分别查出基本偏差和标准公差后按公式算出另一极限偏差。必须说明，所有算出的数值仅供参考，一律以标准表列的数据为准。

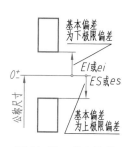

图 14-38 基本偏差

在零件图上，尺寸公差带的注法可用下列三种方法的一种（参见图 14-36）：

孔：1）ϕ32H7；2）$\phi32^{+0.025}_{0}$；3）ϕ32H7($^{+0.025}_{0}$)。

轴：1）ϕ32r6；2）$\phi32^{+0.050}_{+0.034}$；3）ϕ32r6($^{+0.050}_{+0.034}$)。

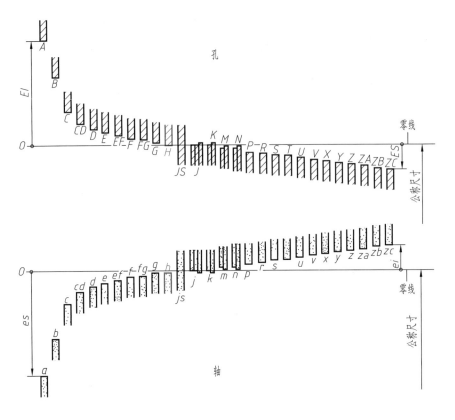

图 14-39　基本偏差系列

6. 配合　公称尺寸相同、相互结合的孔和轴公差带之间的关系,称为配合。

根据孔、轴公差带的关系,或形成间隙,或形成过盈的情况,配合分为三种类型:

1）间隙配合——具有间隙(包括最小间隙等于零)的配合;

2）过盈配合——具有过盈(包括最小过盈等于零)的配合;

3）过渡配合——可能具有间隙或过盈的配合。

各种配合的示意图如图 14-40 所示。

7. 配合制　国家标准规定了两种配合制:即基孔制配合和基轴制配合。

基孔制配合是基本偏差为一定的孔的公差带与不同基本偏差的轴的公差带形成各种配合的一种制度。基孔制配合中的孔为基准孔,代号为 H。基准孔的下极限偏差为零,只有上极限偏差。

基轴制配合是基本偏差为一定的轴的公差带与不同基本偏差的孔的公差带形成各种配合的一种制度。基轴制配合中的轴为基准轴,代号为 h。基轴制的上极限偏差为零,只有下极限偏差。

两种基准制都有三种类型的配合,其示意图如图 14-40 所示。

在机械制造常用尺寸段中,一般优先采用基孔制配合,这样既方便加工制造,又可缩减所用定直径的刀具、量具的数量,比较经济合理。基轴制配合通常用于具有明显经济利益的场

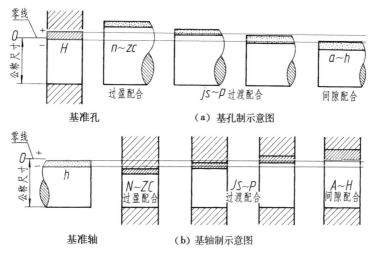

图 14-40　基准制配合的示意图

合,例如直接用冷拉钢材做轴,不再加工;或同一公称尺寸的各个部分需要装上不同配合的零件等。

与标准件配合时,通常选择标准件为基准件。例如滚动轴承内圈与轴为基孔制配合,滚动轴承外圈与孔为基轴制配合。

为了满足配合的特殊要求,允许采用任一孔、轴公差带组成的配合。

8. 配合代号　配合代号采用孔和轴公差带代号组合并写成分数形式表示。分子为孔的公差带代号,分母为轴的公差带代号。如分子为 H 时是基孔制;分母为 h 时是基轴制。注写方法如图 14-41 所示。

图 14-41a 中,$\phi35H7/s6$ 表示:孔和轴的公称尺寸均为 35,基本偏差为 H、公差等级为 7 级的基准孔与基本偏差为 s、公差等级为 6 级的轴组成基孔制的过盈配合。

根据 $\phi35H7$ 和 $\phi35s6$ 可查出它们的极限偏差为 $\phi35H7({}^{+0.025}_{0})$,$\phi35s6({}^{+0.059}_{+0.043})$,据此可算出该配合的极限过盈量为: ${}^{-0.018}_{-0.059}$(负号表示过盈)。它们的配合公差[①]等于 0.025+0.016 = 0.041,此数即为过盈大小的变动量。这样不仅有定性的了解,还有过盈量大小的概念了。

图 14-41b 中,$\phi10F8/h7$ 表示:孔和轴的公称尺寸均为 10,以公差带为 F8 的孔与公差带为 h7 的轴组成基轴制的间隙配合。$\phi10F8$ 的极限偏差为 $({}^{+0.035}_{+0.013})$;$\phi10h7$ 的极限偏差为 $({}^{0}_{-0.015})$。经计算配合的极限间隙量为 $({}^{+0.050}_{+0.013})$(正号表示间隙),配合公差为 0.037。

与滚动轴承配合的轴和孔,只注轴或孔的公差带代号,如图 14-42 所示。滚动轴承内、外直径尺寸的极限偏差另有标准,规定一般不标注。

---

① 配合公差是允许间隙或过盈的变动量,等于相互配合的孔、轴的公差之和。

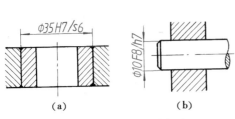

(a)	(b)

图 14-41　配合代号的标注　　　　图 14-42　与滚动轴承配合的孔、轴的标注

三、几何公差

为了保证产品质量,使其性能优良和有较长的使用寿命,除了给定零件恰当的尺寸公差和表面粗糙度要求外,还应规定适当的几何公差,以限制零件要素的形状和位置误差。几何公差包括形状、位置、方向和跳动公差,是零件上要素的实际形状和位置对理想形状和位置的允许变动量。几何公差以代号的形式注写在图样上,有关这方面的初步知识,见表 14-8、表 14-9、表 14-10。

表 14-8　几何公差的几何特征、符号和附加符号(摘自 GB/T 1182—2018)

公差类型	几何特征	符号	有无基准	公差类型	几何特征	符号	有无基准
形状公差	直线度	—	无	位置公差	位置度	⊕	有或无
	平面度	▱	无		同心度(用于中心点)	◎	有
	圆度	○	无		同轴度(用于轴线)	◎	有
	圆柱度	⌭	无		对称度	═	有
	线轮廓度	⌒	无		线轮廓度	⌒	有
	面轮廓度	⌓	无		面轮廓度	⌓	有
方向公差	线轮廓度	⌒	有	附加符号(部分)	最大实体要求	Ⓜ	
	平行度	∥	有		最小实体要求	Ⓛ	
	垂直度	⊥	有		全周(轮廓)	⌀	
	倾斜度	∠	有		延伸公差带	Ⓟ	
	面轮廓度	⌓	有		包容要求	Ⓔ	
跳动公差	圆跳动	↗	有		理论正确尺寸	50	
	全跳动	⌐	有		基准目标	Ⓞ20/A1	

注:几何公差的几何特征符号的线型宽度为 d,d 在 A 型字情况下为字高的 1/14、B 型字情况下为字高的 1/10。

表 14-9　几何公差注法

图　　例	说　　明
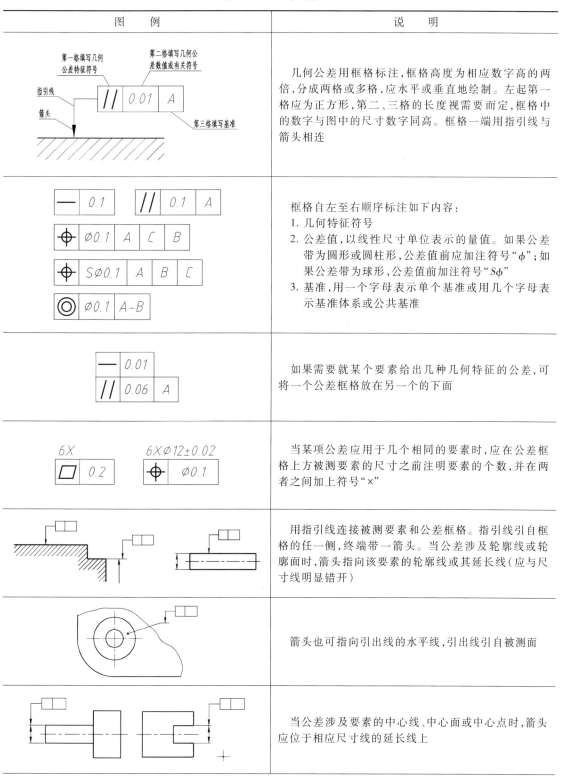	几何公差用框格标注,框格高度为相应数字高的两倍,分成两格或多格,应水平或垂直地绘制。左起第一格应为正方形,第二、三格的长度视需要而定,框格中的数字与图中的尺寸数字同高。框格一端用指引线与箭头相连
	框格自左至右顺序标注如下内容: 1. 几何特征符号 2. 公差值,以线性尺寸单位表示的量值。如果公差带为圆形或圆柱形,公差值前应加注符号"ϕ";如果公差带为球形,公差值前加注符号"$S\phi$" 3. 基准,用一个字母表示单个基准或用几个字母表示基准体系或公共基准
	如果需要就某个要素给出几种几何特征的公差,可将一个公差框格放在另一个的下面
	当某项公差应用于几个相同的要素时,应在公差框格上方被测要素的尺寸之前注明要素的个数,并在两者之间加上符号"×"
	用指引线连接被测要素和公差框格。指引线引自框格的任一侧,终端带一箭头。当公差涉及轮廓线或轮廓面时,箭头指向该要素的轮廓线或其延长线(应与尺寸线明显错开)
	箭头也可指向引出线的水平线,引出线引自被测面
	当公差涉及要素的中心线、中心面或中心点时,箭头应位于相应尺寸线的延长线上

图 例	说 明
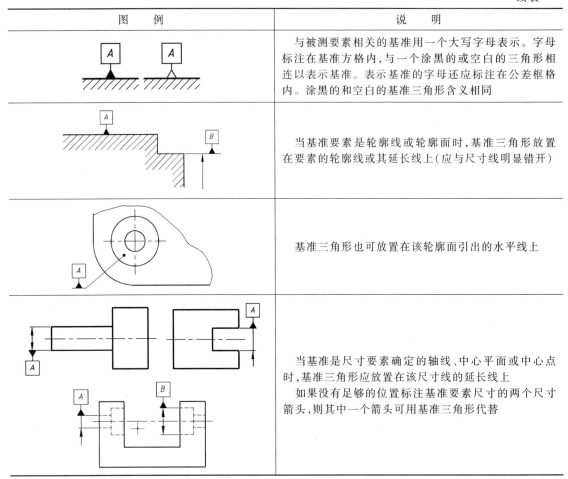	与被测要素相关的基准用一个大写字母表示。字母标注在基准方格内,与一个涂黑的或空白的三角形相连以表示基准。表示基准的字母还应标注在公差框格内。涂黑的和空白的基准三角形含义相同
	当基准要素是轮廓线或轮廓面时,基准三角形放置在要素的轮廓线或其延长线上(应与尺寸线明显错开)
	基准三角形也可放置在该轮廓面引出的水平线上
	当基准是尺寸要素确定的轴线、中心平面或中心点时,基准三角形应放置在该尺寸线的延长线上 如果没有足够的位置标注基准要素尺寸的两个尺寸箭头,则其中一个箭头可用基准三角形代替

注:框格、数字、指引线、基准代号圆圈的线宽均为 d,d 在 A 型字情况下为字高的 1/14、在 B 型字情况下为字高的 1/10。

表 14-10 几何公差标注示例和说明

例 油缸。

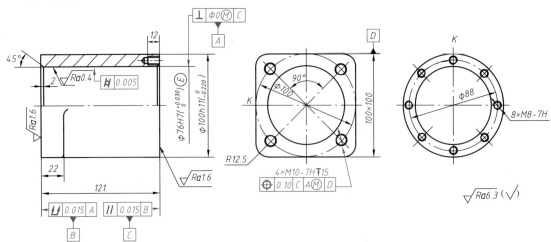

序号	代　号	读　法
1	$\phi76H7(^{+0.030}_{0})$Ⓔ	$\phi76H7$Ⓔ孔内表面应遵守包容要求
2	$⌀$ 0.005	$\phi76H7$Ⓔ孔内表面的圆柱度公差为0.005
3	⟲ 0.015 A	工件左端面对基准A($\phi76H7$孔轴线)的全跳动公差为0.015
4	// 0.015 B	工件右端面对基准B(左端面)的平行度公差为0.015
5	⊥ $\phi0$Ⓜ C	$\phi76H7(^{+0.030}_{0})$Ⓔ孔在最大实体状态时的实际轴线对基准平面C的垂直度公差为零
6	4×M10-7H↧15 ⊕ 0.10 C AⓂ D	4个M10螺孔实际轴线对由基准C、AⓂ(遵守最大实体要求)、D所确定的4孔理想位置轴线的位置度公差为0.10

§14-5　读零件图

读零件图是指在拿到一张零件图后,通过对图中四项内容的理解和分析,对图中所表达的零件的结构形状、尺寸大小、技术要求等内容进行概括了解、具体分析和全面综合,从而理解设计意图,拟定合理的加工方案,或进一步研究零件设计的合理性,以得到不断改进和创新的过程。

一、读零件图的要求

通过对零件图的阅读,应达到如下要求:

1. 了解零件的名称、材料和用途;
2. 了解组成零件的各部分结构形状特点、功用、相对位置关系及其大小;
3. 了解零件的加工工艺及技术要求。

二、读零件图的方法和步骤

1. 概括了解

首先通过看标题栏,了解零件的名称、材料、比例、设计和生产单位等内容,并浏览全图,对所看的零件建立一个初步认识,例如属于哪一类零件、零件的外观轮廓大小、用什么材料制造、零件的大概用途等。并通过对一些相关技术资料(如装配图)的查阅和有关知识的积累,可以大致掌握零件的作用及构形特点,并进一步了解零件用途以及与其他零件的关系。

2. 视图分析

根据零件图中的视图布局,确定出主视图,然后围绕主视图,分析其他视图的配置情况及表达方法,特别是要弄清各个图形的表达目的,如向视图、局部视图、斜视图、局部放大图等需要弄清楚表达的是零件的哪部分结构,剖视图、断面图,则应弄清楚具体的剖切方法、剖切位置、剖切目的及彼此间的投影对应关系等。

3. 构形及形体分析

首先根据零件的构形规律和知识,用形体分析法将零件按功能分解为几个较大部分,如工作部分、连接部分、安装部分、加强和支承部分等。找出零件的每一部分结构各通过哪些视图表达,明确每一结构在各视图中的轮廓投影范围以及各部分之间的相对位置。在此基础上,仔细分析每一结构的局部细小结构和形状。在形体分析过程中,要注意机件表达方法中的一些规定画法和简化画法,以及一些具有特征内涵的尺寸(如 ϕ、M、$S\phi$、SR 等),最后,想象出零件的完整形状。

4. 分析尺寸

根据零件的类别及整体构形,分析长、宽、高各方向的尺寸标注基准,弄清哪些是主要基准和主要尺寸,根据尺寸标注的形式,找出各结构形体的定形尺寸和定位尺寸,并检查尺寸标注是否符合设计要求,是否满足工艺简单、经济的要求,是否符合有关标注等。

5. 分析技术要求

根据图上标注的表面结构要求、尺寸公差、几何公差及其他技术要求,明确主要加工面及重要尺寸,弄清楚零件的质量指标,以便制定合理的加工工艺方法。

6. 综合归纳

综合上面的分析,在对零件的结构形状特点、功能作用等有了全面了解之后,才能对设计者的意图有较深入的理解,对零件的作用、加工工艺和制造要求有较明确的认识,从而达到读懂零件图的目的。应当指出,在读图过程中,上述各步骤常常是穿插进行的。

在读懂零件图的基础上,还可以对零件的结构设计、视图表达方案、图样画法等内容进行进一步的分析,看是否有表达不正确或可以改进的地方,并提出修改的方案。

三、读图举例

下面以一个壳体零件图的读图过程为例,说明读图的具体过程。

例 读懂图 14-43 所示的壳体零件图。

过程如下:

1. 概括了解

从标题栏中知零件为壳体,材料为铸造铝合金 ZL103,属箱体类铸造零件,比例为 1:1。该零件的轮廓大小为 101×92×80,从图形中可以看出该零件具有一般箱体类零件所具有的容纳作用,其用途应从其他有关资料中了解。

2. 分析表达方案

该壳体采用主视、俯视、左视三个基本视图和一个局部视图来表达内外形结构。

主视图采用单一剖切面剖切的 $A—A$ 全剖视图,主要表达内部结构形状;俯视图采用阶梯剖切的 $B—B$ 全剖视图,同时表达内部形状和底板的形状,看图时应注意 $B—B$ 剖切的准确位置;左视图主要表达外形,其上有一处小局部剖表达顶面的通孔;C 向局部视图,主要表达顶面形状及连接孔的位置和数量。

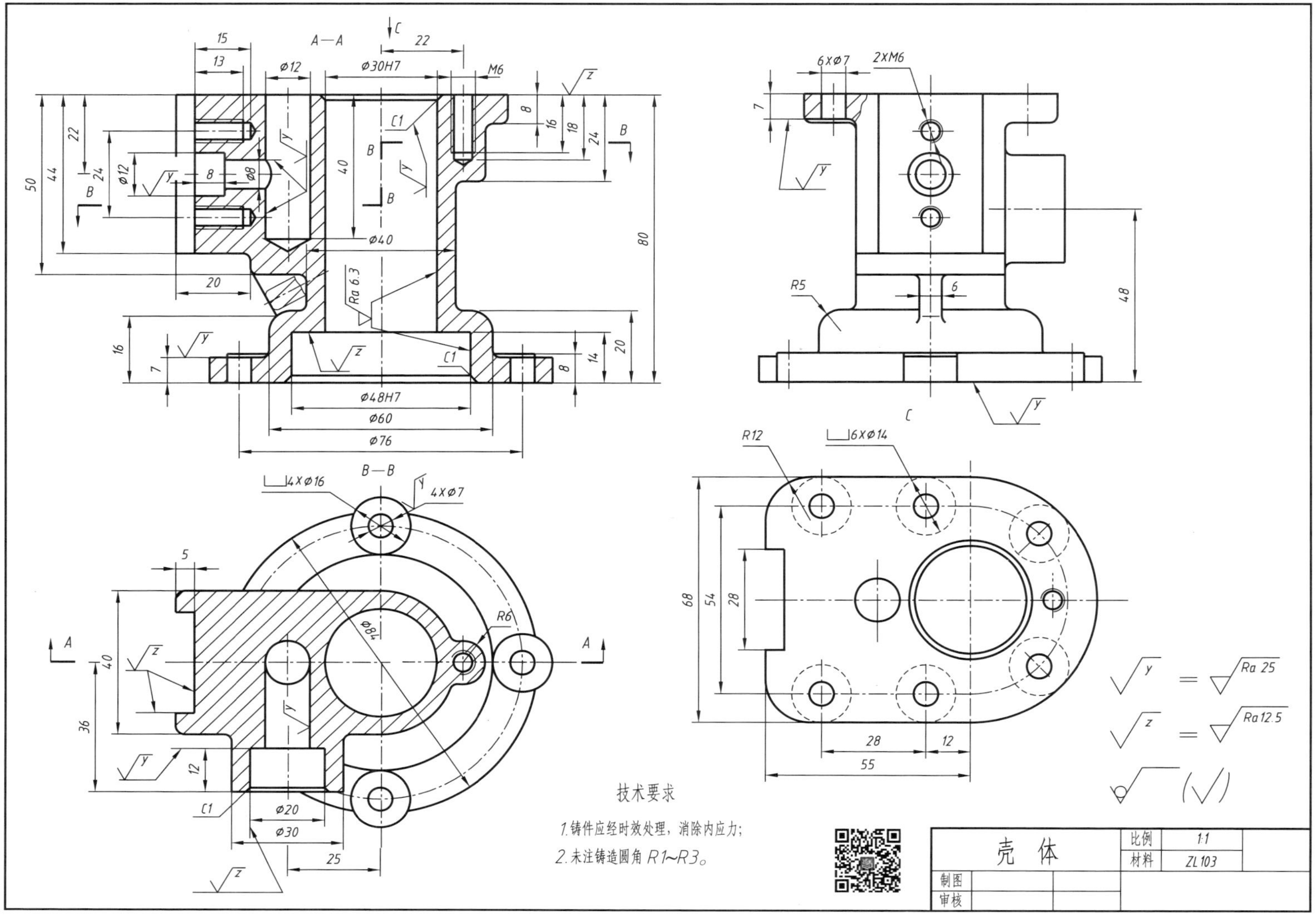

技术要求

1. 铸件应经时效处理, 消除内应力;
2. 未注铸造圆角 $R1 \sim R3$。

图 14-43 壳体零件图

$\sqrt{y} = \sqrt{Ra\ 25}$ $\sqrt{z} = \sqrt{Ra\ 12.5}$ $\sqrt{\ } (\sqrt{\ })$

壳 体

比例	1:1	
材料	ZL103	
制图		
审核		

2×M6
6×∅7
R5
16×∅14
R12
48
6
12
28
55
28
54
68

80
24
18
16
8
M6
C1
C1
22
∅30H7
∅12
B
B
A—A
C
Ra 6.3
∅40
∅48H7
∅60
∅76
40
15
13
8
∅8
20
∅12
24
22
44
50
16
20
14
8
7

R6
B—B
4×∅7
4×∅16
∅84
∅20
∅30
25
5
12
36
40
A

3. 构形分解及形体分析

从主、俯视图中看出,该壳体零件的工作部分为内腔,其中包括主体内腔($\phi30H7$ 和 $\phi48H7$ 构成的直立阶梯孔)和其余内腔(主体内腔左侧的三向垂直通孔)等。依据由内形定外形的构形原则,可看出该壳体零件的基本外形。

从主、左视图及 C 向视图可看出顶面连接部分的形状;从主、左及俯视图可看出左侧连接部分的形状;从俯、左视图中看出前面圆柱形凸台部分的形状和位置。

壳体的安装部分为下部的安装底板,主要在主、俯视图中表达,为圆盘形结构。另外,从主、左视图中看出,该零件有一加强肋,加强对左侧凸出结构的支撑。

工作部分的形体不复杂,其难点在于看懂左边三孔的位置关系,从主、俯视图中看出顶面 $\phi12$ 孔深 40,左侧 $\phi12$、$\phi8$ 阶梯孔和前面凸缘上的 $\phi20$、$\phi12$ 阶梯孔三孔相通并相互垂直。

连接部分共三处,顶面连接板厚度 8,形状见 C 向视图,其上有下端面锪平的 $6\times\phi7$ 孔和 M6 深 16 螺孔,由主视图及 C 向视图可知这些孔的相对位置。侧面连接为凹槽,槽内有 $2\times$M6 螺孔,前面连接是靠 $\phi20$ 孔,其外部结构为 $\phi30$ 的圆柱形凸缘。

安装底板为圆盘形,其上有锪平 $4\times\phi16$ 的安装孔 $4\times\phi7$,要注意锪平面在左视图中的投影。另外,主视图中还有反映肋断面形状的重合断面图,左视图中肋的过渡线画法也值得注意。

至此,可想象出壳体零件的完整结构形状,图 14-44 为该零件的立体图。

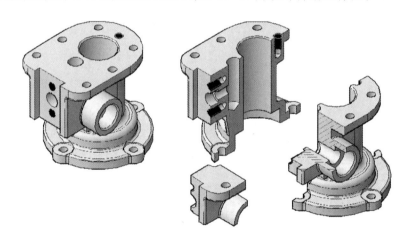

图 14-44　壳体立体图

4. 分析尺寸及技术要求

长度方向尺寸标注的主要基准是通过主体内腔轴线的侧平面,宽度方向尺寸标注的主要基准是通过主体内腔轴线的正平面,高度方向尺寸标注的基准是壳体的下底面。从这三个主要基准出发,结合零件的功用,可进一步分析主要尺寸和各组成部分的定形、定位尺寸,从而完全确定该壳体的各部分大小。

从表面粗糙度标注看出,除主体内腔孔 $\phi30H7$ 和 $\phi48H7$ 表面粗糙度要求为 MRR Ra 6.3 以外,其他加工面大部分为 MRR Ra 25,少数为 MRR Ra 12.5,其余为铸造表面。说明该零件对表面粗糙度要求不高。

全图只有两个尺寸具有公差要求，即 $\phi30H7$ 和 $\phi48H7$，这也正是工作内腔，说明它是该零件的核心部分。

壳体材料为铸铝，为保证壳体加工后不致变形而影响工作，因此铸件应经时效处理。零件上的未注铸造圆角为 $R1 \sim R3$。

复习思考题

1. 试述零件图的作用和应具备的内容。

2. 选择零件表达方案的原则是什么？试举例说明零件表达方案选择的方法和步骤。

3. 为什么要进行零件表达方案的分析比较？

4. 零件的尺寸标注应满足什么要求？它与组合体的尺寸标注有什么质的差别？

5. 试以图 14-5 的支架为例分析零件的尺寸标注。

6. 试说明表面粗糙度代号的含义及其在图样上的注法。

7. 为什么要有尺寸极限和公差？尺寸公差的公差带是由什么确定的？尺寸极限在零件图中如何标注？

8. 配合有几种？如何标注配合尺寸？

9. 几何公差有哪些项目？如何在图样中标注几何公差？

10. 试说明 $\phi32H7/f6$、$\phi32F7/n6$、$\phi32H7$、$\phi32n6$、$\phi32f6$、$\phi32F7$ 的含义及其极限偏差。

11. 试述读零件图的一般方法和步骤，并举例说明。

第十五章　装配图

§15-1　装配图的作用和内容

装配图是表达机器或部件整体结构的一种图样。在设计阶段,一般先画出装配图,然后根据它所提供的总体结构和尺寸,设计绘制零件图;在生产阶段,装配图是编制装配工艺,进行装配、检验、安装、调试以及维修等工作的依据。可见,装配图是生产中的基本技术文件,是不可缺少的。

图 15-1 为球阀的轴测图和装配图。在管道中,球阀是控制流体通道启闭和流量大小的部件。配合轴测图,可以从装配图看出:全剖视的主视图,清晰地表达了球形阀瓣 *2*、左阀体 *1* 和右阀体 *11*、阀杆 *4* 等主要零件的主要结构以及零件之间的相互位置,也表达了左阀体 *1* 和右阀体 *11*、阀杆 *4* 和手柄 *10* 的连接、锁紧方式,还表达了(O 形)密封圈 *5*、*7* 及密封圈 *8* 等防漏装置。从这个图可分析出阀的作用和工作情况:阀瓣 *2* 上的水平孔 $\phi 80$ 是连通左右阀体的通道的,图示为全开状态,流量最大。转动手柄 *10* 时,通过阀杆 *4* 可使球形阀瓣 *2* 旋转,借以调节孔道开度的大小。俯视图为外形图,图上用细双点画线表示的手柄 *10* 说明它的另一极限位置(称假想投影),此时,球阀处于关闭状态。手柄 *10* 转动的限位装置则由 *B—B* 剖视表达。这样,球阀的整体结构、工作情况即可表达清楚。

装配图上还注有规格、装配、安装等几类尺寸。组成球阀的每种零件都编了序号,而且在标题栏的上方列有明细栏,标明了零件的名称、材料、数量等。此外,图上还列出了两条技术要求。

通过上例的分析可知,一张装配图应包含下述内容:

1. 一组视图　用以表达部件的结构、零件之间的装配连接关系、部件的工作运动情况和零件的主要形状等。

2. 必要的尺寸　图上应注出有关性能、规格、安装、外形、配合和连接关系等尺寸。

3. 技术要求　提出有关成品质量、装配、检验、调整、试车等方面的要求。

4. 零件的序号、明细栏和标题栏　零件的名称、材料、数量和标准等内容则用图上编写序号、图外列表的方式来说明。标题栏内要填写部件名称、设计单位和人员、日期、作图比例等有关内容,供管理生产、备料、存档查阅之用。

装配图所包含的内容,因作用不同和行业特点而显现差异,在视图的繁简、尺寸的详略、表达方法的选用等方面的问题,均各有千秋。

§15-2 表达部件的基本要求和表达方法的选择

一、表达部件的基本要求

部件的装配图,应着重表达部件的整体结构,特别要把部件所属零件的相对位置、连接方式、装配关系清晰地表达出来。能据以分析出部件(或机器)的传动路线、运动情况、润滑冷却方式以及如何操纵或控制等等情况,使人得到所画部件结构特点的完整印象,而不追求完整和清晰表达个别零件的形状。考虑选择表达方法时,应围绕上述基本要求进行。

二、选择表达方法的方法和步骤

选择部件的表达方法时,一般采用下述方法:根据部件的结构特点,从装配干线入手,首先考虑和部件功用密切的主要干线(如工作系统,传动系统等);然后是次要干线(如润滑冷却系统、操作系统和各种辅助装置等);最后考虑连接、定位等方面的表达。力求视图数量适当,看图方便和作图简便。

选择表达方法的一般步骤是:

1. 了解部件的功用和结构特点。

2. 选择主视图 所选的主视图一般要:

(1)符合部件的工作位置。

(2)能较多地表达部件的结构和主要装配关系。为此应采用恰当的表达方法。例如图 15-1 球阀装配图的主视图,既符合工作位置,又抓住水平和竖直两条轴线共面的特点取全剖视,就把全部零件的相对位置、连接和装配关系等都表达清楚了。

3. 选择其他视图 主视图没有表达而又必需表达的部分,或者表达不够完整、清晰的部分,可以选用其他视图补充说明。对于比较重要的装配干线、装配结构和装置,要用基本视图并在其上取剖视来表达;对于次要结构或局部结构则用局部剖视、局部视图等表达。例如图 15-1 球阀的装配图,为了表明阀杆 4 与球形阀瓣 2 的连接情况及其形状,选用了 A—A 剖视的左视图。手柄 10 的限位装置主视图没有表达清楚,就另用 B—B 剖视补充说明阀体上定位凸块和手柄的相对位置,转动范围限于 90°。俯视图是外形图,主要说明手柄 10 的运动极限位置。

装配图视图的数量,随用、要求不同而异,但一般应使每种零件至少在视图中出现一次。否则,图上就缺少一种零件了。

下面再举一个例子。

图 15-2 为叶片泵的装配图。有关叶片泵的工作原理和运动情况,第十四章介绍过了,不再复述。仅就表达方法问题,略加说明。

1. 叶片泵的结构特点 叶片泵虽只有一条装配干线,但轴 5 和环 3 偏心,而且轴 5 左端的槽中装了叶片,叶片的圆孔中又有弹簧,这些都需要表达清楚才能说明叶片泵的工作运动情况。

2. 关于主视图 为了表达零件 1、2、3、4、5、6 等的相互位置、轴向定位和固定以及装配、连接等关系,主视图采用了全剖视,泵的基本结构即可表达清楚。

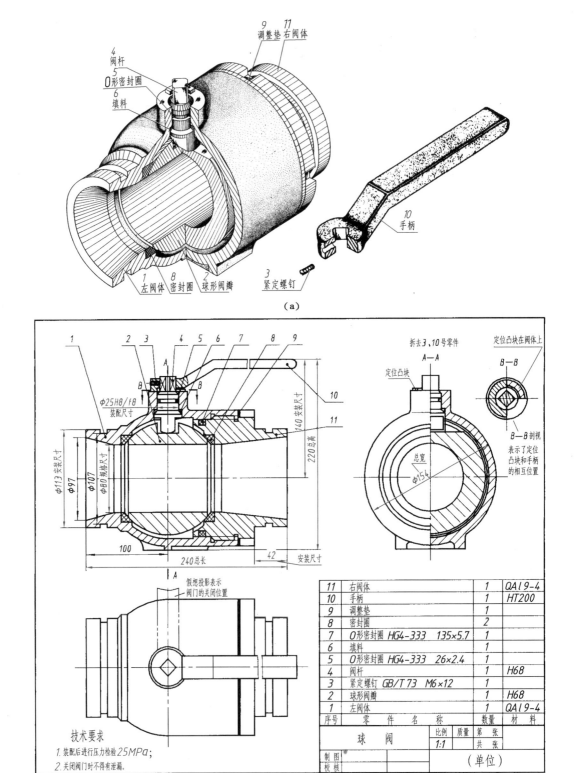

图 15-1　球阀的轴测图、装配图及装配图内容的分析

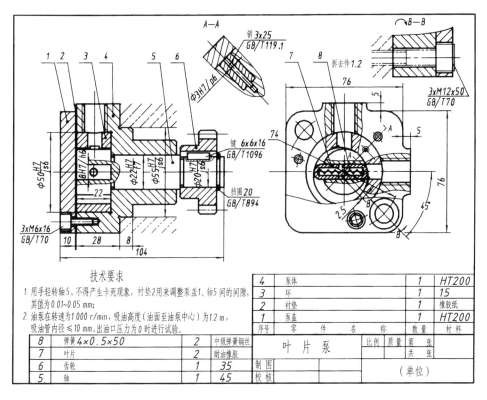

图 15-2 叶片泵表达方法分析

3. 关于左视图 为了表达轴 5 与环 3 的偏心情况,叶片 7、弹簧 8 与环 3 的相互位置关系,又选用了局部剖视(假想沿泵盖 1 和泵体 4 的接合面剖切)的左视图补充说明,这个图还表明了流体的进出口情况和安装孔位置的分布等。

4. 其他 图中还有两个断面用以表明连接、安装情况。A—A 表达了环 3 和泵体 4 是用 $\phi3$ 的销来连接和定位的,借以防止环 3 在泵体内旋转。B—B 图中用双点画线画出的螺钉和机体,表明泵的安装情况。

三、装配图的特殊画法

为了适应部件结构的复杂性和多样性,画装配图时,可根据表达的需要,选用以下画法。

1. 拆卸画法 在装配图的某个视图上,当某些可拆零件遮住了必须表达的结构或装配关系时,可按下列两种方法之一处理。

1)假想将可拆零件拆去后再画图,如图 15-1 中的左视图就拆去了零件 3 和 10。

2)假想沿某些零件的接合面剖切后再画图。此时,在零件接合面的区域内不画剖面线,但在被切断的其他零件的断面上应画上剖面符号,如图 15-2 左视图上的螺钉杆部横断面所示。

拆卸画法的拆卸范围,可根据需要灵活选取。图形对称时可以半拆;不对称可以全拆,也可以局部拆卸,此时可以波浪线表示拆卸的范围,如图 15-2 左视图所示。

拆卸画法如需说明时,可在图形上方加标注"拆去××等",如图 15-1、图 15-2 所示。

2. 假想画法　用细双点画线画出的机件投影叫假想画法。在装配图中,如遇下列情况,可用假想投影表达。

1) 当需要表达运动零件的运动范围或工作位置时,某一工作位置用粗实线画出,另一工作位置用细双点画线画出它的轮廓,图15-1俯视图中的手柄,即其一例。

2) 必须表达与本部件的相邻零件或部件的安装连接关系时,可用细双点画线画出相邻零件或部件的轮廓,如图15-2、图15-3所示。

3. 夸大画法　非配合面的微小间隙、薄垫片、细弹簧等,如无法按实际尺寸画出时,可不按比例而适当夸大画出,如图15-3所示。

4. 简化画法　如遇下列情况,可简化画出。

1) 对于若干相同的零件组如螺钉连接等,可只详细地画出一处,其余则用细点画线标明其中心位置如图15-3所示。

2) 油封(密封圈、毡圈)在装配图的剖视图中可只画对称图形的一半,另一半则用相交的细实线表示;滚动轴承等零、部件可采用通用画法、特征画法、规定画法,如图15-3所示。

3) 在装配图中,零件的工艺结构,如小圆角、倒角、砂轮越程槽等可省略不画。

5. 单独画某个零件　在装配图中,当某个零件的形状未表达清楚而影响对部件的工作情况、装配关系等问题的理解时,可单独画出某一零件的视图。但必须在该视图的上方注出视图名称,在相应视图的附近用箭头指明投射方向,并注上同样的字母,如图15-4泵盖 *B* 或标注"件×B"所示。

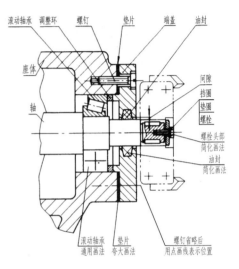

图15-3　夸大画法和简化画法

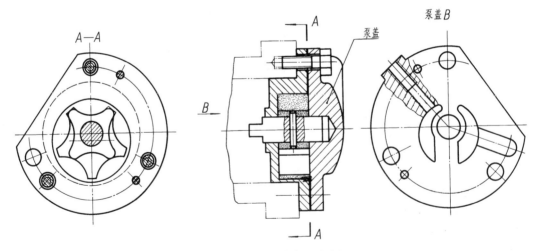

图15-4　单独画出某个零件的视图

282

6. 展开画法 为了表达不在同一平面内多个平行轴的轴上零件和轴与轴的传动关系,可按传动顺序沿各轴线剖开,然后依次展开画在同一平面上,并标注"×—×ⓞ➔",如图 15-5 所示。

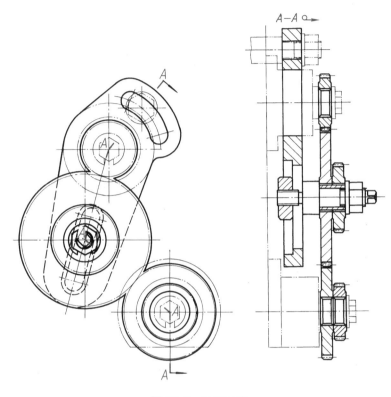

图 15-5 展开画法

§15-3 装配图的尺寸标注和技术要求的注写

一、尺寸标注

装配图上一般只注下述几类尺寸。

1. 规格尺寸(性能尺寸) 表示部件或机器的规格、性能尺寸。它是设计和使用部件(机器)的依据。图 15-1 中球阀通径 $\phi 80$、图 12-3 中底面到刀盘的中心距 115、刀盘直径 $\phi 120$ 等都是规格尺寸。

2. 装配尺寸 用来保证部件的工作精度和性能要求的尺寸。可分两种:

1)配合尺寸——表示零件间配合性质的尺寸,如图 15-1 中的 $\phi 25 \dfrac{H8}{f8}$、图 15-2 中的 $\phi 22 \dfrac{H7}{f7}$、$\phi 50 \dfrac{H7}{js6}$ 等。

2)相对位置尺寸——表示零件间或部件间比较重要的相对位置,是装配时必须保证的尺寸,如图 15-2 中的偏心距 2.5。

3. 外形尺寸　表示部件或机器总体的长、宽、高等尺寸。它是包装、运输、安装和厂房设计的依据,如图 15-1 中的 240、ϕ154 和 220 等。

4. 安装尺寸　表示部件安装在机器上或机器安装在基础上所需要的尺寸,如图 15-1 中的 ϕ113、42 等。

5. 其他重要尺寸　如运动零件的极限位置尺寸,经计算得到的重要尺寸以及轴向部位尺寸[①]等。

以上五类尺寸,并不是任何一张装配图上都要全部标注,要看具体要求而定。必须指出,某一具体的尺寸可能有多种含义,例如图 12-3 中刀盘中心到底面的距离 115 既是规格尺寸,又是相对位置尺寸。

二、技术要求的注写

装配图上一般应注写以下几方面的技术要求:

1. 装配过程中的注意事项和装配后应满足的要求等。例如图 15-1 上的"关闭阀门时不得有泄漏"的要求,这条也是拆画零件图时拟订技术要求的依据。

2. 检验、试验的条件和要求以及操作要求等,图 15-1 上的"装配后进行压力检验 25 MPa"即是。

3. 部件的性能、规格参数、包装、运输、使用时的注意事项和涂饰要求等。

总之,图上所需填写的技术要求,随部件的需要而定。必要时,也可参照类似产品确定。

§15-4　装配图中零件的序号和明细栏

一、零件序号

1. 装配图中的每种零件或组件都要编写序号。形状、尺寸完全相同的零件只编一个序号,数量填写在明细栏内;形状相同、尺寸不同的零件,要分别编写序号。

滚动轴承、油杯、电动机等标准件各编一个序号。

2. 装配图中编写零件序号的表示方法如图 15-6 所示。指引线应自零件的可见轮廓内引出,并在末端画一圆点,在指引线的另一端横线上或圆内,填写零件的序号。指引线及横线或圆均用细实线画出。序号字高要比尺寸数字大一号(图 15-6a)或两号(图 15-6b),也允许采用图 15-6c 的形式。但同一张图中的序号形式应当一致。

3. 对于很薄的零件或涂黑的断面,指引线的末端不宜画圆点时,可用箭头指向轮廓线,如图 15-2 中的序号 2。

4. 指引线不应相互相交。当指引线穿过有剖面线的区域时,不应与剖面线平行。必要时,可画成折线,但只能曲折一次,如图 15-7a 所示。

---

① 为了便于设计计算和装配检查而沿某轴线顺次注出各零件轴向接合面之间的尺寸,叫做轴向部位尺寸,如图 12-2 中的 55、15、13、…。

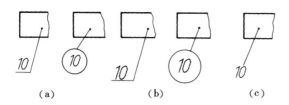

图 15-6 零件序号的表示方法

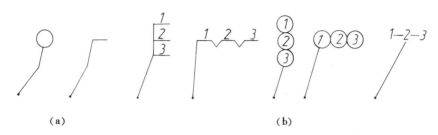

图 15-7 零件编号的形式和画法

一组紧固件(如螺栓、螺母和垫圈)以及装配关系清楚的零件组,可以采用公共的指引线,如图 15-7b。

5. 装配图中的序号应按水平或竖直方向排列整齐,并按顺时针或逆时针方向顺次排列,以免凌乱。

为了使序号排列有序、整齐美观,建议按下述步骤进行:

首先,先按一定位置画出横线或圆,然后再画指引线;

然后,先在图上填写序号,检查无误后再填写明细栏。

二、零件明细栏(GB/T 10609.2—2009)

1. 明细栏应放在标题栏的上方,并与标题栏相连。当地方不够时,可将明细栏的一部分移到标题栏的左边。

2. 零件序号应自下而上顺次填写。当漏编零件或需增加零件时,以便向上添加。

3. 标准件应填写规定标记,如螺钉 GB/T 73 M6×12;某些零件的重要参数,如齿轮的模数、齿数,弹簧的线径、节距、有效圈数等,可填入零件名称栏内。

§15-5 部件测绘和装配图的画法

画装配图

一、部件测绘

根据现有部件画出草图,然后整理绘制装配图和零件图的过程称为测绘。现以图 15-8 所示的顶尖座为例说明测绘的步骤和方法。

1. 了解测绘对象 通过观察和研究部件以及参阅有关产品说明书等资料,了解部件的功用、性能、工作运动情况、结构特点、零件间的装配关系以及拆装方法等。顶尖座是铣床上用于支承、顶紧工件的一个附件。它由定位键 *16* 定位,再由工作台的螺栓、螺母固紧在铣床工作台上。它的详细结构和工作情况见图 15–8 及其说明。

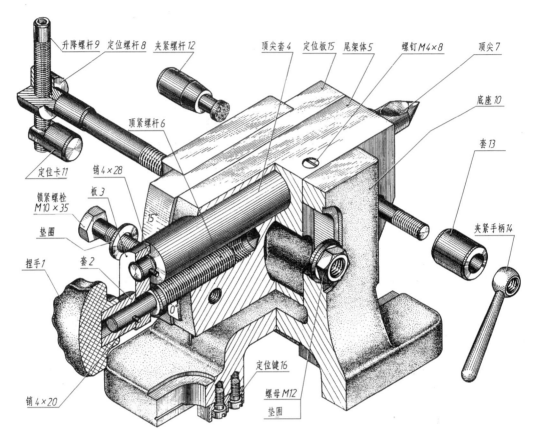

顶尖座结构、工作情况说明:

顶尖座主要有下述结构:

1. 松夹工件的顶紧结构　它由捏手 *1*、套 *2*、板 *3*、顶尖套 *4*、尾架体 *5*、顶紧螺杆 *6*、顶尖 *7* 等零件组成。

转动捏手 *1*,通过套 *2*,销 4×20 使顶紧螺杆 *6* 左右移动;然后通过板 *3*,销 4×28 使顶尖套 *4* 随顶紧螺杆 *6* 移动;最后通过顶尖 *7* 的左右移动,即可松开或夹紧工作。

2. 调整顶尖高低的结构　它由定位螺杆 *8*、螺母 M12、升降螺杆 *9*、定位卡 *11*、定位板 *15* 和锁紧螺栓 M10×35 等件组成。

调整顶尖高低时,松开螺母 M12,拧动升降螺杆 *9*,便可升降定位螺杆 *8*,从而使定位板 *15*、尾架体 *5* 一起升降。位置校准后,即拧紧螺母 M12。

顶尖和顶尖套还可以夹紧螺杆 *12* 为支点,在平行正面的平面内作 20°(−5°～+15°)的摆动。松开锁紧螺栓 M10×35,扳动捏手 *1* 即可使顶尖绕夹紧螺杆 *12* 转动所需角度。校正后,将锁紧螺栓 M10×35 拧紧。

3. 夹紧结构　由夹紧手柄 *14*、套 *13*、夹紧螺杆 *12* 等件组成。

松开工件前,应先转动夹紧手柄 *14*,使尾架体 *5* 放松顶尖套 *4*,然后顶尖才能向左移动。顶紧工件后,也要转动夹紧手柄 *14*,夹紧顶尖套 *4*。

此外,定位键 *16* 起定位作用,保证对准中心。

M4×8 的螺钉盖住油孔,注入机油后拧紧防尘。

图 15–8　顶尖座轴测图

2. 拆卸零件和绘制装配示意图　拆卸零件必须按顺序进行。顶尖座的拆卸顺序是：

先松开夹紧手柄 *14*，转动捏手 *1*，便可将套 *2*、板 *3*、顶尖套 *4*、顶紧螺杆 *6* 及顶尖 *7* 从尾架体 *5* 中卸出；然后松开螺母 M12，卸去升降螺杆 *9*、定位螺杆 *8* 及定位卡 *11*；再将定位板 *15* 和尾架体 *5* 连同锁紧螺栓 M10×35 及夹紧结构（件 *12*、*13*、*14*）自底座 *10* 的上方取下；卸去锁紧螺栓及夹紧结构后，定位板 *15* 和尾架体 *5* 即可分开。

拆卸零件时还要注意：

1）要测量部件的几何精度和性能，并作出记录，供部件复原时参考。拆卸时要选用合适的拆卸工具；对于不可拆连接（如焊接、铆接、过盈配合连接），一般不应拆开；对于较紧的配合或不拆也可测绘的零件，尽量不拆，以免破坏零件间的配合精度，并可节省测绘时间。

2）对拆下的零件要及时按顺序编号，加上号签，妥善保管，并防止螺钉、垫片、键、销等小零件丢失；对重要的精度较高的零件，要防止碰伤、变形和生锈，以便再装时仍能保证部件的性能和要求。

对于结构复杂的部件，为了便于拆散后装配复原，最好在拆卸时绘制出部件的装配示意图，用以表明零件的名称、数量、零件间的相互位置及其装配连接关系。这种示意图还可说明部件的传动和工作情况等。画示意图时应假想部件是透明的，既画外形轮廓，又画内部结构；有些零件如轴、轴承、齿轮、弹簧等，应按"GB/T 4460—2013"中的规定符号表示，没有规定符号的零件，则用简单的线条，画出它的大致轮廓。图形画好后，再进行零件编号和标注，编号要与零件上的号签一致。但画装配图时，零件可另行编号。顶尖座的装配示意图如图 15−9 所示。

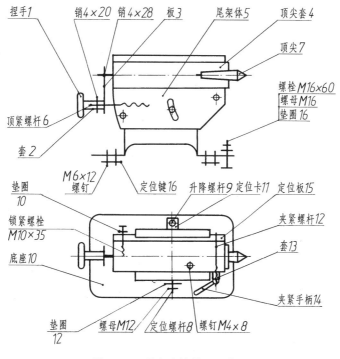

图 15−9　顶尖座的装配示意图

3. 画零件草图　零件草图是画装配图和零件图的依据。它的内容、要求和画图步骤都与零件图相同。不同的是草图要凭目测零件各部分的尺寸比例,用徒手绘制而成。一般先画好图形,然后进行尺寸分析,画出尺寸界线及尺寸线、箭头;再实际测量尺寸,将所得数值填写在画好的尺寸线上。画草图时应注意以下几点:

1) 画非标准件的草图时,所有工艺结构如倒角、圆角、凸台、退刀槽等都应画出。但制造时产生的误差或缺陷不应画在图上。例如对称形状不太对称、圆形不圆以及砂眼、缩孔、裂纹等。

2) 零件上的标准结构要素(如螺纹、退刀槽、键槽等)的尺寸在测量以后,应查阅有关手册,核对确定。零件上的非加工面和非主要的尺寸应圆整为整数,并尽量符合标准尺寸系列。两零件的配合尺寸和互有联系的尺寸应在测量后同时填入两个零件的草图中,以节约时间和避免差错。

3) 零件的技术要求如表面粗糙度、热处理的方式和硬度要求、材料牌号等可根据零件的作用、工作要求确定,也可参阅同类产品的图样和资料类比确定。图 15-10a、b、c 为顶尖座的零件草图(标准件的草图未画)。

4) 标准件可不画草图,但要测出主要尺寸,辨别型式,然后查有关标准后列表备查。

4. 画装配图和零件图　根据零件草图画装配图如本节"二"所述,而零件图的画法见第十四章。

二、画装配图的基本方法

1. 选择表达方案　本例视图方案的选择,请参考图 15-11e 上的说明。

2. 装配图画法要点　画装配图时,要注意如下几点(图 15-11):

1) 估算图幅,布好视图。根据部件总体尺寸和所选视图的数量,确定图形比例,计算幅面大小。要注意将标注尺寸、零件序号、标题栏和明细栏等所需的面积计算在内。最好在画出图框和标题栏以后,再行布图。

2) 画各基本视图的主要中心线和画图基准线,按中心高 125 画出顶尖套的轴线。俯视图以顶尖套轴线为画图基准,左视图以顶尖套纵向中心线为画图基准,如图 15-11a 所示。

3) 按主要装配干线依次画齐零件。顶尖座可按顶尖 7 ──→顶尖套 4 ──→尾架体 5 的顺序,逐步画出它的三个投影,如图 15-11a、b 所示。注意解决好零件间的轴向定位关系、相邻零件表面的接触关系和零件间的相互遮挡等问题,以便正确画出相应的投影。有关轴向定位问题,见图上说明。

4) 画次要的装配干线,分别画齐各部结构。根据顶尖座的结构特点,画顶紧结构、调整定位结构,如图 15-11c 所示;画底座和升降结构,如图 15-11d 所示;再画夹紧结构和各部分细节,完成各视图。

5) 标注尺寸、编写序号、填表和编写技术要求,完成全图。完成后顶尖座的装配图如图 15-11e 所示。

3. 关于装配图画法的讨论　为了使读者进一步明确画装配图的要领,现就画图时可能遇到的几个具体问题,讨论如下:

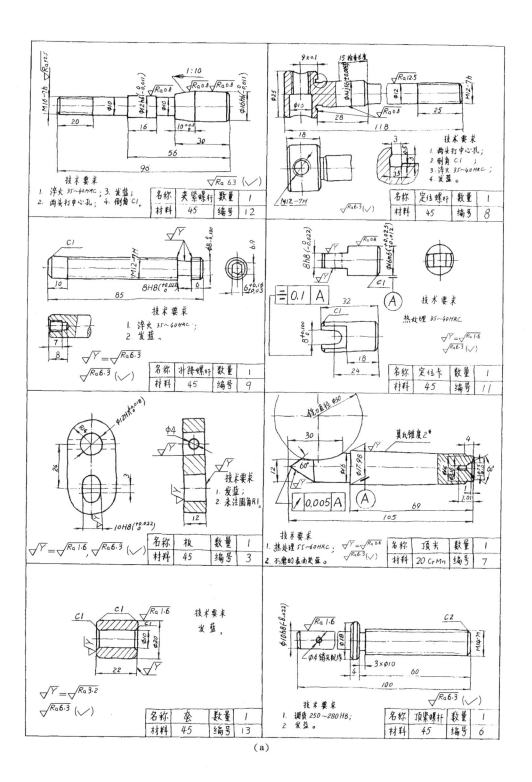

技术要求
1. 淬火 35~40HRC；   3. 发蓝；
2. 两头打中心孔；   4. 倒角C1。

名称	夹紧螺杆	数量	1
材料	45	编号	12

技术要求
1. 两头打中心孔；
2. 倒角C1；
3. 淬火 35~40HRC；
4. 发蓝。

名称	定位螺杆	数量	1
材料	45	编号	8

技术要求
1. 淬火 35~60HRC；
2. 发蓝。

名称	升降螺杆	数量	1
材料	45	编号	9

技术要求
热处理 35~40HRC

名称	定位卡	数量	1
材料	45	编号	11

技术要求
1. 发蓝；
2. 未注圆角R1。

名称	板	数量	1
材料	45	编号	3

技术要求
1. 热处理 55~60HRC；
2. 不磨的表面发蓝。

名称	顶尖	数量	1
材料	20CrMn	编号	7

技术要求
发蓝。

名称	套	数量	1
材料	45	编号	13

技术要求
1. 调质 250~280HB；
2. 发蓝。

名称	顶紧螺杆	数量	1
材料	45	编号	6

（a）

289

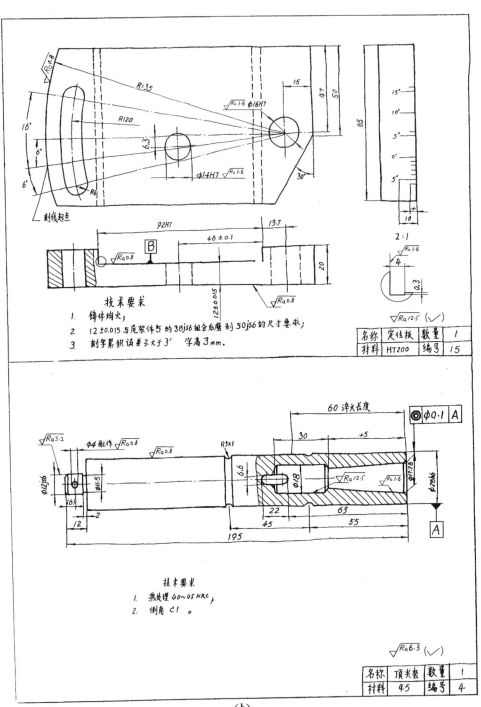

技术要求

1. 铸件焖火；
2. 12±0.015 与尾架体与的38j56组合后磨到50j56的尺寸要求；
3. 刻字累积误差不大于3′ 字高3mm.

名称	定位板	数量	1
材料	HT200	编号	15

技术要求

1. 热处理 40~45HRc；
2. 倒角 C1 。

名称	顶尖套	数量	1
材料	45	编号	4

(b)

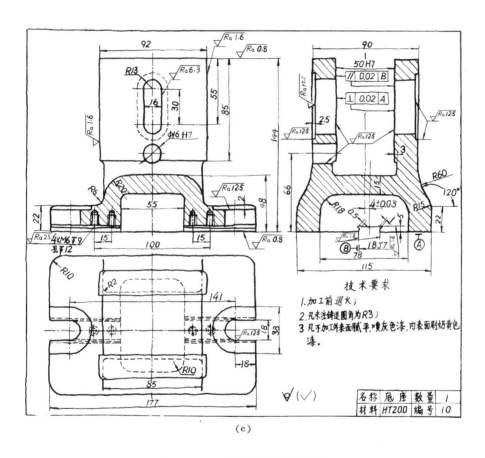

技术要求

1. 加工前退火;

2. 凡未注铸造圆角为R3;

3. 凡不加工外表面腻平,喷灰色漆,内表面刷奶黄色漆.

名称	底座	数量	1
材料	HT200	编号	10

(c)

图 15-10　顶尖座部分零件草图

291

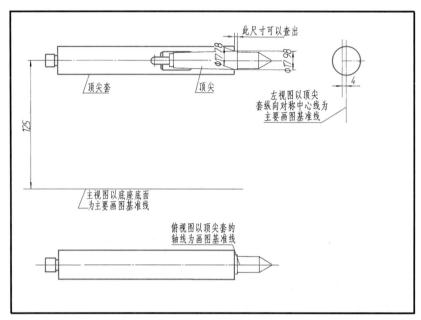

（a）画基本视图的主要中心线和画图基准线，从主视图开始画顶尖和顶尖套的大致轮廓

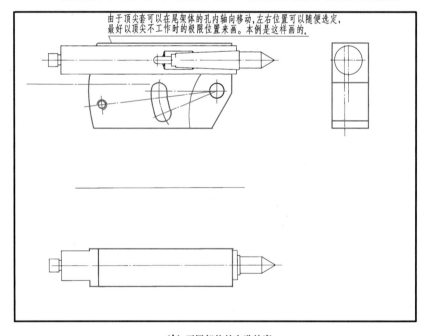

（b）画尾架体的大致轮廓

292

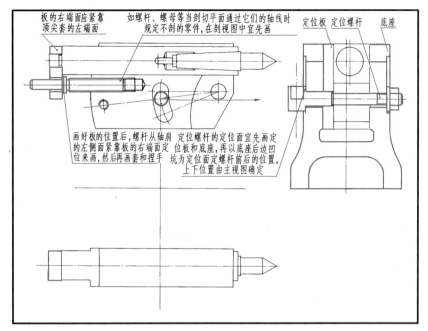

板的右端面应紧靠
顶尖套的左端面

如螺杆、螺母等当剖切平面通过它们的轴线时
规定不剖的零件,在剖视图中宜先画

定位板 定位螺杆 底座

画好板的位置后,螺杆从轴肩 定位螺杆的定位面宜先定
的左侧面紧靠板的右端面定 位板和底座,再以底座后边凹
位来画,然后再画套和捏手 坑为定位面定螺杆前后的位置,
上下位置由主视图确定

（c）画定位螺杆和顶紧螺杆

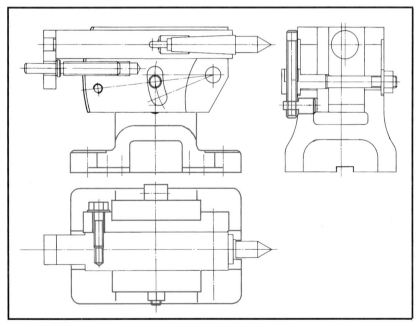

（d）画底座和升降螺杆

293

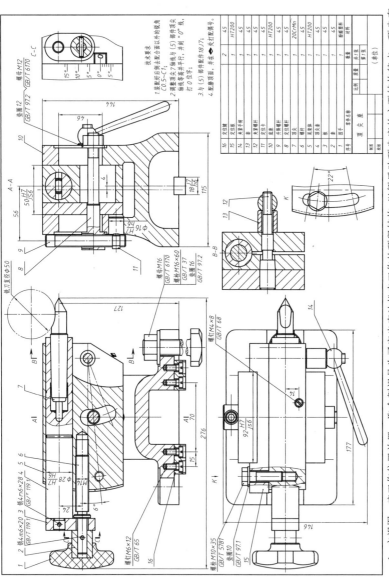

(e) 完成顶尖座装配图

图 15-11 画顶尖座装配图的步骤

1. 主视图 变工作位置放置。取全剖视是为了表达出松夹工作的顶紧结构，以便反映顶尖座的主要结构特点。顶尖套作局部剖是因为左边是实心的，不使用全剖。

2. 其他视图 左视图通过定位螺杆的轴线取全剖视，突出表达升降结构的情况。"B—B" 剖主要补充夹紧结构的情况。

俯视图中的局部剖，说明定位板 15 依靠螺栓 M10×35 把它和尾架体 5 固定起来。

主视和左视联系起来，可以说明顶尖座在正平面内转动一个角度。转动的极限角度，则用 "C—C" 表明。

K 局部视图说明锁紧螺栓 M10×35 的活动范围。

此外，如定位键在主视图中反映最明显；俯视图还表示了注油孔等。

从顶尖座的视图选择来看，如果我们抓住顶紧、升降和夹紧等结构，能清楚地把它们表达出来，视图方案就大致上定下来了。

序号	零件名称	数量	材料
16	定位键	2	45
15	定位板	1	HT200
14	柄	1	45
13	夹紧螺杆	1	45
12	滑块	1	45
11	定位销	1	45
10	偏心轮	1	HT200
9	手柄螺杆	1	45
8	定位螺钉	1	45
7	顶尖	1	45
6	螺杆	1	200CrMn
5	尾架体	1	HT200
4	顶尖套	1	45
3	滑块	1	45
2	座	1	铸铝
1	底座	1	铸铝合金

技术要求

1. 装配后调主配合面以消除间隙。
2. 螺纹孔 C7 螺纹与 (5) 最后顶尖轴线垂直并后，并对 "0" 点，打 0 位置。
3. 3 与 (5) 配作 18J7。
4. 配磨顶面，并在 ◇ 处注直角号。

294

1) 先画哪个零件为好？初学的人往往提出这样的问题。解决的一般方法是：根据部件的具体结构，确定主要装配干线，然后在这条干线上找出装配基准件；这个基准件就是要先画的零件。通常轴是装配基准件，因此，宜先画轴，然后画轴上的其他零件；再画支承件以及和支承件有关的其他零件等。图 15-11 就是这样处理的。

2) 怎样确定相邻零件的定位关系？一般轴上的轴肩端面、零件上的止口、接合面等都是定位面，并应根据实际情况分清真伪，或按设计要求确定。具体例子见图 15-11c。

3) 可见性的判别问题。在沿装配干线逐个画零件时，如能按照零件的相互位置及其大小等关系，由里向外（在剖视图上）、先近后远、先上后下、先小后大的顺序去画，就可解决可见性的判别问题。但有时也需要根据其他视图，借助投影联系判别可见性。例如图 15-11c 中的主视图是全剖视，顶尖座剖开后，尾架体在底座前，底座上边大部分被尾架体遮住了，看不见；从左视图看，底座上装定位卡 11 的孔有小部分低于尾架体，在主视图这一部分应该看得见。因此，在主视图的相应部位画了一小段圆弧。

§15-6 常用装配结构简介

为了保证装配质量和便于拆卸，在装配图上要正确地表达零件间合理的连接方式和接合处的合理结构。以下几种常见的结构要正确表达。

1. 两零件接触时在同一方向上，只宜有一对接触面，如图 15-12 所示。否则会给零件制造和装配等工作造成困难。

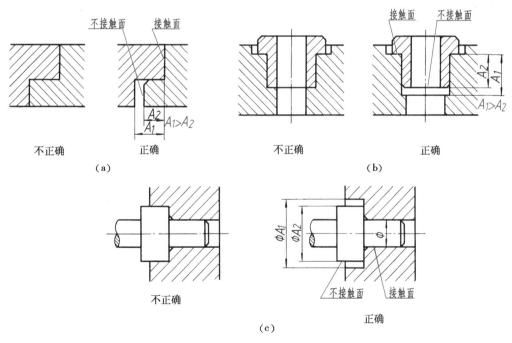

图 15-12　接触面的画法

2. 两圆锥面配合时,圆锥体的端面与锥孔的底部之间应留空隙,即 $L_1>L_2$,如图 15-13 所示。否则可能达不到锥面的配合要求或增加制造的困难。

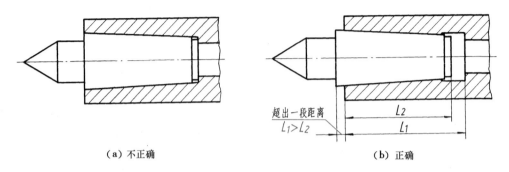

（a）不正确 　　　　　　　　（b）正确

图 15-13　锥面配合的画法

3. 滚动轴承如以轴肩或孔肩定位,则轴肩或孔肩的高度须小于轴承内圈或外圈的厚度,以便维修时容易拆卸,如图 15-14 所示。它的尺寸也可从设计手册的有关部分中查出。

4. 滚动轴承常需密封,以防止润滑油外流和外部的水汽、尘埃等侵入。常用的密封件,如毡圈、油封等均为标准件,可查手册选用。画图时,毡圈、油封等要紧套在轴上;且轴承盖的孔径大于轴径,应有间隙,如图 15-15 所示。

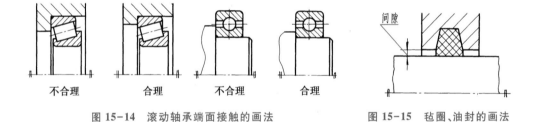

图 15-14　滚动轴承端面接触的画法　　　　图 15-15　毡圈、油封的画法

5. 对承受振动或冲击的部件,为防止螺纹连接的松脱,可采用图 15-16 中常用的防松装置。

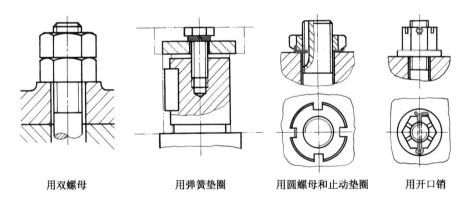

用双螺母　　　用弹簧垫圈　　　用圆螺母和止动垫圈　　　用开口销

图 15-16　常用的防松方法

6. 在阀类零件和其他管道零件中,如采用填料密封装置防止流体外泄时,可按压盖在开始压紧的位置画出,如图 15-17 所示。

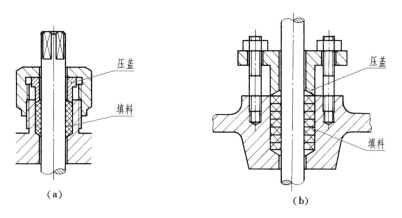

图 15-17 填料函的画法

§15-7 读装配图和由装配图拆画零件图

读装配图是工程技术人员必备的基本技能之一。不仅在设计、装配过程中,要读装配图,就是在技术交流或使用机器时,也常常要参阅装配图来了解设计者的意图和部件或机器的结构特点以及正确的操作方法等。读装配图应达到下列基本要求:

1. 了解部件或机器的名称、功用、结构和工作原理。

2. 弄清零件的作用、相互位置、装配连接关系以及装拆顺序等。

3. 读懂零件的结构。

具备一定的专业知识和生产实践经验,对读懂一张装配图是十分必要的,这要通过专业课程的学习和在今后的实际工作中解决。本节着重介绍读装配图的一般方法和步骤。

一、读装配图的方法和步骤

读装配图的基本方法仍然是分析投影;但围绕部件的功用,从结构、装配等方面进行分析,也有利于加深对部件的理解。这就是所谓结构分析。下面以图 15-18 所示齿轮泵为例,说明读图的一般方法和步骤。

读装配图

1. 概括了解 从标题栏了解部件的名称,从明细栏了解零件名称和数量,并在视图中找出所表示的相应零件及其所在位置;大致浏览一下所有视图、尺寸和技术要求等。这样,便对部件的整体概况有个粗浅的认识,为下一步工作创造条件。

条件许可时,还可以找有关资料或产品说明书,从中了解部件的功用、工作原理、传动路线或工作情况以后,读图就更方便了。

从图 15-18 装配图可知,齿轮泵由 20 种零件组成,其中标准件 8 种,共用 7 个视图表达,是个中等复杂程度的部件。

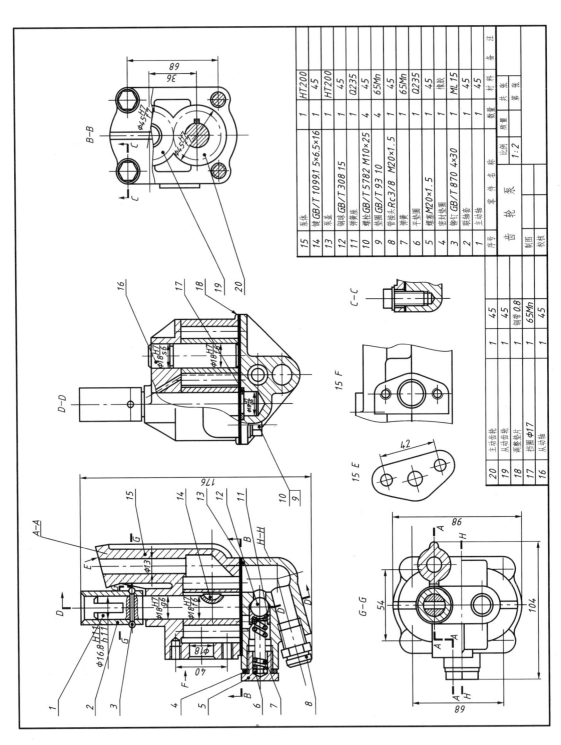

图 15–18　齿轮泵装配图

序号	名称	数量	材料	备注
15	泵体	1	HT200	
14	键 GB/T 1099.1 5×6.5×16	1	45	
13	泵盖	1	HT200	
12	钢球 GB/T 308 15	1	45	
11	弹簧座	1	Q235	
10	螺栓 GB/T 5782 M10×25	4	45	
9	垫圈 GB/T 93 10	4	65Mn	
8	管接头 Rc3/8 M20×1.5	1	45	
7	弹簧	1	65Mn	
6	平垫圈	1	Q235	
5	螺塞 M20×1.5	1	45	
4	密封垫圈	1	橡胶	
3	销钉 GB/T 870 4×30	1	ML 15	
2	联轴套	1	45	
1	主动轴	1	45	
序号	零件名称	数量	材料	备注

比例 1:2				
共 张 第 张				

制图		
校核		

20	主动齿轮	1	45	
19	从动齿轮	1	45	
18	调整垫片	1	铜箔 0.8	
17	挡圈 Φ17	1	65Mn	
16	从动轴	1	45	

298

齿轮泵是液压传动和润滑系统中常用的部件,其工作原理如图 15-19 所示。当主动齿轮按逆时针方向旋转时,带动从动齿轮按顺时针方向旋转。这时,齿轮啮合区的左边压力降低,产生局部真空,油池中的润滑油在大气压力的作用下,由进油口进入齿轮泵的低压区,随着齿轮的旋转,齿槽中的油不断地沿着箭头方向送至右边,把油经出油口压出去,送至机器的各润滑部位。

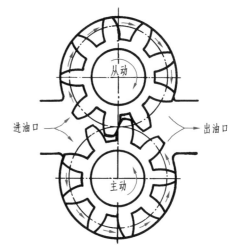

图 15-19　齿轮泵的工作原理

2. 分析视图　首先确定视图名称,明确视图间的投影关系,如是剖视图还要找到剖切位置和投射方向;然后分析各视图所要表达的重点内容是什么,以便研究有关内容时以它为主,结合其他视图进行分析。

图 15-18 共有四个基本视图和三个辅助视图。左上角为主视图,它是采用了两种剖切方法的全剖视图。泵体 15 与泵盖 13 的接合面以上部分为 A—A 阶梯剖,主要表达主动轴、主动齿轮、联轴套的装配连接关系及进油凸台、出油管的形状。接合面以下部分为 H—H 剖视,主要表达泵盖的形状及安全装置的结构。两剖视的剖切位置在俯视图中可以找到。俯视图为 G—G 阶梯剖,此图表达了泵体的外形和主动轴、联轴套及出油管的断面形状。左视图为 D—D 局部剖(旋转剖),它主要表达两齿轮的啮合情况及泵盖的形状。

B—B 剖是沿泵体和泵盖的接合面,用拆卸画法画出的局部剖视图,相当于在仰视图上取的剖视图。它除了表示两齿轮的啮合情况外,还和 C—C 剖视一同表达了泵体和泵盖用四个六角螺钉连接的情况。局部视图 F 和斜视图 E,分别表达了泵体 15 上进油凸台和出油管上部凸缘的形状。

3. 分析零件和零件间的装配连接关系　这是读装配图进一步深入的阶段。分析零件最好与分析和它相邻零件的装配连接关系结合进行,一般可采用下述方法:

1)分析零件可围绕部件的功用、工作原理,从主要装配干线上的主要零件开始,逐步分析其他零件,再扩大到其他装配干线。也可根据传动系统的先后顺序进行。

2)分析零件可先看标准件、传动件;后看一般零件,先易后难地进行。因为,标准件及轴类实心零件,在装配图的剖视图中是按不剖的形式画出的,比较明显。像齿轮、带轮等传动件,其形式都各有特点,也较易看懂。先把这些零件看懂并分离出去,为看懂较复杂的一般零件提供了方便。

3)分析一般零件的结构形状时,最好从表达该零件最清楚的视图入手,利用零件的序号和剖面线的方向及疏密度,在投影分析的基础上,分离出它在各视图中的投影轮廓。结合零件的功用及其与相邻零件的装配连接关系,即可想象出零件的结构形状。

根据齿轮泵的功用可知,图 15-18 中的核心零件是一对齿轮。从主视图看出:主动齿轮 20 与主动轴 1 是用半圆键 14 连接的;从左视图看出:从动齿轮 19 是空套在从动轴 16 上的。当动力通过联轴套 2 带动主动轴 1 旋转时,齿轮 20 便带动齿轮 19 旋转,油从左边进油孔吸入,从右边出油管压出去。最复杂的零件是泵体 15,这需要根据主、俯、左三个基本视图及 B—B 剖视(仰视图)并配合 *E* 向、*F* 向等辅助视图仔细分析方能看懂。

从主视图的 *H—H* 剖视看出:在泵盖 *13* 上有一个安全装置。它是由钢球 *12*、弹簧 *7*、弹簧座 *11*、螺塞 *5* 组成。当出油管的油压高于弹簧的弹力时,高压油便压缩弹簧冲开钢球流回进油口,使出口处的油压迅速下降至额定数值,这样便起到控制油压和安全保护的作用。当需要更换润滑油时,可旋开管接头 *8*,脏油便从泵盖下方的斜孔流出。看懂安全装置的结构后,再对主、左两视图及 *B—B* 剖视进行分析,泵盖 *13* 的形状就不难看懂了。

4. 归纳总结,全面认识 看图经过前述由浅入深的过程,最后再围绕部件的结构、工作情形和装配连接关系等,把各部分结构有机地联系起来一并研究,从而对部件的完整结构有一全面的认识。必要时,还可进一步分析结构能否完成预定的功用,工作是否可靠,装拆是否方便等。例如齿轮泵的安装、零件的装拆顺序、结构的优缺点等。

二、由装配图拆画零件图

拆画装配图

由装配图拆画零件图是设计工作中的一个重要环节,应在读懂装配图的基础上进行。下面以图 15-18 齿轮泵的泵盖为例,说明拆画零件图的方法步骤和应注意的问题。

1. 确定视图方案 零件的表达方案是根据零件的结构形状特点考虑的,不强求与装配图一致。例如图 15-21 所示的泵盖,它的左视图虽然也采用旋转剖的画法,但取局部剖视图的形式与装配图不同。除了主视图与装配图一致外,还增画了俯视图和 *C* 向视图,这样便完整清晰地表达了泵盖的内、外结构形状。

2. 补全投影和确定形状 在画零件图时,对分离出的零件投影轮廓,应补全被其他零件遮挡的可见轮廓线。例如从装配图中分离出泵盖的投影轮廓如图 15-20 所示,在主视图 *B—B* 中被螺塞、弹簧、钢球等遮挡住的轮廓线,在左视图 *A—A* 中被主动轴遮挡住的轮廓线及俯视图中漏画的可见轮廓线,都要一一补全。

由于装配图对某些零件往往表达不完全,这些零件的形状尚不能由图中完全确定,在此情况下,可根据零件的功用及与相邻零件的装配连接关系,用零件结构和装配结构的知识设计确定,并补画出来。

在装配图中被省略的工艺结构,如倒角、圆角、退刀槽等,在拆画的零件图中应全部补齐。

3. 零件图上尺寸的处理 标注拆画的零件图尺寸时,须按下述几种类型的尺寸处理:

1)已给尺寸 装配图上已注出的尺寸,应在有关的零件图上直接注出。对于配合尺寸要注出公差带代号或偏差数值。例如图 15-21 中的 φ18H7 及四个螺栓光孔的定位尺寸 54、68 即是从装配图中抄注的。

2)相关尺寸 相关零件的配合尺寸、连接尺寸、定位尺寸等要协调一致。如泵盖和泵体结合面的形状尺寸,四个螺栓光孔和螺孔的定位尺寸等。

3)标准尺寸 零件上的标准结构,如螺纹、键槽、退刀槽、沉孔和倒角等,其尺寸应查阅有关手册后,选用标准值注出。

4)测量尺寸 所拆画的零件图中,除了已给尺寸和标准尺寸以外,其余大量的尺寸是由装配图中直接量取的。测量尺寸时,应注意装配图的比例。若因装配图的准确性和线型粗细而影响尺寸量度不准时,可在画零件图时加以调整。但重要的尺寸应进行计算确定,如齿轮的分度圆、齿顶圆直径及两齿轮的中心距等。

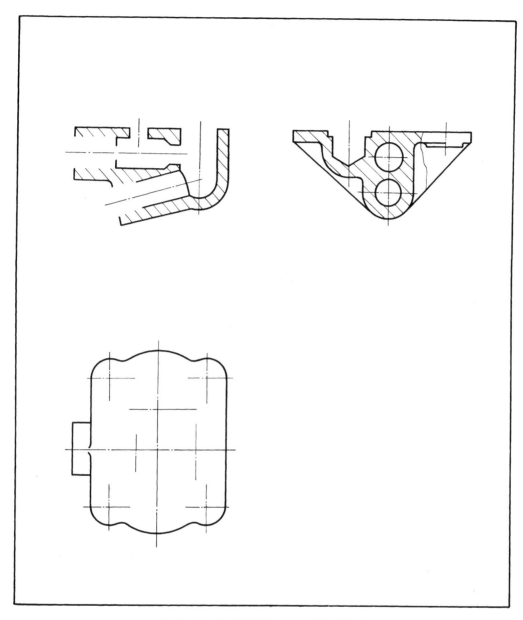

图 15-20   从装配图分离出泵盖投影轮廓

　　标注零件图的尺寸时,应根据零件的作用及装配连接关系,选择尺寸基准和确定主要尺寸。泵盖的长度、宽度和高度三个方向的主要尺寸基准,如图 15-21 所示。

　　4. 确定表面粗糙度等技术要求　　零件上各表面的粗糙度是根据其作用和要求确定的。有相对运动和配合要求的表面,粗糙度 Ra 数值要小;有密封、耐腐蚀、美观等要求的表面,Ra 值也要小。无相对运动和无配合要求的接触面、螺栓孔、凸台和沉孔的表面,表面粗糙度 Ra 值较大。表面粗糙度还可参照同类零件选取。

　　对零件表面形状和表面相对位置有较高精度要求时,应在零件图上标注几何公差。其他技术要求,则根据具体情况而定。泵盖的表面粗糙度及几何公差等技术要求,如图 15-21 所示。

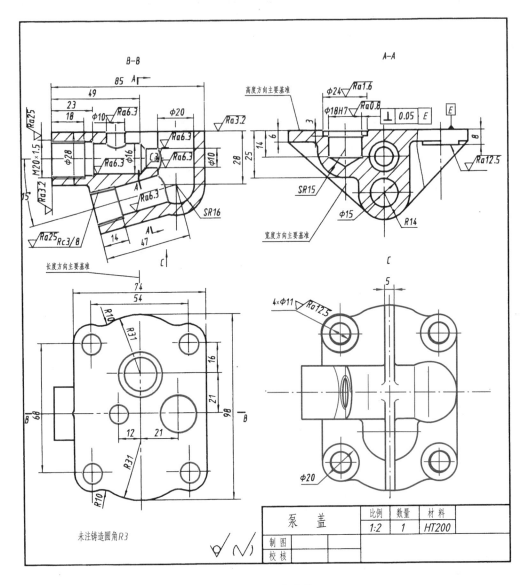

图 15-21 · 泵盖零件图

三、工业机械臂

工业机械臂是一种具有多运动自由度的可编程自动化设备,其可将物件或工具按空间位姿的时变要求进行移动,从而完成特定工业场景的作业要求,广泛应用于汽车、3C 电子、新能源等领域的自动化生产线或无人工厂。它与人的手臂有许多相似之处,是由一系列连杆和关节按顺序连接而成的开式链机构。它由计算机编程控制,这些关节接收中央控制器发送的上层控制指令,并通过驱动器驱动执行单元,从而使得机械臂能达到其工作范围的各个位置。

一台工业机械臂通常由机械臂、末端执行器、控制器、驱动器、传感器和软件控制六大部分构成。机械臂是工业机械臂的主体部分,由连杆、关节和其他部件构成。末端执行器一般安装于机械臂的前端,用于抓取动作或执行其他需要的任务。控制器是工业机械臂的核心部件之一,控制器可以发送上层指令,控制机械臂及末端执行器执行期望的运动和任务。驱动器直接与驱动元件相连,可将控制器的上层指令转化为驱动元件的具体动作,图 15-22 中的机械臂采用的是电动机驱动。传感器用于获取机械臂自身以及所处环境的信息,这些信息可使机械臂知道自身所处的状态。前端显示及交互,计算机械臂运动以及编制特定任务的控制程序一般都是由机械臂软件来完成。

图 15-22 为某型号工业机械臂的装配图。这台为六自由度的工业机械臂,它可以完成其工作空间中的多种作业任务。其采用了三自由度手腕,此手腕与小臂相连,可以通过连杆和安装在大臂关节处的电动机实现小臂在空间中的俯仰运动。大臂的电动机及其减速器并列安装共同控制大臂的俯仰运动。腰部使用电动机驱动主轴来控制其旋转。腰部旋转和大、小臂的俯仰共同控制机械臂腕部在其操作空间中的位姿。

图 15-23 是机械臂小臂后端传动机构装配图,其工作原理是通过三套旋转臂电动机分别驱动,借助三对直齿齿轮与腕部中心轴和两个套筒的啮合,从而实现对机械臂腕部的旋转运动进行控制。腕部中心轴 5 通过深沟球轴承 10 固定在套筒 11 内,套筒 11 又通过深沟球轴承 3 固定在套筒 16 中,套筒 16 通过深沟球轴承 21 固定在齿轮箱中,从而使齿轮传动机构固定在箱体内。位于靠下位置的电动机 9 输出轴借助键 13 驱动电动机齿轮连接轴 17 转动,电动机齿轮连接轴 17 通过键 15 带动齿轮 18 转动,齿轮 18 通过齿轮啮合驱动齿轮 14 转动,齿轮 14 通过螺钉固定在法兰 2 上,法兰 2 和套筒 16 连接在一起,从而使套筒 16 转动。类似的,位于靠上位置的电动机 9 输出轴借助键驱动齿轮转动,齿轮通过齿轮啮合使齿轮 8 转动,齿轮 8 通过键 4 驱动腕部中心轴 5 转动。靠上位置的另一台电动机 9 输出轴通过电动机齿轮输出轴带动与其连接的齿轮转动,该齿轮通过齿轮啮合的方式使齿轮 12 转动从而使套筒 11 转动。腕部中心轴 5、套筒 11 和套筒 16 的转动共同控制了腕部的运动。

图 15-24 是底盘蜗轮箱的装配图,其工作原理是腰部驱动臂座通过螺钉与蜗轮轴连接,蜗轮轴通过键实现与蜗轮同步转动,底座驱动电动机通过蜗杆蜗轮啮合带动腰部主轴转动,从而使驱动臂座旋转。腰部驱动臂座 1 通过螺钉 2 固定在蜗轮轴 4 上,蜗轮轴 4 与蜗轮 6 通过键 7 配合,同时蜗轮 6 与蜗杆 12 相啮合,蜗轮 6 通过推力球轴承 9 和两个深沟球轴承 11 固定在法兰 10 上,法兰 10 通过螺钉固定在蜗轮箱 8 上,从而保证整个传动机构在蜗轮箱中的稳定性。底盘旋转电动机驱动蜗杆 12 转动,蜗杆 12 通过啮合使蜗轮 6 转动,蜗轮轴 4 通过键 7 和蜗轮 6 同步转动,蜗轮轴 4 通过螺钉 2 连接,使腰部驱动臂座 1 随之同步旋转。

图 15-25 是大臂驱动机构的装配图,其工作原理是大臂与减速器通过大臂底部的通孔和键相连,电动机并列安装在减速机旁边,电动机转动从而带动大臂作俯仰运动。电动机 7 通过螺钉 6 固定在减速机 5 上,减速机 5 通过螺钉 4 固定在驱动臂座 2 上,减速机输出轴通过键 8 和套筒 9 配合,套筒 9 通过螺钉 3 固定在大臂 1 上。电动机 7 通过减速机 5 驱动输出轴转动,输出轴通过键 8 使套筒 9 转动,大臂 1 通过螺钉 4 与套筒 9 同步旋转。

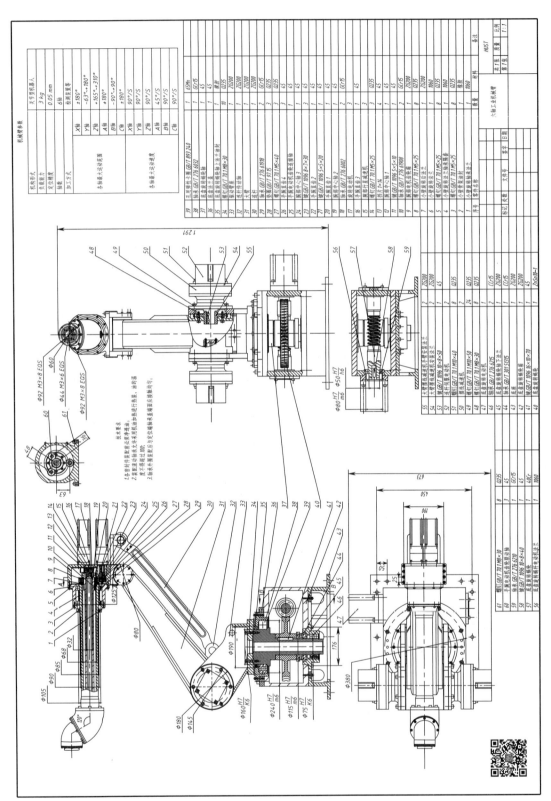

图 15-22 工业机械臂

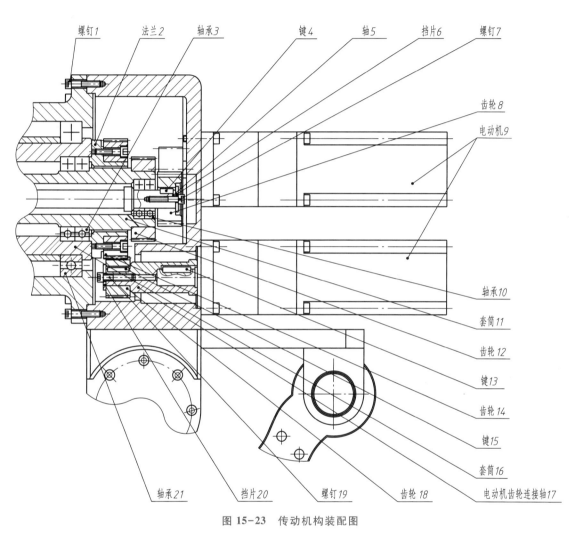

螺钉1　　法兰2　　轴承3　　　　　键4　　　　轴5　　　　挡片6　　　螺钉7

齿轮8

电动机9

轴承10

套筒11

齿轮12

键13

齿轮14

键15

套筒16

轴承21　　　挡片20　　　螺钉19　　　齿轮18　　电动机齿轮连接轴17

图 15-23　传动机构装配图

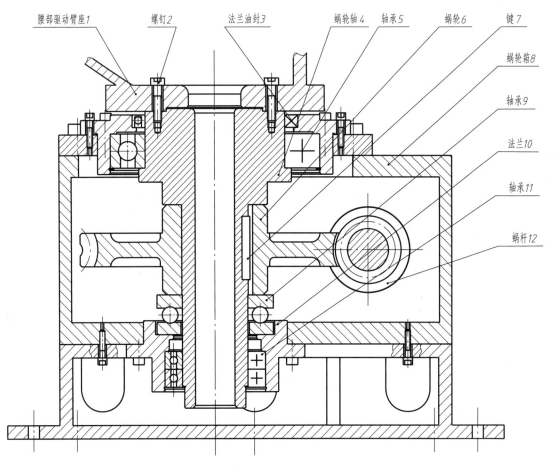

图 15-24   底盘蜗轮箱

腰部驱动臂座1   螺钉2   法兰油封3   蜗轮轴4   轴承5   蜗轮6   键7
蜗轮箱8
轴承9
法兰10
轴承11
蜗杆12

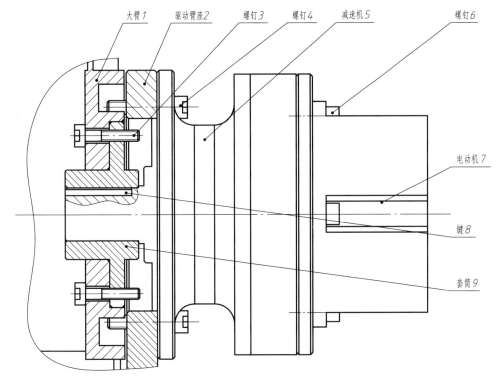

图 15-25 大臂驱动机构

复习思考题

1. 试述装配图的作用及其内容。

2. 装配图有哪些表达方法?

3. 画装配图时应注意哪些问题?

4. 看装配图时,根据什么来区分零件?

5. 由装配图拆画零件图时,零件图上的尺寸应如何处理?

6. 读懂工业机械臂的装配图,试举例说明其中使用了哪些常用机件及结构要素的表达方法?

7. 工业机械臂装配图应标注哪几类尺寸,试举例说明其中各尺寸的含义如何?

第十六章　立体表面展开[①]

§16-1　展开概述

在机器或设备中,常有用金属板材制成各种形状的制件。为了方便加工制造,往往要画出它们的放样图。例如图 16-1 所示饲料粉碎机上的集粉筒,它是用薄铁皮制成的。制造时,一般先按零件图的尺寸,在板材上画成 1∶1 的视图(称实样图,见图 16-1c);然后根据实样图画出放样图(图 16-1e);再经下料、弯卷、焊接而成。

画放样图的关键问题是把制件(立体)的表面展开。所谓立体表面展开,是指将立体表面的真实形状和大小顺次连续地展平在一个平面内。由展开得到的图形,叫做展开图。画展开图时,如果考虑设计和加工制造的要求,就是放样图了。本章只介绍展开图的画法,不讨论放样图的问题。

画展开图时,必须明确立体表面是否可展。平面立体的表面和直纹曲面中相邻两素线共平面的曲面是可展的;其他直纹曲面(如锥状面等)和全部曲纹面是不可展的。不可展的曲面如必须展开时,只能用近似方法展开。

画立体表面展开图的一个基本问题是如何求出立体表面的实形?一般用图解法或计算法去解决。按图解法绘制的表面实形,精确度虽低于计算法,但较简便,而且大都能满足生产要求,因而得到广泛的应用。本章着重讨论用图解法画展开图的问题。图 16-1 中的喇叭管就是用图解法展开的,对于精度较高的板制件,还常常经过计算来校核展开图中有关的尺寸。例如图 16-1e的展开图,就可按下式校核图中有关的尺寸

$$L = \sqrt{H^2 + (D-d)^2/4} = \sqrt{4H^2 + (D-d)^2}/2$$

$$扇形角\ \alpha = (D-d) \times 180°/L$$

$$内圈展开线长 = \pi d$$

随着电子计算技术的发展,数控自动切割机的使用日益广泛。使用数控自动切割机下料时,无须放样,只要给出制件展开后曲线边沿的方程或一系列点的坐标即可。例如图 16-2 所示斜截圆柱面的展开图,其展开曲线边沿方程可写成:

---

①　本章所介绍的展开方法,不论是可展的还是用近似方法展开的,都是按几何表面展开的,没有考虑板厚、工艺(如接口形式、余量、何处剪开等)等问题。实际应用时,这些都是不可忽视的,请参考有关钣金工下料和展开的资料、书籍等确定。

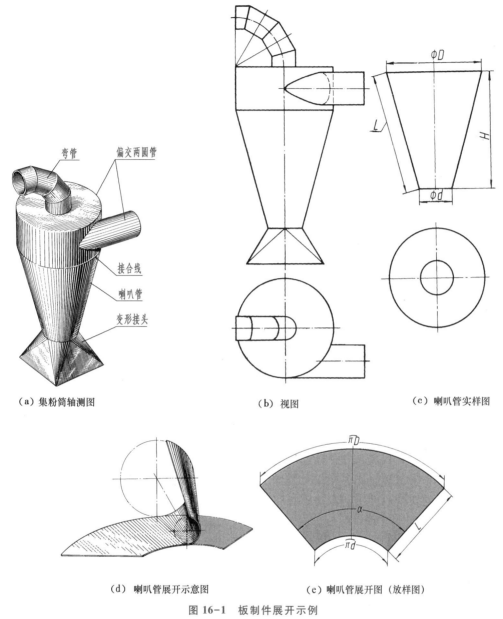

（a）集粉筒轴测图   （b）视图   （c）喇叭管实样图

（d）喇叭管展开示意图   （e）喇叭管展开图（放样图）

图 16-1 板制件展开示例

$$y = \frac{d}{2}\tan\alpha \cdot \sin\frac{2}{d}x + H$$

图中的展开图是沿斜截圆柱面最前素线 Ⅲ 剪开而展平的。方程的推导如下。

设已知圆柱面的直径为 d、素线 Ⅲ 处的高为 H 和斜截平面与底面的夹角为 α；并以底圆的展开线（πd）为横轴 X、素线 Ⅲ 为纵轴 Y，则展开曲线上任一点 P 的横坐标为

$$x = \overset{\frown}{3P} = d\varphi/2 \tag{1}$$

式中 φ 以弧度为单位。P 的纵坐标为

309

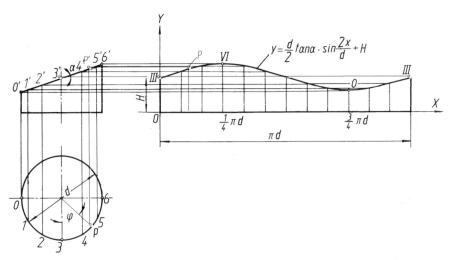

图 16-2　斜截圆柱面展开曲线的方程

$$y = d\tan\alpha \cdot \sin\varphi/2 + H \tag{2}$$

从（1）知

$$\varphi = 2x/d$$

将上式代入（2）得：$y = \dfrac{d}{2}\tan\alpha \cdot \sin\dfrac{2x}{d} + H$　　（$0 \leqslant x \leqslant 2\pi$）。

有了上述方程，即可据以编程，供数控切割机自动下料用。

§16-2　旋转法

本节介绍一种求线段实长和平面图形实形的方法——旋转法。

改变空间几何元素和投影面的相对位置，除了可以用换面法外，还可应用旋转法。旋转法是使空间几何元素绕某定轴线旋转以达到有利于解题位置的一种方法。

如图 16-3 所示，点 A 绕轴线旋转时的轨迹是个圆周；圆平面与旋转轴垂直，它和旋转轴的交点 O 称旋转中心；旋转中心与旋转点的连线 OA 称为旋转半径。

旋转法主要研究的问题是：如何设置旋转轴？旋转前和旋转后投影的关系如何？

旋转轴的选择应以作图方便为准。由于点的旋转轨迹为垂直于旋转轴的圆，根据直线与平面垂直的投影特性可知，当旋转轴垂直于投影面时，轨迹圆在该投影面上的投影仍是圆，另一投影为平行于投影轴的直线段，这样作图是最简单的。本节只研究绕垂直于投影面的轴旋转的情况。

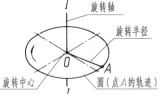

图 16-3　旋转要素

一、点绕垂直轴旋转时的投影

在图 16-4a 中，设旋转点 M 绕正垂线 O—O 旋转。此时，O—O 的正面投影为点 o'；水平投影为垂直于 OX 轴的 o—o。点 M 的轨迹圆的正面投影为以 o' 为圆心，o'm'（=OM）为半径所作的圆;水平投影为过 m 且与 OX 轴平行的直线段。如点 M 绕 O_M 逆时针旋转 θ 角,则正面投影 m' 也绕 o'_M 逆时针旋转 θ 角,旋转半径为 $o'_M m'(=O_M M)$;水平投影 m 则在平行于 X 轴的直线上向左移动一距离。图16-4b为点 M 旋转 θ 角后的作图情况:

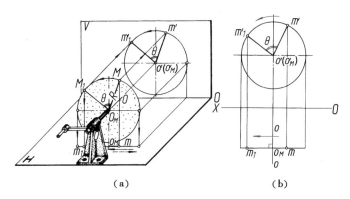

图16-4 点绕正垂线旋转时的投影情况

1. 以 o'_M 为圆心,$o'_M m'$ 为半径旋转 θ 后得 m'_1;
2. 过 m 作直线与 OX 轴平行,根据 m'_1 在此直线上求出 m_1;点 m_1、m'_1 即点 M 旋转后的投影。

图16-5为点绕铅垂线旋转时投影作图的情形,轨迹圆的水平投影为实形,正面投影为平行于 OX 轴的直线段。

总之,点绕投影面垂直线作旋转运动时,其投影特性是:在垂直于轴线的投影面上的投影作圆周运动,圆心即旋转轴在该投影面的投影;在另一投影面上,点的投影作与投影轴平行的直线运动。

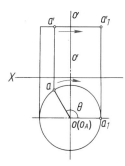

图16-5 点绕铅垂线
旋转时的投影作图

二、线段的旋转

必须注意:各几何元素绕轴旋转时,必须保持它们在空间的相对位置。因此,应使所有各点绕同轴、同向旋转同一角度。

直线段只需旋转其上两点,即可确定它在旋转后的位置。

图16-6表示线段 AB 绕铅垂线,顺时针旋转 θ 角的作图情形。图中将端点 A、B 按顺时针旋转 θ 角,作图步骤是:

1. 以 o 为圆心,oa 为半径,顺时针旋转 θ 角而得 a_1;自 a' 作平行于 X 轴的直线,在此直线上求出 a'_1;
2. 以 o 为圆心,ob 为半径,顺时针旋转 θ 得 b_1,据 b_1 求出 b'_1;
3. 连 $a_1 b_1$,$a'_1 b'_1$,即 $A_1 B_1$ 的投影。

从图16-6的水平投影可以看出,在 $\triangle aob$ 和 $\triangle a_1 o b_1$ 中,$ao=a_1 o$,$bo=b_1 o$,$\angle aob=\angle\theta-\angle boa_1=\angle a_1 ob_1$;因此 $\triangle aob\cong\triangle a_1 ob_1$。故 $ab=a_1 b_1$。这就是说,线段 AB 绕铅垂线旋转时,水平投影 ab 的长度不变。但 $ab=AB\cos\alpha$,今 $ab=a_1 b_1$,即 $a_1 b_1=AB\cos\alpha$。这说明,线段绕铅垂线旋转时,线段对 H 面的倾角 α 始终不变。

为了简化作图,可自 o 作 $oe\perp ab$;然后将 oe 顺时针旋转 θ 角得 oe_1 后,作 $a_1 b_1\perp oe_1$,并取

$a_1e_1=ae$，$e_1b_1=eb$，即得。

以上作图方法，对绕正垂线旋转的线段也是适用的。此时线段对正面的倾角 β 不变，它的正面投影的长度也是不变的。

例 1 求 AB 的实长及对 V 面的倾角 β（图 16-7）。

分析 本例只要求出了 β，实长也解决了。如果 AB 为水平线，则水平投影表达实长，且与 X 轴的夹角即为 β。用旋转法使 AB 旋转时，只有绕正垂线旋转才不改变线段对 V 面的倾角。可见旋转轴应选为正垂线。为了作图方便，可使旋转轴通过 B 点。这样就只需旋转点 A 就可以了。

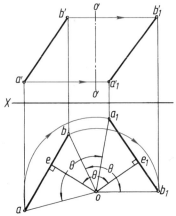

图 16-6　线段绕铅垂轴旋转时的作图

作图

（1）以 $b'(o')$ 为圆心，$b'a'$ 为半径画弧，使 $a_1'b'\ /\!/\ OX$。

（2）在过 a 作平行于 OX 轴的直线上求出 a_1，$a_1b=AB$，$\angle aa_1b=\beta$。

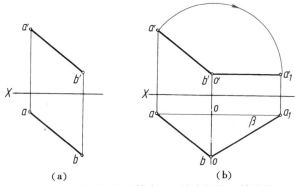

（a）　　　　　　　　（b）

图 16-7　绕正垂线旋转求 AB 的实长及 β 的作图

例 2 使水平线 $CD\perp V$ 面（图 16-8）。

分析 使水平线 CD 成为正垂线时，须改变 β 角。因而应使 CD 绕铅垂线旋转。画法如图 16-8 所示。

例 3 使一般位置直线 $AB\perp V$ 面（图 16-9）。

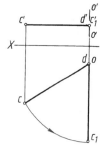

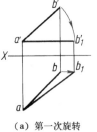

（a）第一次旋转

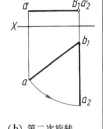

（b）第二次旋转

图 16-8　将水平线 CD 绕铅垂线
旋转，使之 $\perp V$ 面的作图

图 16-9　用两次旋转使一般位置直线
成为投影面垂直线

分析 从例 1 和例 2 中知道,直线通过一次旋转,只能改变它对一个投影面的倾角,即只能使一般位置直线成为投影面平行线,或使投影面平行线成为投影面垂直线。如果要把一般位置直线变为投影面垂直线,需要连续地旋转两次;第一次绕某一投影面垂直线旋转成为投影面平行线,第二次绕另一投影面垂直线旋转为投影面垂直线。图 16-9a 中第一次使 AB 绕正垂线旋转至与 H 面平行,然后绕铅垂线旋转到与 V 面垂直,画法如图 16-9b 所示。

三、平面的旋转

旋转一个平面实际上是使三点或两相交直线绕同轴、同方向旋转同一角度的问题。图 16-10 表示 △ABC 绕过点 C 的铅垂线旋转 θ 角后的作图情况。根据线段绕铅垂线旋转可知,AB、BC、CA 绕同轴、同向旋转 θ 后应有:$ab = a_1b_1$,$bc = b_1c$,$ca = ca_1$,故 △abc ≌ △a_1b_1c,这说明,平面绕铅垂线旋转后,平面图形的水平投影不变,亦即平面对 H 面的倾角 α 不变。△ABC 旋转后的正面投影为 △$a_1'b_1'c'$。当平面绕正垂线旋转时,平面图形正面投影的形状和大小不变,平面对 V 面的倾角 β 也不变。

上面的结论为平面旋转时的投影作图提供了方便。当平面图形绕铅垂线旋转时,只要把它的水平投影不变地旋转一个角度,然后按点的旋转方法求出各点旋转后的正面投影,最后连成平面多边形即可。平面绕正垂线的旋转投影作图和上述类似,不再重复。

例 1 用旋转法使 △ABC⊥H 面(图 16-11)。

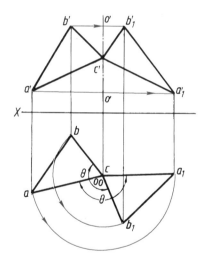

图 16-10 平面绕铅垂线旋转时
的投影作图

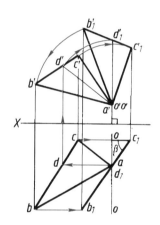

图 16-11 经一次旋转使一般位置平面
成为投影面垂直面

分析 要使一般位置平面旋转一次就能与 H 面垂直,必须使平面内的正平线旋转成为铅垂线,而这要改变直线对 H 面的倾角,因而应选正垂线为旋转轴,然后将 A、B、C 等点绕轴线旋转,使该面内的正平线旋转后处于铅垂线的位置即得。

作图 如图 16-11 所示。旋转轴通过点 A;先在平面内作正平线 AD,然后使正平线 AD 绕 O—O 旋转到垂直于 H 面,即得。此时,平面有积聚性的投影 c_1ab_1 与 OX 轴的夹角,即反映 △ABC 对 V 面的倾角 β。

例 2　求 △ABC 的实形(图 16-12)。

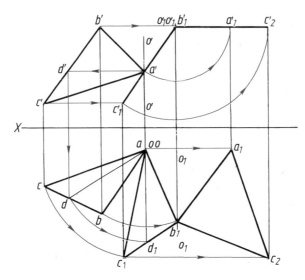

图 16-12　用两次旋转使一般位置平面成为投影面平行面

分析　要使一般位置平面图形的投影表达实形,应使平面成为投影面平行面。而这必须使平面连续旋转两次才行。图 16-12 中第一次使平面绕铅垂线旋转到垂直于正面;第二次绕正垂线旋转为水平面,△$a_1b_1c_2 \cong △ABC$。

§16-3　平面立体表面的展开

画平面立体表面的展开图,只要求出立体棱线的实长和所有表面的实形,即可顺次展平在纸上。

一、棱锥表面展开的画法

图 16-13a 为四棱锥的投影图。棱锥的所有棱面都是三角形。如已知三角形的三边,就可画出它的实形。图中各棱面上棱线的实长是用旋转法求得的。棱锥的底面为水平面,水平投影表达实形。

图 16-13b 为四棱锥的展开图。画法是:

以 $SA(=s'a_1')$、$AB(=ab)$、$SB(=s'b_1')$ 为边作 △SAB;然后以 $BC(=bc)$、$SC(=s'c_1'=s'b_1')$ 为边作 △SBC;再作 △SCD、△SDA 和 □$CDAB$ 即得。

如已知棱面内直线的投影($12,1'2'$),也可在展开图上的相应表面内求得该直线 Ⅰ Ⅱ 的位置。当要展开的立体为截头棱锥时,仍宜先按完整棱锥展开,然后按表面内取直线的方法截去锥顶部分。这种画法比较简便。

二、棱柱表面展开的画法

图 16-14 所示是正四棱柱,它的底面是水平面,各棱线与底面垂直。因此,水平投影表达底

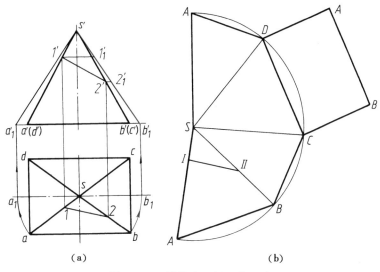

图 16-13　棱锥表面展开的画法

面的实形;棱线为铅垂线,正面投影表达实长。画展开图时,先将底面各边实长顺次展成一直线;然后在展开线上找出底面各顶点的相应位置,并过各点作垂线;最后在所作垂线上取相应棱线的实长即得。画法如图 16-14 所示。

对于斜棱柱来说,它的各个棱面都是任意平行四边形,而平行四边形只知边长,形状还是不定的。因此,需按下列方法之一去作图。

1. 三角形法　将棱面按对角线分为两个三角形;在求出各边实长后便可顺次画出展开图。画法如图 16-15 所示(图中 *CD*、*AE*、*BF* 的实长是用直角三角形法求得)。

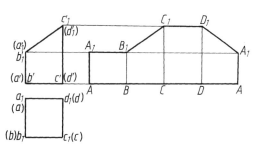

图 16-14　正四棱柱表面展开的画法

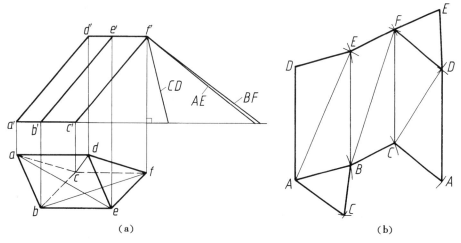

图 16-15　用三角形法画斜棱柱表面的展开图

2. 正截面法 此法是借用一个垂直于棱线的平面 P 截断立体,使斜棱柱成为两节正棱柱;然后求截断面实形;再以截断面为底按正棱柱面的展开方法画展开图。具体画法如图 16-16 所示。

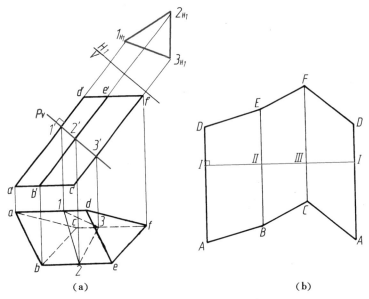

图 16-16 用正截面法画斜棱柱棱面的展开图

图中三棱柱的棱线是正平线,与正平线垂直的平面是正垂面。显然,$P_V \perp a'd'$,且 P_V 有积聚性,因而可直接求得截断面的水平投影 $\triangle 123$。图中用更换 H 面的方法使 $H_1 /\!/ P$,在 H_1 面上求出截断面的实形 $\triangle 1_{H_1} 2_{H_1} 3_{H_1}$。

如棱线为一般位置直线,则应先将棱线变为投影面平行线后,再作正截面。

---

§16-4 可展曲面的展开

由直母线形成的锥面、柱面和切线面等曲面,它们的相邻两素线或平行、或相交,因而是可展的。

一、圆锥面展开的画法

圆锥面可认为是无限多棱线的棱锥,因而可用展开棱锥表面的方法(三角形法)画它的展开图。

例 1 求斜截正圆锥面的展开图(图 16-17)。

作图 用内接正八棱锥近似地代替正圆锥面,然后用展开正八棱锥的方法画圆锥的展开图。具体画法是:

(1) 将底圆八等分,得 Ⅰ 、Ⅱ 、Ⅲ 、…、Ⅷ等点;连接SⅠ 、SⅡ 、…、SⅧ ,即得内接正八棱锥。

(2) 除 $s'1'$、$s'5'$ 为素线实长外,其他素线的实长可用旋转法求出。

(3) 画完整正圆锥面的展开图。以 $s'(S)$ 为圆心,$s'1'$ 为半径画圆弧,并在所画弧上截取 Ⅰ 、Ⅱ 、…、Ⅷ等点,使 $\overset{\frown}{ⅠⅡ} = \overset{\frown}{12}$、$\overset{\frown}{ⅡⅢ} = \overset{\frown}{23}$、…;把所得各点与 S 连接起来。

316

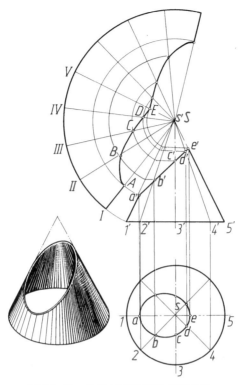

图 16-17　斜截正圆锥面的展开画法

（4）在展开图的每一素线上截取切口以上相应素线的实长，得 A、B、C 等点；将所求各点顺次圆滑连接即得。

例 2　求椭圆锥面的展开图（图 16-18）。

作图　用斜棱锥面近似地代替椭圆锥面展开，图中用斜十六棱锥代替椭圆锥。具体画法是：

（1）作斜十六棱锥。

（2）求各素线的实长（用旋转法）。

（3）以 $s'o'$、s'Ⅰ、$\overset{\frown}{o\,1}$ 为边作三角形 SOI；依同法顺次毗连地画三角形 SⅠⅡ、SⅡⅢ、$\cdots$，并将所得各点 O、Ⅰ、Ⅱ、$\cdots$ 顺次圆滑连接即得。

二、圆柱面展开的画法

圆柱面可认为是无穷多棱线的棱柱。因此，它的展开画法与棱柱相似。

例　求斜截正圆柱面的展开图（图 16-19）。

作图　用内接正十二棱柱代替圆柱画它的展开图。由于柱轴为铅垂线，柱面上素线的正面投影表达实长。其作图步骤是：

（1）作内接正十二棱柱。

（2）画展开图。将底圆周长展成直线，并作 12 等分；过各分点作垂线，在所作垂线上截取相应素线的实长；最后，将各垂线的端点连成圆滑的曲线即得。

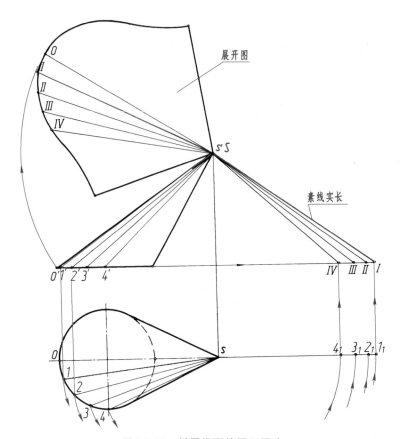

图 16-18 椭圆锥面的展开画法

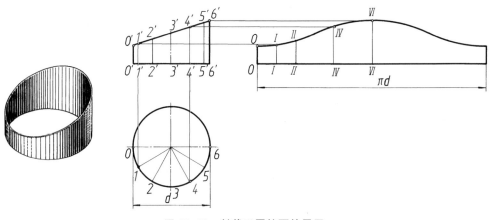

图 16-19 斜截正圆柱面的展开

三、几种管制件表面展开画法示例

1. 直角弯管的表面展开 在通风管道中,如要垂直地改变风道的方向,多用图 16-20 所示的直角弯管。根据通风的要求,一般将直角弯管分成若干节(图示为四段、三节,两端各为半节、中间两个全节），每节即为一斜截正圆柱面，按图 16-19 的展开画法便可得到半节的展开图。

图 16-20b 表示分节和段的方法。进口和出口必为半节，中间为全节。分为三节时，每节所对的角度为 30°，半节所对的角度为 15°。

图 16-20e 是将各段展开后拼在一起的图形，恰好是个矩形。

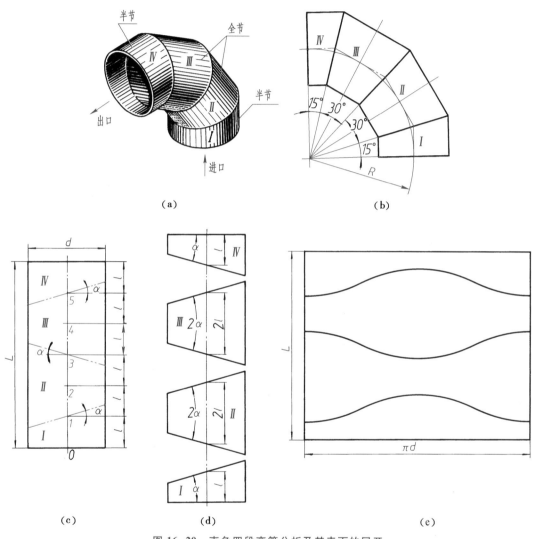

图 16-20　直角四段弯管分析及其表面的展开

这种弯管如果用现成圆管切割焊接的话，可以如图 16-20c、d 那样，把管子割成所需的段数，如分为 n 段，则有 $(n-1)$ 个全节或 $2(n-1)$ 个半节，每半节所对的角度 $\alpha = \dfrac{90°}{2(n-1)}$。设弯管轴线总长为 L，则圆管长也应为 L。此时可在直管轴线上取 $2(n-1)$ 个等分点，使两点之间的距离等于 $\dfrac{L}{2(n-1)}$；然后过 1、3、5、…奇数分点向左向右画倾斜角为 α 的直线；再按直线切割圆管，将逢双的各节绕轴线旋转180°后焊接即成。

如弯管进出口之间的夹角为θ,而与弯管中心线相切的圆弧半径为R,则α、L可按下式计算:

$$\alpha = \frac{\theta}{2(n-1)}$$

$$L = 2(n-1)l \approx 2(n-1)R\tan\alpha$$

2. 偏交异径管的展开 作有相贯线管件的展开图时,一般要准确地画出相贯线的投影,才能保证所画展开图的精度。图16-21为偏交异径管的展开画法。两管轴线是交叉垂直的。展开图的画图步骤是:

(1)求相贯线。

(2)画直立圆柱面的展开图。在底圆的展开线上,取$\text{I}_0\text{II}_0 = \overset{\frown}{1_02_0}$、$\text{II}_0\text{III}_0 = \overset{\frown}{2_03_0}$、…;过所求点作素线;在相应素线上求出相贯点$\text{I}_0$、$\text{II}_0$、…;将所求各点连成圆滑的曲线即得。

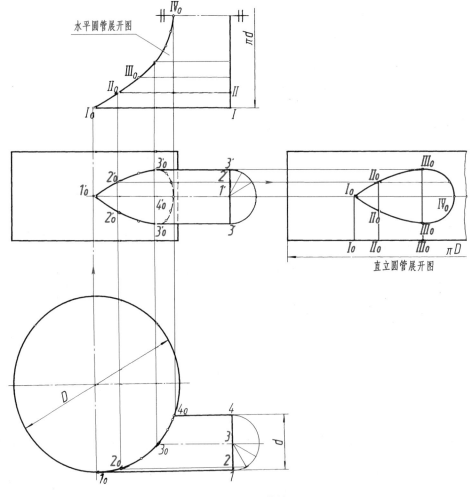

图 16-21 偏交异径管的展开

320

（3）画水平圆柱面的展开图。作辅助半圆并等分之；找出各素线的实长；在圆口展开线的相应位置上，画出相应素线；圆滑连接各素线的端点即得(图中只画出展开图的一半，另一半为对称图形)。

3. 叉形三通管接头的展开　图16-22为叉形三通管接头展开的画法。

图16-22a所示叉形三通管，由轴线相交的两椭圆锥面相交而成。其交线之一为底圆周。由于两二次曲面相交时，如交线之一为平面曲线，其另一交线也必是平面曲线，可见两椭圆锥面的另一交线还是平面曲线。今两锥轴均为正平线，故交线的正面投影为直线段。

在正面投影中，交线上的点 m' 为已知，另一点 n' 应是左支管的左轮廓线与右支管右轮廓线延长后的交点(图上未画)；求出 n' 后，连 $m'n'$；在 $m'n'$ 上可得 $m'c'(d')$，此即所求交线的正面投影。根据正面投影可求出交线的水平投影。

画展开图时，以交线为界，按两个椭圆锥面分别展开即得。图16-22b只是右支管的展开图，左支管请读者展开。

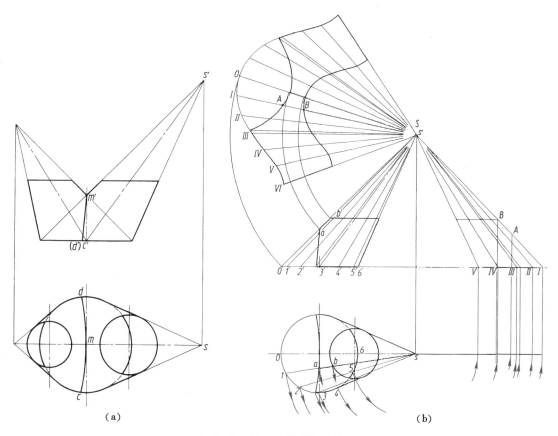

（a）　　　　　　　　　　　　　（b）

图 16-22　叉形三通管接头的展开

4. 变形接头的展开　变形接头用来连通两段形状不同的管道，使通道形状逐渐变化，减少过渡处的阻力，以利流体顺畅通过。

图16-23所示的方圆接头是用来连接圆管和方管的。下面说明画展开图的步骤和方法。

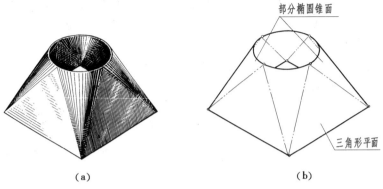

图 16-23　方圆接头的表面分析

（1）分析表面形状和分界线。图示接头由四个三角形平面和四个部分椭圆锥面组成。画展开图前,应找出平面与锥面的分界线。为使接头内壁圆滑,三角形平面应与相邻的椭圆锥面相切。显然,方口的每边都是三角形的一边,而包含方口每边所作椭圆锥面的切平面,它和圆口的切点,即为三角形的顶点。顶点与相应方口边的连线,即椭圆锥面和平面的切线(分界线)。

图 16-24 为方口平面与圆口平面平行时,切平面的作法。在圆口上作四条与圆相切而又与方口各边平行的直线,平行两直线所决定的平面即椭圆锥面的切平面,与圆口的切点即三角形顶点。在给定条件下,四个切点恰在中心线与圆的交点上。连相应方口边的端点即得三角形与锥面的分界线。

图 16-25 所示方圆接头中,方口两边 AB、CD 与圆口平面相交。作切平面时应先找出 AB、CD 与圆口平面的交点 E、F;然后过 E、F 分别作圆口的切线。切点 Ⅰ、Ⅳ 即前、后三角形平面的顶点。这时,$\triangle ABI$、$\triangle CDIV$ 就是左、右椭圆锥面的切平面了。

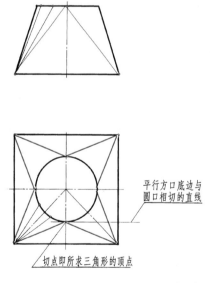

平行方口底边与
圆口相切的直线

切点即所求三角形的顶点

图 16-24　方口平面与圆口平面平行时,
切点的求法

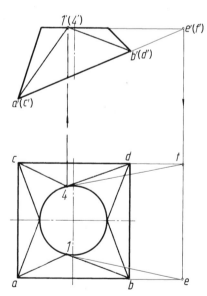

图 16-25　方口平面与圆口平面相交时,
求切点的方法

（2）画展开图。把四个三角形和四个部分椭圆锥面（作棱锥并按三角形法展开）顺次毗连地画出，即得图 16-24 所示方圆接头的展开图（图 16-26）。图 16-25 的展开图，留给读者去做。

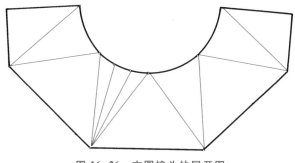

图 16-26　方圆接头的展开图

§16-5　不可展曲面的近似展开

如因生产需要，必须画出不可展曲面的展开图时，只能采用近似的方法作图，将不可展曲面分为若干小块，使每小块接近于可展曲面（如平面、柱面或锥面），然后按可展曲面展开之。下面介绍球面、正螺旋面和柱状面等的近似展开画法。

一、球面的近似展开

近似地展开球面的方法很多，常用的有如下两种。

1. 近似柱面法　过球心将球分为若干等份（图 16-27 分为六等份，并且只画了半球），则相邻两平面间所夹柳叶状的球面，可近似地看成柱面，然后用展开柱面的方法把这部分球面近似地展开。具体作法是：

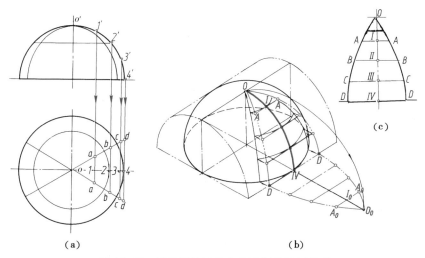

图 16-27　用展开柱面的方法近似地展开半球

（1）将半球的水平投影分为若干等份（图中为 6 等份）。

（2）将正面投影的轮廓线分为若干等份（图中为 4 等份），得分点 $1'$、$2'$、$\cdots$。

（3）过正面投影各等分点作正垂线，并求出其水平投影 aa、bb、cc、$\cdots$。

（4）将 $\overset{\frown}{o'4'}$ 展成直线 $o\,\mathrm{IV}(=\pi R/2)$，并在此线上确定分点 I、II、$\cdots$。

（5）过点 I、II、$\cdots$分别作 $o\,\mathrm{IV}$ 的垂线，并取 $AA=aa$、$BB=bb$、$\cdots$，得点 A、B、$\cdots$。

（6）将 A、B、$\cdots$点连成圆滑的曲线，即得 1/6 半球面的展开图（图 16-27c）。

2. 近似锥面法　用若干水平面将球分为相应数量的小块（图 16-28 分为 7 块），而把中间一块 I 近似地作为圆柱面展开，其余各块球带则近似地作为圆台处理，两极的球冠则作为正圆锥面展开。各锥面的锥顶分别位于球轴上的 S_1、S_2、$\cdots$点。分别展开各块即得球面的近似展开图（图 16-28b）。

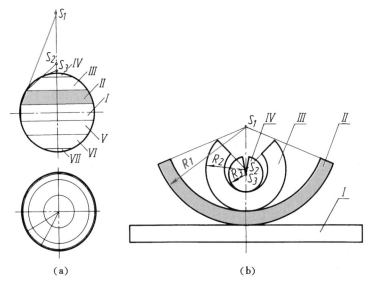

（a）　　　　　　　　　　　（b）

图 16-28　用展开锥面的方法近似地展开球面

二、正螺旋面的近似展开

用正螺旋面制成的螺旋输送器（俗称绞龙）可用作输送物品，也可用作搅拌机构，制造时需要画出它的展开图。画图时，可用图解法，也可用计算法。现分述如下。

1. 图解法（图 16-29）　画图步骤是：

（1）把一个导程内的螺旋面等分为若干小块（图中为 12 块，每块是由两直边和两曲边组成的四边形）。在水平投影上，将两圆周分为 12 等份，连对应分点；在正面投影上，将导程也分为 12 等份，并过各等分点作水平线。这样，就求出了每小块的水平投影和正面投影。

（2）画每小块的近似展开图。此时把每小块划分为两个三角形。而把空间曲线作为直线并求每边的实长（图中用直角三角形法求实长），然后按平面近似展开。

（3）依同法，顺次毗连地将其余各块展开，并将内、外两侧各点圆滑地连成曲线。

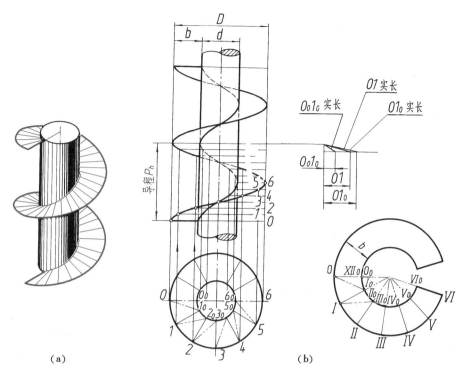

图 16-29 用图解法画正螺旋面的近似展开图

2. 计算法 正螺旋面一个导程的近似展开图为环形(图 16-30)。如已知 R_1、r_1 和 α，则此环形即可画出。令导程为 P_h，螺旋面外径为 D，内径为 d，则

外螺旋线展开长 $L=\sqrt{(\pi D)^2+P_h}$ (1)

内螺旋线展开长 $l=\sqrt{(\pi d)^2+P_h}$ (2)

环形宽度 $b=(D-d)/2$ (3)

外弧半径 $R_1=r_1+b$ (4)

令 $$\frac{R_1}{r_1}=\frac{L}{l}$$

以(4)代入上式得 $(r_1+b)l=Lr_1$

解之得 $r_1=bl/(L-l)$ (5)

圆心角 $$\alpha=\frac{2\pi R_1-L}{2\pi R_1}\times360°=\frac{2\pi R_1-L}{\pi R_1}\times180°$$ (6)

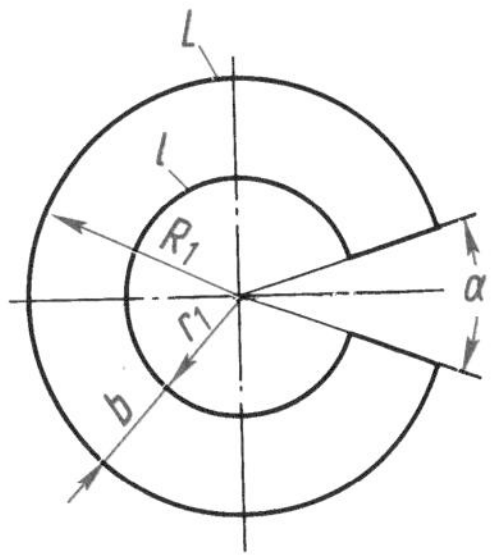

图 16-30 用计算法画正螺旋面的展开图

按上述数据画展开图,就不需画投影图了。

三、柱状面的近似展开

图 16-31 所示的柱状面,是一直母线以一水平圆和一侧平圆为导线作平行于正面的运动时形成的。这种形式的柱状面,在管道中可用作直角换向管接头。

画这种柱状面的展开图时,可用一系列四边形近似地代替相邻两素线所夹的曲面,然后展

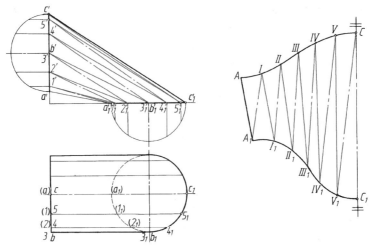

图 16-31　柱状面的近似展开

开。为此,需要作适当数量的素线,即在投影图上,将两个圆分成相同等份(图中为 12 等份),并把对应分点连成直线 aa_1、11_1、$\cdots$,$a'a'_1$、$1'1'_1$、$\cdots$。

把所求四边形分成两个三角形;然后求出每个三角形三边的实长,并依次展开;最后将所求三角形的顶点 A_1、I_1、$\cdots$,A、I、$\cdots$顺次连成圆滑的曲线,即得柱状面的近似展开图(只画出对称展开图的一半)。

复习思考题

1. 试述表面展开的含义。

2. 试述绕垂直轴旋转时,旋转前、后的点的投影关系。

3. 求一般位置线段的实长有几种方法? 若用绕垂直轴旋转,则需转几次?

4. 求直线或平面的 α 角时,直线或平面应绕什么轴线旋转? 为什么? 求 β 角呢?

5. 将一般位置平面旋转为投影面垂直面需要旋转几次? 如果使一般位置直线旋转为投影面的垂直线,则旋转几次? 应注意什么问题?

6. 如何区分可展曲面与不可展曲面? 试举例说明之。

7. 试以球面为例说明不可展曲面有哪些近似展开方法。

8. 求图 a 所示三棱柱的展开图和图 b 所示三通管的展开图。

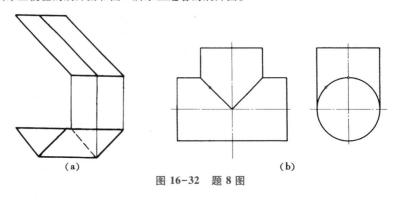

（a）　　　　　　　　　　　　（b）

图 16-32　题 8 图

第十七章　AutoCAD 绘图软件

§17-1　AutoCAD 2022 概述

CAD(computer aided design)是计算机技术的一个重要的应用领域。AutoCAD 是一款非常专业的制图软件,它是美国 Autodesk 公司研发的一个交互式 CAD 系统,在全球有广泛的使用。它可以绘制二维图和基本的三维造型,常用于土木建筑、装饰装潢、工业制图、工程制图、电子工业、服装加工等领域。

一、AutoCAD 2022 工作界面

在启动 AutoCAD 后,单击"开始绘制"按钮就可以绘制新图形。图 17-1 所示为 AutoCAD 2022 版绘制新图形的工作界面,它有"应用程序菜单""快速访问工具栏""功能区""命令窗口""状态栏""导航栏"及"ViewCube"等模块。

图 17-1　AutoCAD 工作界面

1. 应用程序菜单

它位于界面的左上角,用于访问"应用程序菜单"中的常用工具以启动或发布文件。单击"应用程序菜单"按钮以执行以下操作:创建、打开或保存文件;核查、修复和清除文件;打印或发布

文件;访问"图形实用工具"对话框;关闭应用程序。当然也可以通过双击"应用程序菜单"按钮关闭应用程序。

2. 快速访问工具栏

"快速访问工具栏"有新建、打开、保存、另存为等文件的工具,还有用于查看放弃和重做的历史记录。要放弃或重做不是最新的修改,请单击"放弃"或"重做"按钮右侧的下拉按钮。

3. 功能区

功能区由一系列选项卡组成,这些选项卡是按逻辑分组的,它依次是"默认""插入""注释""参数化"等。每一个选项卡都包含了相关的功能面板,面板也包含了的工具和控件,这些工具和控件是创建或修改图形所需的所有工具。图17-2所示是几个选项卡中功能面板所包含的工具和控件。在功能区的空白区点击鼠标右键,在快捷菜单中选择"显示选项卡"或"显示面板"菜单项,可以将常用的选项卡或面板显示在功能区。

(a)"默认"选项卡中绘图面板

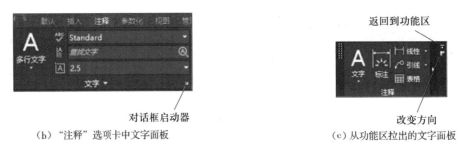

(b)"注释"选项卡中文字面板　　　(c)从功能区拉出的文字面板

图17-2　面板及其相关的工具和控件

功能面板也可以从功能区选项卡中拉出,并放到绘图区中或其他监视器上。浮动面板将一直处于打开状态(即使切换功能区选项卡),直到您将其放回到功能区,如图17-2c所示。

4. 命令窗口

命令窗口通常固定在应用程序窗口的底部。命令窗口可显示提示、选项和消息。在命令窗口中可以直接输入命令。在键入命令时,系统会自动提供多个可能的命令,这时可以通过单击或使用箭头键并按 Enter 键或空格键来进行选择。

5. 状态栏

状态栏可以显示光标的位置、影响绘图环境的工具,如图 17-3 所示。它提供进行精确绘图的工具如夹点、捕捉、极轴追踪和对象捕捉等的设置。默认情况下不会显示所有工具,单击状态栏上最右侧的"自定义"按钮,选择您要从"自定义"菜单显示的工具。状态栏上显示的工具取决于当前的工作空间等。一般通过键盘上的功能键(F1~F12),切换其中某些设置。其中,动态输入用于控制在绘图时是否自动显示动态输入文本框,这样可以方便在绘图时设置精确的数值。

图 17-3　状态栏

6. 快捷菜单

快捷菜单就是能显示快速获取当前动作有关命令的。在屏幕的不同区域内点击鼠标右键时,可以显示不同快捷菜单。快捷菜单上通常包含以下选项:重复执行输入的上一个命令、取消当前命令、显示用户最近输入的命令的列表、剪切、复制以及从剪贴板粘贴等。

在图形中的对象或区域、菜单中的按钮或功能区中点击鼠标右键即可显示快捷菜单。

7. 绘图区

它位于屏幕的中央,是用户绘制和编辑图形的工作窗口。

8. 图形显示导航栏

图形显示导航栏位于绘图区的一个边上方沿该边浮动的一组导航工具,其功能如图 17-4 所示。它包括平行于屏幕移动视图、增大或缩小模型的当前视图比例的缩放或旋转模型当前视图的动态观察工具等。注意此时图形在屏幕上是放大或缩小或平移了,但其图形数据没有改变。

9. 导航工具 ViewCube

图 17-5 所示的是导航工具 ViewCube,它是用来指示模型的当前方向,并用于重定向模型的当前视图。通过它用户可以在标准视图和等轴测视图间切换。可以单击其边、角点或面去方便地改变当前模型的方位。

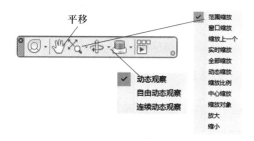

图 17-4　导航栏

图 17-5　导航工具 ViewCube

329

二、AutoCAD 三维建模空间

在状态栏中"切换工作空间"按钮 ，选择"三维建模"，即可进入三维建模工作空间，三维建模工作空间的界面如图 17-6 所示。在"常用"选项卡中可以使用建模工具创建长方体、圆柱等常见三维实体模型。

图 17-6 三维建模的工作界面

三、图形文件管理

图形文件管理的工具位于屏幕左上角的"应用程序菜单" Ⓐ 或"快速访问工具栏"里。

1. 创建新图形文件

选择"文件"|"新建"菜单命令，或在"标准"工具栏中单击按钮 ，可以创建新图形文件，此时将弹出"选择样板"对话框，如图 17-7 所示。

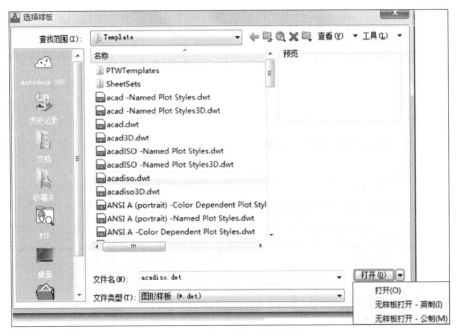

图 17-7 "选择样板"对话框

在"选择样板"对话框中，用户可以在样板列表框中选中一样板文件，单击"打开"，可以以选中的样板文件为样板创建新图形。样板文件通常包含有与绘图相关的一些通用设置，如图层、线型、文字样式、尺寸标注样式等的设置和标题栏、图幅框等通用图形对象。利用样板创建新图形，可以避免创建新图形的重复设置，还可保证图形的一致性。

用户也可以单击"打开"按钮的右边按钮 ，在其下拉菜单中选择"无样板打开—公制（M）"，创建一无样板的米制单位(长度单位默认为 mm)的新图形。

2. 打开图形文件

选择"文件"|"打开"菜单命令，可以打开已有的图形文件。在"选择文件"对话框的文件表列框中选择适当的路径打开需要的文件，在右边的"预览"框中将显示出该图形的预览图像。

3. 保存图形文件

选择"文件"|"保存"菜单命令，可以将所绘制的图形以各种不同的文件类型保存起来。系统在默认情况下，文件以＊.dwg 格式保存。

4. 关闭图形文件

用户结束绘图工作后，可选择"文件"|"关闭"菜单命令，或在绘图窗口的右上角单击按钮 ✖ ，可以关闭当前的图形文件。当关闭绘图系统时，系统会提示保存当前图形文件并退出。

四、系统参数的设置

在绘图区点击鼠标右键，在弹出的快捷菜单中选取"选项"命令，可以设置文件存放路径等 AutoCAD 的一些参数。

1. 设置文件路径

在"选项"对话框中，可以使用"文件"选项卡设置 AutoCAD 搜索相关文件的路径、文件名和文件位置等。

2. 设置显示性能

"显示"选项卡设置绘图工作界面的显示格式、图形显示精度等。

"颜色"按钮可以设置工作界面中一些区域的背景和文字的颜色。

"显示精度"可以设置绘图对象的显示精度，它可以使曲线曲面更光滑。

"十字光标大小"可以设置光标在绘图区内十字线的长度。

3. 设置文件打开与保存方式

"打开和保存"选项卡是设置打开和保存图形文件的有关操作，如保存图形文件时的文件版本、格式(＊.dwg 、＊.dxf 等)，是否同时生成备份文件(＊.bak)等。

4. 设置用户系统配置

在默认状态下，点击鼠标右键弹出快捷键菜单。用户可以单击"自定义右键单击"按钮，设置鼠标右键的功能，图 17-8 所示的设置是当选定对象点击鼠标右键时，系统弹出快捷菜单；如没有选定对象时点击鼠标右键，则重复上一次的操作；如正在执行命令时点击鼠标右键，则表示确认。

5. 设置绘图

"绘图"选项卡可以设置对象自动捕捉、自动跟踪等功能，如设置显示极轴跟踪的矢量数据、设置自动捕捉标记大小和靶框大小等。

6. 设置选择模式

"选择集"选项卡可以设置选择集模式和夹点功能。它可以设置是否先选择对象构造一选择集，然后再对该选择集进行编辑操作命令；可以设置是否使用夹点编辑功能等。

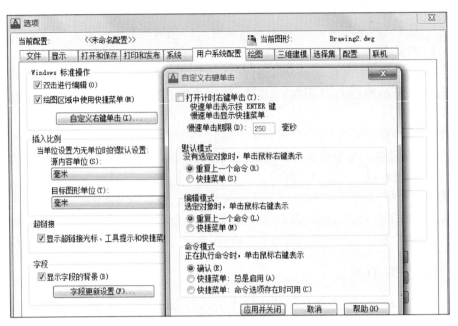

图 17-8 "自定义右键单击"对话框

五、使用鼠标执行命令

在绘图区,AutoCAD 光标通常为十字形式,其他区域为箭头。单击会执行相应的命令或动作。

鼠标左键通常是拾取键,用于指定屏幕上的点、选中被单击的对象、执行相应的命令等。

鼠标右键也叫回车键,代替回车。点击鼠标右键可以结束命令或弹出快捷菜单或重复上次命令。

在绘图区滚动鼠标中键可以放大或缩小图形。

六、操作错误的纠正方法

1. 放弃选项

在执行命令过程中,AutoCAD 的提示行内会出现"放弃"选项,如果输入 U 并回车,就可放弃刚刚完成的操作内容。

2. 放弃命令

当执行完一条命令后,发现为误操作,可以在命令窗口中"命令:"提示下键入 U 并回车,可以放弃刚执行的命令操作。

如果在"命令:"提示下连续键入 U 并回车,可以一直放弃到本次图形绘制或编辑的起始状态。

3. 恢复(Redo)命令

恢复是相对于放弃而言的,当放弃了一个命令的操作后,又想恢复它,可以键入 Redo 并回车。紧接着放弃命令后面执行恢复命令才有效。

4. 取消（Esc）键

在执行一条命令过程中,如果想终止该命令的继续执行,可按 Esc 键取消该命令。

放弃或恢复命令也可以在快速访问工具栏单击按钮 ↶ · ↷ ·。

---

§ 17-2   AutoCAD 绘图基础

绘图前应了解绘图时的一些基本概念如单位与图限、绘图区域、角度定义、图层、颜色、线型和线宽等。

一、设置绘图单位与图限

用户绘图时,可将 AutoCAD 看做一幅无穷大的图纸,它可绘制任何尺寸的图形。

在 AutoCAD 中,无论使用真实尺寸绘图,还是使用变比后的数据绘图,都可以在模型空间中设置一个想象的矩形绘图区域,称为图限,以使绘图更规范和便于检查。设置绘图图限的命令为 LIMITS,可以使用栅格来显示图限区域。常用的图限是图幅的大小。

相对于系统而言,不管采用什么单位,它都以图形单位来计算绘图尺寸。

在命令窗口输入"units"命令后,会弹出"图形单位"对话框,在"长度"选项卡的"精度"选项可以设置精度为"0",即长度数值是没有小数点的整数。

二、图层

图层是用来组织图形的最为有效的工具之一。用户通常将不同性质的对象(如基准线、轮廓线、虚线、文字、标注等)放置在不同的图层上,用户可方便地通过控制图层的特性(锁定、冻结等)显示和编辑对象。AutoCAD 的图层可理解为透明的电子纸,一层挨一层放置,用户可以根据需要增加和删除图层。

AutoCAD 中所有图形对象都具有图层、颜色、线型和线宽 4 个基本属性,在图层上创建的对象一般都使用图层的默认颜色、线型、线宽。

1. 图层的创建与删除

在如图 17-9 所示的"图层"工具栏中单击"图层特性管理器"按钮 或选择"格式" | "图层"菜单命令,即可打开"图层特性管理器"对话框,如图 17-10 所示。用户可创建新图层、设置或修改图层属性等。

图 17-9   "图层"面板

单击"新建图层"按钮 ,就可创建一个新图层。默认情况下,新建的图层与当前的图层的属性相同。选中一个图层,可重新输入图层的名称。

选中一图层后单击"删除图层"按钮 ,可删除该图层。

选中一图层后单击"置为当前图层"按钮 ,可将该图层设置为当前图层。单击对话框左上角的按钮 可以退出图层设置状态。

2. 图层属性的设置

颜色是图层的属性之一,每一图层都具有一定的颜色,同一图层也可设置不同的颜色。在默认情况下,新建图层的颜色为黑色或白色(由背景色决定)。要改变图层的颜色,可在"图层特性管理器"对话框中单击该图层的"颜色"列对应的图标,在弹出的"选择颜色"对话框选择适当的颜色。

图层的另一属性是线型,常见的线型有实线、虚线、点画线、折线等。在默认情况下,图层的线型为 Continuous,如需要其他的线型,必须先加载各种线型。在"图层特性管理器"对话框中单击一图层的"线型"列对应的图标,弹出"选择线型"对话框,如图 17-11 所示。单击"加载"按钮,在弹出的"加载或重载线型"的对话框中,双击需加载的线型,如图 17-12 所示。线型加载完后,用户才可设置图层的线型属性。

图 17-10 "图层特性"对话框

图 17-11 "选择线型"对话框

图 17-12 "加载或重载线型"对话框

单击"图层特性管理器"对话框中"线宽"列对应的图标,在弹出的"线宽"对话框中,可按国家标准设置图线的宽度属性。

3. 图层的状态

图层的状态可以是"开""冻结"和"锁定"。若图层设为"开",则图层中的图线可见,否则不可见。若图层被冻结,则该层上的实体既不被显示和修改,而且在重生成图形时也不被重新计算。若图层被锁定,则可以看到该图层上的实体,但是不能对它进行编辑。

4. 特征工具栏

利用特征工具栏可实现同一图形可具有不同的颜色、线型以及线宽。

图 17-12 为特征工具栏。单击特征工具栏中的"颜色控制""线型控制"和"线宽控制"列表框可重新设置当前绘制的图形的颜色、线型和线宽。默认的设置是随层,即 Bylayer。

图 17-13 特征工具栏

三、精确定位的方法

点的精确定位及图层

点是构成图形的基本几何要素,绘图过程实际就是确定一系列点的过程。在绘制初始对象时,只能通过移动光标和输入坐标的方法来定位。但用户在使用光标定位时很难准确指定到某一特定位置,它将或多或少地会存在误差。计算机绘图与手工绘图的最大区别就是精确,AutoCAD 提供了多种辅助光标定位的方法。

1. 用键盘输入坐标确定点

在 AutoCAD 中,点的坐标可以使用绝对直角坐标、绝对极坐标、相对直角坐标、相对极坐标 4 种表示方法。用户可以在命令行通过键盘输入点的坐标,如表 17-1 所示。

表 17-1　AutoCAD 点的坐标值输入法

坐标系	坐标方式	说　　明	键盘输入格式
直角坐标	绝对坐标	是从 $(0,0)$ 或 $(0,0,0)$ 出发的位移,用分数、小数或科学记数等形式表示点的 X、Y、Z 轴坐标值,坐标间用逗号隔开	x,y
	相对坐标	是输入点相对于前一个输入点坐标值的增量坐标值 Δx、Δy 表示	$@ \Delta x, \Delta y$
极坐标	绝对坐标	是从 $(0,0)$ 或 $(0,0,0)$ 出发的位移,但给定的是距离和角度,其中距离和角度用"<"分开,且规定 X 轴正向为 $0°$,Y 轴正向为 $90°$	距离<角度
	相对坐标	是输入点相对于前一个输入点坐标值的直线距离;与 X 轴正方向之间的夹角,角度的正方向为逆时针方向	$@$ 距离<角度

2. 栅格功能确定点

在状态栏中按下"栅格"按钮 ▦ ,屏幕将出现按指定行间距和列间距排列的栅格点,栅格点能够捕捉光标,使光标只能落在由这些点确定的位置上,从而使光标只能按指定的步距移动。

利用"草图设置"对话框中的"捕捉和栅格"选项卡可进行栅格捕捉与栅格显示方面的设置。将光标放在状态栏的"捕捉模式"按钮上,再点击鼠标右键,在弹出的快捷菜单中选择"捕捉设置"菜单命令,即弹出"草图设置"对话框,对话框中的"捕捉和栅格"选项卡,如图 17-14 所示。

也可以将光标移到状态栏"捕捉模式"的位置上,点击鼠标右键,在弹出的快捷菜单中,单击"捕捉设置",同样弹出"草图设置"对话框。在设置栅格时要注意:

1) 不一定要使用正方的栅格,有时纵横比不是 1:1 的栅格可能更有用;

2) 如果用户已设置了图限,则仅在图限区域内显示栅格。

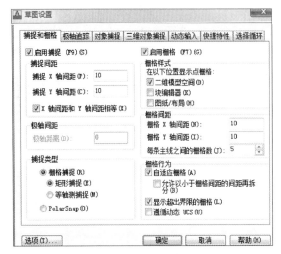 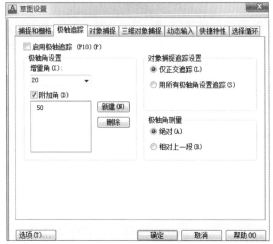

(a) 设置"捕捉和栅格"参数对话框　　　　　(b) 设置"极轴追踪"参数对话框

图 17-14　"草图设置"对话框

3. 用捕捉功能确定点

捕捉是精确定点的方法之一,用于设定光标移动间距。在 AutoCAD 中,有栅格捕捉和极坐标捕捉两种形式。用户可以在状态栏中先按下"捕捉"按钮 ▦,如选择捕捉方式为栅格捕捉 ▦,则光标只能在栅格方向精确移动;如选择捕捉方式为极轴捕捉 ⊘,则光标可在极轴方向精确移动。

"捕捉和栅格"选项卡可以设置捕捉和栅格的间距等。"极轴追踪"选项卡可以设置极轴角的步长、附加角的大小以及极轴角的测量方式等。

极轴追踪打开时,若光标移至设定的极轴角附近,系统会自动显示极轴,并显示光标当前的方位。系统已预设了四个极轴,即与 X 轴的夹角为 0°、90°、180°、270°。若极轴角增量为 20°、附加角为 50°,则光标移至 20° 的倍数以及 50° 处时会显示光标的方位。

4. 使用正交模式

在状态栏打开正交模式后,用户只能画水平或竖直线。也可使用 ORTHO 命令或 F8 键打开或关闭正交模式。

5. 对象捕捉功能

一般而言,无论用户怎样调整捕捉间距,圆、圆弧等图形对象上的部分点均不会直接落在捕捉上,而绘图时常要利用已知图形中的一些特殊点,如端点、中点、圆心、圆上的象限点、切点、交点、垂足等。AutoCAD 的"对象捕捉"就是用于选择图形连接点的几何过滤器,它辅助用户选取指定的特殊点。

单击状态栏中"对象捕捉" ▢▾ 右侧的三角形按钮,弹出图 17-15 所示的对话框。在"对象捕捉模式"选择框里选取要捕捉的类型。在状态栏中按下"对象捕捉"按钮 ▢。这样,绘图时当光标移动到图元的特殊点附近时,系统将显示特殊点的类型并自动获取它们。

图 17-15 "对象捕捉"设置的对话框

6. 使用对象追踪

在状态栏中若同时按下"对象捕捉"和"极轴"或"正交"按钮,可按指定角度绘制对象或绘制与其他对象有特定关系的对象。当"对象追踪"按钮 ∠ 也按下时,屏幕上出现"对齐路径"的水平或垂直的追踪线,它有助于用精确的位置和角度创建对象。

对象追踪包括两种追踪选项:极轴追踪和对象捕捉追踪。用户可以通过状态栏上的"极轴"与"对象追踪"按钮来选择。提示:对象追踪一定要与捕捉配合使用。也就是说,在对象追踪之前必须首先设置对象捕捉。

例 如图 17-16a 所示,要捕捉一特殊点,使其 x 坐标是直线中点的 x 坐标、y 坐标为圆心的 y 坐标。

操作步骤:

(1) 设置捕捉对象,它包含了中点和圆心;

(2) 发布绘图指令,如画直线;

(3) 将光标移至直线的中点处,此时显示捕捉到了中点;

(4) 将光标移到圆心处,显示捕捉到了圆心;

(5) 将光标移到图 17-16d 所示的位置,屏幕会出现两条自动追踪的虚线,说明光标所在的位置即是所求的特殊点。

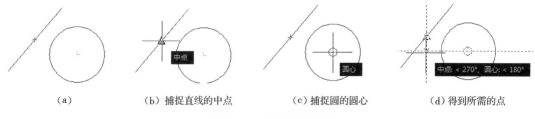

（a） （b）捕捉直线的中点 （c）捕捉圆的圆心 （d）得到所需的点

图 17-16 对象追踪的实例

7. 使用点过滤器

AutoCAD 提供了一种称为点过滤器的功能。利用点的过滤器可以从两个或多个点中抽出一部分信息,以便建立一个新点。如定位一点,它的 x 坐标为一已知点的 x 坐标,y 坐标为另一已知点的 y 坐标,此时就可以用点过滤器。

点过滤器的使用方法是在使用过滤的坐标名(x、y、z 或其组合)前加"."。

操作步骤:(1) 发布一绘图指令,如画直线。(2) 在命令行输入".X"后用光标拾取一点,则此点的 x 坐标为新点的 x 坐标。(3) 如此时还没有形成一个完整的点,系统会出现一个提示(如"需要 Y"等)。再用鼠标拾取另一个点,则此点的 y 坐标为新点的 y 坐标。

8. 动态输入

状态栏中的 为动态输入按钮。当动态输入启用时,在光标附近将会出现工具栏提示的一个命令界面,该信息会随着光标移动而动态更新。当某条命令为活动时,工具栏提示附近的方框为光标所在位置,也是提供输入数值的位置,如图 17-17 所示。这样输入数字不必在命令窗口的文本框中输入,注意力可一直保持在光标附近。

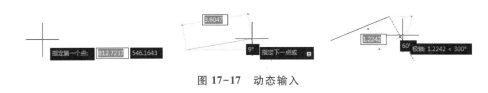

图 17-17　动态输入

9. 临时约束

临时约束是一种灵活的一次性的捕捉模式。它不是自动的,当需要临时捕捉某种特征点时,可以在捕捉前同时按住 Shift 键和鼠标右键,系统将弹出临时捕捉菜单,再选取其中一种特征点,系统就会将特征点设置为临时捕捉特征点,捕捉完后,该设置会自动失效。

§17-3　AutoCAD 的绘图与编辑功能

一、绘制二维平面图形

利用 AutoCAD 的绘图工具栏或绘图菜单、绘图命令,可绘制各类对象,也可以使用修改菜单或修改工具栏修改较为复杂的图形。

绘图面板包含了绘制图形最基本、最常用的方法,利用它们可以绘制各种线条,如直线、包括或不包括弧线的多段线、多重平行线等,如图 17-18 所示。

在绘制图形时,应经常看看命令栏中的提示,它将提示正确使用绘图命令的操作步骤。

1. 绘制直线

直线是最常见、最简单的一类图形对象,只要指定了直线的起点和终点就可绘制一条直线。

输入命令 LINE 或单击按钮 ，依次输入线段的端点,即可绘制连续的折线。若按 Enter 键,则结束绘图命令;若在命令行输入"C",再按 Enter 键,可绘制封闭的折线;若输入"U",再按 Enter 键,可删除上一段直线。

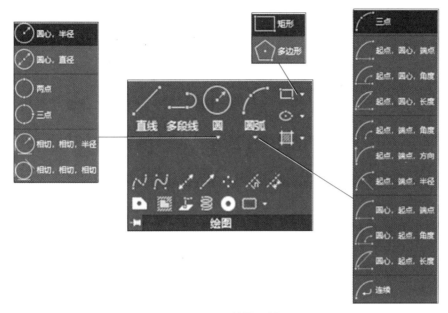

图 17-18　绘图面板

若单击按钮╱后,不是输入直线的端点,而是按 Enter 键,则是以上次线段的最后一点作为此次线段的起点画线。

用 LINE 命令绘制出的一系列直线段中的每一条线段均是独立的对象。

如果单击状态栏上的动态输入按钮▣,使其压下,会启动动态输入功能。启动动态输入并执行 LINE 命令后,AutoCAD 一方面在命令窗口提示"指定第一点:",同时在光标附近显示出一个提示框(称之为"工具栏提示"),工具栏提示中显示出对应的 AutoCAD 提示"指定第一点:"和光标的当前坐标值。当移动光标,工具栏提示也会随着光标移动,且显示出的坐标值会动态变化,以反映光标的当前坐标值。

2. 绘制圆、圆弧、椭圆和椭圆弧

输入命令 CIRCLE 或单击按钮⊘,就可以绘制完整的圆。

系统提示:指定圆的圆心或[三点(3P)/两点(2P)/相切、相切、半径(T)]:

此时可以指定圆心和半径、指定圆心和直径、指定圆上 3 点(3P)、指定直径上的两个端点(2P)、指定半径以及与两个指定对象相切(T)画圆。默认的是指定圆心和半径画圆。

输入命令 ARC 或单击按钮╭,就可以绘制圆弧。系统提供了 11 种绘制圆弧的方法。

单击按钮⚪和↶,可以绘制椭圆以及椭圆弧。

3. 绘制矩形

单击按钮▭,命令窗口显示:

　　　　▭▾ RECTANG 指定第一个角点或 [倒角(C) 标高(E) 圆角(F) 厚度(T) 宽度(W)]

确定矩形的一个顶点后,系统又提示如下:

　　　　▭▾ RECTANG 指定另一个角点或 [面积(A) 尺寸(D) 旋转(R)]:

这时可以用下列四种方法绘制矩形:

（1）用鼠标点击矩形的另一个角点位置（或输入右下角点坐标值后回车）。

（2）输入"A"回车，输入矩形面积，再指定长度或宽度的数值，回车。

（3）输入"D"回车，则分别按提示输入矩形的长度和宽度以及矩形的方位。

（4）输入"R"回车，指定一个点作为矩形的方向或直接输入的矩形斜度后，可以再确定矩形的另一个角点位置绘制矩形，如图 17-19b 所示。

生成四角具有一定倒角的矩形的操作步骤是：

单击按钮▢后，输入"C"回车，再按提示分别输入第一倒角的距离和第二倒角的距离，最后输入矩形的两个对角点即可，如图 17-19c、d 所示。

生成四角为圆角的矩形的操作步骤是：

单击按钮▢后，输入"P"回车，再按提示输入圆角的半径，最后输入矩形的两个对角点即可，如图 17-19e 所示。

生成具有宽度的矩形的操作步骤是：

单击按钮▢后，输入"W"回车，再按提示输入线的宽度，最后输入矩形的两个对角点即可，如图 17-19f 所示。

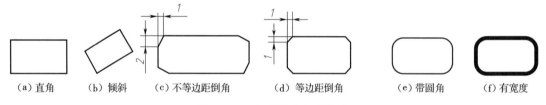

（a）直角　　（b）倾斜　　（c）不等边距倒角　　（d）等边距倒角　　（e）带圆角　　（f）有宽度

图 17-19　矩形框的各种类型

4. 绘制正多边形

单击绘制矩形框按钮▭▾右侧的三角形，在弹出的命令中选取按钮⬠，输入多边形的边数，就可以绘制正多边形。绘制正多边形的方式有 3 种：一是指定正多边形的中心并与一圆内接；二是指定正多边形的中心并外切于一圆；三是指定正多边形的一条边。

5. 绘制多线

多线由 1 至 16 条平行线组成的，这些平行线称为元素。平行线之间的间距和数目是可以调整的，多线常用于绘制建筑图中的墙体、电子线路图等平行线对象。

系统默认的多线样式是包含两个元素的 STANDARD 样式，也可以指定一个已创建的样式。开始绘制之前，可以修改多线的对正方式和比例。

在命令行输入 MLINE 命令后，命令行显示如下提示信息：

命令：_mline

当前设置：对正 = 上，比例 = 20.00，样式 =STANDARD

指定起点或［对正（J）/比例（S）/样式（ST）］：

"对正（J）"选项有三种："上（T）"选项表示当从左向右绘制多线时，多线上最顶端的线将随着光标移动；"无（Z）"选项表示当从左向右绘制多线时，多线上中心线将随着光标移动；"下（B）"选项表示当从左向右绘制多线时，多线上最低端的线将随着光标移动。

"比例（S）"是指所绘制的多线的宽度，相当于多线的定义宽度的比例因子。

"样式(ST)"指绘制多线的样式。

"格式"|"多线样式"命令(MLSTYLE),可以创建新的多线样式。创建新多线样式的对话框如图17-20、图17-21所示。

图17-20 "多线样式"对话框

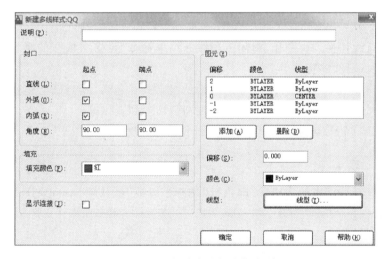

图17-21 "新建多线样式"对话框

多线的特性包括元素的总数和每个元素的位置、每个元素与多线中间的偏移距离、每个元素的颜色和线型、使用的封口类型、多线的背景填充颜色等。

在"多线样式"对话框中,单击"新建"按钮,输入多线样式名称后,单击"继续"按钮,弹出"新建多线样式"对话框。单击"添加"按钮可以增加多线中相互平行的线段;"偏移"设置线条元素的偏移量,带有正偏移的元素出现在多线段中线的一侧,带有负偏移的元素出现在中线的另一侧;"线型"设置每条线元素的线型。"封口"可以设置多线两端的样式。

输入命令 MLEDIT,弹出"多线编辑工具"对话框如图 17-22 所示,可以使用 12 种编辑工具编辑多线。

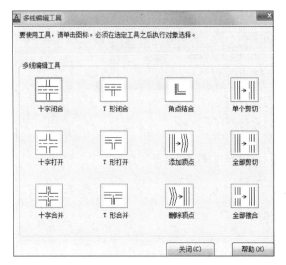

图 17-22 "多线编辑工具"对话框

6. 绘制多段线

多段线是由直线段和圆弧段组成的一个组合体。单击按钮 ，即可绘制多段线。

输入多段线的起点后,命令行显示提示信息:

指定下一个点或[圆弧(A)/闭合(C)/半宽(H)/长度(L)/放弃(U)/宽度(W)]:

用户可以从直线切换到画圆弧、封闭多段线并结束命令、设置多段线的半宽度、指定绘制的直线的长度、设置多段线的宽度等。

在命令行中输入"A"画圆弧时,系统将提示是指定圆弧包角、指定圆心位置、根据起始点的切线方向绘制圆弧,根据 3 点绘制圆弧还是将画圆弧切换到直线等。

利用命令 PEDIT 可以编辑多段线。选择"绘图"|"对象"|"多段线"命令,即执行 PEDIT 命令,AutoCAD 提示:

选择多段线或[多条(M)]:

在此提示下选择要编辑的多段线,即执行"选择多段线"默认项,AutoCAD 提示:

输入选项[闭合(C)/合并(J)/宽度(W)/编辑顶点(E)/拟合(F)/样条曲线(S)/非曲线化(D)/线型生成(L)/反转(R)/放弃(U)]:

其中,"闭合"选项用于将多段线封闭。"合并"选项用于将多条多段线(及直线、圆弧)。"宽度"选项用于更改多段原来的宽度。"编辑顶点"选项用于编辑多段线的顶点。"拟合"选项用于创建圆弧拟合多段线。"样条曲线"选项用于创建样条曲线拟合多段线。"非曲线化"选项用于反拟合。"线型生成"选项用来规定非连续型多段线在各顶点处的绘线方式。"反转"选项用于改变多段线上的顶点顺序。

7. 绘制样条曲线

单击"绘图"工具栏上的"样条曲线"按钮 ，输入若干个点后,若输入"C",回车,则通过输入的控制点上生成一条封闭的光滑的样条曲线。若直接单击右键结束,则生成的曲线不封闭。

二、图形编辑

在绘图过程中,经常需要调整图形对象的位置、形状等,这时可以使用系统提供的图形编辑功能。常见的编辑功能有对象的移动、旋转、复制、拉伸、修剪等。特殊的编辑功能有:对图形对象进行圆弧过渡或修倒角、创建镜像对象、创建环形或矩形对象阵列等。另外用户还可以利用图形对象的夹点快速拉伸、移动、旋转或复制对象。

1. 选择编辑的对象

(1)设置对象的选择模式

对图形进行编辑时应选择要编辑的对象。编辑的对象可以是单个的图元,也可以是多个图元。选择对象的方法可以是逐个单击对象拾取,也可以利用矩形窗口拾取。

AutoCAD 支持两种对象选择方式,即是在选择编辑命令之前还是之后选取对象。点击鼠标右键,在快捷菜单中选取"选项"命令,打开"选择集"选项卡对话框,可以设置选择集模式、拾取框的大小及夹点功能等。

(2)选择对象的方法

系统处于选择状态时,光标是一个小方框(即拾取框)。在默认情况下,可以直接选择对象。若在输入选择命令 select 后再输入"?",系统的提示信息为:

* 无效选择 *

需要点或窗口(W)/上一个(L)/窗交(C)/框(BOX)/全部(ALL)/栏选(F)/圈围(WP)/圈交(CP)/编组(G)/添加(A)/删除(R)/多个(M)/前一个(P)/放弃(U)/自动(AU)/单个(SI)/子对象/对象

若选择"窗口(W)"选项则通过绘制一个矩形区域来选择对象,只有完全在窗口内的对象才能被拾取,部分或不在该窗口内的对象不被拾取。

选择"上一个(L)"选项则选取图形窗口内可见元素中最后创建的对象。不管使用多少次"上一个(L)"选项,都只是一个对象被选中。

选择"窗交(C)"选项则通过绘制一个矩形区域来选择对象,完全或部分在窗口内的对象都被拾取。

(3)过滤选择

在命令行提示下输入 FILTER 命令,将打开"对象选择过滤器"对话框,如图 17-23a 所示,可以以对象的类型(如直线、圆及圆弧等)、图层、颜色、线型或线宽等作为条件,来过滤选择符合设定条件的对象。此时,必须考虑图形中对象的这些特性是否设置为随层。过滤条件在"选择过滤器"选项区域中设置。

(4)快速选择

在系统中,当需要选择具有某些共同特征的对象时,可利用"快速选择"对话框,根据对象的图层、线型、颜色、图案填充等特征和类型,创建选择集。选择"实用工具"面板中的"快速选择"按钮,可打开"快速选择"对话框,如图 17-23b 所示。

2. 使用夹点编辑图形

夹点就是图形对象上的控制点,是一种集成的编辑模式,用户可通过它来控制操作对象。单击对象时,在对象上将显示出若干个小方框,这些小方框是用来标记被选中对象的夹点。

在默认情况下,夹点始终是打开的。可以通过"工具"|"选项"对话框中的"选择"选项卡设

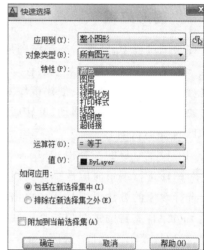

(a)"对象选择过滤器"对话框　　　　　　　　　　(b)"快速选择"对话框

图 17-23　选择对话框

置夹点的显示和大小。一般不同的对象其夹点的位置和数量是不一样的,如直线的夹点有直线的两个端点和中点、圆的夹点有圆心和 4 个象限点等。通过拖动这些夹点的方式可方便地进行拉伸、移动、旋转、缩放以及镜像等编辑操作。

使用夹点编辑图形的操作步骤是:(1) 鼠标左键单击某个对象,该对象上的夹点将显示出来。(2) 鼠标左键单击其中某一夹点,此夹点的小方框会变颜色。(3) 移动鼠标,就可以拉伸或移动图元;也可输入不同的选项和按回车键在各操作模式之间循环;也可点击鼠标右键,在弹出快捷菜单中选择编辑的方式,如图 17-24 所示。

3. 对象移动、旋转、修剪、拉长、复制和对齐

图 17-25 是修改对象的工具栏,通过它们可以对已有的图元进行编辑。

(1) 删除对象

单击"删除"按钮✐,选择要删除的对象,再按下 Enter 键或 Space 键结束对象选择,则已选择的对象被删除。在标准工具栏中单击↶·↷·按钮,可以删除或恢复最后一次操作。

图 17-24　夹点快捷键菜单

图 17-25　编辑对象工具栏

（2）复制、平移对象

单击"平移"按钮✛，可以对二维或三维对象进行重新定位，它不改变对象的方向和大小。单击"复制"按钮❀，可对已有的对象复制出多个副本，直到按 Enter 键结束。使用时，系统会被提示给出基点和位移矢量。

（3）镜像对象

单击"镜像"按钮⚟，选择要镜像的对象后，再依次指定镜像线上的两个点，命令行将提示"是否删除原来对象吗？［是（Y）/否（N）］<N>:"，默认的是复制对象。

系统变量 MIRRTEXT 可以控制文字对象的镜像方向。若 MIRRTEXT 的值为 1，则文字对象完全镜像，镜像后的文字变得不可读；若为 0，文字对象不镜像。

（4）偏移对象

单击"偏移"按钮▤，系统需要先指定偏移的距离，再选择要偏移的对象，最后指定偏移的方向。偏移对象可以是指定的直线、圆弧、圆等作同心偏移复制。

"偏移"圆弧时，新圆弧与旧圆弧同心且具有相同的包含角，但新圆弧的长度发生了变化；对圆和椭圆偏移后，得到的是同心圆或椭圆，但它们的轴长发生了变化；对直线段、构造线、射线作偏移时，是平行复制。通常用"偏移"命令画平行线。

（5）阵列对象

单击"阵列"按钮▦，用鼠标选取需要矩阵的对象后回车；在命令窗口弹出"矩形阵列"工具栏，如图 17-26a 所示，单击按钮 列数(COL)，输入列数后回车，输入列距再回车；在命令窗口中单击按钮 行数(R)，输入行数后回车，输入行距再回车；单击右键后再单击右键，即按要求矩形阵列了图元。

关联(AS) 基点(B) 计数(COU) 间距(S) 列数(COL) 行数(R) 层数(L) 退出(X)
(a) 矩形阵列

关联(AS) 基点(B) 项目(I) 项目间角度(A) 填充角度(F) 行(ROW) 层(L) 旋转项目(ROT) 退出
(b) 环形阵列

关联(AS) 方法(M) 基点(B) 切向(T) 项目(I) 行(R) 层(L) 对齐项目(A) Z 方向(Z) 退出(X)
(c) 路径阵列

图 17-26　阵列对话框

单击按钮▰，选取需要阵列的图元后单击右键，再选取环形阵列中心，此时在命令窗口弹出图 17-26b 所示的图标菜单，单击按钮 项目(I)，输入阵列的数目，单击按钮 项目间角度(A)，输入阵列的两图元之间的角度，单击按钮 填充角度(F)，输入阵列分布弧形区域的总角度，单击按钮 旋转项目(ROT)，确定阵列的图元是否旋转。

现以图 17-27a 所示的图形为例说明路径阵列的操作过程。单击"修改"|"阵列"|"路径阵列"按钮▰，选取需要阵列的图元（三角形）后单击右键，再选取圆弧作为阵列的路径，此时在命令窗口弹出图 17-26c 所示的图标菜单；单击按钮 基点(B)，用鼠标左键拾取一点 A 为基点，如图 17-27b 所示；单击按钮 切向(T)，分别拾取点 A 和点 B，确定图元的切线方向，如图 17-27c 所示；单击按钮 项目(I)，确定阵列的数量；单击按钮 行(R)，确定阵列的行数，按回车即可。

（6）旋转对象

单击"旋转"按钮↻，系统可以将对象绕基点旋转指定的角度。此时命令行提示"指定旋转角

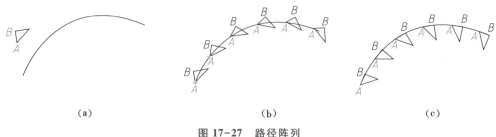

度或[复制(R)参考(R)<O>]:"。如果直接输入角度值,则可以将对象绕基点转动该角度。角度为正值是逆时针旋转,角度为负值是顺时针旋转;如果选择"参考(R)"选项,将以参考方式旋转对象,需要依次指定参考方向的角度和相对于参考方向的角度值。

执行该命令后,命令行显示"UCS 当前的正角方向:ANGDIR = 逆时针 ANGBASE = 0"的提示信息,可以了解到当前的正角度方向(如逆时针方向),零角度方向与 X 轴正方向的夹角。

(7)缩放对象

单击"缩放"按钮,系统提示选择要缩放的对象,右键结束选择,指出缩放的基点后再输入要缩放的比例,就可将选择的对象相对于基点进行尺寸缩放。

单击"拉伸"按钮或选择"修改"|"拉伸"命令(STRETCH),系统提示选择要拉伸的对象,右键结束选择,指出拉伸的基点后就将指定对象相对于基点进行拉伸。对于由直线、圆弧、区域填充和多段线等组成的对象,若其所有部分均在选择窗口内将都被移动;如果只有一部分在选择窗口内,则遵循以下拉伸规则:

直线:位于窗口外的端点不动,位于窗口内的端点移动。

圆弧:在圆弧改变的过程中,圆弧的弦高保持不变,调整圆心的位置和圆弧起始角、终止角的值。

(8)修剪、延伸对象

修剪或延伸就是使图线精确地终止于由选定对象定义的边。单击"修剪"按钮后,光标变成了小矩形框,选取需要修剪的线段,则夹在两图线之间的这段线段自动被裁剪掉了。单击"延伸"按钮后,选择要延伸的对象,则该线段自动延伸到离它最近的一条线段上了。

(9)拉长对象

单击"拉长"按钮,可修改线段或者圆弧的长度。执行拉长命令时,系统提示的信息是:

"选择对象或[增量(DE)/百分数(P)/全部(T)/动态(DY)]:"

默认情况下,选择对象后,系统会显示当前选中对象的长度和包角等信息,其中"动态 DY"选项允许动态地改变圆弧或者直线的长度。

(10)打断、合并对象

单击按钮,可将对象在一点处打断成两个对象。执行该命令时,选择需要被打断的对象,然后指定打断点,即可从该点打断对象。

选择"修改"|"打断"命令(BREAK)或单击按钮,选择需要打断的对象,系统提示:

指定第二个打断点 或[第一点(F)]:

在默认情况下,以选择对象时的拾取点作为第一个断点,再指定第二个断点后,系统将对象分解成两部分。如第二个断点在对象上,则删除两断点之间的部分;如断点没有在对象上,则删除对象位于第二断点同侧的一段。如在输入第二断点前,在命令行输入@,可以使第一个、第二个断点重合,相当于命令"打断于一点"。如果选择"第一点(F)"选项,可以重新确定第一个断点。

选择"修改"Ｉ"合并"命令(JOIN)或单击按钮 ➻,系统提示:

选择圆弧,以合并到源或进行[闭合(L)]:

选择需要合并的另一部分对象,按 Enter 键,可将这些对象合并。如是选择合并圆,可以输入"L",得到一个完整的圆。

(11)倒角与倒圆

单击按钮 ◿,系统提示:

当前倒角距离 1 = 0.0000,距离 2 = 0.0000

选择第一条直线或[放弃(U)/多段线(P)/距离(D)/角度(A)/修剪(T)/方式(E)/多个(M)]:

在命令行输入"D",用户输入第一个、第二个倒角距离,再选择第一条直线和第二条直线即可为两条直线修倒角。

单击按钮 ◿,系统提示:

当前设置:模式 = 修剪,半径 = 0.0000

选择第一个对象或[放弃(U)/多段线(P)/半径(R)/修剪(T)/多个(M)]:

在命令行输入"R"和圆角的半径值后,再选择要倒圆的两个对象,即可产生圆弧连接。

(12)块打散

选择"修改"Ｉ"分解"命令(EXPLODE)或单击按钮 ▦,选择要分解的对象(如块),按 Enter 键后,对象分解并解除命令。

4.特征匹配

单击特征面板中的特征匹配按钮 ▧,选中选择源对象后,命令行将显示如下提示信息:

当前活动设置:颜色 图层 线型 线型比例 线宽 厚度 打印样式 标注 文字 填充图案 多段线 视口 表格材质 阴影显示

选择目标对象或[设置(S)]:

此时绘图区中的鼠标变为刷子形状 ✍,再选择目标对象,可将源对象的某些或所有特征复制到目标对象中。它可以复制的特征包括颜色、线型、层、线型比例、线宽、厚度和打印样式,在某些情况下还可以复制尺寸标注、文本和阴影图案等。

例 画图 17-28a 所示的图形。

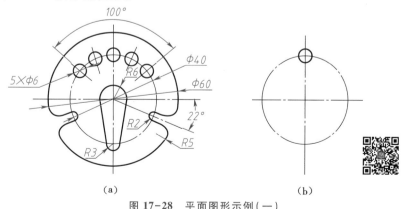

(a)   (b)

图 17-28 平面图形示例(一)

分析 该平面图形用到点画线和粗实线两种线型;5 个直径为 6 的圆可以通过环形阵列实现;左右两边的开槽可以通过镜像产生。

画图步骤:

① 单击"图层管理器"按钮![icon],在弹出的对话框中,加载"中心线"线型;新建中心线的"图层 1";"图层 0"设为线宽 0.3 mm 的粗实线。

② 在"图层 1"中画作图基准线,如图 17-28b 所示;

③ 在"图层 0"中画中间的一个直径为 6 的圆。

单击"环形阵列"按钮![icon],选取直径为 6 的圆为阵列对象点击鼠标右键,再选取环形阵列中心,在命令窗口单击按钮**项目(I)**,输入阵列的数目 3,单击按钮**填充角度(F)**,输入 50 回车,按右键结束,如图 17-29a 所示。

单击"块打散"按钮![icon],选取阵列的圆后回车。

单击"镜像"按钮![icon],选取要镜像的 2 个圆后点击鼠标右键,再选取对称线上的两端点,确定对称线的位置。最后再回车,不删去原图元即可,如图 17-29b 所示。

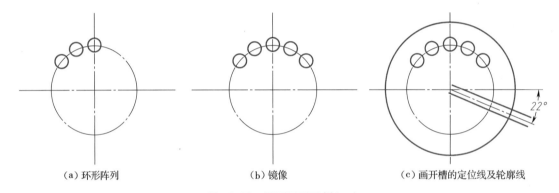

（a）环形阵列　　　　　　　　　（b）镜像　　　　　　　　　（c）画开槽的定位线及轮廓线

图 17-29　平面图形示例(二)

④ 画完直径为 60 的外圆后将光标移到状态栏中的"极轴"![icon]上,单击鼠标右键,添加极轴跟踪的附加角为 22°。在"图层 1"上画右边槽子的定位线,如图 17-29c 所示。再将"图层 0"设为当前图层。

⑤ 单击"偏移"按钮,系统提示:

![icon] OFFSET 指定偏移距离或 [通过(T) 删除(E) 图层(L)] <通过>:

单击命令行中的按钮"图层"按钮**图层(L)**,系统提示:

![icon] OFFSET 输入偏移对象的图层选项 [当前(C) 源(S)] <源>:

单击命令行中的"当前图层"按钮**当前(C)**,再设置平移距离为 2,画槽子的轮廓线,如图 17-29c 所示;画半径为 2 的圆;用修剪按钮![icon],剪除不需要的线段,如图 17-30a 所示。

⑥ 单击圆角按钮![icon],设置圆角半径为 5,画槽子两端的圆角;单击修剪按钮![icon],剪除不需要的大圆弧,如图 17-30b 所示。

⑦ 单击"镜像"按钮![icon],选择组成槽子的所有线段后,再选择镜像的对称轴,即可生成左边的槽子。

⑧ 画半径为 6 和 3 的圆弧,如图 17-30c 所示;再设置"对象捕捉"只为切点一种,画两圆的外公切线;最后修剪两圆,完成整个图形。

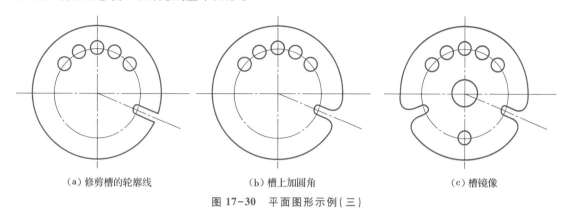

(a) 修剪槽的轮廓线　　　　(b) 槽上加圆角　　　　(c) 槽镜像

图 17-30　平面图形示例(三)

5. 编辑对象特征

对象特征包含一般特征和几何特征,一般特征包括对象的颜色、线型、图层及线宽等,几何特征包括对象的尺寸和位置。可以直接在"特征"选项板中设置和修改对象的特征。

选中一图元后点击鼠标右键,在其快捷菜单中选"特征"命令,即可打开"特征"选项板,如图 17-31 所示。"特征"选项板中显示了当前选择集中对象的所有特征和特征值,当选中多个对象时,将显示它们的共有特征。可以通过它浏览、修改对象的特征。

三、填充与编辑图案

1. 填充图案

填充图案就是用指定的图案填充指定的区域。单击功能区中图案填充按钮 ,界面会变成了填充的面板及相关的工具栏,如图 17-32 所示。

图 17-31　"特征"选项板

图 17-32　填充面板

填充的步骤一般是先在"图案"选项卡中设置填充图案的类型,再在"边界"选项卡中通过拾取点或确定边界来设定需要填充的区域。当选中一种填充图案的类型(如填充剖面线 ANSI31)后,在"特征"选项卡中的"角度"选项中可以设置剖面线的角度(注意 0°代表了与水平方向成 45°的斜线)。在 选项中输入比例,比例就相当于两条填充线之间的距离。

"设置原点"选项组用来设置填充图案时的起始位置。

系统提供了两种方式确定填充区域,一个是拾取点 ,另一个是选择边 选择,通过边来确定区域。

单击"添加:拾取点"按钮 后,可以通过在图形屏幕上拾取一点,则包围此点的区域被确

349

定;单击"添加:选择对象"按钮 后,在图形区域选取图线,则选中的图线所围成的区域被选中。单击"删除边界"按钮 ,可以删去已添加的边界。按右键结束,退回到填充对话框状态。单击"确定"按钮,完成填充。

系统允许有不完全封闭的边界用作填充边界。

2. 编辑图案

双击已有的填充图案,弹出图 17-33a 所示的"图案填充"编辑对话框。单击对话框中的"图案名"右侧的箭头按钮 ,则弹出图 17-33b 所示的"填充图案选项板",这时可以重新定义填充的图案类型。它可以对填充图案、填充比例、旋转角度等操作等进行更改。

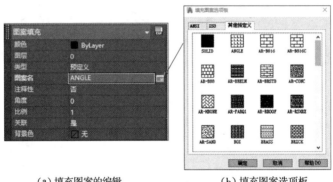

(a) 填充图案的编辑   (b) 填充图案选项板

图 17-33 图案编辑

若填充的图案是关联填充的,通过夹点功能改变填充边界后,系统会根据边界的新位置重新生成填充图案。

§17-4 文字表格和尺寸标注

为了使图形易于阅读,图形中应增加一些注释性说明。文字对象是 AutoCAD 图形中很重要的图形元素。在 AutoCAD 中,所有文字都有与之相关联的文字样式。在创建文字注释和尺寸标注时,系统通常使用当前或默认的文字样式。用户也可以设置其他的文字样式。

一、创建文字样式

单击"注释"功能卡,则界面显示如图 17-34 所示的注释面板及工具栏。单击每一个选项卡右侧的箭头,都可以弹出创建或修改样式的对话框,如"文字"选项卡右侧箭头,即可弹出如图 17-35所示的"文字样式"对话框,弹出图 17-35 所示的文字样式对话框,它可以设置文字的"字体""字型"等参数。

单击"新建(N)"按钮,在弹出的对话框中输入新样式的名称按"确定"键,就可设置新样式的名称。在"字体"选项区域中,可以设置文字样式使用的字体和字高等属性。注意:(1) 当字高设为 0 时,在使用 TEXT 命令标注文字时,系统要求指定文字高度。(2) 为了满足制图要求,使标注的数字、字母和汉字都符合国家标准,需将字体名设成 gbenor.shx(为斜体)或 gbeite.shx(为直体),"宽度比例"设为 1,此时系统输出的汉字为长仿宋体。

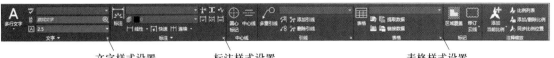

文字样式设置   标注样式设置   表格样式设置

图 17-34 注释面板

图 17-35 "文字样式"对话框

二、创建与编辑单行文字

单击 `Standard` 右侧的三角形按钮,在弹出的下拉菜单中显示了所有已创建的文字样式,选取其中一个可以作为当前样式。

单击输入多行文字或单行文字按钮 **A**,再在屏幕上确定文字上的位置后,就可以在确定的区域输入文字。此时功能面板会出现图 17-36 所示的工具栏,此工具栏中可以设置字体的样式、字高、所在图层、对齐关系、特殊字等信息。其中"插入"面板中的符号按钮里包括了一些常用的特殊字符,如直径符号φ、度数°、±等。

双击文字,可以对它进行编辑。

图 17-36 文字输入面板及工具栏

三、尺寸标注样式的设置

尺寸标注是绘制图样中一项非常重要的工作。AutoCAD 可以使用尺寸标注功能对直线、半径、直径及圆心位置等进行标注。系统标注尺寸时,尺寸界线、尺寸线、箭头、尺寸数字四个要素都由属性来控制,可通过标注样式的一系列对话框对这些属性进行调整或修改,建立所需的尺寸标注样式。

为了便于管理,通常应创建一个独立的图层,用于尺寸标注。线性尺寸工具下还包含了圆等的尺寸标注工具,如图 17-37a 所示。

1. 创建尺寸标注的步骤

(1) 创建一个用于标注尺寸的图层。

(2) 创建一个用于尺寸标注的文字样式。其中字体:设为 italic.shx,大字体设为 gbibig.shx。

(3) 创建一个尺寸标注的样式。

(4) 单击"标注"按钮,选择要标注的尺寸类型和尺寸样式,再选取需要标注的线段,即可进行尺寸标注。

2. 创建标注样式

单击图 17-34 所示的"标注样式设置"按钮,打开"标注样式管理器"对话框,如图 17-37b 所示。该对话框可以新建一个新的标注样式、也可以将某一样式设为当前样式等。单击"新建"按钮,输入新样式的名称后,即弹出"新建标注样式"对话框,如图 17-38 所示,它可以设置尺寸标注的格式和特性。

(a) 常用尺寸标注工具

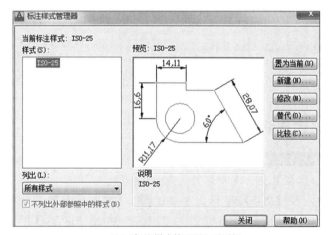
(b) "标注样式管理器"对话框

图 17-37　标注样式管理器

(1) 设置尺寸线和尺寸界线

在"直线"选项卡中,可以设置尺寸线、尺寸界线的格式和位置。

"尺寸线"选项区域中,可以设置尺寸线的颜色、线宽、超出标记以及基线间距等属性。其中"基线间距"文本框可以设置各尺寸线之间的距离。"隐藏"选项可以通过选择"尺寸线 1"或"尺寸线 2"复选框,隐藏尺寸线及其相应的箭头。

在"尺寸界线"选项区域中,可以设置尺寸界线的颜色、线宽、超出尺寸线的长度和起点偏移量,隐藏控制等属性。其中"隐藏"选项可以设置隐藏尺寸界线。

(2) 设置符号和箭头

"符号和箭头"选项卡可以设置箭头的样式和大小、圆心标记、弧长符号和半径标注折弯的格式与位置,如图 17-39 所示。

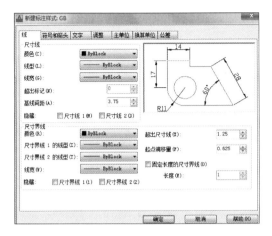

图 17-38 "新建标注样式"对话框

图 17-39 "符号和箭头"选项卡

"箭头"选项区域中,可以设置尺寸线和引线箭头的类型及大小等。系统为用户设置了 20 多种箭头样式。"弧长符号"选项区域中,可以设置弧长符号显示的位置,包括"标注文字的前缀""标注文字的上方"和"无"3 种方式,效果如图 17-40 所示。

（3）设置文字

"文字"选项卡中的"文字外观"选项区,可以设置尺寸数字的文字样式、颜色、高度和分数高度比例以及是否绘制文字边框等。

图 17-40 设置弧长符号的位置

"文字位置"选项区中,可以设置尺寸数字位于尺寸线的上方还是断开处、尺寸数字位于尺寸线的中间还是靠近某一条尺寸界线以及尺寸线的偏移量。在"文字对齐"选项区中,可以设置尺寸数字是保持水平还是与尺寸线平行。

通常是将"垂直"选项设置为"上方","水平"选项设为"置中"。"文字对齐"选项区中,可设为"ISO 标准",当标注文字在尺寸界限之内时,它的方向与尺寸线方向一致,而在尺寸界限之外时,将文字水平放置。

为了标注符合 GB 的角度尺寸,可以新建一个标注角度尺寸的尺寸标注样式,其中"文字对齐"选项区中设为"水平"。

（4）调整设置

"调整"选项卡可以设置标注文字、尺寸线、尺寸箭头的位置。

"文字位置"选项区域中,可以设置当文字不在默认位置时的位置。

"标注特征比例"选项区域中,可以设置标注尺寸的特征比例,以便通过设置全局比例来增加或减少各标注的大小。"使用全局比例"单选按钮,可以对全部尺寸标注设置缩放比例,该比例不改变尺寸的测量值。"将标注缩放到布局"单选按钮,可以根据当前模型空间视口与图纸空间的缩放关系设置比例。

若用户按 1:2 输出图纸,如文字高度和箭头的大小都设为 5,且要求输出图形中的文字和箭头的高度与大小仍为 5,用户必须将"使用全局比例"设为 2（DIMSCALE = 2）。

（5）设置主单位

"主单位"选项卡中的"线性标注"选项区域可以设置线性标注的单位格式和精度。单位格式可以设为"小数"、精度可以设为"0"。

"测量单位比例"选项区域，使用"比例因子"文本框可以设置测量尺寸的缩放比例，AutoCAD 的实际标注值为测量值与该比例的积。选中"仅应用到布局标注"复选框，可以设置该比例关系仅使用于布局。

在"角度标注"选项区域中，可以设置角度的单位格式与精度。

（6）设置公差

"公差"选项卡可以设置是否标注公差以及以何种方式进行标注，如图 17-41 所示。

"方式"下拉列表框是用来确定以何种方式标注公差，如图 17-42 所示。

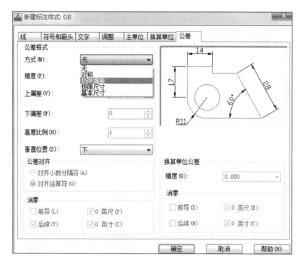

图 17-41　"公差"选项卡

图 17-42　公差标注

"高度比例"文本框是确定公差文字的高度比例因子。公差文字的高度是该比例因子与尺寸文字高度之乘积，通常设为 0.5。

四、长度型尺寸标注

长度型尺寸标注主要用于标注图形中两点间的长度，可以是端点、交点、圆弧弦线端点或能够识别的任意两个点。

1. 线性标注

单击"线性"按钮，可以创建用于标注用户坐标系 XY 平面中的两点之间的 X 方向或 Y 方向或两点之间距离的测量值，并通过指定点或选择一个对象来实现。指定第一条和第二条尺寸

界线原点后,系统提示:

[多行文字(M)/文字(T)/角度(A)/水平(H)/垂直(V)/旋转(R)]:

在默认情况下,指定了尺寸线的位置后,系统将按自动测量出的两个尺寸界线起始点间的相应距离标注出尺寸。用户可以选择系统提示的选项,利用"多行文字(M)""文字(T)"或"角度(A)"选项,确定尺寸文字和尺寸文字的旋转角度。

在发布标注线性尺寸的命令后,也可以按 Enter 键后,选择要标注尺寸的对象,系统将该对象的两个端点作为两条尺寸界线的起点,并显示如下提示;

[多行文字(M)/文字(T)/角度(A)/水平(H)/垂直(V)/旋转(R)]:

注意:当两个尺寸界线的起始点不位于同一水平线或同一垂直线上时,上下拖动可引出水平尺寸线,反之左右拖动可引出垂直尺寸线。

2. 对齐标注

单击"对齐"按钮 ↘,可以标注直线的长度或两点之间的距离。对齐标注是线性标注尺寸的一种特殊形式,在对直线进行标注时,如果该直线的倾角未知,那么使用线性标注方法将无法得到准确的测量结果。

3. 弧长标注

单击"弧长"按钮 ⌒,可以标注圆弧线段或多段线圆弧线段部分的弧长。

4. 基线和连续标注

单击按钮 ⊢ ⊩,可以创建一系列由相同的标注原点测量出来的标注或创建一系列端对端放置的标注。在进行标注前必须先创建(或选择)一个线性、坐标或角度标注作为基线标注,然后执行"基线"或"连续标注"命令。

五、圆、圆弧标注及圆心标记

单击半径、折弯和直径的标注按钮,可以标注圆和圆弧的半径、折弯标注半径和直径。此时命令行提示如下信息:

指定尺寸线位置或[多行文字(M)/文字(T)/角度(A)]:

当指定了尺寸线的位置,系统将按实际测量值标注出圆或圆弧的半径。也可以利用"多行文字(M)""文字(T)"或"角度(A)"选项,确定尺寸文字和尺寸文字的旋转角度。

单击"中心线"选项卡中的圆心标记按钮 ⊕ 或命令 DIMCENTER,再选择圆弧或圆,则在所选的圆或圆弧的圆心处绘制出圆心标记或中心线。

六、角度标注与其他类型的标注

在标注角度尺寸之前,先建立一个尺寸数字永远为水平的尺寸标注样式,并将角度尺寸标注样式设为当前样式后,再单击"角度"按钮 △ 后,就可以标注圆和圆弧的角度、两条直线间的角度,或三点间的角度。此时系统提示:

选择圆弧、圆、直线或 <指定顶点>:

若选择的对象为圆弧,则标注圆弧的圆心角大小;若选择圆,系统提示再在圆上输入另一点,则标注两点对应的圆心角;若选择两条不平行的直线,则标注两直线间的夹角;若指定的为 3 点,则标注以第一点为角的顶点,后面两点为角的端点的角的大小。

七、引线标注

单击"引线"选项卡中的"多重引线"按钮 ，可以创建引线和注释，而且引线和注释可以有多种格式。系统提示：

MLEADER 指定引线箭头的位置或 [引线基线优先(L) 内容优先(C) 选项(O)] <选项>：

可以指定指引线的位置或设定是先确定引线基线的位置还是先标注内容，也可以设置多重指引线的样式。

八、形位公差①标注

形位公差是机械图样中一项重要内容。单击"标注"选项卡后面的三角形按钮 标注▼，在其下拉工具栏中选取"公差"按钮 ，可以设置公差的符号、值及基准等参数，如图 17-43 所示。

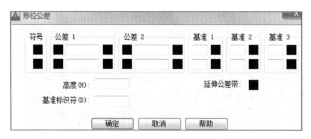

图 17-43 "形位公差"对话框

在"符号"选项中单击■框，通过"形位公差"对话框，设置公差的几何特征符号。在"公差1"选项中单击■，插入一个直径符号，在中间的文本框中可以输入公差值，在其后的■框中，可打开"附加符号"对话框，为公差选择包容条件符号。"公差 2"选项同上。

"基准 1"等选项，可以设置公差基准和相应的包容条件。"高度"文本框设置投影公差值。投影公差带控制固定垂直部分延伸区的高度变化，并以位置公差控制公差精度。

九、折弯线性和折断标注

折弯线性指将折弯符号添加到尺寸线中。单击"标注"工具栏中的折弯线性按钮 ，或选择菜单命令"标注"|"折弯线性"，系统 AutoCAD 提示：

选择要添加折弯的标注或 [删除(R)]：(选择要添加折弯的尺寸。"删除(R)"选项用于删除已有的折弯符号)

指定折弯位置（或按 ENTER 键）：

通过拖动鼠标的方式确定折弯的位置。

折断标注指在标注或延伸线与其他线重叠处打断标注或延伸线。单击"标注"工具栏中的（折断标注）按钮 ，或选择菜单命令"标注"|"标注打断"，系统提示：

选择标注或 [多个(M)]：(选择尺寸。可通过"多个(M)"选项选择多个尺寸)

选择要打断标注的对象或 [自动(A)/恢复(R)/手动(M)] <自动>：

根据提示操作即可。

---

① §14-4 中所述的几何公差，以前称为形位公差。由于在 AutoCAD 中现仍称为形位公差，所以这里也跟着称为形位公差。

十、编辑标注对象和编辑标注文字的位置

在"标注"工具栏中,单击"编辑标注"按钮 ![A]，可编辑已有的标注文字内容和放置位置。

单击"编辑标注文字"按钮 ![L]，选择要编辑的尺寸后,可以通过拖动光标来确定尺寸文字的新位置,也可以输入相应的选项指定标注文字的新位置。

十一、更新标注

单击"标注更新"按钮 ![icon]，可以更新标注,使其采用当前的标注样式。

十二、约束

"参数化"功能选项卡提供了参数化绘图功能。参数化面板如图 17-44 所示,包括几何约束和尺寸约束的相关按钮。利用该功能,当改变图形的尺寸参数后,图形会自动发生相应的变化。

图 17-44　参数化面板

1. 几何约束

几何约束就是在对象之间建立如平行、垂直、相切等的约束关系。

在命令窗口发布命令 GEOMCONSTRAINT,系统提示工具栏:

⌐ ⌐ GEOMCONSTRAINT 输入约束类型 [水平(H) 竖直(V) 垂直(P) 平行(PA) 相切(T) 平滑(SM) 重合(C) 同心(CON) 共线(COL) 对称(S) 相等(E) 固定(F)] <重合>:

单击"约束"按钮则可建立相关约束。其中:

"水平"按钮用于将指定的直线对象约束成与当前坐标系的 x 坐标平行。

"竖直"按钮用于将指定的直线对象约束成与当前坐标系的 y 坐标平行。

"垂直"按钮用于将指定的一条直线约束成与另一条直线保持垂直关系。

"平行"按钮用于将指定的一条直线约束成与另一条直线保持平行关系。

"相切"按钮用于将指定的一个对象与另一条对象约束成相切关系。

"平滑"按钮用于在共享同一端点的两条样条曲线之间建立平滑约束。"重合"按钮用于使两个点或一个对象与一个点之间保持重合。

"同心"按钮用于使一个圆、圆弧或椭圆与另一个圆、圆弧或椭圆保持同心。

"共线"按钮用于使一条或多条直线段与另一条直线段保持共线,即位于同一直线上。

"对称"按钮用于约束直线段或圆弧上的两个点,使其以选定直线为对称轴彼此对称。

"相等"按钮用于使选择的圆弧或圆有相同的半径,或使选择的直线段有相同的长度。

"固定"按钮用于约束一个点或曲线,使其相当于坐标系固定在特定的位置和方向。

2. 尺寸约束

尺寸约束指的是对象上两个点或不同对象上两个点之间的距离或圆、圆弧的大小等定形和

定位尺寸。

在命令窗口发布命令 DIMCONSTRAINT,系统提示工具栏:

⚙· DIMCONSTRAINT 输入标注约束选项 [线性(L) 水平(H) 竖直(V) 对齐(A) 角度(AN) 半径(R) 直径(D) 形式(F) 转换(C)] <对齐>:

选择的关联标注转换成约束标注后,其他各选项用于对相应的尺寸建立约束,其中"形式(F)"选项用于确定是建立注释性约束还是动态约束。

十三、添加和编辑表格

1. 定义表格样式

单击"样式"工具栏上的表格样式按钮 ,或选择"格式"|"表格样式"菜单命令,系统将弹出"表格样式"对话框,如图 17-45 所示。

单击"新建"按钮,输入新样式的名称后,单击"继续"按钮,将弹出"新建表格样式"对话框,如图 17-46 所示。

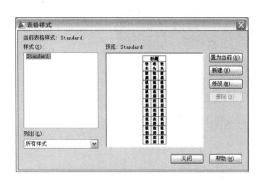

图 17-45 "表格样式"对话框

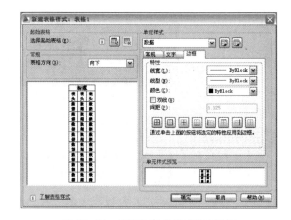

图 17-46 "新建表格样式"对话框

其中,起始表格用于指定一个已有表格作为新建表格样式的起始表格。表格方向列表框用于确定插入表格时的表方向,有"向下"和"向上"两个选择,"向下"表示创建由上而下读取的表,即标题行和列标题行位于表的顶部,"向上"则表示将创建由下而上读取的表,即标题行和列标题行位于表的底部;图像框用于显示新创建表格样式的表格预览图像。

"新建表格样式"对话框的右侧有"单元样式"选项组等,可以通过对应的下拉列表分别设置"数据""标题"和"表头"的式样。

"常规""文字"和"边框"3 个选项卡分别用于设置表格中的基本内容、文字和边框。

2. 创建表格

单击"绘图"工具栏上的表格按钮 ,或选择"绘图"|"表格"菜单命令 TABLE,系统弹出"插入表格"对话框,如图 17-47 所示。

此对话框用于设定表格样式。"表格样式"选项用于选择所使用的表格样式。"插入选项"选项组用于确定如何为表格填写数据。"插入方式"选项组设置将表格插入到图形时的插入方式,若选择"指定窗口",则整个表插入到指定的矩形框内。"列和行设置"选项组则用于设置表格中的行数、列数以及行高和列宽。"设置单元样式"选项组分别设置第一行、第二行和其他行的单元样式,它们可以是标题、表头或数据,若不需要标题和表头,可以把它们全设置为数据。

通过"插入表格"对话框确定表格数据后,单击"确定"按钮,而后根据提示确定表格的位置,即可将表格插入到图形,且插入后 AutoCAD 弹出"文字格式"工具栏,并将表格中的第一个单元格醒目显示,此时就可以向表格输入文字,如图 17-48 所示。

图 17-47 "插入表格"对话框

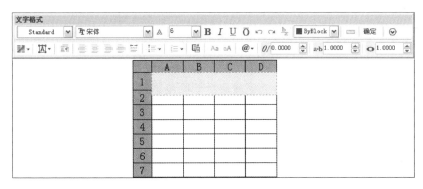

图 17-48 "文字格式"对话框

3. 编辑单元格

用鼠标左键选取一单元后,系统弹出"表格"工具栏,再按下 Shift 键,继续用左键选择相邻的几个单元格,如图 17-49 所示。此时可在弹出的"表格"工具栏中,单击合并按钮⊞,则选中的若干个单元就合并成一个单元。通过"表格"工具栏,也可以进行添加一行或一列或删去一行或一列等操作。

双击一单元格,可以输入相关的文字或数据等信息。

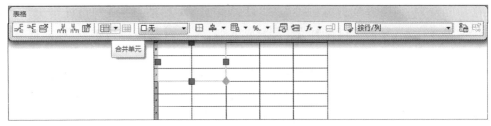

图 17-49　编辑单元

§17-5　使用块和外部参照

图块

　　块也称图块,它是一个或多个对象形成的对象集合,类似于绘图中的模板。一旦一组对象组合成块,就可以根据作图需要将这组对象插入到图中任意指定位置,而且还可以按不同的比例和旋转角度插入。它可增加绘图的准确度、提高绘图速度和减少文件大小。

一、创建块和插入块

　　在"默认"功能选项卡中的单击"块"面板的"创建块"按钮![icon],弹出"块定义"对话框,可以将已绘制的对象创建为块,如图 17-50 所示。

　　在"名称"的文本框中可以设置块的名称。

　　在"基点"选项区域中,单击按钮![icon]后,在图形中拾取一点为插入基点,也可以直接在"X、Y、Z"的文本框中输入插入点的 x、y、z 坐标。

　　在"对象"选项区域中,单击按钮![icon]后,可以切换到绘图区选取组成块的对象,按鼠标右键结束选择,也可以单击按钮![icon],快速选取组成块的对象。选择"保留"单选按钮,创建块后仍然在绘图区上保留成块的各对象;选择"转换为块"单选按钮,创建块后将组成块的各对象保留并把它们转换成块;选择"删除"单选按钮,创建块后删除绘图区上组成块的原对象。

图 17-50　"块定义"对话框

"块单位"下拉列表框中可以设置从 AutoCAD 设计中心拖动块时的缩放单位。

"说明"文本框中可以输入当前块的说明部分。

单击"超链接"按钮,打开"插入超链接"对话框,在该对话框中可以插入超链接文本。

注意:在用此命令创建的块,只能由该块所在的图形中使用,其他的图形不能使用。若希望在其他图形中也能使用该块,则需要使用 WBLOCK 命令创建外部块。

单击"插入块"按钮🖼,可以在图形中插入块或其他图形,在插入的同时还可以改变块或图形的比例与旋转角度,如图 17-51 所示。

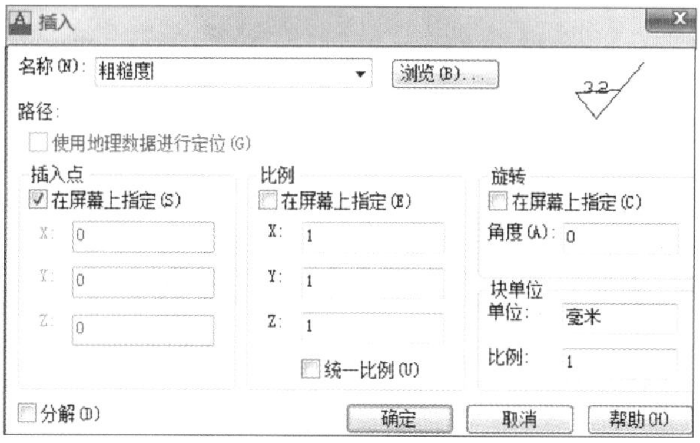

图 17-51 块"插入"对话框

在"名称"下拉列表框中,可以选择块或图形的名称,也可以单击其后的"浏览"按钮,打开"选择图形文件"对话框,选择保存的块和外部图形。"插入点"选项区域可以在屏幕上指定也可以直接在 X、Y、Z 文本框中输入点的坐标。"缩放比例"区域可以选择插入的比例(X、Y、Z 三个方向可以等比或不等比)。在"旋转"选项区域中可以设置块插入时的旋转角度。"分解"复选框可以设置块插入后,是否将块分解为单个的基本图元。

二、存储块

在"插入"功能选项卡的"块定义"面板中,单击"创建块"下的三角形按钮,再点击其中的"写块"按钮🖼,则弹出"写块"对话框,如图 17-52 所示。

在"源"选项区域中,可以将用 BLOCK 生成的块、整个图形或重新选择的图形生成块。

"基点"和"对象"选项区域与生成块的操作相同。

在"目标"选项区域中,用户可以设置块文件生成的路径。

在"插入单位"下拉列表框中,可以设置从 AutCAD 设计中心中拖动块时的缩放单位。

三、创建并使用带有属性的块

块的属性是附属于块的非图形消息,是块的组成部分,是包含在块定义中的文字对象。在定义一个块时,属性必须预先定义而后选定,通常块的属性是用于在块的插入过程中进行的自动注释。

在"插入"功能选项卡的"块定义"面板中,单击"定义属性"按钮🖼,可以在"属性定义"对话框创建块的属性,如图 17-53 所示。

361

图 17-52 "写块"对话框 图 17-53 块"属性定义"对话框

"模式"选项区域用于设置属性的模式。其中,"不可见"复选框用于确定插入块后是否显示其属性值;"固定"复选框用于设置属性是否为固定值,为固定值时,插入块后该属性值为预先设定的值;"验证"复选框用于验证所输入的属性值是否正确;"预置"复选框用于确定是否将属性值直接预置成它的默认值。

"属性"选项区域用于定义块的属性。"标记"文本框用于输入属性的标记;"提示"文本框用于输入插入块时系统显示的提示信息;"值"文本框用于输入属性的默认值。

"插入点"选项区域用于设置插入块的基点。插入点可以是插入块时在屏幕上指定,也可以直接在 X、Y、Z 文本框中输入插入点的坐标。

"文字选项"可以设置文字的格式,如对齐、文字样式、文字的高度和方向。

设置完"属性定义"对话框中的各项内容后,单击"确定"按钮,系统即完成一次属性定义,用户可以用上述方法为块定义多个属性。

例 创建一表面粗糙度存储块,该块要求表面粗糙度值和加工方法为可修改的属性。

操作步骤:

(1)在绘图区按规定大小绘制一粗糙度符号如图 17-54a 所示。

(2)选择"定义属性"命令,打开"属性定义"对话框。

(3)在"模式"选项区域中,一项都不选中。

(4)在"属性"选项区域中,"标记"属性中输入"粗糙度";"提示"属性中输入"粗糙度";"值"属性中输入"Ra3.2",单击"确定"按钮。

(5)"插入点"设为在屏幕上指定插入点;在"文字"选项中,设置文字的字体和字高等。

(6)重复上面步骤(2),创建第二个属性:加工方法。其"标记"属性中输入"加工方法""提示"属性中输入"加工方法""值"属性中输入"车"。

(7)单击"写块"按钮 ⬛,单击"基点"按钮 ⬛,返回绘图状态,选择粗糙度符号的最下点为插入点。单击选择对象按钮 ⬛,选取粗糙度符号和块的属性,单击右键。最后在"文件名和路径处"设置图块的名称及存放的位置。单击"确定"按钮,即生成了粗糙度图块如图 17-54b所示。

（8）单击"插入块"按钮 ⌨，在弹出的对话框中，单击"浏览"按钮，找到粗糙度图块，再单击"确定"，屏幕提示：⌨ INSERT 指定插入点或 [基点(B) 比例(S) X Y Z 旋转(R)]: 。

输入插入点的位置后，系统提示 ⌨ INSERT 加工方法 <车>: ，输入"磨"回车，系统又提示： ⌨ INSERT 粗糙度 <Ra 3.2>:

输入"Rz6.3"，回车，则生成了图17-54c所示的粗糙度符号。

（a）　　　　　　　　　　（b）　　　　　　　　　　（c）

图17-54　粗糙度图块

四、修改属性定义

双击块属性，弹出"编辑属性定义"对话框，如图17-55所示。它可以修改各属性的标记、提示和块的默认属性值。

图17-55　块"编辑属性定义"对话框

五、编辑块属性

在块面板中单击"编辑属性"按钮 ✏编辑属性，再选取一个块，或双击一个块，弹出图17-56所示的"增强属性编辑器"对话框，都可以编辑修改块对象的各种属性值。

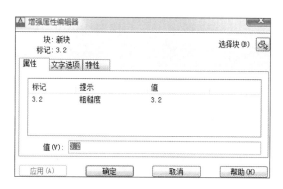

图17-56　块"增强属性编辑器"对话框

363

六、块属性管理器

在块面板中单击"属性,块属性管理器"按钮  ,弹出图 17-57 所示的"块属性管理器"对话框,可以管理块中的属性。

图 17-57 "块属性管理器"对话框

§17-6 创建三维模型

在工业设计中,三维图形应用越来越广。AutoCAD 创建的三维实体不仅具有线和面的特征,还具有体的特征。实体间通过各种布尔运算,可创建复杂的三维实体。AutoCAD"三维建模"工作空间界面如图 17-58 所示。

"常用"及"实体"功能选项卡中的建模、实体编辑、绘图、修改、坐标、视图的面板如图 17-59所示。

图 17-58 AutoCAD"三维建模"工作空间界面

(a)常用功能选项卡

(b)实体功能选项卡

图 17-59 "常用"和"实体"功能选项卡

§17-7 图形输入输出和打印

AutoCAD 提供了强大的输入、输出和打印功能。

一、图形的输入

单击"输入"按钮 ➡️,可打开"输入文件"对话框。系统允许输入"图元文件""ACIS 文件""PDF"及 3D Studio 图形格式的文件。

二、图形的输出

单击"输出"按钮 ➡️,可以将编辑好的图形以多种形式输出,如".wmf""ACIS 文件""PDF"及 3D Studio 图形格式的文件、".bmp"等。其中,DWF 文件可在装有网络浏览器的 Autodesk WHIP 插件的计算机中打开、查看和输出。它支持图形文件的实时移动和缩放,并支持控制图层、命名视图和嵌入链接显示效果。

三、模型空间和图纸空间

模型空间用于建模,是用户在其中完成绘图和设计工作的工作空间。图纸空间是一种工具,它完全模拟了图纸页面,用于在绘图之前或之后安排图形的输出布局。打印图形时,可使用布局功能来创建图形多个视图的布局。图纸空间为浮动视口,可以改变大小和形状,也可以设置多个视口。

四、布局窗口

布局窗口是打印图样的预览效果。单击绘图区左下角的"模型"或"布局"按钮,可以在模型窗口和布局窗口之间切换。

选择"工具"|"向导"|"创建布局"菜单命令,可以指定打印设备、确定相应的图纸尺寸和图形的打印方向、选择布局中使用的标题栏或确定视口设置。

布局窗口存在两种空间:模型空间和图纸空间。在布局窗口的模型空间状态下执行绘图编辑命令,是对模型本身的修改,改动后的结构会自动地反映在模型窗口和其他布局窗口;在布局窗口的图纸空间执行绘图编辑命令,仅仅是在布局图上绘图,没有改动模型本身。

模型空间和图纸空间是通过状态栏右下角的"模型/图纸"按钮来实现切换的。模型空间视区的边框为粗实线,图纸空间的边框为细线。

在"布局"标签上点击鼠标右键,在弹出的快捷菜单中,可以删除、新建、重命名、移动、复制布局或重新设置页面。

五、调整浮动窗口

在布局图中,选择浮动视口边界,然后按 Delete 键即删除浮动窗口。再使用"视图"|"视口"|"新建视口"菜单命令,创建一浮动视口,此时需要指定创建浮动视口的数量和区域。

每个浮动窗口可以改变它们的缩放比例。方法是先选中要设置比例的视口,再点击鼠标右键,单击"特性",在特征窗口的"其他"选项中找到"标准比例"下拉菜单选取某一比例。可以用相同的方法对其他浮动视口设置比例。

在浮动窗口中,执行 MVSETUP 命令可以旋转整个图形。

在删除浮动窗口后,进入模型图,单击"模型视口"选项卡,单击"视口配置"下拉菜单,则可选择每个视口,并选择视口排列方式。或单击"模型视口"选项卡的"命名",则弹出"视口"窗口,可新建视口,并设置数量和排列方式。

六、打印图形

选择"文件"|"打印"命令或单击"输出"|"打印"面板中的"打印"按钮🖶后,弹出打印对话框,用户要设置绘图机的型号、图纸幅面大小、绘图比例、全图打印还是开窗打印等。设置完成后,单击"确定"按钮,系统将输出图形。若想中断打印,可按 Esc 键,系统将自动结束图形输出。

在打印图形之前可以选择"文件"|"打印预览"或单击按钮🔍,预览输出结果,以检查设置是否正确。

复习思考题

1. AutoCAD 有哪些主要功能?

2. 在 AutoCAD 中,坐标有几种表示方法? 怎样使用?

3. 为什么要设置图层? 图层的特征主要包括哪些? 如何设置?

4. 常用二维图形编辑的命令有哪些?

5. 准确定点常用的方法有哪些?

6. 如何设置和改变当前文本样式?

7. 如何创建符合国家标准的标注样式?

8. 什么是图块? 有哪些优点?

9. 内部块和外部块的区别是什么? 各使用的命令是什么?

10. 什么是块属性? 如何编辑块属性?

11. 在 AutoCAD 中,可以通过哪些方式创建三维图形?

第十八章 SOLIDWORKS 三维设计软件

SOLIDWORKS 机械设计自动化软件是一个基于特征的参数化实体建模软件。在现有的三维软件中,SOLIDWORKS 具有易学易用、创建完全相关的三维实体模型、通过定义各种约束关系来体现设计意图等特点。经过 20 余年的开发,其功能日趋完善。下面以 SOLIDWORKS 2022 版本为例,介绍创建三维模型和装配设计等功能。

§18-1 三维 CAD 的基础知识

一、名词解释

1. 特征   三维建模时所有组成模型的元素都称为特征,包括草图特征和应用特征。草图特征就是由一些草图轮廓和基于轮廓的尺寸以及几何关系构成的二维草图。对二维草图可以进行拉伸、旋转等操作生成实体,图 18-1a 所示的模型就是通过一个完全定义的二维草图拉伸形成的。在已有实体上添加的孔、圆角、抽壳或阵列等特征是应用特征,如图 18-1b 所示的倒角和圆角等。特征建模就是通过特征及其属性集合来定义、描述零件实体的过程。

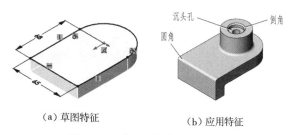

(a) 草图特征　　　　　　　　(b) 应用特征

图 18-1　草图特征与应用特征

2. 参数化   创建特征的尺寸和几何关系称为参数化,包括创建特征时所标注的尺寸和草图中几何体之间的平行、相切、垂直、同心等几何关系,这些几何关系用来确定草图中各几何体之间的相对位置。当修改草图中的尺寸数值时即设计条件发生变化,草图轮廓的大小和相应实体的大小也随之发生变化,这就是参数化驱动的产品设计。

3. 实体建模   实体建模是 CAD 系统中所使用最完整的几何模型类型,包含所有的几何信息和所有的拓扑信息。

4. 全相关   当装配体上的任一零件发生变化时,该装配体会随之发生变化,其相关的工程图也会自动更新,这就是完全相互关联即全相关。

5. 约束　包括几何关系和尺寸约束,几何关系是定义几何元素之间的平行、垂直、水平、竖直、同心、等长等几何约束,尺寸约束是通过尺寸数值参数来约束图形的大小。

二、设计意图

参数驱动的产品设计实质就是对产品进行几何定义。在进行设计之前,应对设计过程进行梳理,既要考虑如何快速创建零件的模型,同时也要考虑该零件在后续设计中是否需要修改。若需要修改设计,这就要考虑后期对零件修改时可能对零件结构有哪些影响,这就是设计意图。它体现在当修改尺寸参数时,零件的结构是否产生异形,是否仍满足设计要求。

首先,草图特征中的尺寸标注会影响设计意图。如图 18-2 所示,三个草图体现的设计意图就不一样。图 18-2a 中,当改变尺寸 25 时,左右两圆还是对称的,且间距不变;图 18-2b 中,当改变尺寸 25 时,两圆中心距不再是 15,或修改某一个尺寸 5 时,两圆就没有原来的对称关系了;图 18-2c 中,当改变尺寸 25 时,两圆中心距还是 15,但原来的对称关系就不存在了。同样,图 18-2c 中,若尺寸 25 改为 19,其他尺寸不变,则右边的圆就会在矩形框的外面。以上三种草图说明了采用不同的标注方式和几何关系,将会产生不同的设计结果。虽然最初的设计效果是一样,但一旦设计发生变更,其结果就完全不一样了。

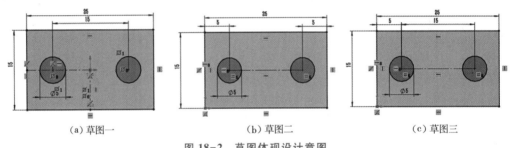

(a) 草图一　　　　　　　(b) 草图二　　　　　　　(c) 草图三

图 18-2　草图体现设计意图

其次,特征创建的方式也会影响设计意图,这需要考虑在整个设计过程中哪些特征是重要的、哪些特征之间是相互关联的,以及如何通过几何约束来减少尺寸约束等。图 18-3a 所示的阶梯轴,其建模方法可以是利用一个草图特征旋转的制陶转盘法,也可以是一个个不同的拉伸特征堆积起来的层叠蛋糕法也可以是先创建一个最大的圆柱,再通过切除方式生成,即按加工工艺的制造法。第一种设计方式的特点是快速有效,但在草图中需要集成大量的尺寸信息、标注信息和几何关系信息;第二种设计方式的特点是能根据未来的设计结果和设计要求灵活地进行变更,不足的是在建模时需要大量的时间进行设计;第三种方法可以改变切削量来修改结构。

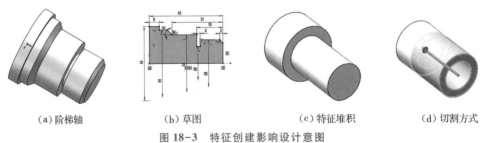

(a) 阶梯轴　　　　(b) 草图　　　　(c) 特征堆积　　　　(d) 切割方式

图 18-3　特征创建影响设计意图

在进行设计之前应考虑主要的设计目的以及未来可能会产生的变更,然后再进行设计工作,这就是设计意图。设计意图不一样,对后期设计变更的操作有很大的影响。因此,在进行设计时一定先要确定设计意图,以便方便完成后面可能出现的设计变更。

三、SOLIDWORKS 主界面的介绍

运行 Solidworks 软件,出现图 18-4 所示的界面,单击新建文件按钮 🗋 ,进入创建新文件对话框,如图 18-5 所示。SOLIDWORKS 可以创建零件、装配体和工程图三种文件,其中零件是机械设计最基本的设计单位,根据各零件之间的相对位置关系可以将多个零件装配成一个装配体,它们都可以通过投影生成二维的工程图。依次单击"零件"和"确定"按钮即可进入单一零件设计界面,如图 18-6 所示。此时的零件是空模板的,其长度单位是英寸。单击状态栏中的"自定义"按钮,如图 18-6 所示,可以设置单位为"MMGS(毫米、克、秒)"。也可以在创建新文件对话框中,单击左下方的"高级"按钮,如图 18-5 所示,进入创建三种类型文件的界面,如图 18-7 所示。在"模板"选项卡中选取"gb_part",单击"确定"按钮进入创建零件的界面,这时系统已按国标将单位设置为毫米、克、秒。

当光标放在界面左上角的三角形 ▾ 上时,系统自动会出现图 18-8 所示的中文菜单,单击图钉按钮 ⊷ ,可将中文菜单固定在界面上。在任何一个界面上,若命令右侧有 ▾ 符号,单击都可弹出其他与之相关的命令。

在前导视图工具栏(图 18-6)中,可以将模型整屏显示、局部放大、改变当前视图方向、控制所有类型的可见性 ♠▾ (如几何约束关系是否可见)等。

图 18-4 SOLIDWORKS 的第一个界面

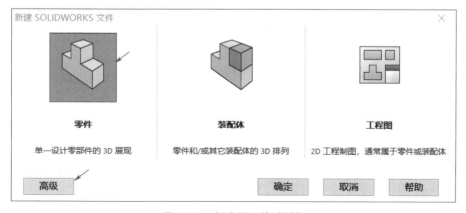

图 18-5 创建新文件对话框

369

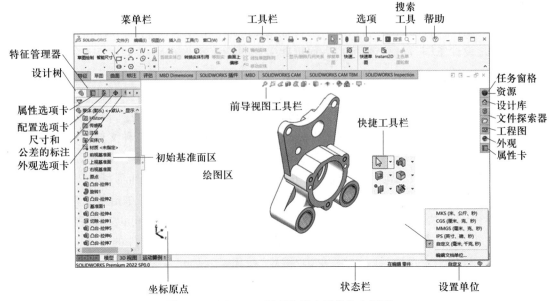

图 18-6　SOLIDWORKS 创建零件的主界面

图 18-7　"高级"选项的对话框

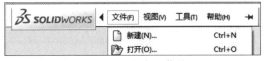

图 18-8　固定中文菜单图

四、SOLIDWORKS 鼠标和键盘的操作及设置

1. 鼠标操作和默认快捷键

鼠标有左键、右键和滚轮。鼠标左键用于选择、确认某一对象,确定或者取消选择实体的功能;Ctrl 键+左键用来选择多个实体或取消选择实体;双击左键可以激活实体常用属性。点击鼠标右键可以弹出与当前命令相关的快捷工具栏。向前或向后滑动鼠标的滚轮可以缩小或放大图形;按住滚轮后移动鼠标,可以自由地旋转视图;若双击滚轮,可以将整个图形以最大的比例显示在屏幕上;同时按住 Shift 键和鼠标中键,向前或向后拖动鼠标,可以移动视图;按住 Shift 键后,再滑动鼠标滚轮,可以放大或缩小视图。

370

为了快速操作，系统设置了一些默认的快捷键。用得较多的有 F 键（整屏显示）、S 键（弹出快捷工具栏）、空格键（视图方向）、Enter 键（重复执行上一命令）、G 键（放大镜）、Ctrl+1 到 8 为"视图"功能，其中，Ctrl+8 用于将草图平面正对屏幕（连续使用可以改变草图平面的方位），Ctrl+7 是正等轴测图方向，Shift+方向键可以90°的增量来旋转视图，Delete 键可删除对象，Ctrl+Q 重建模型即刷新。按空格键后，系统会弹出视图定向管理器，如图 18-9 所示，可用鼠标选择视图的方向。注意：用快捷键时需要关闭中文输入法。

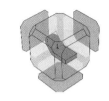

图 18-9　视图定向管理器

使用键盘左上角的"Esc"退出键可以退出当前命令。

2. 鼠标笔势

SOLIDWORKS 可以通过菜单和工具栏发布命令，同时它也可以通过鼠标笔势发布命令。图 18-10 所示为草图状态下系统默认的鼠标笔势图。其操作是按住鼠标右键移动鼠标，向左移动鼠标则执行绘制直线的命令，向右移动鼠标则执行绘制圆的命令，向下移动鼠标则执行绘制矩形的命令，向上移动鼠标则执行标注尺寸的命令。

图 18-10　草图的鼠标笔势图

3. 键盘快捷键的设置

为了提高建模速度可以定义自己的快捷方式。自定义键盘快捷键的步骤：首先打开一个文件或创建一个新的零件、装配体或工程图文件；再单击工具栏中的"选项"中的"自定义"，弹出图 18-11 所示的自定义对话框。在"键盘"选项卡中，将"类别"设置

自定义

工具栏　快捷方式栏　命令　菜单　键盘　鼠标笔势　自定义

类别(A):	工具(T)		打印列表(P)...	复制列表(C)
显示(H)	所有命令		重设到默认(D)	
搜索(S):			移除快捷键(R)	

类别	命令	快捷键	搜索快捷键
工具(T)	草图绘制实体(K)		
工具(T)	直线(L)..	L	l
工具(T)	边角矩形(R)..	R	
工具(T)	中心矩形..		
工具(T)	3 点边角矩形..		
工具(T)	3 点中心矩形..		
工具(T)	平行四边形(M)..		
工具(T)	直槽口..		
工具(T)	中心点直槽口..		
工具(T)	三点圆弧槽口..		
工具(T)	中心点圆弧槽口..		
工具(T)	多边形(O)..		
工具(T)	圆(C)..	C	c
工具(T)	周边圆(M)..		
工具(T)	圆心/起/终点画弧(A)..		
工具(T)	切线弧(G)..		
工具(T)	三点圆弧(3)..	A	
工具(T)	椭圆(长短轴)(E)..		
工具(T)	部分椭圆..		
工具(T)	抛物线(B)..		

确定　取消　帮助(H)

图 18-11　自定义对话框

为"工具",这样可以设置相关的键盘快捷键。如设置"L"为画直线,"R"为画边角矩形,"C"为画圆,"A"为画三点圆弧,"T"为裁剪工具等快捷键。

§18-2 SOLIDWORKS 草图特征的创建

现有的三维 CAD 软件生成实体的步骤一般是:1. 绘制一个二维草图特征,所谓的二维草图就是一个位于某个平面上的二维轮廓。2. 对草图进行拉伸、旋转、扫掠等操作生成实体。3. 对实体进行编辑,添加如圆角、孔或筋等特征。

草图可以是二维的,也可以是三维的。二维草图是二维几何图形的组合,绘制草图特征的一般流程是:1. 创建新零件。2. 在界面左侧的设计树中选中一个默认的基准面(如前视基准面)后,点击鼠标右键,在关联工具栏中单击草图绘制按钮□,如图 18-12 所示,即可在所选平面上绘制二维草图。也可以在"草图"工具栏中,单击左上角的"草图绘制"按钮□,再单击绘图区左上角的按钮

▼ ⑤零件1 (默认<<默认>_显...,在其下拉设计树中选取一个基准面作为草图依附的平面。3. 利用草图绘制工具,如图 18-13所示,绘制各种几何元素,如直线、圆、圆弧等,再对几何元素进行编辑,如剪裁、等距实体、镜像实体、阵列等操作。4. 添加几何元素之间的几何约束(如平行、相交、垂直等)。5. 单击"草图"工具栏中的"智能尺寸"按钮◆,添加草图的尺寸约束。为了防止图形变样,最好先标注最大的外轮廓尺寸,即尺寸标注的顺序最好是先大后小。6. 单击"草图"工具栏中"退出草图"按钮↳,或绘图区的右上角的"退出草图"按钮,即可退出完成草图的绘制。7. 在"特征"工具栏中利用拉伸、旋转、扫掠或放样等命令,生成三维实体,最后再对三维实体进行编辑,如添加其他的草图特征或圆角等应用特征,完成最终的三维实体创建。

"工具"菜单栏中的"草图工具"里面,包含了创建草图几何元素的所有方式。

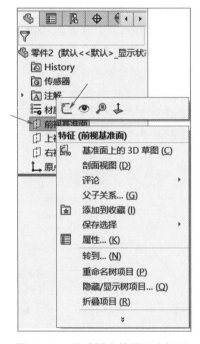

图 18-12　设计树中的默认坐标面

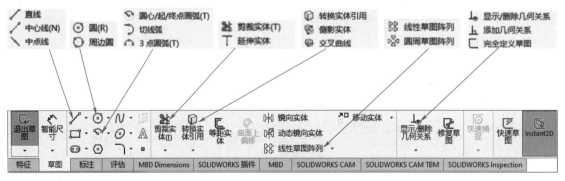

图 18-13　绘制草图的命令工具栏

372

一、常用的绘图工具

用得最多的几何元素是直线,单击绘制直线命令 ✐ 或按住鼠标右键后向左移动鼠标,即可开始绘制直线。在界面左侧的设计树中,可以设置直线的方向和线条的属性,即是否为构造线或造型线、方向是水平还是垂直等。直线的绘制有以下三种技巧:

1. 绘制连续直线(单击-单击方式)

绘制连续直线的方法:发布绘制直线的命令后,移动光标到直线的起点,单击确定直线起点后,移动光标到直线的另一个端点处,再次单击确定直线的终点,移动光标到另一点单击,画出第二条直线,再次松开左键,这样可以连续绘制直线。

2. 绘制单条直线(单击-拖到方式)

只绘制一条直线的方法:发布绘制直线的命令后,移动光标到直线的起点,按住鼠标左键,直接拖动鼠标,光标到直线终点后才松开鼠标左键,即完成了单条直线的绘制。

3. 绘制与直线相连的圆弧

在绘制连续直线时,若下一段是圆弧,则移动光标返回到直线的终点后,再次移动光标远离直线终点,此时会出现一条圆弧。圆弧的方向取决于移动光标的弧度即光标移动的方向决定圆弧的方向。

双击退出绘制连续直线的命令,但系统仍处于绘制直线的状态中;按键盘左上角的 Esc 键可以退出当前命令;还可以点击鼠标右键,在弹出的快捷菜单中选择"结束链"退出。

系统提供了各种图形元素的绘制方法,如图 18-13 所示,其中有两种绘制圆的方法、三种圆弧的绘制方法、五种绘制矩形的方法等。

删除线段的方法是选中要删除的线段,直接按键盘上的 Delete 键,或点击鼠标右键在弹出的快捷菜单中选择删除命令。

4. 草图中的线型

SOLIDWORKS 提供了两种线型:造型线和构造线,如图 18-14 所示。造型线表现为粗实线,它参与造型;构造线表现为点画线,即中心线,它是草图中的辅助线。当草图进行拉伸或旋转等操作时,构造线将被忽略,不被使用。它一般作为对称线用于辅助生成对称草图实体、镜像草图和旋转特征等。

用鼠标左键选取一个几何元素,在界面左侧的属性管理器中可以修改此元素的线型等属性,也可以直接单击关联菜单中的按钮 ↹ 实现造型线与构造线的相互转换。

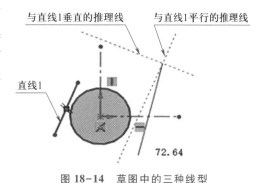

图 18-14 草图中的三种线型

二、草图的推理功能

1. 草图捕捉

在系统默认情况下捕捉选项是打开的,系统会自动提示线段上的一些特殊点,如直线的端点和终点、圆弧的端点、圆心和圆的象限点、切点、垂足、线上的点(最近点)、交点等,如图 18-15 所示,利用这些信息可以精确绘制图形。

2. 几何关系

几何关系就是几何元素之间或几何元素与基准面、轴线、边线或端点之间的相对位置关系。它包括图形间的尺寸关系和几何约束关系。通常的几何约束关系有两条线平行或垂直,线段之间的相切、等长、共线等关系。通过几何关系可以帮助我们明确设计意图。

在绘制草图时,几何关系会随着我们的光标出现,也会在绘制好的草图上显示出来,如图 18-14 所示。

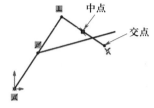

图 18-15　图元的特殊点

3. 光标与推理线

在草图模块下,执行了一个命令时可以在指针旁边看到命令的图标,目的是告诉当前执行的是什么命令。当鼠标滑过一个几何约束时,可以看到在光标旁边出现约束的符号,用于告诉当前的约束关系。绘制草图时,观察光标提示有助于精确绘图。

推理就是通过显示的推理线、光标提示,以及如端点和中点之类的高亮显示提示来显示几何关系。在绘制草图时系统会出现推理线,如图 18-14 所示,它是绘图时出现的虚点线,它将显示当前光标所在位置已存在的几何关系,用来引导我们下一步如何操作。它可以是显示光标与点的关系,如水平、竖直等的共线关系;也可以是显示光标与线的关系,如平行、垂直、相切的关系。使用推理线可以快速、精确地绘制草图,还能自动添加几何关系。

三、几何实体常用的编辑功能

几何实体常用的编辑功能有剪裁和延伸、镜像、草图阵列、等距实体和转换实体引用、圆角等。

1. 剪裁和延伸

剪裁是将草图中多余线段剪掉,延伸是将草图线段延长。单击剪裁按钮 ⚒ ,在剪裁的属性管理器中提供了 5 种剪裁方式,即强劲剪裁、边角、在内剪除、在外剪除和剪裁到最近端。"强劲剪裁" ⌐ 的操作是:在绘图区,按住鼠标左键并拖动光标,遇到的线段被剪裁掉,即剪裁一个或多个草图实体到最近的交叉实体并与该实体交叉。若同时按下 Shift 键则可延长线段,如图 18-16 所示。"剪裁到最近端" ┼ 的操作是:单击选中的线段被剪裁;"边角" ┌ 的操作就是选取两个草图实体,它可以同时延伸两个草图实体至交点处;"在外剪除"可以将一个草图实体延伸到一个草图实体而缩短另一个实体;"在内剪除"可以同时剪裁两个草图实体至交点处。

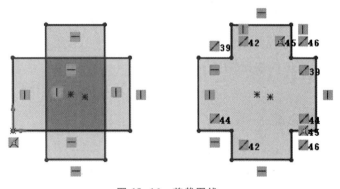

图 18-16　剪裁图线

延伸就是将草图实体中的直线、中心线或圆弧等延长到最近的线段上。若草图实体没有完全被约束，单击选取线段端点，移动鼠标可延伸线段。选中整个草图实体，也可移动草图实体。

2. 镜像与草图阵列

镜像 ⊩⊣ 就是先选择需要镜像的几何元素，再选择镜像轴即对称轴，这样就将草图的一部分图元关于对称轴对称到另一侧了。

草图阵列可分为线性阵列 ⬚⬚ 和圆周阵列 ⬚⬚ 两种，如图 18-17 所示。线性阵列要确定阵列一个或两个方向、每个方向阵列的数量和间距。圆周阵列需要指定阵列的中心点、是否等距阵列、阵列的圆周角、阵列的数量等参数。

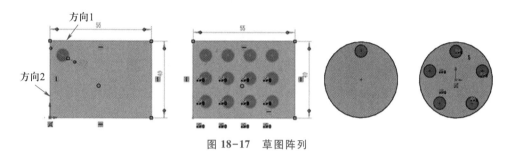

图 18-17　草图阵列

3. 等距实体

等距实体 ⊏ 是按特定的距离等距画出草图，可以同时等距画出一条线或多条线。等距绘制的若是圆弧，则生成同心圆；等距绘制的若是直线，则绘制与之平行的直线。

4. 转换实体引用

转换实体引用 ⬚ 是一种方便快捷的草图绘制方法，它是直接引用零件上已有的特征边界。即它是通过将已创建实体上的边、环、面、曲线、外部草图轮廓线、一组边线或一组草图曲线直接投影到当前草图基准面上，作为新草图的轮廓，如图 18-18 所示。

将此面投影到草图基准面上

图 18-18　转换实体引用

四、添加几何关系

添加几何关系有两种方法，一是自动添加几何关系，即在绘制图形过程中，系统会根据几何元素的相对位置，自动捕捉和推理并赋予几何关系，不需要再另行添加几何关系。

另外一种就是手工添加几何关系，手工添加几何关系的方法是用鼠标左键选中一个几何体，再按住 Ctrl 键选取另外一个几何体，在弹出的关联工具栏中添加几何体之间的几何约束，图 18-19 所示是添加几何关系的关联工具栏。若同时选择了 3 条直线，其中一条是中心线，就会在弹出的关联工具栏中出现如平行、相交、垂直、对称、等长等几何关系。若选择了圆和一条直线，关联工具栏中就会出现相切的几何关系。在草图中将光标移动到一个约束符号上，如重合约束 ⬚，点击鼠标右

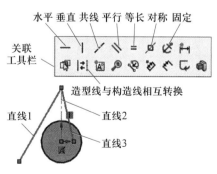

图 18-19　添加两条线的几何关系

键,在弹出的快捷菜单中选"删除"或直接单击键盘上的 Delete 键,即可删除已有的约束。

五、草图的尺寸约束及尺寸编辑

SOLIDWORKS 是一个尺寸驱动的三维设计软件,草图中所有的直线和曲线及其位置均由尺寸和几何关系一起来定义,在标注尺寸时应考虑设计意图。草图中的尺寸一般分为驱动尺寸和从动尺寸两大类。驱动尺寸能改变几何体大小,即改变尺寸数值会引起几何体的变化;从动尺寸的尺寸数值是由驱动尺寸确定的,它不能用来改变几何体的大小,只能显示几何体的大小。

单击草图工具栏中的尺寸标注按钮 ⟋ ,即可添加尺寸约束。尺寸标注是智能的,用左键选择了一条直线后,拖动鼠标,系统会根据鼠标移动方向来确定标注尺寸的类型。若向垂直于直线方向移动鼠标,则标注该线段的长度;若沿 X 轴或 Y 轴方向移动鼠标,则标注直线两端点的 x 坐标差值或 y 坐标差值,如图 18-20 所示。左键确定尺寸线的位置后,在弹出的尺寸修改对话框中输入尺寸数值,如图 18-21a 所示,双击或单击对话框中确定按钮 ✓ ,即可完成一个尺寸的标注。在界面左侧的尺寸标注属性管理器中单击确定按钮 ✓ ,或按键盘的 Esc 键可退出尺寸标注状态。

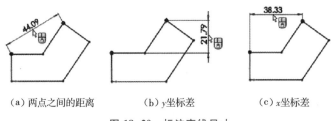

(a) 两点之间的距离　　　　(b) y坐标差　　　　(c) x坐标差

图 18-20　标注直线尺寸

若选择了两条不平行或垂直的直线、或选择了三个不共线的点就可以标注角度尺寸。若选择了两条平行的直线,则可标注两直线之间的距离。若两条直线不平行,则标注两直线的夹角,如图 18-21b 所示。如果其中一条直线为中心线,可以通过移动鼠标超过中心线,此时系统将中心线就作为对称线,标注的尺寸是该直线关于中心线对称的距离,如图 18-21c 所示。

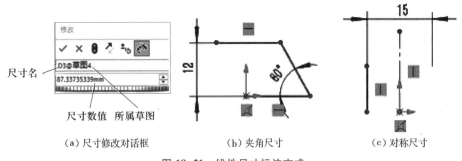

尺寸名

尺寸数值　所属草图

(a) 尺寸修改对话框　　　　(b) 夹角尺寸　　　　(c) 对称尺寸

图 18-21　线性尺寸标注方式

若选中一圆或圆弧,用鼠标左键确定尺寸线的位置就可以自动标注圆的半径或直径,在弹出的对话框中输入圆的直径或半径后确定。在界面左侧的属性管理器中,如图 18-22a 所示,单击"引线"选项卡,可以设置标注的类型即标注直径还是半径,以及尺寸终止符的类型等。

若选择了一条直线和一圆弧,如图 18-23 所示,可以标注圆心到直线的距离。也可以在"引线"选项卡中,如图 18-22b 所示,选择标注圆弧条件。若选中"中心",则标注圆心到直线的距离,如图 18-23a 所示。若选中"最小",则标注直线到圆弧的最小间距,如图 18-23b 所示。若选中"最大",则标注直线到圆弧的最大间距,如图 18-23c 所示。

若依次选择圆弧的两端点后再选取圆弧,则标注圆弧的弧长。

若选中两同心圆,则标注两圆之间的径向距离。

若选中两个不同心的圆,则可以标注两个圆圆心之间的距离、两圆之间的最小距离,或两圆之间的最大间距。具体采用哪种尺寸也是通过尺寸属性中"引线"选项卡去设置。

双击已标注的尺寸,则弹出标注尺寸的对话框,此时可以修改尺寸数值和尺寸属性。

(a)"引线"选项卡1　(b)"引线"选项卡2

图 18-22　"引线"选项卡

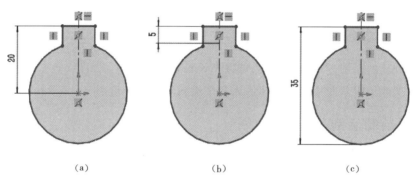

(a)　　　　　(b)　　　　　(c)

图 18-23　直线与圆弧之间的尺寸标注

六、草图的状态

草图有三种常用的状态,即未定义、全定义和过定义。未定义的草图在界面右下角的状态栏中会显示"欠定义",同时在设计树中该草图前面有一个带"-"的括号,说明线段是浮动的,线段可以用鼠标移动或拖动。全定义的草图说明线段完全被尺寸和几何关系约束了,线段都不能再移动,颜色是黑色的,在状态栏中显示为"完全定义"。过定义的草图是在完全定义后,再添加了其他尺寸或几何关系。

在完全定义的草图中,线段之间有几何关系和尺寸关系。当尺寸发生变化时,草图的几何关系不会被破坏,如矩形不会因尺寸变化就变成了梯形。草图完全定义后,草图更稳定,运算时间更快。建模时每次更改特征时,软件会自上而下重建所有特征,而报错或未定义的草图会提升重建时间。

为了生成全定义的草图,草图一定要与坐标原点建立尺寸关系。

草图是创建特征的基础,不同的草图在创建特征时会导致不同的结果,第一种草图是单一的封闭轮廓,如图 18-24a 所示。第二种是嵌套式的封闭轮廓,它可以生成内部有切除的特征,如图 18-24b 所示。第三种就是开环的轮廓,它可用来生成壁厚相等的薄壁特征。图 18-24c 所示的草图中有伸出的几何体,在生成特征时需要在"轮廓选取工具"中选取封闭的线框才能生成特征。这种有伸出的草图是一种不好的习惯,因此尽量不要用这种草图进行设计。图中自相交的轮廓(图 18-24d)和两个独立的轮廓(图 18-24e),在生成实体时,也需要利用"轮廓选取工具"才能生成特征。若两个轮廓都选择了,则会生成多实体的模型,这就需要对多实体再进行集合运算,这种草图轮廓也应尽量避免。

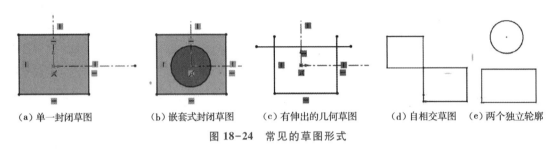

(a) 单一封闭草图   (b) 嵌套式封闭草图   (c) 有伸出的几何草图   (d) 自相交草图   (e) 两个独立轮廓

图 18-24　常见的草图形式

一般来说,草图中圆角的计算要比圆角特征的计算速度快,但是复杂的草图绘制和编辑也会较麻烦,用的时间稍微长一些。因此,草图尽量简单,这样便于管理,方便后期对零件进行编辑,最好根据具体的设计意图绘制草图。

七、草图的编辑

若需要对创建的草图进行编辑修改,可以在设计树中选中该草图后,点击鼠标右键,在弹出的快捷菜单中选取编辑草图按钮 ⬛,即进入草图编辑修改的环境。

八、草图绘制示例

现以图 18-25 草图为例说明其创建的步骤。

草图的绘
制

图 18-25　草图绘制示例

绘制草图时一般要注意以下几个方面:

首先是绘制草图的形状,由于尺寸会干涉几何约束,因此可先添加几何约束,最后添加尺寸约束。为了得到完全定义的草图,草图的坐标原点要与草图关联;为了防止图形变形,草图最好按比例绘制;为了避免几何图形发生重叠,在添加尺寸约束时可先标注外围的最大尺寸。同时可使用对称约束或镜像的功能,自动添加对称约束。

图 18-25 所示草图的绘制步骤如下:

1. 单击"新建"按钮,在创建新文件对话框中,选取创建零件的模板"gb_part",在左侧设计树中选取草图依附的平面,如前视基准面 ![前视基准面],点击鼠标右键,在弹出的关联工具栏中选择"草图绘制"按钮。

2. 确定草图与建模系统坐标原点之间的位置关系,在绘制草图时都要活用这个坐标原点。现将草图的左下点与系统的坐标原点重合。

3. 按住鼠标右键,向左移动鼠标即执行绘制直线的命令,绘制图 18-26a 所示的图形。选中最右斜线,在关联工具栏中单击"构造几何线"按钮,将该造型线转换成构造线,再通过两直线的中点绘制一条构造线,如图 18-26b 所示,最后对该构造线添加水平约束,如图 18-26c 所示。

4. 同时选中左侧两斜线和水平的构造线,添加一个对称约束。

5. 添加尺寸约束,如图 18-26d 所示。

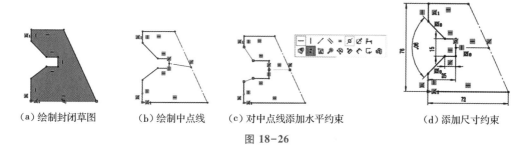

(a)绘制封闭草图　　(b)绘制中点线　　(c)对中点线添加水平约束　　　　(d)添加尺寸约束

图 18-26

6. 单击草图工具栏中的"等距实体"按钮,在左侧的属性管理器中,将距离设为"10",不选中"添加尺寸""选择链"等复选框,如图 18-27a 所示,再依次选择要等距的线条,如图 18-27b 所示。将这些图线再转换成构造线,如图 18-27c 所示。

7. 单击草图工具栏中的"等距实体"按钮,在左侧的属性管理器中,将距离设为"3",选中"双向"和"顶端加盖"复选框,选择"圆弧"单选项,选取需要等距的构造线,完成等距操作后,添加尺寸约束,如图 18-27d 所示。

8. 绘制图 18-28a 所示右边的草图。添加相切的约束和三条直线平行的约束,如图 18-28b 所示。再添加尺寸约束,如图 18-28c 所示。

9. 绘制图 18-29a 所示的草图,剪裁伸出的线段,添加相切和对称约束,如图 18-29b 所示。添加尺寸约束,如图 18-29c 所示。

10. 绘制带槽的圆弧,如图 18-30a 所示。剪裁直线、添加中间的构造线为竖直的几何约束、再添加相关的尺寸约束,如图 18-30b 所示。

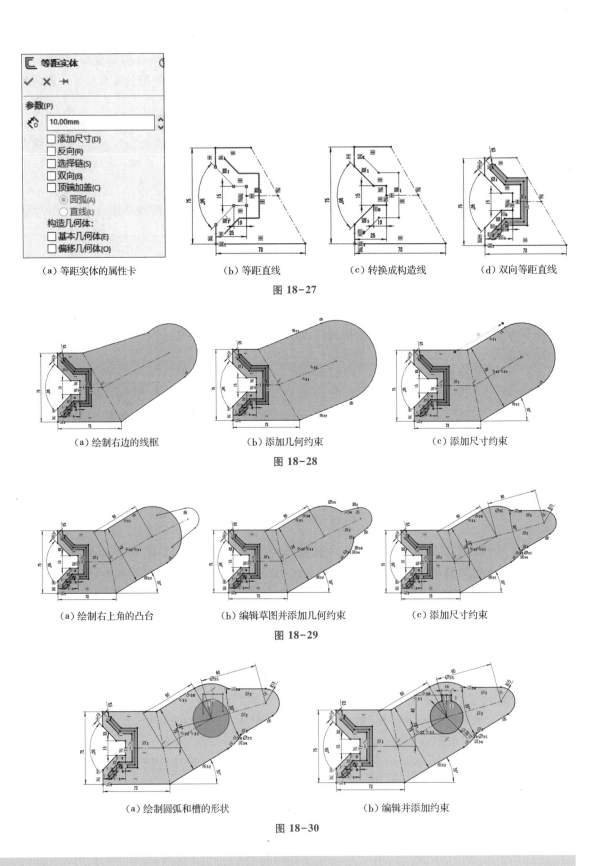

（a）等距实体的属性卡　　　　（b）等距直线　　　　（c）转换成构造线　　　　（d）双向等距直线

图 18–27

（a）绘制右边的线框　　　　（b）添加几何约束　　　　（c）添加尺寸约束

图 18–28

（a）绘制右上角的凸台　　　　（b）编辑草图并添加几何约束　　　　（c）添加尺寸约束

图 18–29

（a）绘制圆弧和槽的形状　　　　（b）编辑并添加约束

图 18–30

11. 单击草图工具栏"直口槽"按钮 ▭ ,绘制直口槽,并添加尺寸约束,完成图 18-25 所示的草图。

12. 单击退出草图按钮 ↳ ,即可对草图进行拉伸等实体操作。注意,绘图区的右上角按钮 ✖ ,是放弃草图编辑的按钮。

九、SOLIDWORKS 方程式及草图尺寸参数

当零件的尺寸之间存在联系,可以通过修改零件中的某一些尺寸从而达到改变设计的目的,这时就可以使用 SOLIDWORKS 中的方程式来实现设计意图。方程式基本类似于 Excel,如图 18-31a 所示的草图 1,其设计意图是想通过修改 A、B、C 等变量的数值进行修改设计。其草图特征的创建过程如下:

1. 单击新建文件按钮 ▯ ,在创建新文件对话框中,选取创建零件的模板"gb_part"。

2. 单击菜单栏中的"工具"→"方程式",弹出图 18-31b 所示的对话框,在"全局变量"设置中输入变量名"A",在"数值/方程式"中输入其初始值"90"。"数值/方程式"选项可以是系统已定义的函数(如 sin、cos 等)或是已定义的全局变量等。设置"B"变量为"50",设"C"变量为全局变量"B"+20;设置"D"变量为 25。

若设计的参数有方程式,就会在设计树中显示方程式图标 ▣ 方程式 。

3. 在左侧设计树中选取草图依附的平面,如前视基准面 ▯ 前视基准面 ,单击创建草图按钮 ▱ 。先绘制草图的轮廓,再给出两个相切的几何约束。

4. 标注底部尺寸 A 的步骤是:先执行标注尺寸的命令,再选择底部线段,单击确定尺寸线的位置,在弹出的尺寸对话框中的尺寸数值处输入"=",在其下拉菜单中选"全局变量"→"A(90)",如图 18-31c 所示。依次标注其他几个尺寸,如图 18-31d 所示。当需要修改这几个参数的数值时,可以在菜单栏"工具"→"方程式"中去修改,也可以在设计树中单击方程式图标 ▣ 方程式 。

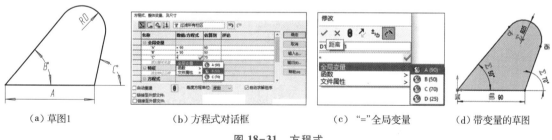

| (a) 草图1 | (b) 方程式对话框 | (c) "="全局变量 | (d) 带变量的草图 |

图 18-31　方程式

如图 18-32a 所示的草图,圆弧的圆心到底边的距离为底边长度减去圆弧的半径。其创建草图的过程是:先画其形状,如图 18-32b 所示,再添加相切、竖直和原点为底边中点的几何约束,如图 18-32c、d 所示,最后添加尺寸,先标注尺寸 30 和半径 10,再标注圆心的位置,单击圆心和直线后,在弹出的尺寸对话框中输入"="后,在草图中选取尺寸 30,再输入运算符号"-"后,再在草图中选取半径尺寸,此时的尺寸对话框如图 18-32e 所示。最后完成的草图如图 18-32f 所示。

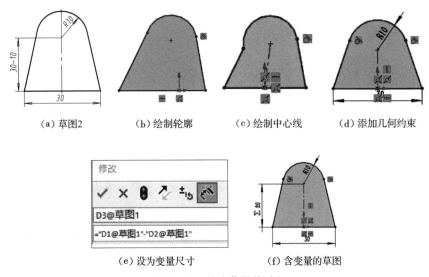

(a) 草图2　　(b) 绘制轮廓　　(c) 绘制中心线　　(d) 添加几何约束

(e) 设为变量尺寸　　　(f) 含变量的草图

图 18-32　创建草图的过程

§18-3　SOLIDWORKS 基本零件的建模

零件的建模就是创建零件各个特征的过程。第一个特征一般可以通过绘制好的草图特征经过拉伸、旋转、扫描或放样生成,再添加其他的特征,如凸台、切除、打孔、圆角等,生成需要的结构,特征工具栏如图 18-33 所示。特征的组合方式有合并、切除、相交和共同体,其中合并就是几个基本体堆积成一个新的实体,系统默认的一般都是合并。

图 18-33　特征工具栏

一、零件建模前考虑设计意图

在对机械零件进行三维造型时,必须充分考虑零件的结构、尺寸(特别是尺寸变化)以及加工、装配、使用等多方面的要求,创建合适的草图和特征,规划造型步骤。即在进行建模前一定要考虑建模的设计意图,也就是要同时考虑如何快速建模和方便后期对模型的修改。零件特征的创建会影响零件后期的修改方法和修改的便利性,因此,在建模前应对零件的结构进行合理的分解。通常把最能反映零件主体结构的特征作为创建零件的第一个草图特征。

草图应该是简洁、易于编辑、不易出错的,且便于下一个特征的创建和使用。在草图中应尽量用约束和方程式来减少无约束关系尺寸的使用。

第一个草图平面一般是系统提供的 3 个默认的参考基准面之一,它的选取会影响零件的观察视角。观察视角的不一样,会影响建模的速度。最佳观察视角应该能尽可能多地观察到零件的特征形状,较多反映各结构形体之间的位置关系,如图 18-34 所示,5 个零件分别选择了不同的基准面为第一个草图特征依附的平面。它们的第一个基准面的选取都让视角处于最佳位置,并且第一特征通过拉伸或旋转草图后形成的,也便于其他特征的定位和创建。

图 18-34　第一个特征

二、基于草图的拉伸和旋转特征

1. 拉伸

拉伸是将一个草图沿垂直于草图方向伸长形成的特征。伸长的方向可以是单向和双向,拉伸特征分为拉伸凸台和拉伸切除。草图若存在自交叉或出现分离轮廓,在拉伸时则需要对轮廓进行选择。若草图为开环的、不封闭的,则进行拉伸薄壁特征。现以图 18-35a 为例说明拉伸特征的创建步骤。

(1)结构分析。该零件主要由一个立板和 4 个孔组成。

(2)可以在前视基准面上生成创建的立板草图。该结构左右对称,可以利用镜像实体的方法。先画一半的草图,如图 18-35b 所示。添加中心线为竖直线的约束和圆弧的端点在中心线上的约束,如图 18-35c 所示。将草图关于中心线镜像,如图 18-35d 所示。添加尺寸约束后,如图 18-35e 所示。退出草图。

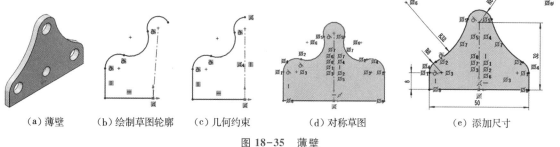

（a）薄壁　　　（b）绘制草图轮廓　　　（c）几何约束　　　（d）对称草图　　　（e）添加尺寸

图 18-35　薄壁

(3)单击拉伸凸台按钮 ，在界面左侧属性管理器中先设置拉伸特征的开始条件,它有 4 种选择,默认的是"草图基准面"。再设置拉伸特征的终止条件,它有 6 种选择,默认的是"给定深度"。设置拉伸距离为"3",若需要加上起模斜度 * ,可以单击按钮 ,设置起模斜度,如图 18-36 所示的对话框。单击完成按钮 ,即完成了拉伸操作。

---

* "起模斜度"为规范名词,但软件中采用"拔模斜度"。

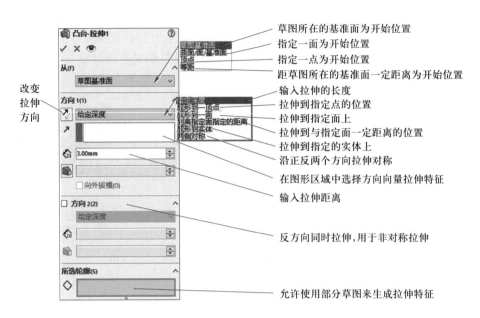

图 18-36 拉伸属性管理器

图中标注说明：
- 草图所在的基准面为开始位置
- 指定一面为开始位置
- 指定一点为开始位置
- 距草图所在的基准面一定距离为开始位置
- 输入拉伸的长度
- 拉伸到指定点的位置
- 拉伸到指定面上
- 拉伸到与指定面一定距离的位置
- 拉伸到指定的实体上
- 沿正反两个方向拉伸对称
- 在图形区域中选择方向向量拉伸特征
- 输入拉伸距离
- 反方向同时拉伸,用于非对称拉伸
- 允许使用部分草图来生成拉伸特征
- 改变拉伸方向

（4）选取前端面,在其关联工具栏中单击创建草图按钮,绘制 4 个圆并添加几何关系,如图 18-37a 所示,在绘制圆时要使用推理功能,即先用光标触碰大圆弧,此时会出现圆弧圆心的位置,再绘制同心圆。

（5）单击拉伸切除按钮 ,在绘图区单击左上角按钮 ▶ 零件2 (默认<<默认>_显... ,选中要切除的草图,再将拉伸的终止条件选为"完全贯穿",单击完成按钮 ✓ ,即完成了拉伸切除的操作。

当然也可以将第一个草图直接创建成图 18-37b 所示的图形,单击拉伸凸台按钮 ,在属性管理器中单击"所选轮廓"选项,再在草图中选取拉伸的封闭线框。

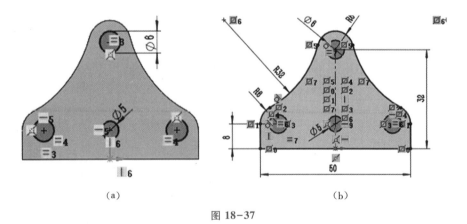

(a)　　　　　　　　(b)

图 18-37

创建图 18-38a 所示的零件,可先创建薄板特征,再添加圆柱特征,圆柱拉伸的开始条件可以设为"等距",距离设为"2",拉伸的终止条件设为"给定深度",深度设为"10",则从距离草图平面为 2 mm 的地方开始拉伸圆,拉伸的长度为 10 mm。

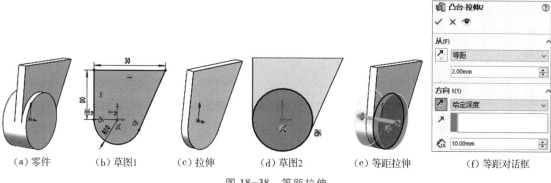

(a) 零件　　　(b) 草图1　　　(c) 拉伸　　　(d) 草图2　　　(e) 等距拉伸　　　(f) 等距对话框

图 18-38　等距拉伸

　　草图拉伸后在模型上该草图将不可见,若希望草图仍可见,可以在设计树中单击该草图,在其关联工具栏中单击可见按钮 👁 即可。

　　若拉伸的是薄壁特征(图 18-39a),草图可以不是封闭的线框(图 18-39b),即开放的。若拉伸的轮廓是一个开环的轮廓,则在拉伸属性管理器中会出现薄壁特征标签,如图 18-39c 所示。拉伸时除了输入拉伸的长度之外,在"薄壁特征"选项中,可以确定薄壁的方向(单向、双向和两侧对称,如图 18-39d 所示)以及宽度的数值。

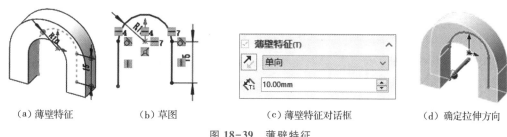

(a) 薄壁特征　　　(b) 草图　　　(c) 薄壁特征对话框　　　(d) 确定拉伸方向

图 18-39　薄壁特征

　　创建图 18-40a 所示的零件,首先在前视基准面上绘制图 18-40b 所示的草图 1,对称拉伸 46;然后在右视基准面上绘制图 18-40c 所示的草图 2,对称拉伸 66,注意在属性管理器中不选中"合并结果"复选框,即两个实体不进行集合运算,如图 18-40d 所示。在菜单栏中单击"插入"→"特征"→"🗗 组合",在属性管理器中选中"共同"单选项,如图 18-40e 所示,再选中刚拉伸的两个特征即可生成图 18-40a所示的零件。若选择"添加",则将所选实体合并成一个整体;若选择"删减",则是在一个实体上减去其他实体生成新的实体,如图 18-40f 所示。

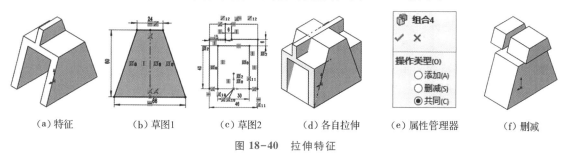

(a) 特征　　　(b) 草图1　　　(c) 草图2　　　(d) 各自拉伸　　　(e) 属性管理器　　　(f) 删减

图 18-40　拉伸特征

为了快捷选取草图,可以直接在设计树中选取,也可以单击绘图区左上角的设计树,在该设计树中选取需要拉伸的草图特征。

在菜单栏中单击"工具"→"选项",在"系统选项"中选取"显示","显示"选项卡中将"零件/装配体上的相切边显示"设置为"移除",则模型上相切边不显示。

2. 旋转

旋转特征是轮廓围绕一根轴旋转一定角度而得到的特征。单击旋转凸台按钮 ,在旋转属性管理器中依次选取旋转轴、旋转类型(相对于草图平面是单向、双侧对称等)以及旋转的终止条件或旋转的角度即可,如图 18-41 所示。注意,草图不能是开环或自相交叉,它与中心线也不能相交,这是生成旋转特征的基本要求。

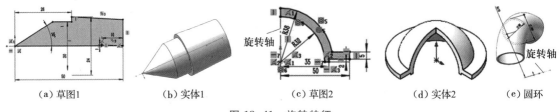

| (a)草图1 | (b)实体1 | (c)草图2 | (d)实体2 | (e)圆环 |

图 18-41　旋转特征

三、定位特征的创建

定位特征在零件建模中起辅助定位作用和参考作用,系统默认的定位特征有坐标原点,X、Y、Z 坐标轴和三个基准面。为了便于创建特征,系统提供了创建基准点、基准轴和基准面的工具。创建定位特征的工具是特征工具栏中的参考几何体按钮 。

生成基准轴的常用方法是单击创建基准轴按钮 。若选择实体上两点,则过两点生成一基准轴;若选择两面,则基准轴就是两面的交线;若选择了一圆柱面或圆锥面,则生成的基准轴就是圆柱面或圆锥面的轴线;若选了一点和一面,则生成的基准轴过该点且垂直于所选的面。

基准面可以利用草图中的点和线,零件上的点、边和面,以及基准轴来构建。新的基准面可以与已有的平面平行、相交且有一定夹角,或与曲面相切等。单击创建基准面按钮 ,则进入创建基准面的界面。常用基准面的创建方法如下:

1. 选取零件上已存在的平面或基准面,系统默认生成与所选平面平行的基准面,在"偏移距离"选项中输入两平面之间的距离,可以通过"反转等距"选项改变基准面的方位。

2. 选取两个平面,若选两个平行的平面,则生成相互平行的中分面;若选两个相交的平面,则生成它们相交的中分面。

3. 选择一个平面和一条直线(它可以是一条边线、轴线或草图中的直线),在属性管理器的"两面夹角"选项中输入夹角,则生成过直线与平面成一定角度的平面。若选中"垂直" 选项,则生成过直线且垂直于所选平面的平面。

4. 选中一条线和一个顶点,则生成过顶点且垂直于该直线的基准面,此线和顶点可以位于零件上,也可以位于某一个草图上,线可以是直线,也可以是曲线。

5. 选中一个曲面(如圆柱面),再选择一条直线,则生成的基准面与直线垂直且与曲面相切。

6. 若选中了 3 个点或一条直线和直线外的一个点,也可通过它们创建一个基准面。图 18-42 为常见的基准面。

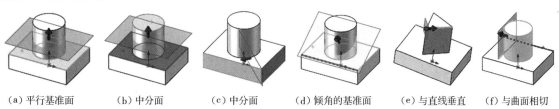

(a) 平行基准面   (b) 中分面   (c) 中分面   (d) 倾角的基准面   (e) 与直线垂直   (f) 与曲面相切

图 18-42　常用的基准面

四、扫描和放样特征

1. 扫描

扫描特征是一个截面沿着路径移动生成的特征,其中路径的起点必须位于轮廓的基准面上,且路径、截面和所形成的实体都不能出现自相交叉的情况。扫描可以是简单扫描和引导线扫描。创建图 18-43a 所示的零件,先在上视基准面上绘制图 18-43b 所示的草图 1;在前视基准面上绘制图 18-43c 所示的草图 2;在菜单栏中单击"插入"→"曲线"→"投影曲线"按钮 🛢,在属性管理器中选择投影类型为"草图上草图",再选中 2 个草图,即生成图 18-43d 所示的空间曲线;创建一个基准面,选择空间曲线的端点和空间曲线生成一个基准面,如图 18-43e 所示;在上视基准面中绘制一个椭圆,如图 18-43f 所示。在特征工具栏中单击扫描按钮 ⌗,在扫描属性管理器中选"草图轮廓"为椭圆、路径为曲线,如图 18-43g 所示,即可生成图 18-43a 所示的零件。扫描的轮廓若是圆,可以在"轮廓和路径"选项中选择"圆形轮廓",再直接输入圆的直径即可。

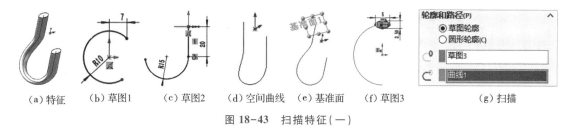

(a) 特征   (b) 草图1   (c) 草图2   (d) 空间曲线   (e) 基准面   (f) 草图3   (g) 扫描

图 18-43　扫描特征(一)

扫描的功能可以运用到管道的布置中,如图 18-44a 所示的零件,单击菜单栏中的"插入"→"曲线"→"组合曲线"按钮 ⌐,再在零件上选取轮廓线,如图 18-44b 所示,确定后生成一条组合曲线。再单击扫描按钮 ⌗,选中刚生成的组合曲线,将轮廓设置为"圆形轮廓"和圆的直径的大小,确定则生成图 18-44c 所示的扫描。

(a) 零件   (b) 创建组合曲线   (c) 扫描

图 18-44　扫描特征(二)

2. 放样

放样是将一组不同的截面沿其边线用过渡曲面连接形成一个连续的特征。它至少需要两个截面,且不同的截面应位于不同的草图平面上。在进行放样时,应要依次选择草图截面。放样有简单放样、中心线放样和引导线放样三种,其中引导线可以是一条或多条。图 18-45a 所示的零件的创建过程是:先在上视基准面上绘制图 18-45b 所示的草图 1;创建一个与上视基准面平行且间距为 20 的基准面;在新基准面上绘制草图 2,如图 18-45c 所示;单击放样按钮 ,依次选择放样轮廓为草图 1 和草图 2,即可生成该天圆地方形状的零件。

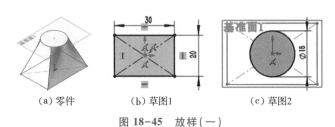

(a)零件　　　　　(b)草图1　　　　　(c)草图2

图 18-45　放样(一)

若在前视基准面上绘制图 18-46a 所示的草图 3(一条样条曲线),添加曲线的两端点分别贯穿草图 1 和草图 2,如图 18-46b 所示。放样轮廓选草图 1 和草图 2 后,在属性管理器中添加草图 3 为引导线,则生成图 18-46c 所示的零件。注意引导线一定要贯穿各个放样的截面。

若在草图 3 中曲线对中心线进行对称,如图 18-46d 所示,再放样轮廓线选草图 1 和草图 2 后,添加两条对称的曲线为引导线,则生成图 18-46e 所示的零件。

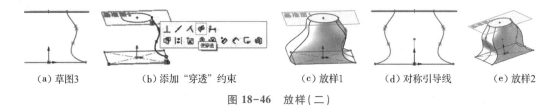

(a)草图3　　(b)添加"穿透"约束　　(c)放样1　　(d)对称引导线　　(e)放样2

图 18-46　放样(二)

创建一个新零件,在上视基准面上绘制图 18-47a 所示的草图 1,在右视基准面上绘制图 18-47b 所示的草图 2,在前视基准面上绘制图 18-47c 所示的圆弧草图 3,单击"放样凸台/基体"按钮后,

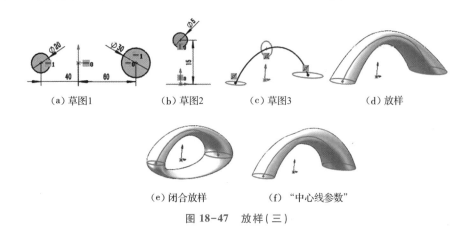

(a)草图1　　　(b)草图2　　　(c)草图3　　　(d)放样

(e)闭合放样　　　(f)"中心线参数"

图 18-47　放样(三)

再依次选择草图 1 中的一个圆、草图 2 和草图 1 中的另一个圆,则生成图 18-47d 所示的零件。若在放样管理器中选择"闭合放样",则生成图 18-47e 所示的零件。若将草图 3 设置为"中心线参数",不选择"闭合放样",则生成图 18-47f 所示的零件。

　　注意:如果两个轮廓在放样时的对应点不同,产生的放样效果也不同,重新编辑放样时可以调整放样的对应点,得到不一样的特征。可以通过调整放样的对应点,得到不同形状的特征,如图 18-48 所示。

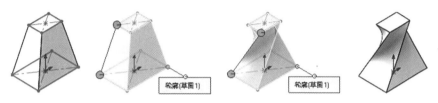

图 18-48　对应点对放样的影响

五、常见的应用特征

1. 圆角和倒角特征

应用特征

　　圆角是将锐利的几何形体边界添加圆滑过渡的特征。单击特征工具栏中的圆角按钮 ,选取需要添加圆角的边,或环,或一个面,或多组面,如图 18-49a 所示,在属性管理器中设置圆角的大小即可。默认是生成对称、恒定大小的圆弧,也可以生成不对称或变尺寸的圆角,如图 18-49b 所示。

　　倒角是将锐利的几何形体边界用一个斜面过渡的特征。其特点就是在所选边线、面或顶点上生成一倾斜特征,如图 18-49c 所示。单击特征工具栏中的倒角按钮 ,选取需要添加倒角的边,在属性管理器中输入倒角参数"距离"和"角度"即可生成倒角。在倒角管理器中可以在选项"倒角类型"中选择倒角尺寸参数的类型,即"角度+距离"或"距离+距离"等。

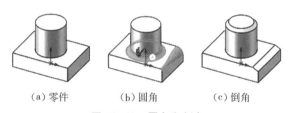

（a）零件　　　　　（b）圆角　　　　　（c）倒角

图 18-49　圆角和倒角

2. 抽壳特征

　　抽壳是通过移除所选面的材料生成一个有一定壁厚的内部空腔实体,空腔可以是封闭的,也可以是开放的。图 18-50a 所示的零件的创建过程是:首先在上视基准面上创建图 18-50b 所示的草图;拉伸草图长度为 30,如图 18-50c 所示;添加圆角(半径为 20),如图 18-50d 所示;单击特征工具栏中的抽壳按钮 ,在属性管理器中输入壁厚为 10,选中上端面为开口面,单击确定即可。

3. 异型孔特征

　　异型孔是在模型上直接生成各种复杂的柱形沉头孔、锥形沉头孔、直螺纹孔等复杂孔。在创

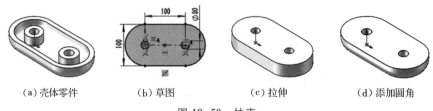

| (a)壳体零件 | (b)草图 | (c)拉伸 | (d)添加圆角 |

图 18-50　抽壳

建异型孔时需要先确定孔的类型和大小,再确定孔的位置。孔的位置可以通过草图确定,也可以通过添加尺寸约束来定位。

单击创建异型孔按钮 🔧,在属性管理器中,默认的选项是异型孔"类型"参数选项卡 📇。图 18-51a 为"旧制孔" 🔩 中包含的孔的类型,若选择"柱形沉头孔",如图 18-51b 所示,则在"截面尺寸"选项中设置柱形沉头孔的大小和深度,如图 18-51c 所示。在"终止条件"选项中可设置孔的终止条件,如完全贯通、盲孔的深度等。

确定了孔的类型、尺寸和终止条件后,再单击属性管理器的"位置"选项卡中的按钮 📇,选取一面为孔的端面,如图 18-51d 所示,再单击左键确定孔的位置。可以通过添加尺寸、草图工具、草图捕捉和推理线来定位孔中心的位置。图 18-51e 是通过添加尺寸精确定位的。可以通过连续单击放置同一类型的多个孔。

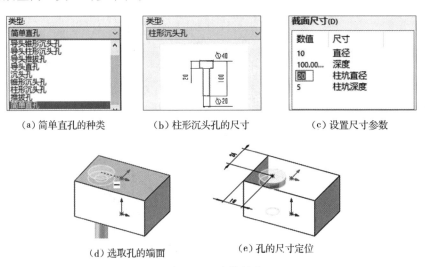

| (a)简单直孔的种类 | (b)柱形沉头孔的尺寸 | (c)设置尺寸参数 |

| (d)选取孔的端面 | (e)孔的尺寸定位 |

图 18-51　孔的创建

若在孔类型参数中选择的是"直螺纹孔" 🔩,在"标准"选项中选取"GB"即为普通螺纹,在"孔规则"中选择螺纹的公称尺寸、螺纹的终止条件以及在"选项"中确定螺纹的样式等,最后在"位置"选项卡中确定螺孔的位置,即可创建一个螺孔。

4. 筋特征

筋特征是在零件上添加一些薄壁结构,它与拉伸特征基本相似,只是它的草图是一条或多条线而已。先创建一个图 18-52a 所示的对称零件,在右视基准面上创建一个草图 1,草图 1 就是一条直线,如图 18-52b 所示。单击特征工具栏中的筋按钮 🪛,选中草图 1,在属性管理器中选取

"对称拉伸",设置拉伸厚度为"6",拉伸方向为垂直于草图平面 ，如图 18-52c 所示,单击确定即可生成图 18-52d 所示的筋。

图 18-52e 所示的零件是由正六棱柱抽壳形成的,在右视基准面上绘制图 18-52f 所示的草图后,单击筋按钮 ,选中草图,在属性管理器中选取"对称拉伸",设置拉伸厚度为"3",拉伸方向为平行于草图平面 ，则生成图 18-52g 所示的筋,若选择拉伸方向为垂直于草图 ，则生成图 18-52h 所示的筋。

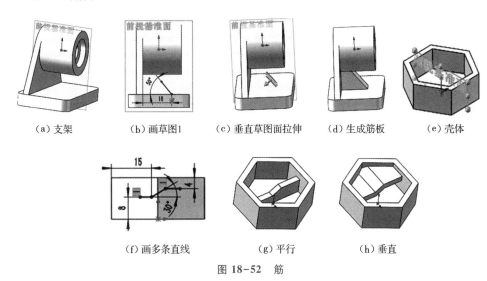

（a）支架　　　　（b）画草图1　　　　（c）垂直草图面拉伸　　　（d）生成筋板　　　（e）壳体

（f）画多条直线　　　　　（g）平行　　　　　（h）垂直

图 18-52　筋

5. 起模特征

起模特征是将选择的实体面倾斜一定角度成为具有坡度的面,如图 18-53a 所示,这种起模斜度是铸件上常见的工艺结构。单击拔模按钮 ,将拔模类型设置为"中性面",输入拔模角度,选择一个平面作为中性面来确定拔模的方向,最后选择需要切削的面即拔模面,如图 18-53b 所示,选择四个外表面为拔模面。

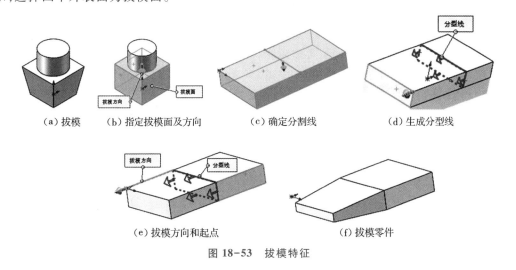

（a）拔模　　（b）指定拔模面及方向　　（c）确定分割线　　（d）生成分型线

（e）拔模方向和起点　　　　　　（f）拔模零件

图 18-53　拔模特征

在长方体上端面创建一个草图,草图就一条线,如图 18-53c 所示。在菜单栏中单击"插入"→"曲线"→"分割线🗇",在"分割类型"中选择"投影",先选择刚绘制的草图,再选取需要分割的面,如图 18-53d 所示的上下前后四个表面,再勾选"单向"选项,完成分割线的操作,即产生了一个封闭的分割线,如图 18-53d 所示。单击生成拔模特征按钮🗇,拔模类型设为"分型线",输入"拔模角度"的值如"5",选取一条棱线确定拔模方向,再选择刚生成的四条分型线,如图 18-53e 所示,确定之后,则生成图 18-53f 所示的拔模特征。

6. 镜像、阵列等特征

利用镜像🗇和阵列🗇特征可以方便、快捷、精确地创建零件的重复结构,如图 18-54 所示。它们的操作与草图中的操作一样,镜像需要选择对称面和需要镜像的特征;线性阵列需要指定阵列的方向(可以是单向或双向阵列)、阵列的个数及间距等;圆形阵列需要指定基准轴、阵列的个数和角度等。在确定基准轴时,若选中的是一个回转面,则回转面的轴线就是基准轴。

(a)单向线性阵列　　　　　　(b)双向线性阵列　　　　　　(c)圆形阵列

图 18-54　阵列

六、配置

配置是在单一的文件中对零件或装配体生成多个不同的模型,即系列零件的设计。其特点是这些零件的结构有一定程度的相似度,为了提高建模的效率,可以建立一个通用件模型,然后通过配置快速改变零件的尺寸与形状的方法,使得该模型可以表达多种设计状态。配置提供了一种简便的方法来开发与管理一组具有相同的特征和相似结构的零件。创建图 18-55 所示的五个零件,其过程是先创建一个底圆直径为 18、高为 10 的圆柱,拉伸切除一个六棱柱;再拉伸切除另一个六棱柱;切除一个小孔;再切除一个大孔。

对于此类零件我们可以生成若干个配置,配置的创建过程如下:

1. 生成一个基本零件,如图 18-55a 所示。

2. 单击主界面特征管理器中的配置按钮🗇,在"默认"配置处点击鼠标右键,在其下拉菜单中选取"添加派生的配置"按钮🗇,如图 18-55b 所示。在"配置属性"选项卡中输入配置的名称和说明,如"6b"和"六棱柱孔"。

3. 切换到设计树中,在设计树里选中其中一个六棱柱切除,点击鼠标右键,在其下拉菜单中选取"压缩"🗇,如图 18-55c 所示;同样压缩大圆柱孔特征,则此零件的结构变成了图 18-55d 所示的形状。

4. 同样的操作过程,在配置管理器中,创建配置二和配置三,配置二只保留一个六棱柱孔,配置三保留两个六棱柱孔,不需要的特征全部压缩,如图 18-55e、f 所示。

5. 同样还可以创建一个切除 1/4 部分的配置。在配置管理器中,激活默认配置,再添加一个名为"qc1"的新配置。在设计树中以前视基准面为草图平面,画一个过轴线的矩形框,再拉伸切除该矩形框,则衍生切除了 1/4 的零件,如图 18-55g 所示。

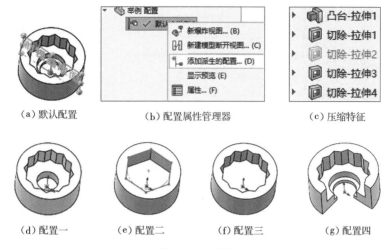

(a) 默认配置　　　　(b) 配置属性管理器　　　　(c) 压缩特征

(d) 配置一　　　(e) 配置二　　　(f) 配置三　　　(g) 配置四

图 18-55　配置

6. 在配置管理器中,双击默认的配置,即默认配置激活。单击"默认"配置前面的三角形符号,即可显示所有的配置。若双击其中一个配置,则该配置就被激活。

当然也可以通过改变尺寸的大小创建不同的配置。

注意:压缩特征就是将特征从模型中移除(但没有删除)。压缩的特征在模型视图上消失,在设计树中显示为灰色。用相同的方法也可以把已压缩的特征解除。解除压缩特征就是将已压缩的特征恢复到模型。所有的压缩或解除压缩都必须在设计树上操作。

七、零件的测量与分析

零件是有材料属性的,若已知材料的密度等属性就可以计算出零件的质量,也可以根据材料的类型改变零件的外观。

在特征设计树中选取编辑材料按钮 ⁝≡,点击鼠标右键,在其下拉菜单中单击"编辑材料"按钮,弹出"材料"对话框,可以选择零件的材料,其"属性"选项卡中可以查询材料的"质量密度"等属性,如图 18-56a 所示。若材料的属性不符合要求,可以在材料对话框中自定义材料。自定义的方法如下:将光标移到"自定义材料"上,如图 18-56a 所示,点击鼠标右键,在弹出的快捷菜单中单击"新类别",并赋予材料的类型,如铸铁,在铸铁上面添加"新类别",如 HT200,再在它的属性对话框中设置各种属性的数值,如图 18-56a 所示。

在菜单栏中单击"文件"→"属性",在"摘要"选项卡中可以设置作者的姓名,在"自定义"选项卡中可以设置设计、审核、时间、名称和代号等属性,这些属性在工程图中都可直接引用。

若设置了材料,在评估工具栏中单击质量属性按钮 ⚖,则弹出"质量属性"对话框,如图 18-56b 所示,此对话框中会显示零件的质量、体积、表面积、重心等参数。

若在单击"评估"工具栏中的测量按钮 ◎,弹出测量对话框,在零部件上选取需要测量的几何要素,就可以测量相关的参数,如测量距离、角度、曲线长度和面积与周长等信息,其测量结果会显示在对话框中。

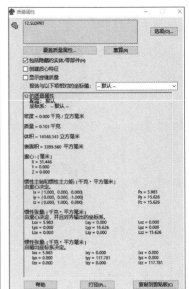

(a) 材料对话框 (b) 评估中的质量属性

图 18-56　材料属性对话框

为了让零件具有质感和色彩,可以设置零件外观参数。单击任务窗口中的外观按钮 ⚙,可以设置零件的颜色和外观的纹理等。也可以在模型中选取某一个面或多个面,再点击鼠标右键,在弹出的快捷菜单中单击外观按钮 ⚙,也可以对所选面进行外观设置。

八、退回控制棒

将光标移动到设计树的最下的横线上,光标将变成了一个手形的退回控制棒 🖱,按住鼠标左键拖动,可将退回控制棒拖到适当的位置,此时将会隐藏退回控制棒下面的所有特征。当模型处于退回控制状态时,一样可以增加其他新的特征或编辑已有的特征。

若将退回控制棒拖到设计树的底部,则可显示零件的所有特征。

---

§18-4　SOLIDWORKS 装配设计

装配图

　　装配设计就是将组成产品的各个零件和部件按照它们之间的相对位置关系正确地装配在一起的过程。任何一个零件在空间都有 6 个自由度,即沿 X、Y、Z 三个直角坐标轴方向平移的自由度和分别绕这三个坐标轴转动的自由度。要完全固定零件的位置,就必须消除这六个自由度。

装配设计就是限制零件在装配体中的自由度,使其在装配体中处于正确的位置,它可以是全约束完全固定,也可以具有一定的自由度,能发生相对运动,从而满足机械性能。

目前常用的装配设计有两种,一种是自底向上设计的方法,它是先在零件环境中创建装配体所需的所有零件,再根据设计思路在装配环境中将这些零件组装到装配体中。它是一种从局部到整体的设计方法。另外一种是自顶向下设计方法,其特点是首先在装配环境中设计出产品的整体结构,再根据不同的功能要求进行详细设计,即在装配环境里面进行零件设计,它是一种从整体到局部的设计方法。

对已设计好的装配体可以模拟真实产品的装配,从而对优化装配工艺提供依据;可以得到产品完整的数字模型,以便观察、检查各零件之间的干涉情况;可以制作辅助实际产品装配的爆炸图;也可以直接生成装配工程图。

产品都是由多个零件装配而成的,零件的装配通常是在装配模块中完成的。通过装配的学习,可以掌握产品装配的一般过程和装配技能。

一、零部件的配合关系

装配设计是通过添加配合来确定零部件之间的相对位置,从而达到限制自由度的目的。零部件之间的配合关系可以分为标准配合、高级配合和机械配合,如图18-57所示。

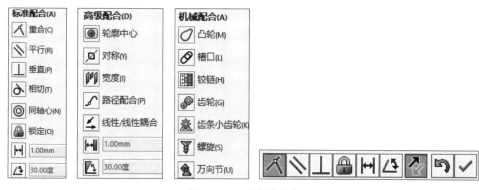

图 18-57　配合的种类

标准配合包括重合、平行、垂直、相切、同轴心、锁定、距离和角度。其中,重合配合迫使两个平面共面,两个面可沿彼此移动,但不能分离开。同轴心配合迫使两个圆柱面变成同轴,两圆柱面可沿共同轴移动。锁定配合就是保持两个零部件之间的相对位置和方向,零部件相对于对方被完全约束。

高级配合包括限制、线性/线性耦合、路径配合、轮廓中心、对称和宽度。其中,路径配合是将零部件上所选的点约束到路径上。它可以在装配体中选择一个或多个实体来定义路径,还可以定义零部件在沿路径经过时的纵倾、偏转和摇摆;轮廓中心配合是自动将几何轮廓的中心相互对齐并完全定义零部件;对称配合是使两个相似的实体相对于零部件的基准面或平面或者装配体的基准面对称;宽度配合就是居中配合,它可以使两个零件在某一个方向实现中间对齐。

机械配合包括凸轮、槽口、铰链、齿轮、齿条小齿轮、螺旋和万向节。其中,齿轮配合会强迫两个零部件绕所选轴线进行相对旋转运动。齿轮配合的有效旋转轴包括圆柱面、圆锥面、轴和线性边线;螺旋配合主要用于螺旋传动,它可以把两个零部件约束为同心,并且可使一个零部件的旋转引起另一个零部件的平移。

二、自底向上的装配体设计

自底向上的设计步骤是在创建好所有的零件之后,先新建一个装配文件,再装配第一个零件,最好固定它的位置,再依次插入其他零件,并添加与已装配零件之间的装配约束最后保存文件。

现以图 18-58a 所示的机用虎钳来说明装配设计的过程。

1. 新建一个"gb_assembly"装配体文件,在左侧属性管理器中单击"浏览"按钮,在相关的文件夹中装入装配体的第一个零件后,直接单击确定按钮 ✔,系统自动让装配的三个基准面与第一个零件自身的三个基准面重合。若插入第一个零件后,直接在显示区单击,则两对基准面就不重合。由于后期对零件进行编辑(镜像、对称等操作)时需要利用装配体的三个基准面,因此最好是第一个零件与装配体的三个基准面重合。系统默认第一个插入的零部件是被锁定的,即它的 6 个自由度完全被约束,不能移动和旋转。如虎钳中的固定钳身零件,如图 18-58b 所示,此时在装配设计树中显示此第一个插入的零部件为"固定"。装配设计插入的第一个零部件最好是装配体最主要的零件,其他零件相对于它进行定位。

2. 在装配工具栏中单击插入零部件按钮 🔧,属性管理器中单击"浏览"按钮,选取需要插入的第二个零件,如活动钳身,放在适当的位置。再在装配工具栏中单击移动零部件按钮 🔧 或旋转零部件按钮 🔧,将活动钳身移动或旋转到便于添加配合的方位,如图 18-58c 所示。也可以用鼠标右键旋转零件。注意,这个移动和旋转零件只是视觉上做了平移与旋转,它们没有添加任何配合。

3. 单击装配工具栏中的配合按钮 📎,选取图 18-58d 所示的面 A 和面 B 后,选择"标准配合"中的"重合"配合,再单击确定按钮 ✔,则两面重合;单击"高级配合"中的"宽度"配合,再依次选择活动钳身中的面 1 和面 2、固定钳身中面 3 和面 4,单击确定按钮 ✔,则零件的左右间隙一样,即间隙等宽;选取面 C 和面 D,选择在"标准配合"中的"距离"配合,设置间距为 35,即完成活动钳身的装配。此时的活动钳身是完全被约束了,零部件是否全约束主要看零件是否需要运动,若还有自由度,就说明没有完全被约束。

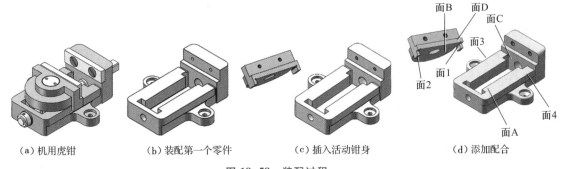

(a)机用虎钳　　　　(b)装配第一个零件　　　　(c)插入活动钳身　　　　(d)添加配合

图 18-58　装配过程一

4. 装配钳口垫零件。插入钳口垫零件,添加面 1 和面 2 重合、孔 1 和孔 2 同轴心、孔 3 和孔 4 同轴心,如图 18-59a 所示。

5. 打开右侧的任务窗口中的"设计库"按钮,如图 18-59b 所示,再单击"添加文件位置"按钮 🏺,将需要插入零件的文件夹选中,则此文件夹中的零件就可显示在任务窗口上。直接将任务窗口中的零件拖到绘图区,即完成插入零部件的操作。

6. 同样可以装配螺母,如图 18-59c 所示。可以添加孔 1 与孔 2 同轴、孔 3 和孔 4 同轴。

7. 打开右侧的任务窗口中的"设计库"按钮中的标准"Toolbox"按钮 🔧,选择" 🖼 GB ",选取标准件的类型并拖到绘图区,在左侧的属性选项卡中选择标准件的参数即可。

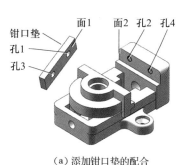

（a）添加钳口垫的配合

（b）设计库

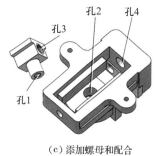

（c）添加螺母和配合

图 18-59　装配过程二

8. 在装配体中也可以对已装配的零部件进行镜像或阵列操作,其操作方法与草图中的操作类似。

9. 单击设计树中配合,选择其中一个配合后点击鼠标右键,可以选择"编辑特征"按钮对此配合进行编辑修改。

三、装配体中的零部件修改

1. 修改零部件的名称

打开一个装配体文件,在设计树中显示的是零件插入时的零件名。选中需要修改名称的零件,点击鼠标右键,在快捷菜单中选择"零部件属性"按钮 ,在弹出的零部件属性对话框中,可以修改零部件的名称。注意它只是修改这个零件在该装配体中的名称。

2. 修改零部件的尺寸

若需要修改装配体中一个零件的尺寸,可以在设计树中选中该零件,点击鼠标右键,在快捷菜单中选择"编辑零件"按钮 ,再打开该零件自身的设计树,即可修改尺寸。也可以选择"打开"按钮 ,即打开了此零件,就可以对零件的尺寸进行修改。

3. 添加零件或特征

在装配环境中也可创建一个新零件,其方法是单击"插入零部件"按钮下的三角形,选择"新零件"按钮 ,对所有弹出的对话框都选"确定"后,此时装配图变成了透明状态,如图 18-60b所示。再在装配体中选择一个平面为新零件草图的基准面进行绘制草图,再利用草图工具绘制草图,图 18-60c所示是利用"转换实体引用"工具,去利用已安装的零件的轮廓线作为新零件的轮廓。最后对草图进行拉伸、旋转等操作创建新零件,如图 18-60d所示。

四、爆炸视图的创建

爆炸视图是指在装配环境下将装配体的各个零部件沿着一定的路径移动,使得零部件之间分开一定的距离。爆炸视图可以方便地观察装配体中每一个零部件,清楚地反映装配体的细节结构和它们之间的相对位置。

为了便于表达零部件的装配过程,爆炸的过程最好是零部件的拆卸顺序。

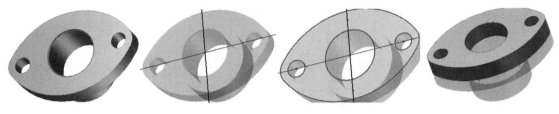

| (a)装配环境下的一个零件 | (b)透明状态 | (c)选草图基准面绘制草图 | (d)拉伸草图 |

图 18-60　在装配环境下创建零件

生成一个爆炸视图的步骤如下：

打开一个装配体，如图 18-61a 所示的简易虎钳，在装配体工具栏中单击生成爆炸视图按钮 ，在左侧的属性管理器中弹出爆炸对话框。首先将"添加阶梯"选项设为常规爆炸 ，选取两个螺钉，如图 18-61b 所示，此时模型上显示移除和旋转螺钉的方向，选择 Z 轴并沿 Z 轴方向将两螺钉拖到适当位置，也可以在左侧对话框尺寸属性 中直接输入移动的距离，如数值 25，再单击"完成"按钮，即完成爆炸步骤 1，如图 18-61c 所示；同样还是选择这两个螺钉，选择移动的方向为 Y 轴，如图 18-61d 所示，移动距离为 75，单击"完成"按钮即完成了爆炸步骤 2。此时两个步骤完成了螺钉先旋出再向上移动的过程。同理，完成所有零件的移动，如图 18-61e 所示。每一步的爆炸都记录在"爆炸步骤"属性管理器里，如需要对其中某个步骤进行修改，可以在"爆炸步骤"选项中选中该步骤，此时在绘图区可以重新编辑移动的位置和方向。最后单击确定按钮 ，即完成爆炸视图。

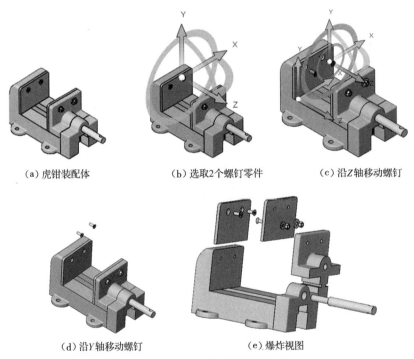

| (a)虎钳装配体 | (b)选取2个螺钉零件 | (c)沿Z轴移动螺钉 |

| (d)沿Y轴移动螺钉 | (e)爆炸视图 |

图 18-61　简易虎钳的爆炸视图

注意:若移动的方向与显示的 X、Y、Z 方向不一致,可以选中界面左侧属性管理器中的"绕每个零部件的原点旋转"选项,重新定义 X、Y、Z 的方向。

在配置管理器中单击三角形符号,会出现"爆炸视图 1"的配置。选中"爆炸视图 1",点击鼠标右键,在弹出的快捷菜单中选择"解除爆炸"按钮,则爆炸视图不显示。在解除爆炸的状态下,按鼠标左键,下拉菜单中会有"爆炸",也会有"动画解除爆炸"或"动画爆炸"按钮。此时可以显示解除爆炸视图的过程,即为装配过程。屏幕还会显示"动画控制器",如图 18-62 所示。按下往复播放按钮 ↔,再单击播放按钮 ▶,就可以播放零件依次爆炸和装配的动画。单击"保存动画"按钮 ,可以在选定的文件夹中生成爆炸视图的动画文件,文件的类型可以是 avi 或 mp4 等格式。

图 18-62　动画控制器

---

§ 18-5　SOLIDWORKS 工程图

工程图

常用的工程图有零件图和装配图。一张完整的工程图包含图幅、图框、视图、尺寸、技术要求和标题栏等内容,若是装配工程图还应包括零件的序号、明细栏。通过已创建的三维零件或装配体可以直接生成工程图。

创建一个新工程图的方法是新建一个文件,在选择创建文件类型对话框中选择"高级"选项,在弹出的模板选项卡中若选择了"gb_a3"模板,则图纸格式是按照国家标准规定的 A3 横放图幅和标题栏,并进入工程图环境,图 18-63 所示为工程图的工具栏。SOLIDWORKS 按照国家标准已创建好了 A1 到 A4 图幅的图框,可以根据零件的大小、复杂程度和绘图比例选择图幅的大小。

图 18-63　工程图的工具栏

一、创建基本视图

1. 零部件的第一个视图

创建一个新的工程图时,系统会自动执行创建模型视图的命令 。在左侧属性管理器中单击"浏览"按钮,找到需要生成工程图的零部件后,在"方向"选项卡中选中"预览"复选框,即可显示零部件的真实投影。同样在"方向"选项卡中可以确定视图的方位,在"标准视图"中选取六个方位之一或等轴测作为工程图的第一个视图。属性管理器的"镜像"选项卡若选取"镜像视图"中"水平"选项可以改变视图的左右方位,"竖直"选项改变视图的上下方位。在"显示样式"选项卡中可以设置投影的模式,显示样式有"隐藏线可见"![icon]和"消除隐藏线"![icon]等,若希望生成带质感的模型(如轴测图)时可以选取"带边线上色"![icon]或"上色"![icon]的显示样式。在"比例"选项卡中可以设置为"使用自定义比例"选项,它可以重新确定视图的绘图比例。最后,用鼠标左键将视图放在图纸中的适当位置。

创建工程图的方法之二是:打开需要创建工程图的零部件,在菜单栏中单击"文件"→"从零件制作工程图",选择工程图的模板,在右侧任务窗口的"视图调色板"![icon]中将需要的视图拖到图纸的适当位置即可。

工程图中第一个视图的方位也可以这样确定:先打开需要生成工程图的零部件,将零部件的当前方位调整为第一个视图的方位。再在工程图中,在"方向"选项卡的"更多视图"选项中,选取"当前模型视图"作为第一个视图,即模型中当前的方向位置作为了第一个视图的方向。

第一个视图创建完后,可选中该视图,再点击鼠标右键,在弹出的快捷菜单中选取"缩放/平移/旋转"和"旋转视图"命令,在对话框中输入角度,单击"应用"按钮,可以旋转视图方位,这样也可以改变第一个视图的方位。

注意,第一个视图不一定就是主视图,它可以是任何一个视图,它只是创建的第一个视图而已。

2. 视图默认比例

在左侧设计树中,选中"图纸"里面的"图纸格式",点击鼠标右键,在弹出的快捷菜单中选取"属性",在"图纸属性"选项卡中可以设置默认的绘图比例,系统默认的绘图比例为 1:2 的缩小比例。

3. 其他视图的创建

为了使得各个视图之间具有投影联系,可以在"工程图"工具栏中单击"投影视图"按钮![icon],选取一个视图后,左右或上下或斜方向拖动鼠标,再单击"确定"按钮后,生成了与所选视图具有投影联系的视图。视图之间具有长对正、或高平齐的联系,或生成了等轴测图。若生成的轴测图方向不理想,可打开该零部件,将零部件的当前方位改变为需要生成的轴测图的方位,再按键盘的"空格"键,在弹出的"方向"选项卡中,单击"新视图"按钮![icon],对新视图命名。再在工程图环境中,单击"模型视图"按钮,在"更多视图"选项中将刚创建的视图拖到适当的位置即可。

4. 视图的编辑

(1) 改变视图的位置或删除视图

将光标放在需要拖动的视图上,此时该视图会出现一个虚线框,按住鼠标左键拖动,即可调整视图的位置。选中需要删去视图,点击鼠标右键,在弹出的快捷菜单中选择"删除"即可删除选中的视图。

(2) 旋转视图

选取一个视图,点击鼠标右键,在弹出的快捷菜单中选取"缩放/平移/旋转"和"旋转视图"命令,就可以旋转视图,改变视图的方位,且与之派生的视图也会旋转。

(3) 修改视图的对齐关系

选取一个视图,点击鼠标右键,在弹出的下拉菜单中选取"视图对齐"和其下拉菜单中的"解除对齐关系"菜单命令,这两视图之间没有了投影联系,该视图可以拖动到图纸的任何一个位置。

若希望再添加对齐关系,可以选中需要添加投影联系的视图,点击鼠标右键,在弹出的快捷菜单中选取"视图对齐"和"水平对齐"或"竖直对齐"或"默认对齐"命令,再选取与之对齐的相关视图,即可在两视图之间添加水平或垂直对齐的投影联系。

5. 修改视图显示状态

选中需要修改的视图,在左侧属性管理器的"显示样式"中可以重新选取显示样式。

二、局部视图和斜视图

图 18-64a 所示支架的局部视图和斜视图的创建过程如下:

1. 创建一个主视图和左视图,如图 18-64b 所示。

2. 在草图工具栏中,单击"样条曲线"按钮 ∭ 绘制一条封闭曲线,如图 18-64c 所示。

3. 选中所绘制的封闭曲线,再在"工程图"工具栏单击"剪裁视图"按钮 ,则封闭线框内的投影保留,即将左视图变成了局部视图,如图 18-64d 所示。

4. 在"工程图"工具栏中单击"辅助视图"按钮 ,选取底板下端面确定投射方向,拖动鼠标得到完整的斜视图,如图 18-64d 所示,视图的显示方式设为消除隐藏线。

5. 选中斜视图,点击鼠标右键,在快捷菜单中选择"视图对齐"|"解除对齐关系",再将斜视图拖到适当的位置。

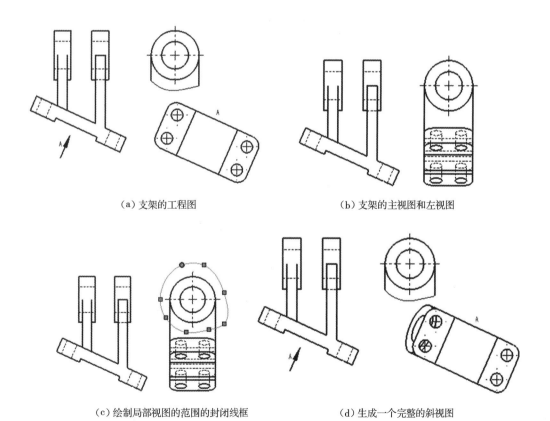

(a) 支架的工程图　　　　　　　　　　　　(b) 支架的主视图和左视图

(c) 绘制局部视图的范围的封闭线框　　　　(d) 生成一个完整的斜视图

图 18-64　支架的局部视图和斜视图

6. 选中斜视图,在其弹出的快捷工具栏 中,单击"隐藏/显示边线"按钮 ,再在斜视图中选取不显示的图线,点击鼠标右键结束,即可完成所需的斜视图,如图 18-64a 所示。

三、剖视图、断面图和局部放大图等的创建

1. 全剖视图

图 18-65 所示为单一的全剖视图,其创建过程是:先生成俯视图,再单击"工程图"工具栏中的"剖面视图"按钮 ,在左侧属性管理器中首先选中"剖面视图"即全剖视图,选取"切割线"为 ,注意箭头代表了投射方向,如图 18-66a 所示。在俯视图中拾取圆心作为剖切位置,此时系统弹出快捷工具栏 ,单击确定按钮 ,拖动鼠标确定新创建的视图位置,即可生成单一剖切的全剖视图。

将光标移动到视图名称或切割线上,当它们的颜色发现变化时,点击鼠标右键,在弹出的快捷菜单中单击"隐藏"或"隐藏切割线"就可以不显示剖视图的名称或切割线。也可以将光标移动到视图名称或切割线上,当它们的颜色发现变化时通过拖到鼠标调整视图名称和切割线的位置。

在设计树中也可以对剖切面和剖视图重新命名。

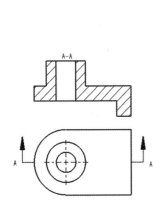

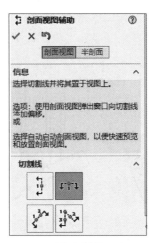

（a）剖视属性管理器

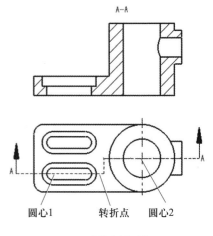

圆心1　　转折点　　圆心2

（b）阶梯全剖视图

图 18-65　单一的全剖视图　　　　　　图 18-66　剖视图（一）

图 18-66b 所示为阶梯的全剖视图,其创建过程如下:

先创建俯视图,再单击"工程图"工具栏中的"剖面视图"按钮 ,在左侧属性管理器中选中"剖面视图",选取"切割线"即剖切方向为 。在俯视图中拾取圆心 1 作为确定剖切位置,在弹出的选项卡中单击"单偏移"按钮 ,选取剖切平面的转折处的位置点,再选取剖切位置圆心 2,如图 18-66b 所示,单击确定按钮 ,拖动鼠标,确定阶梯剖视图的位置即可生成阶梯剖视图。

图 18-67a 所示是旋转剖视图,其创建过程是:先创建俯视图,再单击"工程图"工具栏中的"剖面视图"按钮 ,在左侧属性管理器中首先选中"剖面视图",选取"切割线"即剖切方向为

。在俯视图中拾取圆心 1 作为旋转剖的旋转中心,拾取第 2 个点,拾取第 3 个点,如图 18-67a所示,其中圆心 1 和第 3 点决定投射方向,由圆心 1 和第 2 点所决定的断面绕第 1 点旋转至与投射方法一致再投射,单击确定按钮 ✔。拖动鼠标,确定旋转剖视图的位置即可生成旋转剖视图。

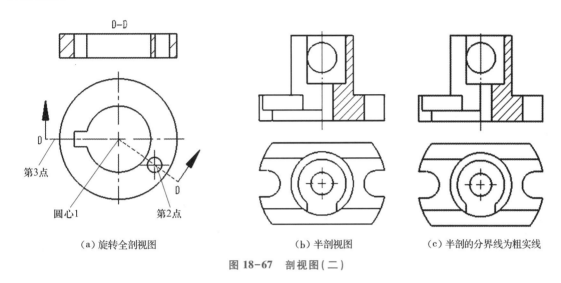

（a）旋转全剖视图 　　　　　（b）半剖视图 　　　　　（c）半剖的分界线为粗实线

图 18-67　剖视图（二）

若需要生成斜剖视图,可以将切割线的方式中选为 🖊 即可。

2. 半剖视图

图 18-67b 所示为半剖视图,其创建过程是:先创建俯视图,再单击"工程图"工具栏中的"剖面视图"按钮 🔄,在左侧属性管理器中首先选中"剖面视图",选取"半剖面"的种类及投射方向为 ⚥,即左右半剖、左半为外形、右半为剖视。在俯视图中拾取圆心作为半剖的分界位置,拖动鼠标,将半剖视图放在适当位置后单击。再单击确定按钮 ✔,即生成了半剖视图。系统此时会将视图与剖视图的分界线绘制成粗实线,如图 18-67c 所示。单击选中半剖视图,在视图附近会出现一个快捷菜单,单击快捷菜单中的"隐藏/显示边线"按钮 🔳,再在半剖视图中选取中间的粗实线,单击属性管理器的"确定"按钮,即可隐藏视图与剖视图的分界线。

3. 局部剖视图

图 18-68a 所示的主视图中有一个局部剖视图,其创建的过程是:先创建主视图和俯视图,如图 18-68b 所示。单击"工程图"工具栏中的"断开的剖视图"按钮 📷,在主视图中绘制封闭的线框,如图 18-68c 所示。在俯视图上选取一个圆,则系统默认的剖切平面的位置通过了该圆的圆心。单击确定按钮 ✔,即生成了局部剖视图。

四、断裂视图、局部放大图和断面图

图 18-69 所示为一根轴的工程图,其创建过程如下:

1. 创建一个主视图。

2. 单击"断裂视图"按钮 📶,选择主视图,在属性管理器中设置切除的方向以及缝隙的大小（如 6）和折断线的样式,再在主视图上依次选取两点作为折断处,单击"确定"按钮即可将主

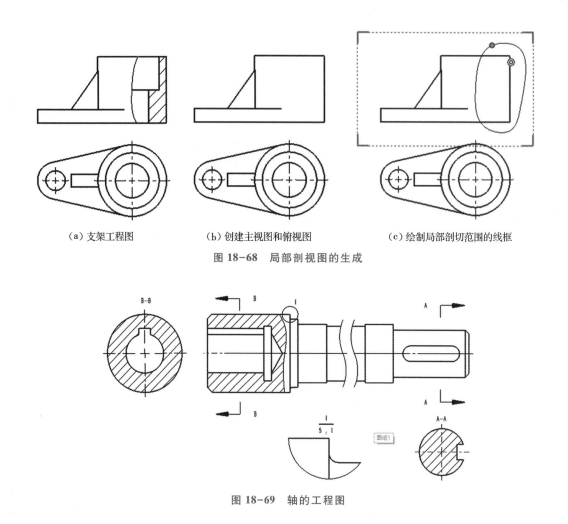

(a) 支架工程图　　　　　(b) 创建主视图和俯视图　　　　　(c) 绘制局部剖切范围的线框

图 18-68　局部剖视图的生成

图 18-69　轴的工程图

视图变成了折断画法。将光标放在折断线上点击鼠标右键,在弹出的快捷菜单中单击"更改图层"按钮,可以修改折断线的线型和线宽。

3. 单击"局部视图"按钮 🅐,在需要局部放大的部位绘制一个圆,再确定放大图的位置,在属性管理器中可以设置绘图比例(如 5∶1),单击"确定"按钮,即可生成局部放大图。

4. 单击"剖面视图"按钮 ⮂,确定 A—A 断面图的剖切位置和视图的位置后,在属性管理器中勾选"剖面视图"中的"横截剖面",再单击确定按钮,即可生成 A—A 断面图。选中 A—A 断面图,点击鼠标右键,在弹出的快捷菜单中选择"视图对齐"→"解除对齐关系"后,可以重新放置 A—A 断面的位置。同理生成 B—B 断面图。

注意断面图也可以通过"移除的剖面" 🔫 功能生成。

五、加强筋和装配图的剖切

若在创建零部件时用到了"筋" 🗂 的功能,则在生成剖视图时,会出现"剖面视图"对话框,此时可以打开设计树,选取"筋"特征,确定后该筋特征按不剖处理,如图 18-70a 所示。

若零件中的薄壁板是通过拉伸生成的,在画剖视图时就不会出现"剖面视图"对话框,生成的剖视图如图 18-70b 所示。它可以通过以下方法对剖面线进行修改。先选中剖面线,在属性管理器中不选中"材质剖面线"选项,再将"属性"选项设置为"无",则在断面上不画剖面线,如图 18-70c所示。再打开草图工具管理器,利用草图工具绘制一个封闭的线框,如图 18-70d 所示。打开注解工具管理器,单击添加"区域剖面线/填充"按钮 ▨,选取需要填充的区域,单击"确定"按钮即可。

在生成装配图的工程图时,若生成的是剖视图,系统也会自动弹出"剖面视图"对话框,可以在设计树中选取不需要剖切的零件,则这些零件在该剖视图中按不剖处理。若需要添加或删去不需要剖切的零件,可以选中需要修改的视图,再点击鼠标右键,再选择"属性",在弹出的"工程视图属性"对话框中选择"剖面范围"选项卡,即可修改。

注意:生成装配的工程图时,在属性管理器中应选中"剖面视图"中的"自动加剖面线"复选框,这样在生成装配工程图时,不同的零件其剖面线的方向和间距会不一样。

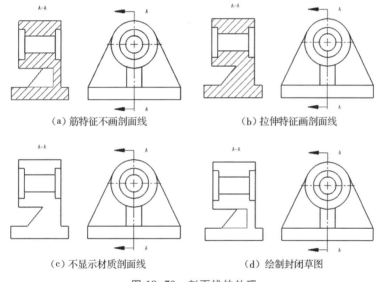

（a）筋特征不画剖面线　　　　　　（b）拉伸特征画剖面线

（c）不显示材质剖面线　　　　　　（d）绘制封闭草图

图 18-70　剖面线的处理

六、工程图的注解工具管理器

在工程图的注解工具管理器中可以添加尺寸、添加几何公差、表面粗糙度、基准等,如图 18-71所示。

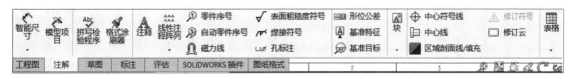

图 18-71　注解工具栏

其中：

"智能尺寸"的功能与草图类似，要注意的是可以在尺寸属性管理器中的"标注尺寸文字"处添加尺寸的公差。

"中心线"和"中心符号线"可以先选中一个或多个视图，在这些视图中自动添加中心线。

"注释"的功能就是在工程图中添加文字，如技术要求等。

"自动零件序号"的功能是对装配体自动生成零件的序号，在属性管理器中可以设置零件序号的格式，如在"零件序号布局"中可以设置序号是水平或竖直排列等、指引线末端的形式在"引线附加点"中设置、"零件序号设定"中可以设置序号是圆圈还是下画线等。

"零件序号"的功能不是自动将视图中的所有零件一次性指引，它是选中一个零件才生成一个指引。注意，零件的指引线要排列整齐，相互之间不能相交，尽量避免与该零件的剖面线平行。

在"表格"的"材料明细表"中可以添加装配图中的明细栏。注意，添加材料明细栏时，应单击"表格模板"按钮 ▲，将模板设为"gb-bom-material.sldbomtbt"，这样生成的明细栏符合国家标准。其中明细栏中的"图样代号""图样名称"、零件的材料都可以在模型中设置，在生成明细栏时它会自动链接。

注意：若是自动对零件进行编号时，零件的序号是按零件的装配顺序编排的，也就是零件序号在视图中不是依次编排的，这时可以双击序号对序号重新编辑，使序号依次编排。但在明细栏中零件的排列还是按原始的序号排列的，这时可以选中序号这一列，点击鼠标右键，在弹出的快捷菜单中选择"排序"，在弹出的"分排"对话框中将"方法"选项设置为"文本"即可。

§18-6 SOLIDWORKS 渲染

PhotoView 360 是 SOLIDWORKS 的一款经典插件。新建或打开一个模型后，单击 SOLID-WORKS 插件，选择 PhotoView 360，即可进行渲染。

一、外观

单击渲染工具栏中的"编辑外观"按钮 ● 后进入基本选项，在所选几何体视图中可以选择需要渲染的特征、实体、曲面、面或零件，其渲染优先级从左至右依次递减。在颜色区域可变更已选定区域的颜色。在高级选项中还可以更改零件的明暗度、表面粗糙度、映射以及外观。若需要更改外观，单击任务窗格中的外观、布景和贴图选项 ●，选择所需要的外观。

二、布景

利用"编辑布景"按钮 ● 可以更改模型的布景、环境、楼板和光源。选择基本选项卡，在背景区域内选取所需的不同背景，可以选择 5 个不同的选项，选项"无"代表不使用背景，选项"颜色"可以选择不同的背景颜色，选项"梯度"可以选择有渐变的背景，选项"图像"可以使用自定义图片作为背景，选项"使用环境"移除背景，使环境可见。在环境区域可以将环境更改为自定义图片。在楼板区域可以设置楼板的属性。

在高级选项卡中可以对楼板的大小和角度进行设置，还可以选取另一布景文件作为布景。

若需要设计渲染光源，可以单击 PhotoView 360 光源，背景明暗度可以修改设定背景的明暗度,渲染明暗度可以调整环境的明暗度,布景反射度可以修改环境提供的反射量。

三、贴图

单击"编辑贴图"按钮 ,在贴图预览选项中选择所需要的贴图或者在任务窗格中的外观、布景和贴图选项 中选择 SOLIDWORKS 内置贴图,将其移动至零件上,贴图操纵杆会自动打开,进一步设置贴图的大小和角度。贴图掩码选项可以使贴图的背景透明从而隐藏贴图周围的边框。贴图映射选项卡可以控制贴图的尺寸、位置和方向。贴图照明度选项卡可以改变贴图的光照。

四、渲染区域

该选项卡可以实现只预览或最终渲染选定区域。

五、整合预览

整合预览选项可以在渲染完成之前快速提供预览。单击整合预览选项卡会提供三个选项以供选择,若需要获得较高品质的渲染,可以选择通过相机、使用透视图或切换至透视图来查看模型。

六、窗口预览

窗口预览的功能与整合预览相似,区别在于窗口预览使用单独小窗口进行预览,整合预览使用全屏进行预览。

七、布景明暗度校样

布景明暗度校样可以快速预览和选择不同的渲染效果,左侧视图的渲染明暗度、背景明暗度、布景反射度往左依次减少。在默认情况下,左、右侧各三列视图,可以通过右下角的列数控件增加或减少列数。

八、最终渲染

得到最终的渲染效果图。

图 18-72 所示机械臂的渲染步骤如下:

1. 单击"打开"按钮 ,选取需要渲染的装配体,在插件中选择 PhotoView 360,单击渲染工具选项卡 渲染工具 进入渲染界面。

2. 单击渲染工具栏中的"编辑外观"按钮 ,在左侧的属性管理器中,选取更改外观的零件,如图 18-72a 所示,再依次选择外观的颜色,如图 18-72b 所示。单击"完成"按钮退出外观编辑,如需要添加更多颜色重复以上步骤。

3. 单击渲染工具栏中的"编辑布景"按钮 ,在右侧的任务窗格中双击打开"基本布景"文件夹,如图 18-73a 所示,选取需要的背景,如图 18-73b 所示,单击"完成"按钮退出。

4. 单击渲染工具栏中的"编辑贴图"按钮 ,在右侧的任务窗格中打开"贴图"选项,如图 18-74a 所示,选取合适的贴图,单击"需要贴图"的位置将贴图贴至机械臂上,修改贴图方向、大小和位置,如图 18-74b 所示,单击"完成"按钮退出。最终效果如图 18-74c 所示。

（a）编辑外观管理器

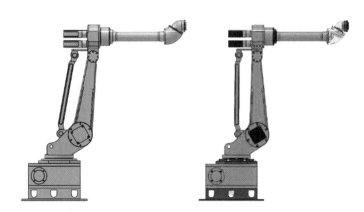

（b）机械臂外观对比图

图 18-72　机械臂外观的生成

基本布景

工作间布景

演示布景

Backgrounds

（a）编辑布景管理器

（b）添加布景外观图

图 18-73　布景视图的生成

（a）编辑贴图管理器

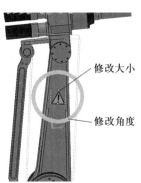

（b）修改贴图

修改大小

修改角度

（c）完成效果图

图 18-74　贴图编辑过程

5. 单击"最终渲染",等待系统完成渲染,单击"保存预览图像"完成渲染,如图 18-75 所示。

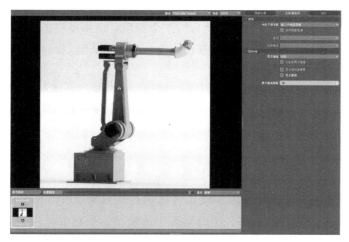

图 18-75　最终渲染图

§ 18-7　SOLIDWORKS 运动算例

运动算例

运动算例是装配体模型运动的模拟。

单击 SOLIDWORKS 界面下方布局选项卡中的"运动算例 1"进入运动算例,系统默认命名的运动算例为"运动算例 1",在运动算例选项卡上点击鼠标右键可以重命名运动算例、复制运动算例和生成新的运动算例。

运动管理器的界面如图 18-76 所示。

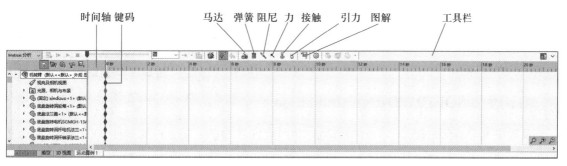

图 18-76　运动管理器的界面

一、时间轴

时间轴位于界面上方,如图 18-76 所示。在时间轴上点击鼠标右键,可以进行(1)放至键码 ✦,键码点代表动画位置更改的开始或结束,或者某特定时间的其他特性。(2)粘贴之前复制的键码。(3)选择所有键码。(4)打开动画向导 🗟。

二、工具栏

算例类型清单有动画、基本运动和运动分析三个选项。动画生成的只是演示性动画，它不包含质量或者引力。基本运动考虑了运动因素的影响。运动分析运行时考虑了装配体运动的物理特性，它的模拟最为强大和精确。

计算按钮 🖳：计算设定的运动算例。从头计算按钮 ▶：模拟动画从头开始播放。播放按钮 ▶：动画从当前设定时间开始播放。停止按钮 ■：停止正在播放的动画。在播放速度中可以更改播放速度，在播放模式中有正常、循环、往返三种播放模式选择。

三、运动单元

1. 马达① 🖚　马达可以在装配图中模拟马达的运动效果。打开一个装配体，单击马达选项，可以选择旋转马达、线性马达和路径配合马达。选取马达所在的位置和马达方向，接着选择不同的运动类型。

2. 力 ✔　该选项可以模拟加载在装配体上的力。打开一个装配体，单击力选项，选择力的类型、方向，添加力函数和选择装载面，设置力的变化和力的大小。

3. 引力 🗗　使用绕装配体移动零部件的模拟单元来模拟引力。单击引力选项可以选择引力的方向和大小。

4. 弹簧 🗟　单击弹簧按钮，选择所需的弹簧类型和弹簧参数，添加弹簧阻尼以及选择弹簧承载面。

5. 阻尼 ✎　单击阻尼按钮，选择合适的阻尼类型、阻尼参数以及阻尼承载面。

6. 接触 🖐　单击接触按钮，选择相接触的实体，设置接触面的摩擦系数。

单击图 18-76 上方图解 🖳 按钮，选择所需的图解功能，如图 18-77 所示。

图 18-77　运动算例图解类型

四、添加 SOLIDWORKS simulation

设置应力分析的过程是：单击仿真设置，在图形区域选择需要分析的零件，在工作区域设置开始时间和结束时间，单击添加时间。单击高级选项，拖动滑块左右移动来更改网格密度，单击检查网格来确保新设置的网格是正确的。单击计算模拟结果 🖳 来计算所选零部件的应力分析。单击应力分析图解弹出选项进入应力分析界面。

生成一个运动算例的步骤如下：

打开一个装配体，如图 18-78a 所示的工业机械臂。在完成装配后，可以拖动装配体某一零

---

① 除"液压马达""气压马达"外，"马达"的规范名词为"电动机"。为与软件中表达一致，书中采用了"马达"。

件检查其运动是否与预期一致,并确定其初始位置。单击"运动算例 1"按钮进入运动算例界面,在 SOLIDWORKS 插件中添加 motion 插件。单击马达按钮 &, 如图 18-78b 所示,首先选取旋转马达,然后选取马达所在的位置,此时系统会自动生成马达的旋转方向,可以自己调整马达的转向,接着选择匀速马达,输入马达转速,单击完成按钮 ✔,即完成运动算例步骤 1,机械臂的运动过程如图 18-79 所示;单击力按钮 ↙,如图 18-78c 所示,将力的类型选择为"力",选择力的作用点和方向,再输入力的大小即完成运动算例步骤 2;单击运动算例属性按钮,更改每秒帧数,单击结果和图解按钮 📭,如图 18-80a 所示,选择力、力矩、幅值选项,选取马达对象,单击"完成"按钮生成运动算例图解,如图 18-80b 所示。单击计算模拟结果按钮 📭,选择需要分析的零件,调整模拟时间,单击添加时间,在"高级"选项卡中调整网格密度,单击完成按钮 ✔ 生成模拟结果,如图 18-80c 所示。

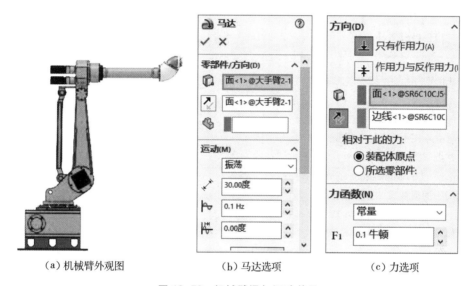

(a)机械臂外观图　　　　　(b)马达选项　　　　　(c)力选项

图 18-78　机械臂添加运动单元

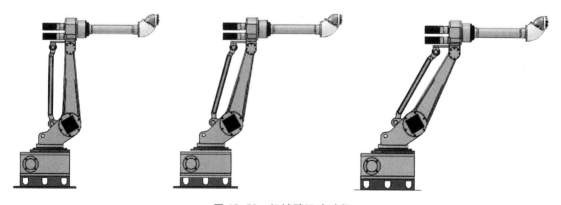

图 18-79　机械臂运动过程

411

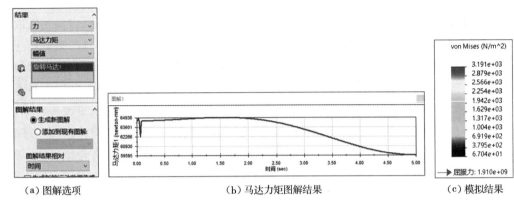

(a) 图解选项　　　　　　　　(b) 马达力矩图解结果　　　　(c) 模拟结果

图 18-80　机械臂图解和模拟

复习思考题

1. 在 SOLIDWORKS 中,零件主要有哪 3 大类特征?

2. 创建一幅合理且正确的草图,一般顺序是什么?

3. 草图的几何约束和尺寸约束的作用是什么?

4. 如何建立草图中变量之间等式关系?

5. 怎样查看草图的约束状态?

6. 工作平面、工作轴和工作点的作用有哪些?

7. 工程图中的模型尺寸有什么作用?

8. 创建一幅完整的工程图的步骤是什么?

9. 如何修改工程图中图线的属性?

附录

几点说明：

1. 本附录所列表格,是为了方便本课程的教学,仅根据完成制图作业的需要来选择和编制的。

2. 在摘录有关标准时,不仅尺寸系列范围有限,而且项目内容也不一定完全。例如螺栓、螺钉、螺母等的标准很多,仅只摘录了一两个标准,并且只摘录了与画装配图有关的项目、内容。如读者需要全面了解,请查阅相应的标准。

3. 今后如发布了新标准,应以新标准为准。

一、常用金属材料

附表 1　钢

标准	名称	牌　号		应用举例	说　明
GB/T 700 — 2006	碳素结构钢	Q215	A级 B级	金属结构件、拉杆、套圈、铆钉、螺栓、短轴、心轴、凸轮(载荷不大的)、垫圈;渗碳零件及焊接件	"Q"为碳素结构钢屈服点"屈"字的汉语拼音首位字母,后面数字表示屈服点数值。如 Q235 表示碳素结构钢屈服点为 235(MPa)。 A级、B级、C级、D级质量渐高 新旧牌号对照: Q215···A2(A2F) Q235···A3 Q275···A5
		Q235	A级 B级 C级 D级	金属结构件,心部强度要求不高的渗碳或氰化零件,吊钩、拉杆、套圈、气缸、齿轮、螺栓、螺母、连杆、轮轴、楔、盖及焊接件	
		Q275 A~D级		轴、轴销、刹车杆、螺母、螺栓、垫圈、连杆、齿轮以及其他强度较高的零件	
GB/T 699 — 2015	优质碳素结构钢	08 10 15 20 25 30 35 40 45 50 55 60		可塑性需好的零件:管子、垫圈、渗碳件、氰化件 拉杆、卡头、垫圈、焊件 渗碳件、紧固件、冲模锻件、化工贮器 杠杆、轴套、钩、螺钉、渗碳件与氰化件 轴、辊子、连接器,紧固件中的螺栓、螺母 曲轴、转轴、轴销、连杆、横梁、星轮 曲轴、摇杆、拉杆、键、销、螺栓 齿轮、齿条、链轮、凸轮、轧辊、曲柄轴 齿轮、轴、联轴器、衬套、活塞销、链轮 活塞杆、轮轴、齿轮、不重要的弹簧 齿轮、连杆、扁弹簧、轧辊、偏心轮、轮圈、轮缘 叶片、弹簧	牌号的两位数字表示平均碳的质量分数,45 钢即表示碳的质量分数为 0.45%,即平均碳的质量分数为 0.45% 碳的质量分数≤0.25%的碳钢属低碳钢(渗碳钢) 碳的质量分数在(0.25~0.6)%之间的碳钢属中碳钢(调质钢)
		30 Mn 40 Mn 50 Mn 60 Mn		螺栓、杠杆、制动板 用于承受疲劳载荷零件:轴、曲轴、万向联轴器 用于高负荷下耐磨的热处理零件:齿轮、凸轮、摩擦片 弹簧、发条	锰的质量分数较高的钢,须加注化学元素符号"Mn"

标准	名称	牌 号	应用举例	说 明
GB/T 3077—2015	铬钢	15Cr 20Cr 30Cr 40Cr 45Cr	渗碳齿轮、凸轮、活塞销、离合器 较重要的渗碳件 重要的调质零件:轮轴、齿轮、摇杆、螺栓 较重要的调质零件:齿轮、进气阀、辊子、轴 强度及耐磨性高的轴、齿轮、螺栓	钢中加入一定量的合金元素,提高了钢的力学性能和耐磨性,也提高了钢的淬透性,保证金属在较大截面上获得高的力学性能
	铬锰钛钢	20CrMnTi 30CrMnTi	汽车上重要渗碳件:齿轮 汽车、拖拉机上强度特高的渗碳齿轮 强度高,耐磨性高的大齿轮,主轴	
GB/T 5613—2014	铸钢	ZG230-450	机座、箱体、支架 轧机机架、铁道车辆摇枕、侧梁、铁砧台、机座、箱体、锤轮、450 ℃以下的管路附件等	ZG230-450 为工程用铸钢表示屈服点为 230 MPa,抗拉强度 450 MPa

附表 2 铁

标准	名称	牌 号	特性及应用举例	说 明
GB/T 9439—2010	灰铸铁	HT100 HT150	低强度铸铁:盖、手轮、支架 中强度铸铁:底座、刀架、轴承座、带轮、端盖	"HT"表示灰铸铁,后面的数字表示抗拉强度值(MPa)
		HT200 HT250	高强度铸铁:床身、机座、齿轮、凸轮、气缸泵体、联轴器	
		HT300 HT350	高强度耐磨铸铁:齿轮、凸轮、重载荷床身、高压泵、阀壳体、锻模、冷冲压模	
GB/T 1348—2019	球墨铸铁	QT800-2 QT700-2 QT600-3	具有较高强度,但塑性低:曲轴、凸轮轴、齿轮、气缸、缸套、轧辊、水泵轴、活塞环、摩擦片	"QT"表示球墨铸铁,其后第一组数字表示抗拉强度值(MPa),第二组数字表示延伸率(%)
		QT500-7 QT450-10 QT400-18	具有较高的塑性和适当的强度,用于承受冲击负荷的零件	

标准	名称	牌 号	特性及应用举例	说 明
GB/T 9440—2010	可锻铸铁	KTH300-06 KTH330-08* KTH350-10 KTH370-12*	黑心可锻铸铁:用于承受冲击振动的零件,如汽车、拖拉机、农机铸铁	"KT"表示可锻铸铁,"H"表示黑心"B"表示白心,第一组数字表示抗拉强度值(MPa),第二组数字表示延伸率(%)
		KTB350-04 KTB360-12 KTB400-05 KTB450-07	白心可锻铸铁:韧性较低,但强度高,耐磨性、加工性好。可代替低、中碳钢及低合金钢的重要零件,如曲轴、连杆、机床附件	

注:1. KTH300-06 适用于气密性零件。

2. 有 * 号者为推荐牌号。

附表3　有色金属及其合金

名称	牌 号	应 用 举 例	说 明
普通黄铜 GB/T 5231—2022	H62	散热器,垫圈,弹簧各种网,螺钉等	H 表示黄铜,后面数字表示平均铜的质量分数的百分数
铸造黄铜 GB/T 1176—2013	ZHMn 58-2-2	轴瓦,轴套及其他耐磨零件	牌号的数字表示铜、锰、铅的平均质量分数的百分数
铸造锡青铜 GB/T 1176—2013	ZCuSn 5Pb5Zn5	用于承受摩擦的零件,如轴承	"Z"为铸造汉语拼音的首位字母,各化学元素后面的数字表示该元素质量分数的百分数
铸造铝青铜	ZCuAl9Mn2 ZCuAl10Fe3	强度高,减摩性、耐蚀性、铸造性良好,可用于制造蜗轮、衬套和防锈零件	

名称		牌 号	应用举例	说 明
GB/T 1173 —2013	铸造铝合金	ZL201 ZL301 ZL401	载荷不大的薄壁零件,受中等载荷零件,需保持固定尺寸的零件	ZL102 表示含硅 10%～13%、余量为铝的铝硅合金。ZL202 表示含铜 9%～11%、余量为铝的铝铜合金
GB/T 3190 —2020 硬铝		LY13	适用于中等强度的零件,焊接性能好	

附表 4 常用热处理和表面处理名词解释

名称	代号及标注举例	说 明	目 的
退火	Th	加热—保温—随炉冷却	用来消除铸、锻、焊零件的内应力,降低硬度,以利于切削加工,细化晶粒,改善组织,增加韧性
正火	Z	加热—保温—空气冷却	用于处理低碳钢、中碳结构钢及渗碳零件,细化晶粒,增加强度与韧性,减少内应力,改善切削性能
淬火	C C48(淬火回火 45～50HRC)	加热—保温—急冷	提高机件强度及耐磨性。但淬火后引起内应力,使钢变脆,所以淬火后必须回火
调质	T T235(调质至 220～250HB)	淬火—高温回火	提高韧性及强度。重要的齿轮、轴及丝杠等零件需调质
高频淬火	G G52(高频淬火后回火至 50～55HRC)	用高频电流将零件表面加热—急速冷却	提高机件表面的硬度及耐磨性,而心部保持一定的韧性,使零件既耐磨又能承受冲击,常用来处理齿轮
渗碳淬火	S-C S0.5-C59 (渗碳层深 0.5,淬火硬度 56～62HRC)	将零件在渗碳剂中加热,使渗入钢的表面后,再淬火回火渗碳深度为 0.5～2 mm	提高机件表面的硬度、耐磨性、抗拉强度等适用于低碳、中碳(w_C<0.40%)结构钢的中小型零件

名称	代号及标注举例	说　　明	目　　的
氮化	D D0.3-900 （氮化深度0.3,硬度大于850HV）	将零件放入氨气内加热,使氮原子渗入钢表面。氮化层:0.025~0.8 mm,氮化时间:40~50 h	提高机件的表面硬度、耐磨性、疲劳强度和耐蚀能力。适用于合金钢、碳钢、铸铁件,如机床主轴、丝杠、重要液压元件中的零件
氰化	Q Q59 （氰化淬火后,回火至56~62HRC）	钢件在碳、氮中加热,使碳、氮原子同时渗入钢表面。可得到0.2~0.5 mm氰化层	提高表面硬度、耐磨性、疲劳强度和耐蚀性,用于要求硬度高、耐磨的中小型、薄片零件及刀具等
时效	时效处理	机件精加工前,加热到100~150 ℃后,保温5~20 h—空气冷却,铸件可天然时效（露天放一年以上）	消除内应力,稳定机件形状和尺寸,常用于处理精密机件,如精密轴承、精密丝杠等
发蓝发黑	发蓝或发黑	将零件置于氧化剂内加热氧化,使表面形成一层氧化铁保护膜	防腐蚀、美化,如用于螺纹连接件
镀镍		用电解方法,在钢件表面镀一层镍	防腐蚀、美化
镀铬		用电解方法,在钢件表面镀一层铬	提高表面硬度、耐磨性和耐蚀能力,也用于修复零件上磨损了的表面
硬度	HB（布氏硬度） HRC（洛氏硬度） HV（维氏硬度）	材料抵抗硬物压入其表面的能力 依测定方法不同而有布氏、洛氏、维氏等几种	检验材料经热处理后的力学性能——硬度 HB 用于退火、正火、调质的零件及铸件 HRC 用于经淬火、回火及表面渗碳、渗氮等处理的零件 HV 用于薄层硬化零件

二、常用一般标准和零件结构要素

附表 5　标准尺寸(摘自 GB/T 2822—2005)　　　　　　　　mm

1.0~10.0 mm		10~100 mm					
R10	R20	R10	R20	R40	R10	R20	R40
2.0	2.0	10	10				**34**
	2.2		**11**			**36**	**36**
2.5	2.5		**12**	12			**38**
	2.8			13	40	40	40
3.0	**3.0**		14	14			**42**
	3.5			15		45	**45**
4.0	4.0	16	16	16			**48**
	4.5			17	50	50	50
5.0	5.0		18	18			53
	5.5			19		**56**	56
6.0	**6.0**	20	20	20			60
	7.0			21	63	**63**	63
8.0	8.0		**22**	**22**			67
	9.0			**24**		**71**	71
10.0	10.0	25	25	25			75
				26	**80**	80	80
			28	28			**85**
				30		**90**	90
							95
		32	**32**	32	100	100	100

注:1. 表列标准尺寸(直径、长度、高度等)系列适用于有互换性或系列化要求的主要尺寸(如安装、连接尺寸,有公差要求的配合尺寸,决定产品系列的公称尺寸等)。其他结构尺寸应尽量采用。

2. 选择系列及单个尺寸时,应按 R10、R20、R40 的顺序,优先选用公比较大的基本系列及其单值。R 表示优先数化整值系列。

3. 黑体字表示优先数的化整值。

附表 6　砂轮越程槽(摘自 GB/T 6403.5—2008)　　　　　　　　mm

	d	b_1	r	b_2	h
磨外圆　　　磨内圆		0.6	0.2	2.0	0.1
	~10	1.0	0.5	3.0	0.2
		1.6			
	>10~50	2.0	0.8	4.0	0.3
		3.0	1.0		0.4

附表 7　零件倒角和倒圆（GB/T 6403.4—2008）

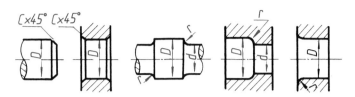

mm

直径 D	<3	3~6	>6~10	>10~18	>18~30	>30~50	>50~80	>80~120	>120~180
r C	0.2	0.4	0.6	0.8	1.0	1.6	2.0	2.5	3.0

注：倒角一般均用 45°，也允许用 30°、60°。

三、螺纹和螺纹紧固件

附表 8　普通螺纹直径与螺距系列（GB/T 193—2003）、基本尺寸（GB/T 196—2003）　mm

公称直径 D、d		螺距 P		粗牙小径 D_1、d_1	公称直径 D、d		螺距 P		粗牙小径 D_1、d_1
第一系列	第二系列	粗牙	细牙		第一系列	第二系列	粗牙	细牙	
3		0.5	0.35	2.459		22	2.5	2,1.5,1,(0.75),(0.5)	19.294
	3.5	(0.6)		2.850	24		3	2,1.5,1,(0.75)	20.752
4		0.7	0.5	3.242		27	3	2,1.5,1,(0.75)	23.752
	4.5	(0.75)		3.688	30		3.5	(3),2,1.5,1,(0.75)	26.211
5		0.8		4.134		33	3.5	(3),2,1.5,(1),(0.75)	29.211
6		1	0.75,(0.5)	4.917	36		4	3,2,1.5,(1)	31.670
8		1.25	1,0.75,(0.5)	6.647		39	4		34.670
10		1.5	1.25,1,0.75,(0.5)	8.376	42		4.5		37.129
12		1.75	1.5,1.25,1,(0.75),(0.5)	10.106		45	4.5	(4),3,2,1.5,(1)	40.129
	14	2	1.5,(1.25),1,(0.75),(0.5)	11.835	48		5		42.587
16		2	1.5,1,(0.75),(0.5)	13.835		52	5		46.587
	18	2.5	2,1.5,1,(0.75),(0.5)	15.294	56		5.5	4,3,2,1.5,(1)	50.046
20		2.5		17.294					

注：1. 优先选用第一系列，括号内尺寸尽可能不用。第三系列未列入。

　　2. 中径 D_2、d_2 未列入。

附表9 梯形螺纹(摘自 GB/T 5796.2—2022) mm

公称直径	第一系列	8	10	12	16	20	24	28	32	36	40	44	48	52	60	70
	第二系列		9	11	14	18	22	26	30	34	38	42	46	50	55	65	
螺距		1.5	1.5 2	2 3	2,3	2,4	3,5,8		3,6,10		3,7,10	3 7,12	3,8,12		3 9,14	4 10,16

附表10 55°密封、55°非密封的管螺纹(摘自 GB/T 7306.1~7306.2—2000 和 GB/T 7307—2001) mm

尺寸代号	每25.4mm的牙数 n	螺距 P	基本直径或基面上的基本直径	
			大径 $d=D$	小径 $d_1=D_1$
1/4	19	1.337	13.157	11.445
3/8			16.662	14.950
1/2	14	1.814	20.955	18.631
3/4			26.441	24.117
1	11	2.309	33.249	30.291
1¼			41.910	38.952
1½			47.803	44.845
2			59.614	56.656
2½			75.184	72.226
3			87.884	84.926
4			113.030	110.072
5			138.430	135.472
6			163.830	160.872

注:1. GB/T 7307—2001 为55°非密封管螺纹,一般为圆柱螺纹;GB/T 7306.1~7306.2—2000 为55°密封管螺纹,一般为锥螺纹。其螺纹的锥度为1:16。

2. 基面上的基本直径用于 GB/T 7306.1~7306.2—2000,其大径为基准直径。

附表11 六角头螺栓

六角头螺栓—A 和 B 级　　　　　六角头螺栓—全螺纹—A 和 B 级
GB/T 5782—2016　　　　　　　GB/T 5783—2016

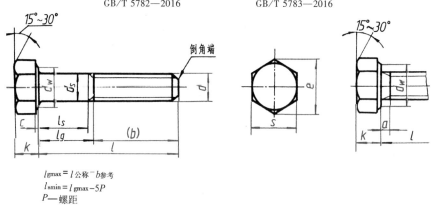

$l_{gmax}=l$ 公称 $-b$ 参考
$l_{smin}=l_{gmax}-5P$
P—螺距

标记示例

螺纹规格 $d=M12$,公称长度 $l=80$ mm,性能等级为8.8级,表面氧化,A 级的六角头螺栓:

螺栓 GB/T 5782 M12×80

若为全螺纹,则为:螺栓 GB/T 5783 M12×80

mm

螺纹规格 d			M3	M4	M5	M6	M8	M10	M12	M16	M20	M24	M30	M36
e_{min}	产品等级	A	6.01	7.66	8.79	11.05	14.38	17.77	20.03	26.75	33.53	39.98	50.85	60.79
		B	—	—	8.63	10.89	14.20	17.59	19.85	26.17	32.95	39.55		
s_{max} =公称			5.5	7	8	10	13	16	18	24	30	36	46	55
$k_{公称}$			2	2.8	3.5	4	5.3	6.4	7.5	10	12.5	15	18.7	22.5
c	max		0.4	0.4	0.5	0.5	0.6	0.6	0.6	0.8	0.8	0.8	0.8	0.8
	min		0.15	0.15	0.15	0.15	0.15	0.15	0.15	0.2	0.2	0.2	0.2	0.2
d_w min	产品等级	A	4.57	5.88	6.88	8.88	11.63	14.63	16.63	22.49	28.19	33.61	—	—
		B	4.45	5.74	6.74	8.74	11.47	14.47	16.47	22	27.7	33.25	42.71	51.11
GB/T 5782 —2016	b 参考	l≤125	12	14	16	18	22	26	30	38	46	54	66	—
		125<l≤200	18	20	22	24	28	32	36	44	52	60	72	84
		l>200	31	33	35	37	41	45	49	57	80	73	85	97
		$l_{公称}$	20~30	25~40	25~50	30~60	35~80	40~100	50~120	65~160	80~200	90~240	110~300	140~360
GB/T 5783 —2016	a_{max}		1.5	2.1	2.4	3	3.75	4.5	5.25	6	7.5	9	10.5	12
	$l_{公称}$		6~30	8~40	10~50	12~60	16~80	20~100	25~100	30~200	40~200	50~200	60~200	70~200

注:1. d_w 表示支承面直径;l_g 表示最末一扣完整螺纹到支承面的距离;l_s 表示无螺纹杆部的长度。

2. 本表仅摘录画装配图所需尺寸。A 级用于 $d\leq24$ 和 $l\leq10\ d$ 或 $l\leq150$ mm 的螺栓,B 级用于 $d>24$ 或 $l>10\ d$ 或 $l>150$ mm 的螺栓。

3. 六角头螺栓—C 级,细牙六角头螺栓及其他形式的螺栓请查阅相应的标准。

4. 在 GB/T 5782—2016 中,螺纹规格 $d=$M30 和 M36 的 A 级产品,e、d_w 无数值。

5. 螺栓 l 的长度系列为:2,3,4,5,6,8,10,12,16,20,25,30,35,40,45,50,55,60,65,70~160(10 进位),180~360(20 进位)。其中 55,65 的螺栓因不是优化数值,在上述两个标准中有时加括弧以示尽可能不用,有时又加括弧。情况比较复杂,未便一一说明。在使用这两个尺寸时,请查阅原标准。

6. 无螺纹部分的杆部直径可按螺纹大径画出或按 ≈ 中径绘制。螺钉、螺柱同。

7. 末端倒角可画成45°,端面直径≤螺纹小径。

附表 12　双头螺柱($b_m = d$)(摘自 GB/T 897—1988),双头螺柱($b_m = 1.25d$)(摘自 GB/T 898—1988)

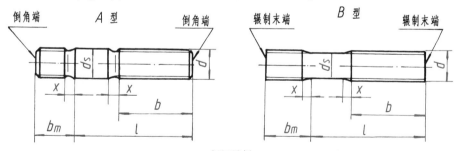

标记示例

两端均为粗牙普通螺纹,$d=10$ mm、$l=50$ mm、性能等级为 4.8 级、不经热处理及表面处理、B 型、$b_m=1\ d$ 的双头螺柱:
　　螺柱　GB/T 897　M10×50

旋入机体一端为粗牙普通螺纹,旋螺母一端为螺距 $P=1$ mm 的细牙螺纹,$d=10$ mm、$l=50$ mm,性能等级为 4.8 级,不经表面处理,A 型、$b_m=1\ d$ 的双头螺柱:
　　螺柱　GB/T 897　AM10—M10×1×50

两端均为粗牙普通螺纹,$d=10$ mm,$l=50$ mm,性能等级为 4.8 级,不经表面处理、B 型、$b_m=1.25\ d$ 的双头螺柱:
　　螺柱　GB/T 898　M10×50

mm

螺纹规格	$b_{m公称}$		d_s		x	b	$l_{范围公称}$
d	GB/T 897—1988	GB/T 898—1988	max	min	max		
M5	5	6	5	4.7		10	16~22
						16	25~50
M6	6	8	6	5.7		10	20~22
						14	25~30
						18	32~75
M8	8	10	8	7.64		12	20~22
						16	25~30
						22	32~90
M10	10	12	10	9.64		14	25(28)
						16	30~38
						26	40~120
					1.5P	32	130
M12	12	15	12	11.57		16	25~30
						20	32~40
						30	45~120
						36	130~180
M16	16	20	16	15.57		20	30~38
						30	40~55
						38	60~120
						44	130~200
M20	20	25	20	19.48		25	35~40
						35	45~65
						46	70~120
						52	130~200

注:1. P 表示螺距。

2. l 的系列公称:12,(14),16,(18),20,(22),25,(28),30,(32),35,(38),40,45,50,(55),60,(65),70,(75),80,(85),90,(95),100~200(10进位),280,300。括号内的数值尽可能不用。

附表 13 螺 母

1 型六角螺母—A 级和 B 级	2 型六角螺母—A 级和 B 级	六角薄螺母—A 级和 B 级—倒角
GB/T 6170—2015	GB/T 6175—2016	GB/T 6172.1—2016

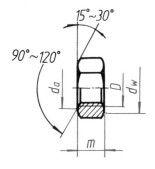 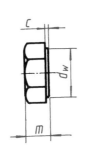 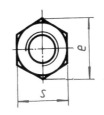 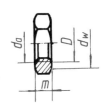

标记示例

螺纹规格 D = M12,性能等级为 10 级,不经表面处理,A 级的六角螺母:

1 型	2 型	薄螺母,倒角
螺母 GB/T 6170 M12	螺母 GB/T 6175 M12	螺母 GB/T 6172.1 M12

mm

螺纹规格 D		M3	M4	M5	M6	M8	M10	M12	M16	M20	M24	M30	M36
e_{min}		6.01	7.66	8.79	11.05	14.38	17.77	20.03	26.75	32.95	39.55	50.85	60.79
s	max	5.5	7	8	10	13	16	18	24	30	36	46	55
	min	5.32	6.78	7.78	9.78	12.73	15.73	17.73	23.67	29.16	35	45	53.8
c_{max}		0.4	0.4	0.5	0.5	0.6	0.6	0.6	0.8	0.8	0.8	0.8	0.8
d_{wmin}		4.6	5.9	6.9	8.9	11.6	14.6	16.6	22.5	27.7	33.2	42.7	51.1
d_{amax}		3.45	4.6	5.75	6.75	8.75	10.8	13	17.3	21.6	25.9	32.4	38.9
GB/T 6170—2015 m	max	2.4	3.2	4.7	5.2	6.8	8.4	10.8	14.8	18	21.5	25.6	31
	min	2.15	2.9	4.4	4.9	6.44	8.04	10.37	14.1	16.9	20.2	24.3	29.4
GB/T 6172.1—2016 m	max	1.8	2.2	2.7	3.2	4	5	6	8	10	12	15	18
	min	1.55	1.95	2.45	2.9	3.7	4.7	5.7	7.42	9.10	10.9	13.9	16.9
GB/T 6175—2016 m	max	—	—	5.1	5.7	7.5	9.3	12	16.4	20.3	23.9	28.6	34.7
	min	—	—	4.8	5.4	7.14	8.94	11.57	15.7	19	22.6	27.3	33.1

注:GB/T 6170 和 GB/T 6172.1 的螺纹规格为 M1.6~M64;GB/T 6175 的螺纹规格为 M5~M36。

附表 14　圆螺母(摘自 GB/T 812—1988)

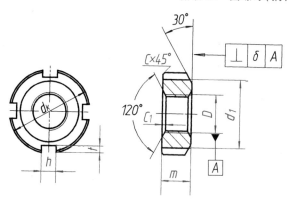

标记示例

细牙普通螺纹,直径为 16 mm、螺距为 1.5 mm、材料为 45 钢、槽或全部热处理硬度 35~45 HRC,表面氧化的圆螺母;

螺母　GB/T 812—1988　M16×1.5

mm

螺纹规格 $D×P$	d_k	d_1	m	h_{min}	t_{min}	C	C_1	螺纹规格 $D×P$	d_k	d_1	m	h_{min}	t_{min}	C	C_1
M10×1	22	16	8	4	2	0.5	0.5	M25×1.5	42	34	10	5	2.5	1	0.5
M12×1.25	25	19	8	4	2	0.5	0.5	M27×1.5	45	37	10	5	2.5	1	0.5
M14×1.5	28	20	8	4	2	0.5	0.5	M30×1.5	48	40	10	5	2.5	1	0.5
M16×1.5	30	22	8	5	2.5	0.5	0.5	M33×1.5	52	43	10	6	3	1	0.5
M18×1.5	32	24	8	5	2.5	0.5	0.5	M35×1.5 *	52	43	10	6	3	1	0.5
M20×1.5	35	27	8	5	2.5	0.5	0.5	M36×1.5	55	46	10	6	3	1	0.5
M22×1.5	38	30	10	5	2.5	0.5	0.5	M39×1.5	58	49	10	6	3	1.5	0.5
M24×1.5	42	34	10	5	2.5	1	0.5	M40×1.5	58	49	10	6	3	1.5	0.5

注:* 仅用于滚动轴承锁紧螺母。

附表 15　垫　圈

小垫圈—A 级	平垫圈—A 级	平垫圈倒角型—A 级	平垫圈 C 级
GB/T 848—2002	GB/T 97.1—2002	GB/T 97.2—2002	GB/T 95—2002

标记示例

公称尺寸 $d=8$ mm,性能等级为 140 HV 级,倒角型,不经表面处理的平垫圈:

垫圈　GB/T 97.2　8—140 HV

其余标记相仿。

mm

公称尺寸（螺纹规格 d）		3	4	5	6	8	10	12	14	16	20	24	30	36
内径 d_1	产品等级 A	3.2	4.3	5.3	6.4	8.4	10.5	13	15	17	21	25	31	37
	产品等级 C			5.5	6.5	9	11	13.5	15.5	17.5	22	26	33	39
GB/T 848—2002	外径 d_2	6	8	9	11	15	18	20	24	28	34	39	50	60
	厚度 h	0.5	0.5	1	1.6	1.6	1.6	2	2.5	2.5	3	4	4	5
GB/T 97.1—2002 GB/T 97.2—2002* GB/T 95—2002*	外径 d_2	7	9	10	12	16	20	24	28	30	37	44	56	66
	厚度 h	0.5	0.8	1	1.6	1.6	2	2.5	2.5	3	3	4	4	5

注:1. * 主要用于规格为 M5~M36 的标准六角螺栓、螺钉和螺母。

2. 性能等级 140 HV 表示材料钢的硬度,HV 表示维氏硬度,140 为硬度值。有 140 HV、200 HV 和 300 HV 等三种。

附表 16　标准型弹簧垫圈(摘自 GB/T 93—1987)

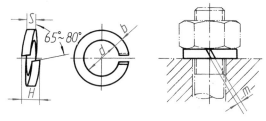

标记示例

规格 16 mm、材料为 65Mn、表面氧化的标准型弹簧垫圈:

　垫圈　GB/T 93　16

mm

规格（螺纹大径）		4	5	6	8	10	12	16	20	24	30
d	min	4.1	5.1	6.1	8.1	10.2	12.2	16.2	20.2	24.5	30.5
	max	4.4	5.4	6.68	8.68	10.9	12.9	16.9	21.04	25.5	31.5
S(b)	公称	1.1	1.3	1.6	2.1	2.6	3.1	4.1	5	6	7.5
	min	1	1.2	1.5	2	2.45	2.95	3.9	4.8	5.8	7.2
	max	1.2	1.4	1.7	2.2	2.75	3.25	4.3	5.2	6.2	7.8
H	min	2.2	2.6	3.2	4.2	5.2	6.2	8.2	10	12	15
	max	2.75	3.25	4	5.25	6.5	7.75	10.25	12.5	15	18.75
m≤		0.55	0.65	0.8	1.05	1.3	1.55	2.05	2.5	3	3.75

附表 17　圆螺母用止动垫圈(摘自 GB/T 858—1988)

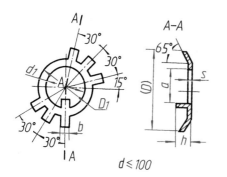

$d \leqslant 100$

标记示例

公称直径为 16 mm、材料 Q235、经退火、表面氧化的圆螺母用止动垫圈:

垫圈　GB/T 858　16

mm

螺纹直径	10	12	14	16	18	20	22	24	25*	27	30	33	35*	36	39	40*
d	10.5	12.5	14.5	16.5	18.5	20.5	22.5	24.5	25.5	27.5	30.5	33.5	35.5	36.5	39.5	40.5
(D)	25	28	32	34	35	38	42	45	45	48	52	56	56	60	62	62
D_1	16	19	20	22	24	27	30	34	34	37	40	43	43	46	49	49
a	8	9	11	13	15	17	19	21	22	24	27	30	32	33	36	37
S	1											1.5				
h	3				4						5					
b	3.8			4.8								5.7				

注:* 仅用于滚动轴承锁紧装置。

附表 18　螺　钉

开槽圆柱头螺钉(GB/T 65—2016)

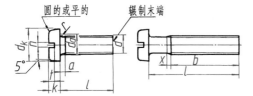

开槽盘头螺钉(GB/T 67—2016)

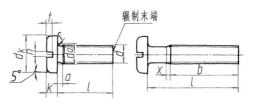

开槽沉头螺钉 (GB/T 68—2016)

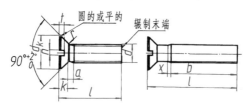

标记示例

螺纹规格 d = M5,公称长度 l = 20 mm,性能等级为 4.8 级,不经表面处理的开槽圆柱头螺钉:

螺钉　GB/T 65　M5×20

mm

螺纹规格 d			M3	M4	M5	M6	M8	M10
a		max	1	1.4	1.6	2	2.5	3
b		min	25	38	38	38	38	38
x		max	1.25	1.75	2	2.5	3.2	3.8
n		公称	0.8	1.2	1.2	1.6	2	2.5
GB/T 65 —2016	d_k	max	5.5	7	8.5	10	13	16
		min	—	6.78	8.28	9.78	12.73	15.73
	k	max	2	2.6	3.3	3.9	5	6
		min	—	2.45	3.1	3.6	4.7	5.7
	t	min	0.85	1.1	1.3	1.6	2	2.4
GB/T 67 —2016	d_k	max	5.6	8	9.5	12	16	20
		min	5.3	7.64	9.14	11.57	15.57	19.48
	k	max	1.8	2.4	3	3.6	4.8	6
		min	1.6	2.2	2.8	3.3	4.5	5.7
	t	min	0.7	1	1.2	1.4	1.9	2.4
GB/T 65 —2016	r	min	0.1	0.2	0.2	0.25	0.4	0.4
GB/T 67 —2016	d_a	max	3.6	4.7	5.7	6.8	9.2	11.2
	$\dfrac{l}{b}$		$\dfrac{4\sim30}{l-a}$	$\dfrac{5\sim40}{l-a}$	$\dfrac{6\sim40}{l-a}$ $\dfrac{45\sim50}{b}$	$\dfrac{8\sim40}{l-a}$ $\dfrac{45\sim60}{b}$	$\dfrac{10\sim40}{l-a}$ $\dfrac{45\sim80}{b}$	$\dfrac{12\sim40}{l-a}$ $\dfrac{45\sim80}{b}$
GB/T 68 —2016	d_k	理论值 max	6.3	9.4	10.4	12.6	17.3	20
		实际值 max	5.5	8.4	9.3	11.3	15.8	18.3
		min	5.2	8	8.9	10.9	15.4	17.8
	k	max	1.65	2.7	2.7	3.3	4.65	5
	r	max	0.8	1	1.3	1.5	2	2.5
	t	min	0.6	1	1.1	1.2	1.8	2
		max	0.85	1.3	1.4	1.6	2.3	2.6
	$\dfrac{l}{b}$		$\dfrac{5\sim30}{l-(k+a)}$	$\dfrac{6\sim40}{l-(k+a)}$	$\dfrac{8\sim45}{l-(k+a)}$ $\dfrac{50}{b}$	$\dfrac{8\sim45}{l-(k+a)}$ $\dfrac{50\sim60}{b}$	$\dfrac{10\sim45}{l-(k+a)}$ $\dfrac{50\sim80}{b}$	$\dfrac{12\sim45}{l-(k+a)}$ $\dfrac{50\sim80}{b}$

注:1. 表中 $\dfrac{l}{b}$ 为 $(4\sim30)/(l-a)$ 表示 $d\leqslant M3$、$l\leqslant30$ 时,全螺纹$(b=l-a)$,其余同。

2. 螺钉的长度系列 l 为:2,2.5,3,4,5,6,8,10,12,(14),16,20,25,30,35,40,45,50,(55),60,(65),70,(75),80,尽可能不采用括号内的规格。

3. d_a 表示过渡圆直径。

附表 19　内六角圆柱头螺钉(摘自 GB/T 70.1—2008)

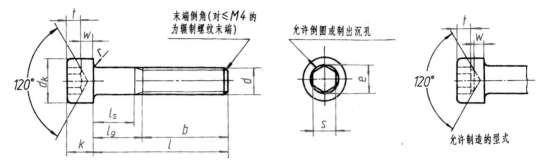

标记示例

螺纹规格 d=M5,公称长度 l=20 mm,性能等级为 8.8 级,表面氧化的内六角圆柱头螺钉:

螺钉　GB/T 70.1　M5×20

mm

螺纹规格 d		M4	M5	M6	M8	M10	M12	M16	M20	M24	M30
b	参考	20	22	24	28	32	36	44	52	60	72
d_k	max*	7	8.5	10	13	16	18	24	30	36	45
	max**	7.22	8.72	10.22	13.27	16.27	18.27	24.33	30.33	36.39	45.39
	min	6.78	8.28	9.78	12.73	15.73	17.73	23.67	29.67	35.61	44.61
k	max	4	5	6	8	10	12	16	20	24	30
	min	3.82	4.82	5.70	7.64	9.64	11.57	15.57	19.48	23.48	29.48
t	min	2	2.5	3	4	5	6	8	10	12	15.5
s	公称	3	4	5	6	8	10	14	17	19	22
e	min	3.44	4.58	5.72	6.86	9.15	11.43	16.00	19.44	21.73	25.15
w	min	1.4	1.9	2.3	3.3	4	4.8	6.8	8.6	10.4	13.1
r	min	0.2		0.25	0.4		0.6		0.8		1
l	***	6~25	8~25	10~30	12~35	(16)~40	20~45	25~(55)	30~(65)	40~80	45~90
	****	30~40	30~50	35~60	40~80	45~100	50~120	60~160	70~200	90~200	100~200

注:1. * 光滑头部。

2. ** 滚花头部

3. *** 杆部螺纹制到距头部 3P(螺距)以内。

4. **** $l_{gmax}=l_{公称}-b_{参考}$;$l_{smin}=l_{gmax}-5P$(螺距)。l_g 表示最末一扣完整螺纹到支承面的距离;l_s 表示无螺纹杆部长度。

5. l 的长度系列为:2.5,3,3,4,5,6,8,10,12,(14),(16),20,25,30,35,40,45,50,(55),60,(65),70,80,90,100,110,120,130,140,150,160,180,200。

附表 20　紧 定 螺 钉

开槽锥端紧定螺钉(GB/T 71—2018)　开槽平端紧定螺钉(GB/T 73—2017)

开槽长圆柱端紧定螺钉(GB/T 75—2018)

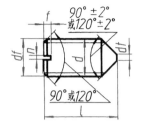 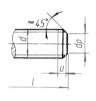 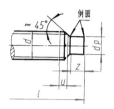

标记示例

螺纹规格 d = M5,公称长度 l = 12 mm,性能等级为 12H 级,表面氧化的开槽锥端紧定螺钉:

螺钉　GB/T 71　M5×12

mm

螺纹规格 d			M2	M2.5	M3	M4	M5	M6	M8	M10	M12
d_f≈或 max			螺纹小径								
n 公称			0.25	0.4	0.4	0.6	0.8	1	1.2	1.6	2
	t	min	0.64	0.72	0.8	1.12	1.28	1.6	2	2.4	2.8
		max	0.84	0.95	1.05	1.42	1.63	2	2.5	3	3.6
GB/T 71—2018	d_t	min	—	—	—	—	—	—	—	—	—
		max	0.2	0.25	0.3	0.4	0.5	1.5	2	2.5	3
	l		3~10	3~12	4~16	6~20	8~25	8~30	10~40	12~50	(14)~60
GB/T 73—2017 GB/T 75—2018	d_p	min	0.75	1.25	1.75	2.25	3.2	3.7	5.2	6.64	8.14
		max	1	1.5	2	2.5	3.5	4	5.5	7	8.5
GB/T 73—2017	l	120°	2~2.5	2.5~3	3	4	5	6			
		90°	3~10	4~12	4~16	5~20	6~25	8~30	8~40	10~50	12~60
GB/T 75—2018	z	min	1	1.25	1.5	2	2.5	3	4	5	6
		max	1.25	1.5	1.75	2.25	2.75	3.25	4.3	5.3	6.3
	l	120°	3	4	5	6	8	8~10	10~(14)	12~16	(14)~20
		90°	4~10	5~12	6~16	8~20	10~25	12~30	16~40	20~50	25~60

注:1. 在 GB/T 71—2018 中,当 d = M2.5,l = 3 mm 时,螺钉两端的倒角均为 120°,其余均为 90°。

2. u(不完整螺纹的长度)≤2P(螺距)。

3. M3.5 的螺钉其相关的参数请查阅标准。

429

四、键和销

普通平键的型式尺寸（GB/T 1096—2003）

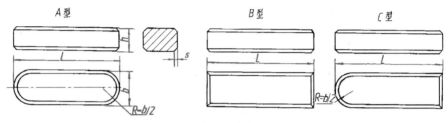

标记示例

圆头普通平键（A 型）$b = 16$ mm、$h = 10$ mm、$L = 100$ mm：　　GB/T 1096 键 16×10×100

平头普通平键（B 型）$b = 16$ mm、$h = 10$ mm、$L = 100$ mm：　　GB/T 1096 键 B 16×10×100

单圆头普通平键（C 型）$b = 16$ mm、$h = 10$ mm、$L = 100$ mm：　　GB/T 1096 键 C 16×10×100

轴	键							
	$b×h$				C 或 r	L	键长 L 的极限偏差	
	b		h					
公称直径 d	公称尺寸	极限偏差 h8	基本尺寸	极限偏差 h11		基本尺寸	基本尺寸	极限偏差 h14
自 6~8	2	0 −0.014	2	—	0.16~0.25	6~20	6~10	0 −0.36
>8~10	3		3			6~36		
>10~12	4	0 −0.018	4			8~45	12~18	0 −0.43
>12~17	5		5	—	0.25~0.40	10~56		
>17~22	6		6			14~70	20~28	0 −0.52
>22~30	8	0 −0.022	7	0 −0.090		18~90		
>30~38	10		8		0.40~0.60	22~110	32~50	0 −0.62
>33~44	12		8			28~140		
>44~50	14	0 −0.027	9			36~160	56~80	0 −0.74
>50~58	16		10			45~180		
>58~65	18		11	0 −0.110	0.60~0.80	50~200	90~110	0 −0.87
>65~75	20		12			56~220		
>75~85	22	0 −0.033	14			63~250	125~180	0 −1.0
>85~95	25		14			70~280		
>95~110	28		16			80~320	200~250	0 −1.15
>110~130	32		18			90~360		
>130~150	36	0 −0.039	20	0 −0.130	1.0~1.2	100~400	280	0 −1.30
>150~170	40		22			100~400		
>170~200	45		25			110~450	320~400	0 −1.40

注：1. $(d-t)$ 和 $(d+t_1)$ 两组组合尺寸的极限偏差按相应的 t 和 t_1 的极限偏差选取，但 $(d-t)$ 极限偏差应取负号（−）。

2. L 系列：6、8、10、12、14、16、18、20、22、25、28、32、36、40、45、50、56、63、70、80、90、100、110、125、140、160、180、200、220、250、280、300、360、400、450。

平 键

平键 键槽的剖面尺寸(GB/T 1095—2003)

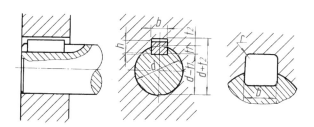

注:在零件图中,轴槽深用 t_1 或($d-t_1$)标注,轮毂槽深用($d+t_2$)标注。

mm

键尺寸 $b \times h$	键 槽										
	宽度 b					深 度				半径 r	
	极限偏差					轴 t_1		毂 t_2			
	松联结		正常联结		紧密键联结						
	轴 H 9	毂 D 10	轴 N 9	毂 Js 9	轴和毂 P 9	基本尺寸	极限偏差	基本尺寸	极限偏差	最小	最大
2×2	+0.025	+0.060	−0.004	±0.0125	−0.006	1.2	+0.1 0	1	+0.1 0	0.08	0.16
3×3	0	+0.020	−0.029		−0.031	1.8		1.4			
4×4	+0.030	+0.078	0	±0.015	−0.012	2.5		1.8			
5×5	0	+0.030	−0.030		−0.042	3.0		2.3		0.16	0.25
6×6						3.5		2.8			
8×7	+0.036	+0.098	0	±0.018	−0.015	4.0		3.3			
10×8	0	+0.040	−0.036		−0.051	5.0		3.3			
12×8	+0.043	+0.120	0	±0.0215	−0.018	5.0	+0.2 0	3.3	+0.2 0	0.25	0.40
14×9	0	+0.050	−0.043		−0.061	5.5		3.8			
16×10						6.0		4.3			
18×11						7.0		4.4			
20×12	+0.052	+0.149	0	±0.026	−0.022	7.5		4.9		0.40	0.60
22×14	0	+0.065	−0.052		−0.074	9.0		5.4			
25×14						9.0		5.4			
28×16						10.0		6.4			
32×18	+0.062	+0.180	0	±0.031	−0.026	11.0		7.4		0.70	1.0
36×20	0	+0.080	−0.062		−0.088	12.0	+0.3 0	8.4	+0.3 0		
40×22						13.0		9.4			
45×25						15.0		10.4			

附表 22　半　圆　键

半圆键　键槽的剖面尺寸（GB/T 1098—2003），普通型　半圆键（GB/T 1099.1—2003）

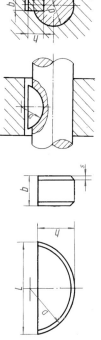

注：在零件图中，轴槽深用 t_1 或（$d-t_1$）标注，轮毂槽深采用（$d+t_2$）标注。

标记示例

半圆键 $b=6$ mm，$h=10$ mm，$D=25$ mm；GB/T 1099.1 键 $6\times10\times25$

mm

轴径 d 键传递扭矩	轴径 d 键定位用	宽度 b 基本尺寸	宽度 b 极限偏差	高度 h 公称尺寸	高度 h 极限偏差 h12	直径 D 基本尺寸	直径 D 极限偏差 h12	倒角或倒圆 s 最小	倒角或倒圆 s 最大	长度 L≈	键槽宽度 b 公称尺寸	正常联结 轴 N9	正常联结 毂 JS9	紧密联结 轴和毂 P9	轴 t_1 公称尺寸	轴 t_1 极限偏差	毂 t_2 公称尺寸	毂 t_2 极限偏差	半径 R 最小	半径 R 最大
自3~4	自3~4	1.0	0 / −0.025	1.4	0 / −0.10	4	0 / −0.120	0.16	0.25	3.9	1.0	−0.004 / −0.029	±0.012	−0.006 / −0.031	1.0	+0.1 / 0	0.6	+0.1 / 0	0.08	0.16
>4~5	>4~6	1.5	0 / −0.025	2.6	0 / −0.10	7	0 / −0.150	0.16	0.25	6.8	1.5	−0.004 / −0.029	±0.012	−0.006 / −0.031	2.0	+0.1 / 0	0.8	+0.1 / 0	0.08	0.16
>5~6	>6~8	2.0	0 / −0.025	2.6	0 / −0.10	7	0 / −0.150	0.16	0.25	6.8	2.0	−0.004 / −0.029	±0.012	−0.006 / −0.031	1.8	+0.1 / 0	1.0	+0.1 / 0	0.08	0.16
>6~8	>8~10	2.0	0 / −0.025	3.7	0 / −0.12	10	0 / −0.150	0.16	0.25	9.7	2.0	−0.004 / −0.029	±0.012	−0.006 / −0.031	2.9	+0.1 / 0	1.0	+0.1 / 0	0.08	0.16
>7~8	>10~12	2.5	0 / −0.025	3.7	0 / −0.12	10	0 / −0.150	0.16	0.25	9.7	2.5	−0.004 / −0.029	±0.012	−0.006 / −0.031	2.7	+0.1 / 0	1.2	+0.1 / 0	0.08	0.16
>8~10	>12~15	3.0	0 / −0.025	5.0	0 / −0.12	13	0 / −0.180	0.16	0.25	12.7	3.0	−0.004 / −0.029	±0.012	−0.006 / −0.031	3.8	+0.1 / 0	1.4	+0.1 / 0	0.08	0.16
>10~12	>15~18	3.0	0 / −0.025	6.5	0 / −0.15	16	0 / −0.180	0.16	0.25	15.7	3.0	−0.004 / −0.029	±0.012	−0.006 / −0.031	5.3	+0.2 / 0	1.4	+0.1 / 0	0.08	0.16
>12~14	>18~20	4.0	0 / −0.025	6.5	0 / −0.15	16	0 / −0.180	0.25	0.40	15.7	4.0	0 / −0.030	±0.015	−0.012 / −0.042	5.0	+0.2 / 0	1.8	+0.1 / 0	0.16	0.25
>14~16	>20~22	4.0	0 / −0.025	7.5	0 / −0.15	19	0 / −0.210	0.25	0.40	18.6	4.0	0 / −0.030	±0.015	−0.012 / −0.042	6.0	+0.2 / 0	1.8	+0.1 / 0	0.16	0.25
>16~18	>22~25	5.0	0 / −0.025	6.5	0 / −0.15	16	0 / −0.180	0.25	0.40	15.7	5.0	0 / −0.030	±0.015	−0.012 / −0.042	4.5	+0.2 / 0	2.3	+0.1 / 0	0.16	0.25
>18~20	>25~28	5.0	0 / −0.025	7.5	0 / −0.15	19	0 / −0.210	0.25	0.40	18.6	5.0	0 / −0.030	±0.015	−0.012 / −0.042	5.5	+0.2 / 0	2.3	+0.1 / 0	0.16	0.25
>20~22	>28~32	5.0	0 / −0.025	9.0	0 / −0.18	22	0 / −0.210	0.25	0.40	21.6	5.0	0 / −0.030	±0.015	−0.012 / −0.042	7.0	+0.2 / 0	2.8	+0.1 / 0	0.16	0.25
>22~25	>32~36	6.0	0 / −0.025	9.0	0 / −0.18	22	0 / −0.210	0.25	0.40	21.6	6.0	0 / −0.030	±0.015	−0.012 / −0.042	6.5	+0.2 / 0	2.8	+0.1 / 0	0.16	0.25
>25~28	>36~40	6.0	0 / −0.025	10.0	0 / −0.18	25	0 / −0.210	0.25	0.40	24.5	6.0	0 / −0.030	±0.015	−0.012 / −0.042	7.5	+0.2 / 0	2.8	+0.1 / 0	0.16	0.25
>28~32	40	8.0	0 / −0.025	11.0	0 / −0.18	28	0 / −0.210	0.40	0.60	27.4	8.0	0 / −0.036	±0.018	−0.015 / −0.051	8.0	+0.3 / 0	3.3	+0.2 / 0	0.25	0.40
>32~38	—	10.0	0 / −0.025	13.0	0 / −0.18	32	0 / −0.250	0.40	0.60	31.4	10.0	0 / −0.036	±0.018	−0.015 / −0.051	10.0	+0.3 / 0	3.3	+0.2 / 0	0.25	0.40

注：（$d-t_1$）和（$d+t_2$）两个组合尺寸按相应的极限偏差选取，但（$d-t_1$）极限偏差值应取负号（−）。

附表 23　圆柱销（摘自 GB/T 119.1—2000）　不淬硬钢和奥氏体不锈钢

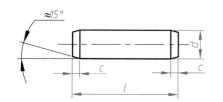

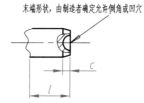

末端形状，由制造者确定允许倒角或凹穴

标记示例

公称直径 d = 8 mm，公差 m6，长度 l = 30mm，材料为钢、不经淬火、不经表面处理的圆柱销：

销　GB/T 119.1　6m6×30

mm

d（公称直径）	3	4	5	6	8	10	12	16	20	25	30
$a \approx$	0.40	0.50	0.63	0.80	1.0	1.2	1.6	2.0	2.5	3.0	4.0
$c \approx$	0.50	0.63	0.80	1.2	1.6	2.0	2.5	3.0	3.5	4.0	5.0
l	8~30	8~35	10~50	12~60	14~80	18~95	22~140	26~180	35~200	50~200	60~200
l 系列	2,3,4,5,6,8,10,12,14,16,18,20,22,24,26,28,30,32,35,40,45,50,55,60,65,70,75,80,85,90,95,100,120,140,160,180,200，公称长度大于 200 mm，按 20 mm 递增										

附表 24　圆锥销（摘自 GB/T 117—2000）

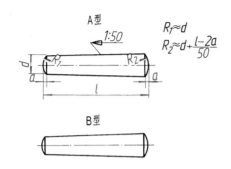

A 型
1:50
$R_1 \approx d$
$R_2 \approx d + \dfrac{l - 2a}{50}$

B 型

标记示例

公称直径 $d = 10$ mm，长度 $l = 60$ mm，材料为 35 钢，热处理硬度 28~38HRC，表面氧化处理的 A 型圆锥销：

销　GB/T 117　10×60

mm

d（公称）	3	4	5	6	8	10	12	16	20	25	30
$a \approx$	0.4	0.5	0.63	0.8	1	1.2	1.6	2	2.5	3	4
l	12~45	14~55	18~60	22~90	22~120	26~160	32~180	40~200	45~200	50~200	55~200

l 系列	4,5,6,8,10,12,14,16,18,20,22,24,26,28,30,32,35,40,45,50,55,60,65,70,75,80,85,90,95,100,120,140,160,180,200，公称长度大于 200 mm，按 20 mm 递增

五、滚动轴承

附表 25 深沟球轴承(摘自 GB/T 276—2013)

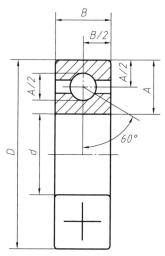

标记示例

内径 d 为 $\phi50$,尺寸系列代号(0)3 的深沟球轴承:

滚动轴承 6310 GB/T 276—2013

轴承代号	尺寸/mm			轴承代号	尺寸/mm		
	d	D	B		d	D	B
尺寸系列代号 (1)0				尺寸系列代号 (0)3			
6000	10	26	8	6307	35	80	21
6001	12	28	8	6308	40	90	23
6002	15	32	9	6309	45	100	25
6003	17	35	10	6310	50	110	27
尺寸系列代号 (0)2				尺寸系列代号 (0)4			
6202	15	35	11	6408	40	110	27
6203	17	40	12	6409	45	120	29
6204	20	47	14	6410	50	130	31
6205	25	52	15	6411	55	140	33
6206	30	62	16	6412	60	150	35
6207	35	72	17	6413	65	160	37
6208	40	80	18	6414	70	180	42
6209	45	85	19	6415	75	190	45
6210	50	90	20	6416	80	200	48
6211	55	100	21	6417	85	210	52
6212	60	110	22	6418	90	225	54
6213	65	120	23	6419	95	240	55

附表 26　圆锥滚子轴承(摘自 GB/T 297—2015)

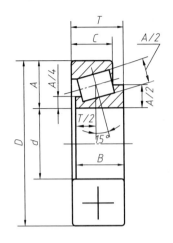

标记示例

内径　d 为 φ35,尺寸系列代号 30 的圆锥
滚子轴承:

　滚动轴承　33007 GB/T 297—2015

轴承代号	尺寸/mm					轴承代号	尺寸/mm				
	d	D	T	B	C		d	D	T	B	C
尺寸系列代号 02						尺寸系列代号 23					
30207	35	72	18.25	17	15	32309	45	100	38.25	36	30
30208	40	80	19.75	18	16	32310	50	110	42.25	40	33
30209	45	85	20.75	19	16	32311	55	120	45.5	43	35
30210	50	90	21.75	20	17	32312	60	130	48.5	46	37
30211	55	100	22.75	21	18	32313	65	140	51	48	39
30212	60	110	23.75	22	19	32314	70	150	54	51	42
尺寸系列代号 03						尺寸系列代号 30					
30307	35	80	22.75	21	18	33005	25	47	17	17	14
30308	40	90	25.25	23	20	33006	30	55	20	20	16
30309	45	100	27.25	25	22	33007	35	62	21	21	17
30310	50	110	29.25	27	23	尺寸系列代号 31					
30311	55	120	31.5	29	25	33108	40	75	26	26	20.5
30312	60	130	33.5	31	26	33109	45	80	26	26	20.5
30313	65	140	36	33	28	33110	50	85	26	26	20
30314	70	150	38	35	30	33111	55	95	30	30	23

注:原轴承型号为"7"。

附表 27 推力球轴承(摘自 GB/T 301—2015)

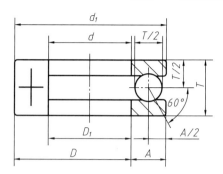

标记示例
内径 d 为 $\phi80$,尺寸系列代号 12 的推力
球轴承:
滚动轴承 51216 GB/T 301—2015

轴承代号	尺寸/mm				轴承代号	尺寸/mm			
	d	d_1	D	T		d	d_1	D	T
尺寸系列代号 11					尺寸系列代号 12				
51112	60	62	85	17	51214	70	72	105	27
51113	65	67	90	18	51215	75	77	110	27
51114	70	72	95	18	51216	80	82	115	28
尺寸系列代号 12					尺寸系列代号 13				
51204	20	22	40	14	51304	20	22	47	18
51205	25	27	47	15	51305	25	27	52	18
51206	30	32	52	16	51306	30	32	60	21
51207	35	37	62	18	51307	35	37	68	24
51208	40	42	68	19	51308	40	42	78	26
51209	45	47	73	20	尺寸系列代号 14				
51210	50	52	78	22	51405	25	27	60	24
51211	55	57	90	25	51406	30	32	70	28
51212	60	62	95	26	51407	35	37	80	32

六、极限与配合

公称尺寸 mm		常用及优先公差带												
		a	b		c			d				e		
大于	至	11	11	12	9	10	⑪	8	⑨	10	11	7	8	9
—	3	-270/-330	-140/-200	-140/-240	-60/-85	-60/-100	-60/-120	-20/-34	-20/-45	-20/-60	-20/-80	-14/-24	-14/-28	-14/-39
3	6	-270/-345	-140/-215	-140/-260	-70/-100	-70/-118	-70/-145	-30/-48	-30/-60	-30/-78	-30/-105	-20/-32	-20/-38	-20/-50
6	10	-280/-370	-150/-240	-150/-300	-80/-116	-80/-138	-80/-170	-40/-62	-40/-76	-40/-98	-40/-130	-25/-40	-25/-47	-25/-61
10	14	-290/-400	-150/-260	-150/-330	-95/-138	-95/-165	-95/-205	-50/-77	-50/-93	-50/-120	-50/-160	-32/-50	-32/-59	-32/-75
14	18	-290/-400	-150/-260	-150/-330	-95/-138	-95/-165	-95/-205	-50/-77	-50/-93	-50/-120	-50/-160	-32/-50	-32/-59	-32/-75
18	24	-300/-430	-160/-290	-160/-370	-110/-162	-110/-194	-110/-240	-65/-98	-65/-117	-65/-149	-65/-195	-40/-61	-40/-73	-40/-92
24	30	-300/-430	-160/-290	-160/-370	-110/-162	-110/-194	-110/-240	-65/-98	-65/-117	-65/-149	-65/-195	-40/-61	-40/-73	-40/-92
30	40	-310/-470	-170/-330	-170/-420	-120/-182	-120/-220	-120/-280	-80/-119	-80/-142	-80/-180	-80/-240	-50/-75	-50/-89	-50/-112
40	50	-320/-480	-180/-340	-180/-430	-130/-192	-130/-230	-130/-290	-80/-119	-80/-142	-80/-180	-80/-240	-50/-75	-50/-89	-50/-112
50	65	-340/-530	-190/-380	-190/-490	-140/-214	-140/-260	-140/-330	-100/-146	-100/-174	-100/-220	-100/-290	-60/-90	-60/-106	-60/-134
65	80	-360/-550	-200/-390	-200/-500	-150/-224	-150/-270	-150/-340	-100/-146	-100/-174	-100/-220	-100/-290	-60/-90	-60/-106	-60/-134
80	100	-380/-600	-220/-440	-220/-570	-170/-257	-170/-310	-170/-390	-120/-174	-120/-207	-120/-260	-120/-340	-72/-107	-72/-126	-72/-159
100	120	-410/-630	-240/-460	-240/-590	-180/-267	-180/-320	-180/-400	-120/-174	-120/-207	-120/-260	-120/-340	-72/-107	-72/-126	-72/-159
120	140	-460/-710	-260/-510	-260/-660	-200/-300	-200/-360	-200/-450	-145/-208	-145/-245	-145/-305	-145/-395	-85/-125	-85/-148	-85/-185
140	160	-520/-770	-280/-530	-280/-680	-210/-310	-210/-370	-210/-460	-145/-208	-145/-245	-145/-305	-145/-395	-85/-125	-85/-148	-85/-185
160	180	-580/-830	-310/-560	-310/-710	-230/-330	-230/-390	-230/-480	-145/-208	-145/-245	-145/-305	-145/-395	-85/-125	-85/-148	-85/-185
180	200	-660/-950	-340/-630	-340/-800	-240/-355	-240/-425	-240/-530	-170/-242	-170/-285	-170/-355	-170/-460	-100/-146	-100/-172	-100/-215
200	225	-740/-1 030	-380/-670	-380/-840	-260/-375	-260/-445	-260/-550	-170/-242	-170/-285	-170/-355	-170/-460	-100/-146	-100/-172	-100/-215
225	250	-820/-1 110	-420/-710	-420/880	-280/-395	-280/-465	-280/-570	-170/-242	-170/-285	-170/-355	-170/-460	-100/-146	-100/-172	-100/-215
250	280	-920/-1 240	-480/-800	-480/-1 000	-300/-430	-300/-510	-300/-620	-190/-271	-190/-320	-190/-400	-190/-510	-110/-162	-110/-191	-110/-240
280	315	-1 050/-1 370	-540/-860	-540/-1 060	-330/-460	-330/-540	-330/-650	-190/-271	-190/-320	-190/-400	-190/-510	-110/-162	-110/-191	-110/-240
315	355	-1 200/-1 560	-600/-960	-600/-1 170	-360/-500	-360/-590	-360/-720	-210/-299	-210/-350	-210/-440	-210/-570	-125/-182	-125/-214	-125/-265
355	400	-1 350/-1 710	-680/-1 040	-680/-1 250	-400/-540	-400/-630	-400/-760	-210/-299	-210/-350	-210/-440	-210/-570	-125/-182	-125/-214	-125/-265
400	450	-1 500/-1 900	-760/-1 160	-760/-1 390	-440/-595	-440/-690	-440/-840	-230/-327	-230/-385	-230/-480	-230/-630	-135/-198	-135/-232	-135/-290
450	500	-1 650/-2 050	-840/-1 240	-840/-1 470	-480/-635	-480/-730	-480/-880	-230/-327	-230/-385	-230/-480	-230/-630	-135/-198	-135/-232	-135/-290

（带圈者为优先公差带）

		f					g						h			
5	6	⑦	8	9	5	⑥	7	5	⑥	⑦	8	⑨	10	⑪	12
-6	-6	-6	-6	-6	-2	-2	-2	0	0	0	0	0	0	0	0
-10	-12	-16	-20	-31	-6	-8	-12	-4	-6	-10	-14	-25	-40	-60	-100
-10	-10	-10	-10	-10	-4	-4	-4	0	0	0	0	0	0	0	0
-15	-18	-22	-28	-40	-9	-12	-16	-5	-8	-12	-18	-30	-48	-75	-120
-13	-13	-13	-13	-13	-5	-5	-5	0	0	0	0	0	0	0	0
-19	-22	-28	-35	-49	-11	-14	-20	-6	-9	-15	-22	-36	-58	-90	-150
-16	-16	-16	-16	-16	-6	-6	-6	0	0	0	0	0	0	0	0
-24	-27	-34	-43	-59	-14	-17	-24	-8	-11	-18	-27	-43	-70	-110	-180
-20	-20	-20	-20	-20	-7	-7	-7	0	0	0	0	0	0	0	0
-29	-33	-41	-53	-72	-16	-20	-28	-9	-13	-21	-33	-52	-84	-130	-210
-25	-25	-25	-25	-25	-9	-9	-9	0	0	0	0	0	0	0	0
-36	-41	-50	-64	-87	-20	-25	-34	-11	-16	-25	-39	-62	-100	-160	-250
-30	-30	-30	-30	-30	-10	-10	-10	0	0	0	0	0	0	0	0
-43	-49	-60	-76	-104	-23	-29	-40	-13	-19	-30	-46	-74	-120	-190	-300
-36	-36	-36	-36	-36	-12	-12	-12	0	0	0	0	0	0	0	0
-51	-58	-71	-90	-123	-27	-34	-47	-15	-22	-35	-54	-87	-140	-220	-350
-43	-43	-43	-43	-43	-14	-14	-14	0	0	0	0	0	0	0	0
-61	-68	-83	-106	-143	-32	-39	-54	-18	-25	-40	-63	-100	-160	-250	-400
-50	-50	-50	-50	-50	-15	-15	-15	0	0	0	0	0	0	0	0
-70	-79	-96	-122	-165	-35	-44	-61	-20	-29	-46	-72	-115	-185	-290	-460
-56	-56	-56	-56	-56	-17	-17	-17	0	0	0	0	0	0	0	0
-79	-88	-108	-137	-186	-40	-49	-69	-23	-32	-52	-81	-130	-210	-320	-520
-62	-62	-62	-62	-62	-18	-18	-18	0	0	0	0	0	0	0	0
-87	-98	-119	-151	-202	-43	-54	-75	-25	-36	-57	-89	-140	-230	-360	-570
-68	-68	-68	-68	-68	-20	-20	-20	0	0	0	0	0	0	0	0
-95	-108	-131	-165	-223	-47	-60	-83	-27	-40	-63	-97	-155	-250	-400	-630

公称尺寸 mm																常用及优先公差带
		js			k			m			n			p		
大于	至	5	6	7	5	⑥	7	5	6	7	5	⑥	7	5	⑥	7
—	3	±2	±3	±5	+4/0	+6/0	+10/0	+6/+2	+8/+2	+12/+2	+8/+4	+10/+4	+14/+4	+10/+6	+12/+6	+16/+6
3	6	±2.5	±4	±6	+6/+1	+9/+1	+13/+1	+9/+4	+12/+4	+16/+4	+13/+8	+16/+8	+20/+8	+17/+12	+20/+12	+24/+12
6	10	±3	±4.5	±7	+7/+1	+10/+1	+16/+1	+12/+6	+15/+6	+21/+6	+16/+10	+19/+10	+25/+10	+21/+15	+24/+15	+30/+15
10	14	±4	±5.5	±9	+9/+1	+12/+1	+19/+1	+15/+7	+18/+7	+25/+7	+20/+12	+23/+12	+30/+12	+26/+18	+29/+18	+36/+18
14	18															
18	24	±4.5	±6.5	±10	+11/+2	+15/+2	+23/+2	+17/+8	+21/+8	+29/+8	+24/+15	+28/+15	+36/+15	+31/+22	+35/+22	+43/+22
24	30															
30	40	±5.5	±8	±12	+13/+2	+18/+2	+27/+2	+20/+9	+25/+9	+34/+9	+28/+17	+33/+17	+42/+17	+37/+26	+42/+26	+51/+26
40	50															
50	65	±6.5	±9.5	±15	+15/+2	+21/+2	+32/+2	+24/+11	+30/+11	+41/+11	+33/+20	+39/+20	+50/+20	+45/+32	+51/+32	+62/+32
65	80															
80	100	±7.5	±11	±17	+18/+3	+25/+3	+38/+3	+28/+13	+35/+13	+48/+13	+38/+23	+45/+23	+58/+23	+52/+37	+59/+37	+72/+37
100	120															
120	140	±9	±12.5	±20	+21/+3	+28/+3	+43/+3	+33/+15	+40/+15	+55/+15	+45/+27	+52/+27	+67/+27	+61/+43	+68/+43	+83/+43
140	160															
160	180															
180	200	±10	±14.5	±23	+24/+4	+33/+4	+50/+4	+37/+17	+46/+17	+63/+17	+54/+31	+60/+31	+77/+31	+70/+50	+79/+50	+96/+50
200	225															
225	250															
250	280	±11.5	±16	±26	+27/+4	+36/+4	+56/+4	+43/+20	+52/+20	+72/+20	+57/+34	+66/+34	+86/+34	+79/+56	+88/+56	+108/+56
280	315															
315	355	±12.5	±18	±28	+29/+4	+40/+4	+61/+4	+46/+21	+57/+21	+78/+21	+62/+37	+73/+37	+94/+37	+87/+62	+98/+62	+119/+62
355	400															
400	450	±13.5	±20	±31	+32/+5	+45/+5	+68/+5	+50/+23	+63/+23	+86/+23	+67/+40	+80/+40	+103/+40	+95/+68	+108/+68	+131/+68
450	500															

（带圈者为优先公差带）

r			s			t			u		v	x	y	z
5	6	7	5	⑥	7	5	6	7	⑥	7	6	6	6	6
+14 +10	+16 +10	+20 +10	+18 +14	+20 +14	+24 +14	—	—	—	+24 +18	+28 +18	—	+26 +20	—	+32 +26
+20 +15	+23 +15	+27 +15	+24 +19	+27 +19	+31 +19	—	—	—	+31 +23	+35 +23	—	+36 +28	—	+43 +35
+25 +19	+28 +19	+34 +19	+29 +23	+32 +23	+38 +23	—	—	—	+37 +28	+43 +28	—	+43 +34	—	+51 +42
+31 +23	+34 +23	+41 +23	+36 +28	+39 +28	+46 +28	—	—	—	+44 +33	+51 +33	—	+51 +40	—	+61 +50
						—	—	—			+50 +39	+56 +45	—	+71 +60
+37 +28	+41 +28	+49 +28	+44 +35	+48 +35	+56 +35	—	—	—	+54 +41	+62 +41	+60 +47	+67 +54	+76 +63	+86 +73
						+50 +41	+54 +41	+62 +41	+61 +43	+69 +48	+68 +55	+77 +64	+88 +75	+101 +88
+45 +34	+50 +34	+59 +34	+54 +43	+59 +43	+68 +43	+59 +48	+64 +48	+73 +48	+76 +60	+85 +60	+84 +68	+96 +80	+110 +94	+128 +112
						+65 +54	+70 +54	+79 +54	+86 +70	+95 +70	+97 +81	+113 +97	+130 +114	+152 +136
+54 +41	+60 +41	+71 +41	+66 +53	+72 +53	+83 +53	+79 +66	+85 +66	+96 +66	+106 +87	+117 +87	+121 +102	+141 +122	+163 +144	+191 +172
+56 +43	+62 +43	+73 +43	+72 +59	+78 +59	+89 +59	+88 +75	+94 +75	+105 +75	+121 +102	+132 +102	+139 +120	+165 +146	+193 +174	+229 +210
+66 +51	+73 +51	+86 +51	+86 +71	+93 +71	+106 +71	+106 +91	+113 +91	+126 +91	+146 +124	+159 +124	+168 +146	+200 +178	+236 +214	+280 +258
+69 +54	+76 +54	+89 +54	+94 +79	+101 +79	+114 +79	+110 +104	+126 +104	+139 +104	+166 +144	+179 +144	+194 +172	+232 +210	+276 +254	+332 +310
+81 +63	+88 +63	+103 +63	+110 +92	+117 +92	+132 +92	+140 +122	+147 +122	+162 +122	+195 +170	+210 +170	+227 +202	+273 +248	+325 +300	+390 +365
+83 +65	+90 +65	+105 +65	+118 +100	+125 +100	+140 +100	+152 +134	+159 +134	+174 +134	+215 +190	+230 +190	+253 +228	+305 +280	+365 +340	+440 +415
+86 +68	+93 +68	+108 +68	+126 +108	+133 +108	+148 +108	+164 +146	+171 +146	+186 +146	+235 +210	+250 +210	+277 +252	+335 +310	+405 +380	+490 +465
+97 +77	+106 +77	+123 +77	+142 +122	+151 +122	+168 +122	+186 +166	+195 +166	+212 +166	+265 +236	+282 +236	+313 +284	+379 +350	+454 +425	+549 +520
+100 +80	+109 +80	+126 +80	+150 +130	+159 +130	+176 +130	+200 +180	+209 +180	+226 +180	+287 +258	+304 +258	+339 +310	+414 +385	+499 +470	+604 +575
+104 +84	+113 +84	+130 +84	+160 +140	+169 +140	+186 +140	+216 +196	+225 +196	+242 +196	+313 +284	+330 +284	+369 +340	+454 +425	+549 +520	+669 +640
+117 +94	+126 +94	+146 +94	+181 +158	+190 +158	+210 +158	+241 +218	+250 +218	+270 +218	+347 +315	+367 +315	+417 +385	+507 +475	+612 +580	+742 +710
+121 +98	+130 +98	+150 +98	+193 +170	+202 +170	+222 +170	+263 +240	+272 +240	+292 +240	+382 +350	+402 +350	+457 +425	+557 +525	+682 +650	+822 +790
+133 +108	+144 +108	+165 +108	+215 +190	+226 +190	+247 +190	+293 +268	+304 +268	+325 +268	+426 +390	+447 +390	+511 +475	+626 +590	+766 +730	+936 +900
+139 +114	+150 +114	+171 +114	+233 +208	+244 +208	+265 +208	+319 +294	+330 +294	+351 +294	+471 +435	+492 +435	+566 +530	+696 +660	+856 +820	+1 036 +1 000
+153 +126	+166 +126	+189 +126	+259 +232	+272 +232	+295 +232	+357 +330	+370 +330	+393 +330	+530 +490	+553 +490	+635 +595	+780 +740	+960 +920	+1 140 +1 100
+159 +132	+172 +132	+195 +132	+279 +252	+292 +252	+315 +252	+387 +360	+400 +360	+423 +360	+580 +540	+603 +540	+700 +660	+860 +820	+1 040 +1 000	+1 290 +1 250

常用及优先公差带

公称尺寸 mm		A	B	C		D				E		F			
大于	至	11	11	12	⑪	8	⑨	10	11	8	9	6	7	⑧	9
—	3	+330/+270	+200/+140	+240/+140	+120/+60	+34/+20	+45/+20	+60/+20	+80/+20	+28/+14	+39/+14	+12/+6	+16/+6	+20/+6	+31/+6
3	6	+345/+270	+215/+140	+260/+140	+145/+70	+48/+30	+60/+30	+78/+30	+105/+30	+38/+20	+50/+20	+18/+10	+22/+10	+28/+10	+40/+10
6	10	+370/+280	+240/+150	+300/+150	+170/+80	+62/+40	+76/+40	+98/+40	+130/+40	+47/+25	+61/+25	+22/+13	+28/+13	+35/+13	+49/+13
10	14	+400/+290	+260/+150	+330/+150	+205/+95	+77/+50	+93/+50	+120/+50	+160/+50	+59/+32	+75/+32	+27/+16	+34/+16	+43/+16	+59/+16
14	18														
18	24	+430/+300	+290/+160	+370/+160	+240/+110	+98/+65	+117/+65	+149/+65	+195/+65	+73/+40	+92/+40	+33/+20	+41/+20	+53/+20	+72/+20
24	30														
30	40	+470/+310	+330/+170	+420/+170	+280/+120	+119/+80	+142/+80	+180/+80	+240/+80	+89/+50	+112/+50	+41/+25	+50/+25	+64/+25	+87/+25
40	50	+480/+320	+340/+180	+430/+180	+290/+130										
50	65	+530/+340	+380/+190	+490/+190	+330/+140	+146/+100	+170/+100	+220/+100	+290/+100	+106/+60	+134/+60	+49/+30	+60/+30	+76/+30	+104/+30
65	80	+550/+360	+390/+200	+500/+200	+340/+150										
80	100	+600/+380	+440/+220	+570/+220	+390/+170	+174/+120	+207/+120	+260/+120	+340/+120	+126/+72	+159/+72	+58/+36	+71/+36	+90/+36	+123/+36
100	120	+630/+410	+460/+240	+590/+240	+400/+180										
120	140	+710/+460	+510/+260	+660/+260	+450/+200	+208/+145	+245/+145	+305/+145	+395/+145	+148/+85	+185/+85	+68/+43	+83/+43	+106/+43	+143/+43
140	160	+770/+520	+530/+280	+680/+280	+460/+210										
160	180	+830/+580	+560/+310	+710/+310	+480/+230										
180	200	+950/+660	+630/+340	+800/+340	+530/+240	+242/+170	+285/+170	+355/+170	+460/+170	+172/+100	+215/+100	+79/+50	+96/+50	+122/+50	+165/+50
200	225	+1 030/+740	+670/+380	+840/+380	+550/+260										
225	250	+1 110/+820	+710/+420	+880/+420	+570/+280										
250	280	+1 240/+920	+800/+480	+1 000/+480	+620/+300	+271/+190	+320/+190	+400/+190	+510/+190	+191/+110	+240/+110	+88/+56	+108/+56	+137/+56	+186/+56
280	315	+1 370/+1 050	+860/+540	+1 060/+540	+650/+330										
315	355	+1 560/+1 200	+960/+600	+1 170/+600	+720/+360	+299/+210	+350/+210	+440/+210	+570/+210	+214/+125	+265/+125	+98/+62	+119/+62	+151/+62	+202/+62
355	400	+1 710/+1 350	+1 040/+680	+1 250/+680	+760/+400										
400	450	+1 900/+1 500	+1 160/+760	+1 390/+760	+840/+440	+327/+230	+385/+230	+480/+230	+630/+230	+232/+135	+290/+135	+108/+68	+131/+68	+165/+68	+223/+68
450	500	+2 050/+1 650	+1 240/+840	+1 470/+840	+880/+480										

（带圈者为优先公差带）

G		H							Js			K			M		
6	⑦	6	⑦	⑧	⑨	10	⑪	12	6	7	8	6	⑦	8	6	7	8
+8/+2	+12/+2	+6/0	+10/0	+14/0	+25/0	+40/0	+60/0	+100/0	±3	±5	±7	0/−6	0/−10	0/−14	−2/−8	−2/−12	−2/−16
+12/+4	+16/+4	+8/0	+12/0	+18/0	+30/0	+48/0	+75/0	+120/0	±4	±6	±9	+2/−6	+3/−9	+5/−13	−1/−9	0/−12	+2/−16
+14/+5	+20/+5	+9/0	+15/0	+22/0	+36/0	+58/0	+90/0	+150/0	±4.5	±7	±11	+2/−7	+5/−10	+6/−16	−3/−12	0/−15	+1/−21
+17/+6	+24/+6	+11/0	+18/0	+27/0	+43/0	+70/0	+110/0	+180/0	±5.5	±9	±13	+2/−9	+6/−12	+8/−19	−4/−15	0/−18	+2/−25
+20/+7	+28/+7	+13/0	+21/0	+33/0	+52/0	+84/0	+130/0	+210/0	±6.5	±10	±16	+2/−11	+6/−15	+10/−23	−4/−17	0/−21	+4/−29
+25/+9	+34/+9	+16/0	+25/0	+39/0	+62/0	+100/0	+160/0	+250/0	±8	±12	±19	+3/−13	+7/−18	+12/−27	−4/−20	0/−25	+5/−34
+29/+10	+40/+10	+19/0	+30/0	+46/0	+74/0	+120/0	+190/0	+300/0	±9.5	±15	±23	+4/−15	+9/−21	+14/−32	−5/−24	0/−30	+5/−41
+34/+12	+47/+12	+22/0	+35/0	+54/0	+87/0	+140/0	+220/0	+350/0	±11	±17	±27	+4/−18	+10/−25	+16/−38	−6/−28	0/−35	+6/−48
+39/+14	+54/+14	+25/0	+40/0	+63/0	+100/0	+160/0	+250/0	+400/0	±12.5	±20	±31	+4/−21	+12/−28	+20/−43	−8/−33	0/−40	+8/−55
+44/+15	+61/+15	+29/0	+46/0	+72/0	+115/0	+185/0	+290/0	+460/0	±14.5	±23	±36	+5/−24	+13/−33	+22/−50	−8/−37	0/−46	+9/−63
+49/+17	+69/+17	+32/0	+52/0	+81/0	+130/0	+210/0	+320/0	+520/0	±16	±26	±40	+5/−27	+16/−36	+25/−56	−9/−41	0/−52	+9/−72
+54/+18	+75/+18	+36/0	+57/0	+89/0	+140/0	+230/0	+360/0	+570/0	±18	±28	±44	+7/−29	+17/−40	+28/−61	−10/−46	0/−57	+11/−78
+60/+20	+83/+20	+40/0	+63/0	+97/0	+155/0	+250/0	+400/0	+630/0	±20	±31	±48	+8/−32	+18/−45	+29/−68	−10/−50	0/−63	+11/−86

公称尺寸 mm		常用及优先公差带(带圈者为优先公差带)											
		N			P		R		S		T		U
大于	至	6	⑦	8	6	⑦	6	7	6	⑦	6	7	⑦
—	3	−4 −10	−4 −14	−4 −18	−6 −12	−6 −16	−10 −16	−10 −20	−14 −20	−14 −24	—	—	−18 −28
3	6	−5 −13	−4 −16	−2 −20	−9 −17	−8 −20	−12 −20	−11 −23	−16 −24	−15 −27	—	—	−19 −31
6	10	−7 −16	−4 −19	−3 −25	−12 −21	−9 −24	−16 −25	−13 −28	−20 −29	−17 −32	—	—	−22 −37
10	14	−9 −20	−5 −23	−3 −30	−15 −26	−11 −29	−20 −31	−16 −34	−25 −36	−21 −39	—	—	−26 −44
14	18	−9 −20	−5 −23	−3 −30	−15 −26	−11 −29	−20 −31	−16 −34	−25 −36	−21 −39	—	—	−26 −44
18	24	−11 −24	−7 −28	−3 −36	−18 −31	−14 −35	−24 −37	−20 −41	−31 −44	−27 −48	—	—	−33 −54
24	30	−11 −24	−7 −28	−3 −36	−18 −31	−14 −35	−24 −37	−20 −41	−31 −44	−27 −48	−37 −50	−33 −54	−40 −61
30	40	−12 −28	−8 −33	−3 −42	−21 −37	−17 −42	−29 −45	−25 −50	−38 −54	−34 −59	−43 −59	−39 −64	−51 −76
40	50	−12 −28	−8 −33	−3 −42	−21 −37	−17 −42	−29 −45	−25 −50	−38 −54	−34 −59	−49 −65	−45 −70	−61 −86
50	65	−14 −33	−9 −39	−4 −50	−26 −45	−21 −51	−35 −54	−30 −60	−47 −66	−42 −72	−60 −79	−55 −85	−76 −106
65	80	−14 −33	−9 −39	−4 −50	−26 −45	−21 −51	−37 −56	−32 −62	−53 −72	−48 −78	−69 −88	−64 −94	−91 −121
80	100	−16 −38	−10 −45	−4 −58	−30 −52	−24 −59	−44 −66	−38 −73	−64 −86	−58 −93	−84 −106	−78 −113	−111 −146
100	120	−16 −38	−10 −45	−4 −58	−30 −52	−24 −59	−47 −69	−41 −76	−72 −94	−66 −101	−97 −119	−91 −126	−131 −166
120	140	−20 −45	−12 −52	−4 −67	−36 −61	−28 −68	−56 −81	−48 −88	−85 −110	−77 −117	−115 −140	−107 −147	−155 −195
140	160	−20 −45	−12 −52	−4 −67	−36 −61	−28 −68	−58 −83	−50 −90	−93 −118	−85 −125	−127 −152	−119 −159	−175 −215
160	180	−20 −45	−12 −52	−4 −67	−36 −61	−28 −68	−61 −86	−53 −93	−101 −126	−93 −133	−139 −164	−131 −171	−195 −235
180	200	−22 −51	−14 −60	−5 −77	−41 −70	−33 −79	−68 −97	−60 −106	−113 −142	−105 −151	−157 −186	−149 −195	−219 −265
200	225	−22 −51	−14 −60	−5 −77	−41 −70	−33 −79	−71 −100	−63 −109	−121 −150	−113 −159	−171 −200	−163 −209	−241 −287
225	250	−22 −51	−14 −60	−5 −77	−41 −70	−33 −79	−75 −104	−67 −113	−131 −160	−123 −169	−187 −216	−179 −225	−267 −313
250	280	−25 −57	−14 −66	−5 −86	−47 −79	−36 −88	−85 −117	−74 −126	−149 −181	−138 −190	−209 −241	−198 −250	−295 −347
280	315	−25 −57	−14 −66	−5 −86	−47 −79	−36 −88	−89 −121	−78 −130	−161 −193	−150 −202	−231 −263	−220 −272	−330 −382
315	355	−26 −62	−16 −73	−5 −94	−51 −87	−41 −98	−97 −133	−87 −144	−179 −215	−169 −226	−257 −293	−247 −304	−369 −426
355	400	−26 −62	−16 −73	−5 −94	−51 −87	−41 −98	−103 −139	−93 −150	−197 −233	−187 −244	−283 −319	−273 −330	−414 −471
400	450	−27 −67	−17 −80	−6 −103	−55 −95	−45 −108	−113 −153	−103 −166	−219 −259	−209 −272	−317 −357	−307 −370	−467 −530
450	500	−27 −67	−17 −80	−6 −103	−55 −95	−45 −108	−119 −159	−109 −172	−239 −279	−229 −292	−347 −387	−337 −400	−517 −580

郑重声明

高等教育出版社依法对本书享有专有出版权。任何未经许可的复制、销售行为均违反《中华人民共和国著作权法》，其行为人将承担相应的民事责任和行政责任；构成犯罪的，将被依法追究刑事责任。为了维护市场秩序，保护读者的合法权益，避免读者误用盗版书造成不良后果，我社将配合行政执法部门和司法机关对违法犯罪的单位和个人进行严厉打击。社会各界人士如发现上述侵权行为，希望及时举报，我社将奖励举报有功人员。

反盗版举报电话　（010）58581999　58582371

反盗版举报邮箱　dd@hep.com.cn

通信地址　北京市西城区德外大街4号　高等教育出版社法律事务部

邮政编码　100120

防伪查询说明

用户购书后刮开封底防伪涂层，使用手机微信等软件扫描二维码，会跳转至防伪查询网页，获得所购图书详细信息。

防伪客服电话　（010）58582300